“十三五”国家重点图书出版规划项目

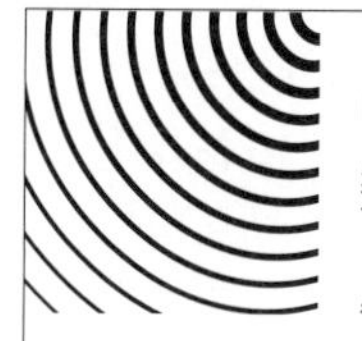

中国高分辨率对地观测系统
数据处理与应用丛书

丛书主编　顾行发

高分辨率卫星
积雪遥感识别与反演

肖鹏峰　冯学智　张学良　著

高等教育出版社·北京

内容简介

本书总结了国家高分辨率对地观测系统在积雪遥感识别与反演方面的初步研究成果，突出了国产高分辨率卫星的鲜明特色，以新疆天山和阿尔泰山典型积雪区的野外考察与积雪观测为基础，从 GF-1 卫星图像质量评价、GF-1 卫星积雪识别、GF-3 卫星积雪识别、GF-3 卫星积雪参数反演等方面系统地阐述了国产高分辨率光学与雷达卫星积雪遥感应用的学术思想与关键技术。

本书以“地面观测—积雪识别—参数反演”为主线进行组织，内容上力求做到深入浅出，不仅具有一定的深度和广度，还反映积雪遥感的新动向和新热点，介绍了学科前沿的新成果和新内容。

读者在阅读本书前应具备积雪遥感的相关理论基础和专业知识。本书可作为高等院校遥感相关专业研究生的参考书，也可供从事遥感研究的科技人员阅读参考。

图书在版编目（C I P）数据

高分辨率卫星积雪遥感识别与反演 / 肖鹏峰，冯学智，张学良著 . -- 北京：高等教育出版社，2020. 12
（中国高分辨率对地观测系统数据处理与应用丛书）
ISBN 978-7-04-054523-4

Ⅰ. ①高… Ⅱ. ①肖… ②冯… ③张… Ⅲ. ①高分辨率－卫星遥感－应用－积雪－地面观测 Ⅳ. ① P468.0

中国版本图书馆 CIP 数据核字（2020）第 118224 号

策划编辑 关 焱　　责任编辑 关 焱　　封面设计 王凌波　　版式设计 徐艳妮
插图绘制 黄云燕　　责任校对 刘丽娴　　责任印制 耿 轩

出版发行 高等教育出版社
社　　址 北京市西城区德外大街4号
邮政编码 100120
印　　刷 固安县铭成印刷有限公司
开　　本 787 mm× 1092 mm 1/16
印　　张 16
字　　数 350 千字
购书热线 010-58581118
咨询电话 400-810-0598
网　　址 http://www.hep.edu.cn
http://www.hep.com.cn
网上订购 http://www.hepmall.com.cn
http://www.hepmall.com
http://www.hepmall.cn
版　　次 2020 年 12 月第 1 版
印　　次 2020 年 12 月第 1 次印刷
定　　价 198.00 元

物 料 号 54523-00
GAO FENBIANLÜ WEIXING JIXUE YAOGAN SHIBIE YU FANYAN

《中国高分辨率对地观测系统数据处理与应用丛书》编委会

丛书编者的话

自改革开放至今的40多年间，我国航天遥感应用大胆创新，快速发展，直面信息化浪潮猛烈冲击，逐步形成时代新特征，技术能力从追赶世界先进技术为主向自主创新为主转变，服务模式从试验应用型为主向业务服务型为主转变，行业应用从主要依靠国外数据和手段向主要依靠自主数据转变，发展机制从政府投资为主向多元化、商业化发展转变，成为我国战略性新兴产业重要组成。

为顺应我国当前社会、经济、科技和全球化战略发展需求，促进航天遥感应用转型发展，我国适时提出并相继实施了“高分辨率对地观测系统”重大专项（以下简称高分专项）、国家民用空间基础设施中长期发展规划（以下简称空基规划）和航天强国战略等相关遥感应用的“新三大战役”。其中高分专项是《国家中长期科学和技术发展规划纲要（2006—2020年）》中16个重大专项之一，通过工程研发与建设，提升我国自主卫星遥感应用水平与能力，现已进入科研成果的收获期。

《中国高分辨率对地观测系统数据处理与应用丛书》（以下简称《丛书》）以此为契机，以航天遥感应用理论研究与应用基础设施建设为主题，兼容并蓄高分专项及这一阶段我国航天遥感应用领域研究成果，形成具有较完整结构的有关遥感应用理论与实践相结合案例的系统性阐述，旨在较全面地反映具有我国特色的当代航天遥感应用整体状况与变化新趋势。

丛书各卷作者均有主持或参与高分专项及我国其他相关国家重大科技项目的亲身经历，科研功底深厚，实践经验丰富，所著各卷是在已有成果基础上的高水平的原创性总结。

我们相信，通过《丛书》编委会、遥感应用专家和高等教育出版社的通力合作，这套反映我国航天遥感应用多方面发展的著作将会陆续面世，成为我国航天遥感应用研究中的一个亮点，极大丰富并促进我国这方面知识的积累与共享，有力推动我国航天遥感应用的不断发展！

2019年7月1日

前　言

从国家高分辨率对地观测系统发射首颗卫星 GF-1 开始,越来越多的国产高分辨率卫星遥感数据应用于资源环境监测。积雪是冰冻圈的重要组成部分,也是地表最活跃的自然要素之一,对自然环境和人类社会活动影响显著。空间分辨率的提高使得积雪遥感识别的地形效应显著、积雪表征的类内差异凸显、光谱分辨率受限,因此,山区复杂地形条件下的高分辨率积雪遥感识别是亟待解决的科学难题。同时,高分辨率的雪深、雪湿度等积雪参数的微波遥感反演仍处于实验研究阶段,山区复杂地形条件下的积雪参数遥感反演问题有待深入探索。

南京大学积雪遥感研究团队近年承担了国家高分辨率对地观测系统重大专项项目“新疆天山中部高分载荷雪冰监测评价”(95-Y40B02-9001-13/15-04)、国家自然科学基金项目“SAR 与高分辨率光学遥感联合反演雪水当量”(41271353)和“利用 SAR 极化相位差反演北疆典型区积雪累积期的雪深”(41671344),团队先后十余次赴新疆天山和阿尔泰山典型积雪区开展野外考察和积雪观测,利用 GF-1、GF-3 等国产高分辨率光学和雷达遥感数据与星地同步观测数据,探索山区复杂地形条件下的雪面综合辐射校正方法,构建单时相和多时相的积雪遥感识别模型,获取积雪覆盖范围和时空分布特征;同时,改进积雪参数的雷达遥感反演模型,获取高分辨率的雪深、雪湿度等分布数据,为积雪水资源管理等应用提供科学支撑。

全书以“地面观测—积雪识别—参数反演”为主线进行组织,共 8 章。第 1 章阐述本书研究背景和主要研究内容。第 2 章介绍天山玛纳斯河流域、阿尔泰山克兰河流域概况,以及野外考察和积雪观测情况。第 3~5 章阐述高分辨率光学卫星 GF-1 积雪识别问题,其中第 3 章评价研究区 GF-1 卫星图像的辐射质量与积雪识别能力,并与国外同类高分辨率卫星进行比较;第 4 章提出山区复杂地形条件下 GF-1 卫星图像综合辐射校正模型,获取精确的雪面反射率,并建立无须短波红外波段的高分积雪指数(GFSI),进行山区积雪识别;第 5 章针对 GF-1 卫星较高的重访周期,提出基于协同训练的多时相积雪识别方法,仅需少量标记样本即可同时识别多个时相的积雪范围。第6~8章阐述高分辨率雷达卫星GF-3的积雪识别与反演问题,其中第6章基于GF-3卫星全极化数据进行极化分解,通过特征优选获取最优分类特征,识别积雪范围和干湿状态;第7章基于积雪微结构特征和同极化相位差模型,发展了GF-3卫星的积雪深度反演方法;第8章利用极化分解将面散射和体散射分离,建立了基于散射模拟的GF-3卫星积雪湿度反演方法。这些积雪识别和反演方法都在研究区进行了验证,表明国产高分辨率光学卫星与雷达卫星对积雪探测是有效的。

本书汇聚了南京大学积雪遥感研究团队近十年来在国产高分辨率积雪遥感研究方面的成果,是团队成员共同努力的结晶。全书由肖鹏峰设计大纲并主持撰写。第1章由肖鹏峰、冯学智、张学良执笔,第2章由冯学智、肖鹏峰、张学良、杨永可执笔,第3章由胡瑞、杨凯歌、肖鹏峰执笔,第4章由蒋璐媛、肖鹏峰、冯学智执笔,第5章由朱榴骏、肖鹏峰、冯学智执笔,第6章由马腾耀、贺广均、肖鹏峰执笔,第7章由宋依娜、卓越、肖鹏峰执笔,第8章由马威、肖鹏峰、张学良执笔。最后由肖鹏峰、张学良、宋依娜负责统稿和校对。

本书是"十三五"国家重点图书出版规划项目"中国高分辨率对地观测系统数据处理与应用"丛书之一,感谢中国科学院空天信息创新研究院顾行发研究员、余涛研究员担纲设计丛书并部署高分辨率积雪遥感的内容。感谢新疆维吾尔自治区卫星应用中心李虎总工程师、陈冬花高级工程师在国家高分辨率对地观测系统重大专项项目"新疆天山中部高分载荷雪冰监测评价"的立项和实施过程中的鼎力支持。感谢中国科学院新疆生态与地理研究所包安明研究员、李兰海研究员在野外考察与积雪观测过程中提供的重要帮助,以及新疆维吾尔自治区气象局、石河子水文水资源勘测局、阿勒泰国家基准气候站等单位同仁给予的方便和支持。感谢中国科学院空天信息创新研究院施建成研究员、李震研究员,中国科学院西北生态环境资源研究院王建研究员、车涛研究员对本书研究内容的指导与建议。感谢中国科学院空天信息创新研究院王栋副研究员、赵利民副研究员,北京大学万玮副教授对本书研究数据提供的帮助。本书在撰写过程中还得到南京大学地理与海洋科学学院和地理信息科学系领导和同事的关心与支持,在此也表示衷心感谢。

作者在书中阐述的某些学术观点仅为一家之言,欢迎广大读者争鸣。由于作者的水平和经验有限,书中疏漏之处在所难免,恳请专家和读者批评指正。

肖鹏峰　冯学智　张学良
2019年6月于南京大学昆山楼

目　　录

第1章

绪　论

积雪是冰冻圈的重要组成部分,也是地表最活跃的自然要素之一,对自然环境和人类社会活动的影响显著。遥感是唯一能够大范围获取积雪覆盖状况和性质变化的技术手段,自20世纪70年代中期以来,我国的雪冰遥感研究取得了长足的发展。国家高分辨率对地观测系统重大专项2010年开始实施,对我国积雪遥感的理论、方法与应用提出了新的要求与挑战。本章首先简要介绍本书内容的研究背景、国内外研究进展,然后从GF-1卫星图像质量评价、GF-1卫星积雪识别、GF-3卫星积雪识别、GF-3卫星积雪参数反演四个方面对本书内容进行概要介绍。

1.1　研究背景

地球表面存在时间不超过一年的雪层称为季节性积雪,简称积雪。积雪是冰冻圈的重要组成部分,也是地表最活跃的自然要素之一,对自然环境和人类社会活动的影响显著。首先,积雪的高反照率、低热导率、高相变潜热性质在调节地-气能量交换方面起着正反馈作用,是全球气候变化的关键变量(秦大河等,2007;Choi et al., 2010; Flanner et al., 2011)。同时,积雪是重要的淡水资源,在我国西北干旱-半干旱地区,山区积雪是春末夏初河川径流和地下水补给的重要水源(曾群柱等,1985;冯学智等,2000;王建和李硕,2005)。然而,过量或非适时的积雪会引发融雪性洪水、雪崩、牧区雪灾等灾害,导致大量的生命和财产损失(冯学智等,1997;胡汝骥,2013)。

由于遥感具有宏观、快速、多时相和多波段等优势,在气象资料不足、气候条件恶劣的山区,已成为唯一能获取大范围积雪覆盖状况和性质变化的技术手段。自20世纪60年代在加拿大第一次用气象卫星观测积雪以来,利用遥感技术进行积雪监测已有五十多年的历史(Dietz et al., 2012; Frei et al., 2012; Lucas and Harrison, 1990)。2018年,国际著名学术杂志《自然·气候变化》(*Nature Climate Change*)刊出了《气候系统中的积雪》(*Snow in the Climate System*)专辑,揭示积雪遥感研究的最新趋势(Bormann et al., 2018; Musselman et al., 2017)。我国积雪遥感研究工作起步于20世纪70年代,中国科学院兰州冰川冻土研究所的研究人员在天山、祁连山等地进行冰川和积雪的反射光谱测量,并开展了雪冰最佳遥感波段选择的研究(曹梅盛等,1982,1984;曾群柱等,1984)。经过四十多年的发展,在积雪范围制图和变化监测、雪深和雪水当量反演、融雪径流模拟与预报等方面已取得长足的发展(陈贤章等,1996;柏延臣和冯学智,1997;冯学智和陈贤章,1998;李新和车涛,2007)。全国积雪遥感学术研讨会肇始于兰州(2013),此后在南京(2015)、乌鲁木齐(2016)、长春(2017)、西安(2018)、西宁(2019)等地举办,研究队伍不断壮大。

1.2 国内外研究进展

1.2.1 积雪的特性

1)积雪物理特性

积雪物理特性包括微观结构、颗粒形状、雪粒径、雪密度、雪硬度、液态水含量/湿度、雪温、污化物浓度和雪深等。这些物理特性和大气中的雪晶形状、规模、降落过程以及雪在地表的变质过程密切相关。1954年,国际雪冰委员会依据表征积雪特征的物理参数,首次发布积雪分类标准。随着对积雪过程研究的深入,1990年,国际雪冰委员会发布了新一期的国际季节性积雪分类(Colbeck et al., 1990)。2009年,国际冰冻圈科学协会和联合国教科文组织联合发布的国际季节性积雪分类(Fierz et al., 2009),基本延续了1954年和1990年标准的框架及分类准则。每种积雪类型都是由新雪(或表层凝结霜)、细粒雪、中粒雪、粗粒雪、湿雪、深霜、聚合深霜和薄融冻冰层中的几种混合组成。

- 新雪是刚刚堆积在雪面或地面的积雪,由雪晶组成,雪晶的形状易于辨认。新雪粒径较小(<0.2 mm),雪密度较低(40~200 kg m^{-3}),属于干雪,通常很软。
- 细粒雪是处于沉陷初期的积雪,颗粒不规则,大多呈圆形,存在分岔。虽已消失原有晶体的尖削拐角和细微分岔,但是颗粒原有的形状仍能辨认。细粒雪柔软,粒径为0.2~0.5 mm,雪密度为100~500 kg m^{-3}。
- 中粒雪和粗粒雪已完全丧失原有晶体特征,颗粒不规则,近似于圆形。通常湿时很软,冻时很硬,粒径分别为0.5~1.0 mm和1~2 mm,雪密度为180~360 kg m^{-3}。
- 深霜和聚合深霜颗粒不规则,有空杯状晶体特征,有时具有台阶状或带条纹的晶面。深霜往往出现在某一个或多个不透水冰壳之下,强度很低,粒径为2~6 mm,密度为210~560 kg m^{-3}。

积雪是不稳定的物质,从堆积在雪面或地面开始,就会发生变质作用,从新雪开始,经过细、中、粗粒雪逐步变质为深霜。积雪的变质作用主要有等温变质作用、温度梯度变质作用、消融-冻结变质作用三种。

(1)等温变质作用

按热力学原理,冰晶向着减小表面积与体积之比的最小液态能方向运动。在等温下,雪晶凸面附近空气中的水汽压高于凹面附近空气中的水汽压,导致凸面附近的水汽分子要向凹面附近迁移。因此,等温变质作用引起雪粒变圆和雪粒之间形成“颈状”连接,强度增加。所有类型的雪晶都存在等温变质。

(2)温度梯度变质作用

由于被大气圈和地表包围的积雪表面和底面存在温度差异,产生水汽压梯度,导致水汽从积雪较暖部分向较冷部分扩散,迁移的次序为:固相、汽相、固相。大部分雪通过汽相输送,并凝华在新的晶体上,这种晶体称为深霜。温度梯度变质使得雪粒增大,冰骨架强度降低。

(3)消融-冻结变质作用

春季,积雪表层温度日夜变动很大,而且这种变动可以波及积雪较深部位。在温度变动引起消融和冻结的雪层中将产生消融-冻结变质作用。消融时,较小雪粒相比较大雪粒的消融温度略低,使得小颗粒先融化。一些融水保留在毗邻的颗粒之间,并且依靠表面张力将残存的雪粒粘在一起,从而产生较大的颗粒(Colbeck, 1982,1983)。

一次完整的积雪过程可分为积雪形成期、稳定积雪前期、稳定积雪后期、积雪消融期四个时期。①积雪形成期:在这一时期,随着温度的不断降低,积雪大多不发生融化,雪层中几乎没有液态水存留。在此期间,主要是压实作用,雪深有下降趋势,雪密度逐渐增大,雪粒径由于等温变质作用,逐渐趋向圆形。②稳定积雪前期:这一时期温度维持在最低阶段,并且全年的降雪集中在这一时期,雪层厚度明显增加,几乎不发生融雪现象,积雪的散失量主要为雪面蒸散发量。雪深、雪密度、雪粒径的变化和积雪形成期类似。③稳定积雪后期:基本上没有降雪现象,而此时雪层在重力作用下发生的压实作用也已基本完成。因此,雪层的雪深、雪密度基本维持不变。但是随着温度的变化,会有一部分积雪发生消融,同时会伴随着雪深、含水量、雪密度和雪粒径的变化,但并不明显。④积雪消融期:随着温度的不断升高,积雪融化的速率会加快。由于接收太阳和大气辐射的是积雪表层,因此首先融化的是雪表层。在消融-冻结变质作用下,雪表层颗粒趋于圆形并逐渐增大,雪中含水量逐渐升高。达到最低饱和度时,雪水发生下渗。当积雪下层达到最低含水饱和度时,雪层就会有明显融水出流,从而产生地表径流(Colbeck, 1983,1991; Techel et al., 2011)。

我国西北地区在大陆性气候条件下形成“干寒型”积雪,与“温暖型”积雪相比具有密度小(新雪的最小密度为 40 kg/m^3)、含水率低(隆冬期<1%)、温度梯度大(最大可达

-0.52 ℃ cm^{-1})和深霜发育层厚等特点,并且变质作用以热量交换和雪层压力变质作用为主(胡汝骥等,1985)。据中国科学院天山积雪与雪崩研究站(43°16′N,84°24′E,海拔1776 m)的观测资料,在12月中旬积雪层中的深霜颗粒已基本形成,雪层粒度结构从上而下分别为新雪(雪粒径<0.25 mm,雪密度40~100 kg m^{-3})、细粒雪(雪粒径0.25~0.50 mm,雪密度100~200 kg m^{-3})、中粒雪(雪粒径0.5~1.0 mm,雪密度150~240 kg m^{-3})、粗粒雪(雪粒径1.0~1.5 mm,雪密度190~280 kg m^{-3})和深霜(雪粒径1.5~3 mm,雪密度210~360 kg m^{-3})(王彦龙,1992;魏文寿等,2001)。

在积雪稳定期的一次降雪后,积雪剖面的新雪层厚度逐渐减小,其余各层的厚度基本保持不变。随着降雪沉积时间推移,新雪层密度的增加速率最大,细粒雪层、中粒雪层、粗粒雪层和深霜层的积雪密度增加速率依次减小,深霜层积雪密度基本不随时间变化(陆恒等,2011)。新疆西天山积雪稳定期不同下垫面的雪物理特性对比结果表明,不同下垫面条件下雪层粒径组成相似,但积雪类型的质量分数却有所不同。森林由于植被的遮挡作用,新雪质量分数最小,而由于温度偏高,水汽含量大,所以雪晶的建设性变质作用较快完成,粗颗粒雪所占比例最大。草地和森林下土壤较厚,有利于积雪和土壤间的热量和水汽交换,雪的再结晶作用过程活跃。林地的温度梯度较小,不利于底层深霜的发育。草地、水泥地、森林中深霜的厚度分别为23 cm、19 cm、6.5 cm,占总积雪深度的比例分别为47.91%、45.24%、30.23%(高培等,2012)。

积雪在消融过程中伴随着能量的转化与物质的迁移和消耗。能量的变化决定着雪层的消融与冻结,而在积雪发生相变过程中会释放或者吸收能量,从而影响能量平衡,其复杂过程可以看作能量与物质的相互耦合过程。由于太阳辐射最多只能进入积雪表层20 cm左右的厚度,因此几乎所有的能量交换都是在雪表层进行,越接近雪面能量变化越剧烈,而雪层底部的环境较为稳定。因此,一般是雪表层首先开始融化(马虹和刘宗超,1991;马虹等,1992),当达到表层最低含水饱和度时雪水开始下渗(周石硚等,2001;贺青山等,2012)。

2)积雪反射光谱特性

对积雪光谱特性的研究是进行积雪遥感识别和参数反演的基本前提。O'Brien 和 Munis(1975)在美国陆军寒区研究与工程实验室测量了积雪在可见光-短波红外区域600~2500 nm光谱范围的双向反射率,结果表明,新雪的反射率在可见光区域较高,接近1。在近红外和短波红外区域,反射率随波长迅速下降,1030 nm附近出现波谷后继续下降,1500~1600 nm波谷降至0.05以下;此后缓慢上升,1960 nm处达到0.12后又继续波动下降,这些与冰的吸收系数在该区域的明显波动有关。随着积雪的老化变质,雪粒径和雪密度逐渐增大,雪面反射率在可见光区域减小明显,但仍达到0.6以上,在近红外和短波红外区域反射率也有所减小,反射率减小的速率与老化的时间相对应。Steffen(1987)在天山一号冰川测量了积雪在500~600 nm光谱范围的双向反射率随太阳天顶角变化情况,结果表明,新雪接近于朗伯体,各向异性特征随太阳天顶角变化不大;随着雪的老化,雪粒径逐渐增大,各向异性特征逐渐加强,当太阳天顶角大于75°时更加明显。Grenfell 等

(1994)在南极点和东方站测量了300~2500 nm光谱范围的雪面反照率,并比较了太阳高度角、雪粒径和污化物浓度对雪面反照率的影响,结果表明,在紫外及可见光波段,雪面反照率可达0.96~0.98,并且不受雪粒径和太阳高度角的影响;在近红外波段,雪面反照率较低;在1500~2000 nm处小于0.15,并且对于雪粒径大小和太阳高度角较为敏感。

积雪反射率受雪粒径、污化物、液态水含量等因素的影响。Aoki等(2000)详细观测了雪粒径、污化物和雪层结构对350~2000 nm光谱范围的雪面反照率的影响。观测前两天有10 cm的降雪,从第三天开始连续采集了四天的积雪物化参数和雪面反照率,结果表明,雪层结构分层明显,自上而下分别为:新雪(粒径0.10~0.75 mm)、刻面雪(粒径0.25~1.0 mm)、深霜(粒径0.75~2.0 mm)、冰层和深霜(粒径1~3 mm)。随着时间的推移,雪表层粒径逐渐增大,同时雪密度也逐渐增大,由第三天的120 kg m^{-3}增大到第六天的250 kg m^{-3}。污化物集中在表层0~5 cm处,是气溶胶随雪的干沉降造成的。雪粒径是影响雪面反照率的主要参数,污化物对可见光区域的反照率影响明显。当入射光波长大于1400 nm时,雪面的双向反射随角度变化明显。在可见光波段,积雪反射率主要受雪面粗糙度、液态水含量和污化物浓度等影响;在近红外波段,积雪反射率主要受雪粒径大小的影响。雪粒径大小与积雪变质过程紧密联系,决定积雪的类型。Casacchia等(2002)在南极对不同类型积雪和冰的光谱特征进行了测量,结果表明,积雪的变质过程主要体现为雪粒径的增大,在350~2500 nm光谱范围内,随着雪粒径的增大,反射率均有所降低,并且反射率主要受表层积雪的影响。在可见光范围,雪的反射率较高,均大于0.6;而冰的反射率较低,且随着冰中污化物的增多,反射率降低。在近红外波段,冰的反射率持续降低,均小于0.4,波长大于1100 nm时小于0.1;而积雪的反射率仍较大,在1030 nm和1260 nm处有吸收谷,其值仍大于0.4,且随粒径的不同差异较明显;当波长大于1500 nm时积雪反射率较小,且随粒径的变化不明显。Negi等(2010)在喜马拉雅地区测量了雪粒径、污化物浓度、雪深和坡向对350~2500 nm波长范围内积雪反射率的影响,结果表明,雪粒径和老化雪的指示波长为1040~1050 nm,反射率具有明显的变化;对于污化物浓度和雪深在470 nm和590 nm处具有明显的变化;对于液态水含量在980 nm和1160 nm处变化最大。

雪面反射率的各向异性特征明显,并且与积雪类型关系较大。Painter和Dozier(2004)利用自动角度光谱观测仪经过连续两天的测量,得到细粒雪和中粒雪在太阳天顶角为41°~47°的半球-方向反射率因子(hemispherical-directional reflectance factor, HDRF)。结果表明,在后向50°观测天顶角时,细粒雪有一后向反射峰值,而中粒雪并无此特征。这是因为细粒雪仍部分保留了雪花的原始形态,雪花具有较强的后向散射特征,而中粒雪中雪花的原始形态基本消失,雪粒径趋于球形,后向散射特性不明显。在全波段,任意角度的HDRF均随粒径的增大而降低,并且HDRF的减少速率与波长呈正比,波长越长减少越多。当波长小于1030 nm时,天顶附近HDRF较大,并随着波长的增大有所减少;而当波长大于1030 nm时,HDRF随波长的增大减少更多,并随着观测天顶角的增大,减小明显。Peltoniemi等(2005)在芬兰针对不同类型的积雪测量了雪面双向反射率,积雪类型包括新雪、针状和六边形雪花、老雪和冻融雪,结果表明,积雪具有很强的前向散射特性,雪粒径在近红外波段对反射率具有明显的影响,雪粒形状对反射率也具有较明显的影响。冻融雪具有明显的镜面反射，并且1250 nm和1350 nm对液态水含量较敏感。雪面粗糙度对后向散射具有一定的增强作用。Bourgeois等（2006）在格陵兰岛测量了两种干雪的HDRF，太阳天顶角为49°~85°，波长范围为350~1050 nm。结果表明，HDRF随太阳天顶角变化较大（0.6~13），在正午时分雪面接近于漫反射体；随着太阳高度角增大，前向反射峰值逐渐增大，并且平坦雪面的前向反射峰值较有表层凝结霜的雪面反射峰值大。

我国的积雪光谱特性研究始于20世纪80年代初。曹梅盛等（1982）在乌鲁木齐河上游天山冰川试验站（43.05°N，86.49°E；海拔3820 m）测量了不同状态的积雪在380~1180 nm范围内的光谱反射曲线。各类雪面光谱反射曲线的形状和趋势基本相同，只是各部分数值大小随积雪状态及测量环境而变。典型雪面光谱曲线是在可见光区域反射率很高，一般为0.6以上，新雪可达0.95且变化很小；在近红外区域反射率明显下降，达到0.5左右，新雪亦降至0.75左右。还进行了新雪、细中粒雪和粗粒雪三种不同粒径积雪的最佳波段选择，结果表明，420~450 nm、840~910 nm、950~1110 nm可作为雪粒径区分的最佳波段。曹梅盛等（1984）分析了雪的老化、融化和再冻结作用等对积雪光谱反射曲线的影响，结果表明，老化引起雪晶粒化、粗化的过程是缓慢进行的，但融化加速了雪晶粗化，使整个波段的光谱反射率迅速下降。还分析了观测角度对反射率的影响，结果表明，干雪接近漫反射体，观测天顶角变化对光谱双向反射率影响较小，而融化过程明显影响雪的漫反射性质。根据实测资料建立积雪密度与光谱反射率之间的回归方程，得到相关性最高的波长范围为800~1100 nm。曾群柱等（1984）根据实测资料分析了若干种冰、雪的反射光谱特性及其与液态含水量、变质状态和污化物浓度的关系，并根据光谱特性的分类结果提出了最佳遥感反演波段，同时指出随着雪中液态水含量的增加会显著降低积雪的光谱反射率。刘宗超等（1988）讨论了天山西部山地积雪辐射的若干物理参量及光学特点，发现雪的反射率主要受控于两个因子：液态水含量和太阳高度角。因此，干雪的反射率仅受太阳高度角影响。由此建立积雪反射率随液态水含量和太阳高度角的变化关系，并分析得出短波辐射强度随积雪厚度的变化规律，符合指数衰减，穿透系数为0.13 cm^{-1}，反映了干寒型积雪的短波穿透性质。曹梅盛和李培基（1991）测量了新雪在380~700 nm、700~3200 nm和380~3200 nm三个波段的光谱反照率随太阳高度角、云及雪面污化的变化规律。结果表明，太阳高度角降低则反照率增加，且红外波段光谱反照率对太阳高度角更敏感；云的存在改变了天空辐射的波谱分布及有效太阳高度角，从而影响雪面反照率，要避开大范围浓云；掺有少量污染杂质时，雪面反照率明显下降，尤其在小于1000 nm波长的可见光波段，只要0.1 ppm① 的黑碳含量，即可引起新降雪反照率下降0.05~0.15。

近年来，郝晓华等（2009）观测了祁连山冰沟流域的雪密度、介电常数和液态水含量等积雪信息，得到不同粒径、不同类型和不同粗糙度的雪面光谱曲线，并与其他地物的光谱曲线进行对比。结果表明，积雪光谱反射率是雪颗粒、污化物和雪面粗糙度的函数；积雪反照率随太阳高度角升高逐步降低，在没有新降雪的情况下，日反照率也逐渐降低。姜腾龙等（2009）利用祁连山冰沟流域的积雪光谱和雪粒径实测数据分析了不同雪粒径的光谱

① 1 ppm = 10^{-6}。

曲线特征,发现 1030 nm 和1250 nm是对雪粒径较敏感的两个波长;并比较 1030 nm 的光谱吸收深度、光谱吸收面积等与雪粒径的拟合关系,发现光谱吸收面积对雪粒径有很好的指示作用。房世峰等(2010)在天山北坡进行了融雪期地物光谱特征分析,结果表明,融雪期地物光谱特征的时间变化和空间差异均较显著,下垫面存在“雪-冰-水-土壤”复杂系统的交互式影响。雷小春等(2011)分析了积雪光谱与污化物浓度的关系,发现随着污化物浓度增加,可见光波段 350~850 nm 处积雪的反射率急剧降低;在 384 nm 处,随污染物含量的增加,反射率以对数形式减小;而在 1495 nm 处,反射率以指数形式增加。郝晓华等(2012)在北疆地区测量了不同积雪比例的混合像元光谱特征,在 350~1200 nm 范围内,反射率随着积雪比例降低而降低,但这种变化并无特定规律,7/8、6/8、4/8、3/8 雪比例时反射率变化幅度较大,而 6/8、5/8、4/8 雪比例时光谱平缓降低,3/8、2/8、1/8 雪比例时反射率变化幅度较小;在 1200~1800 nm 范围内,也呈现相同规律,不同的是雪比例与反射率呈反比。

3)积雪微波散射特性

准确理解和描述积雪的微波散射机制是开展积雪范围提取、积雪状态识别以及积雪参数反演的重要基础。雷达的频率特性和极化特性,以及积雪本身性质决定了积雪的微波后向散射特性。积雪通常是非均匀介质且具有分层结构,雪层内存在多种形态:从接近空气表层的融冻层到接近地表的深霜层,雪层内的颗粒大小、形状、液态水含量和密度在垂直方向上都是变化的(Armstrong et al., 1993),这使得电磁波与积雪相互作用更加复杂。

积雪的散射回波一般由四个分量构成:空气-雪界面的面散射、雪层的体散射、雪层下垫面的面散射、雪层体散射与下垫面面散射相互作用项。对于不同的雪层表面、雪层以及下垫面参数来说,这四部分在总散射回波中所占的比重是不同的。

研究人员通过分析积雪的介电特性,探讨了在不同频率、不同入射角、不同极化方式下积雪的后向散射特性(Hallikainen et al., 1987; Baars and Essen, 1988; Ulaby et al., 1998; Singh et al., 2014)。结果表明,在干雪(空气和冰的混合物)条件下,当电磁波频率较低时,干雪的消光系数很低,雪层对于电磁波几乎是透明的,此时雪体的体散射可忽略不计,下垫面对总的后向散射起着主要的贡献;当电磁波频率较高且雪层较厚时,电磁波较难穿透雪层,此时干雪的体散射在总的后向散射中占有较高比重,下垫面的散射贡献相对较弱,总的后向散射系数对下垫面的介电常数和粗糙度不敏感;特别是当雪的厚度较大时,电磁波难以穿透积雪层,体散射会形成“覆盖”下垫面的散射。在湿雪(液态水、空气和冰的混合物)条件下,雪体的体散射分量贡献相对较小,雪面的面散射在总的后向散射中所占比重随着积雪湿度的增加而增加,此时,总的后向散射系数对雪表面的粗糙度较为敏感。Shi 和 Dozier(1995)研究发现,雪面粗糙度和雪中液态水含量是影响雷达后向散射系数的两个重要因素,雷达信号对于湿雪的敏感性大大高于干雪。积雪含水量的上升会引起吸收系数的上升以及雷达后向散射信号的下降。当积雪体积含水量小于 3%时,空气和雪之间的介电特性差异较小,总后向散射中积雪体散射占据主导地位,后向散射系数随着含水量增加而降低,对雪面粗糙度不敏感。当积雪体积含水量大于 3%时,雪面散射对总后向散射贡献开始增加,对雪面粗糙度变化敏感。

对于深度数米以内的干雪和 20 GHz 以下的雷达,相较于下垫面的后向散射能量,雪层的吸收和散射可以忽略(Leinss et al., 2015)。C 波段信号主要受土壤表面参数影响,来自积雪本身的信号占 HH 和 VV 极化信号的比例通常分别为 30%和 15%。在 X 波段,积雪后向散射信号所占比例为 60%左右,对积雪本身更敏感(施建成等, 2012)。C 和 X 波段单极化雷达可有效区分干雪和湿雪,L 波段的单极化雷达通常难以区分干雪和湿雪,但在交叉极化下湿雪的识别精度有所提高(Singh et al., 2014)。现有的合成孔径雷达(synthetic aperture radar, SAR)卫星主要工作在 C 波段,如 ERS 1/2、RADARSAT-1/2、ENVISAT、Sentinel 1A/1B 等,而 C 波段很难直接获取雪深和雪水当量(Shi and Dozier, 2000b)。X 和 Ku 波段虽然对积雪更为敏感,但可利用的卫星数据较少,仅有 TerraSAR-X、COSMO-SkyMed、Kompsat-5 等。因此,国际上新一代全球积雪雷达监测项目,如欧洲空间局计划的干旱区水文高分辨率项目 CoReH2O,美国国家航空航天局(NASA)计划的冰雪和寒区过程项目 SCLP,都采用了较高频率的 X 和 Ku 波段多极化观测的研究方案。可见,低频波段穿透深度较大、影响因素较少,但对积雪敏感性较低;高频波段对积雪敏感,但穿透深度较小、影响因素较多,波段选择需要在两者之间取舍。如果要避免雷达完全穿透以获得与积雪的相互作用信息,需要选择较高频率的波段。

雪层表面散射与雪层下垫面散射两部分均属于面散射。早期的随机粗糙面散射模型,只能描述一些极端情况。最典型的是基尔霍夫模型(Kirchhoff Approximation, KA),只能适用于频率较高和粗糙面平均曲率半径较大的条件;而小扰动模型(small perturbation model, SPM)只能适用于低频和面粗糙度不大的条件。近年发展起来的注重拓展适用范围的随机粗糙面散射模型越来越占有主导地位,应用比较广泛的是由 Fung 等(1992)提出的积分方程模型(integral equation model, IEM)。该模型能在一个很宽的地表粗糙度范围内再现真实地表后向散射情况,广泛应用于地表微波散射、辐射的模拟与分析中。IEM 模型模拟的后向散射系数与地表真实值接近,但也有两方面的不足:一是没有准确描述实际的地表粗糙度;二是处理不同地表粗糙度条件下菲涅耳反射系数的方式过于简单。而 Chen 等(2003)发展的 AIEM(Advanced IEM)模型主要针对这两个方面做了改进,能对更宽范围的介电常数、频率和粗糙度等参数的地表辐射信号进行计算和模拟。

雪层体散射考虑雪粒子的形状、大小与分布,主要有瑞利散射模型、米氏散射模型以及密集介质辐射传输模型等,其中,美国华盛顿大学 Tsang 等提出的致密介质传输模型(Dense Media Radiative Transfer, DMRT)最具有代表性(Tsang,1989;Tsang et al.,1992,2000)。在 DMRT 模型中,由于积雪粒子被处理为离散的散射体,整个积雪层可视作基于离散体的随机介质。此外,还有 Pulliainen 等(1999)建立的芬兰赫尔辛基大学积雪微波发射模型(HUT Snow Emission Model, HUT)以及 Wiesmann 和 Mätzler(1999)基于实验测量发展的多层积雪微波辐射传输模型(Microwave Emission Model of Layered Snowpacks, MEMLS),这两个模型是基于实验测量简化的经验积雪辐射模型。

在自然界中,积雪上下界面总是粗糙的,为改进对积雪上下粗糙表面的面散射与积雪层的体散射相互作用过程的建模,Shi 等(2005)提出了 DMRT-AIEM-MD 微波辐射模型,蒋玲梅(2005)、Jiang 等(2007)采用 DMRT 模型描述雪层消光和发射特性,用 AIEM 模型约束积雪下垫面的辐射传输方程的边界条件,利用多次散射的双矩阵方法求解雪层矢量辐射传输方程,发展了积雪辐射参数化算法。基于类似的思路,研究人员针对主动微波积雪遥感,发展了考虑积雪垂直分层和多次散射作用的积雪散射理论及参数化模型(Du et al., 2010)。验证表明,该模型与测量数据吻合,可用于积雪参数反演。

1.2.2 积雪遥感识别

1)高分辨率光学遥感图像积雪识别

近年来,高分辨率遥感快速发展,为制备高分辨率积雪产品提供了可能。空间分辨率的提高使得积雪遥感识别的地形效应显著、积雪表征的类内差异凸显,而且高分辨率光学传感器一般只设置全色波段和可见光-近红外波段,缺少归一化积雪指数(normalized difference snow index, NDSI)所需的短波红外波段,因而基于 NDSI 的积雪制图(snow cover mapping,SNOMAP)算法(Hall et al., 1995)等无法直接应用于高分辨率遥感图像积雪识别。此外,不同的高分辨率传感器载荷存在差异,积雪的光谱特征通常难以直接作为高分辨率遥感图像积雪识别的依据,需要根据特定的传感器设计识别算法,从而给高分辨率图像积雪识别带来了新的挑战。

目前,高分辨率遥感图像积雪识别的方法包括两类。第一类方法假设积雪反射光谱能够识别积雪,积雪识别模型建立在对积雪反射光谱精确描述的基础上。Hinkler 等(2002)参照 TM 数据的 NDSI 指数,提出了一种针对 Kodak DC50 多光谱相机的积雪指数 RGBNDSI。该方法通过对图像波段的分析选取短波红外的替代波段进行积雪识别,但替代波段的选取依赖于多光谱数码相机的参数。此后,Hinkler 等(2003)以地面实测光谱为基础,针对 Tetracam 多光谱相机设计了归一化差值雪冰指数(normalized difference snow and ice index,NDSII)指数。NDSII 不仅可以用来区分积雪与非雪地物,还可以对不同类型的积雪进行区分。理论上积雪的 NDSII 大于 0,且积雪的老化程度越深,NDSII 的数值越大。这类方法存在的主要问题是:需要全面准确地获取不同状态积雪的反射光谱;对于不同状态的积雪,其反射光谱类内差可能大于积雪与其他类型的类间差;受高分辨率传感器载荷和成像条件差异影响,积雪反射光谱与图像的光谱表征存在较大的差异,基于积雪反射光谱的结论在高分辨率遥感图像中不一定仍然适用。第二类方法通过分类技术实现积雪识别。Kim 和 Hong(2012)认为,平坦地表积雪在高分辨率遥感图像中与其他地表覆盖类型差异较大,直接使用迭代自组织数据分析(ISODATA)聚类算法从 IKONOS 图像获取南极积雪覆盖信息。白磊等(2012)使用 *k*-Means 算法对高分辨率数码相机中的阳坡积雪信息进行提取,Czyzowska-Wisniewski 等(2015)采用人工神经网络方法对 IKONOS 全色波段的高山森林地区积雪进行识别,均取得了较好的结果。Zhu 等(2014)针对山区阴影对积雪识别的影响以及缺乏积雪识别的有效特征的问题,通过特征选择算法获取积雪识别的最优特征,然后在积雪识别过程中将阴影区积雪和非阴影区积雪作为独立类别,构建决策树进行识别。在大量有标记样本存在的情况下这类方法能够取得较好的效果。然而，高质量的样本通常难以获取，且基于分类技术的识别算法过度依赖样本，基于特定图像构建的积雪识别模型难以应用到其他图像。

目前，遥感图像的时空分辨率不断提高，但从多时相遥感图像中快速、准确、经济地获取需要的信息仍然十分困难。对于多时相高分辨率遥感图像分类与识别，监督分类被证明是最为有效的方法。然而，它需要针对每一时相图像分别选取大量有标记样本，这需要耗费高昂的人力和时间成本，而且由于人机交互解译的质量难以控制，选取大量有标记样本时容易出现错误的样本。这种样本数量或质量不充分条件下的遥感图像分类问题被称为不适定问题(Baraldi et al., 2005)。目前，机器学习领域对该问题已有较为充分的研究，半监督学习被认为是解决不适定问题最有效的方法之一。此外，受大气状况、地表覆盖、成像条件等变化的影响，不同时相的图像中同一类别的分布存在差异，甚至类别空间也发生了变化，这一现象即数据偏移问题(Demir et al., 2013)。由于数据偏移问题的存在，一个时相的训练样本无法直接应用于另一个时相，将某一时相训练得到的分类器直接应用于其他时相难以得到满意的效果，且易导致图像表征发生变化的同一地物在不同时相上被错分为不同类型，造成多时相分类结果的不一致。在不考虑时间和人力成本情况下，每幅图像的有标记样本数量越充足，数据偏移现象的存在对分类的影响越小。因此，多时相遥感图像分类技术试图通过挖掘未标记样本的信息来降低对有标记样本的依赖，包括基于半监督学习的方法和基于迁移学习的方法。

机器学习领域的4类半监督学习泛型均已应用到遥感图像分类。第一类为基于生成式模型的半监督学习，通常以生成式模型为分类器，用最大期望算法估计参数(Nigam et al., 2000;Fujino et al., 2005)。这类泛型最早出现在遥感领域并得到应用(Jackson and Landgrebe, 2001)。第二类主要假设数据满足聚类条件且存在较低的概率密度分布区域，利用有标记和未标记样本最大化边界训练分类器，常用的包括TSVM(Joachims, 1999; Vapnik, 1999)和S4VM(Li and Zhou, 2015)。这类算法也广泛应用于遥感图像分类(Bruzzone et al., 2006;Gómez-Chova et al., 2008)。第三类为基于图正则化框架的半监督算法，通常利用训练样本间的相似性建立图，然后定义目标函数，以目标函数在图上的光滑性作为正则化项，获取模型参数(Blum and Chawla, 2001;Camps-Valls et al., 2007)。第四类为多视图协同训练算法，根据不同的属性集合将数据集划分成多个子集，将每个子集作为一个视图，利用不同视图之间的差异，在多个视图上通过相互学习改善分类器性能(Tan et al., 2015; Romaszewski et al., 2016)。然而，在遥感领域，半监督学习多局限于单一时相的遥感图像分类应用，以减少对标记样本数量和质量的依赖。面对多时相遥感图像分类任务时，尚缺少能有效地应对不同时相之间的数据偏移的半监督学习框架，来实现小样本条件下的多时相分类与识别。

迁移学习特别是域自适应学习是应对数据偏移问题的主要方法(Matthew and Peter, 2009)。在域自适应学习中，训练样本所在分布被称为源域，而测试数据所在的分布被称为目标域。利用两者的相似性，将在源域上得到的知识迁移到目标域，实现对已有知识的利用，从而减少样本的使用。基于域自适应的多时相图像分类技术利用有标记样本在某个图像上训练分类器,然后利用该分类器和其他图像的未标记样本实现对其他图像的分类。因此,仅需要一个图像拥有充足的样本就能够实现多时相遥感图像的分类。此外,通过图像局部样本构建的分类模型,通过域自适应技术也将提高该模型的泛化能力。例如,Matasci 等(2011)通过特征提取和选择获得在源域和目标域差异较小的特征空间,实现由源域训练的分类器在目标域的直接使用;Bahirat 等(2012)考虑不同时相遥感图像可能发生的类别变化,提出了一种域自适应的贝叶斯分类器;Ye 等(2017)提出一种基于字典学习的特征级域自适应方法。然而,利用迁移学习进行多时相遥感图像分类,虽然能有效利用未标记样本应对数据偏移问题,但受源域的分类结果影响较大,且源域的分类仍然需要大量标记样本。

2)高分辨率雷达图像积雪识别

光学遥感传感器在获取地表信息时,依赖光照且无法避免云雾的影响,这就造成了无法获取云下地表信息(Yang et al., 2014)。而山区积雪覆盖区域更易受云雾影响,光学遥感技术因此受限。雷达技术具有穿透云层、全天时全天候、不受光照影响等优势,且对积雪物理参数敏感,为山区积雪识别和监测提供了新的手段。随着遥感技术的发展,SAR 系统的空间分辨率、时间分辨率不断提高,朝着多频率、多极化、多角度、多平台、多模式的方向发展,为积雪识别提供了更为丰富的手段(郭华东和李新武, 2011)。

从 1978 年 NASA 成功发射第一颗用于海洋监测的 L 波段星载 SAR 卫星 SEASAT 开始,SAR 就引起了众多科学家的重视。随后,大量机载和星载 SAR 系统相继投入使用,探测到的地物信息也越来越丰富。例如,早期星载单极化 ERS-1/2、JERS-1、RADARTSAT-1,到多极化 ENVISAT ASAR、ALOS-PALSAR、COSMO-SkyMed,全极化 SIR-C/X-SAR、TerraSAR-X/TenDEM-X、RADARSAT-2,以及近年来发射的高分辨率全极化 ALOS-2、Sentinel-1 A/B 系统,反映了 SAR 技术的蓬勃发展。我国于 2016 年发射 GF-3 卫星,搭载空间分辨率为 1 m 的 C 波段 SAR 传感器,标志着国产高分辨率雷达遥感技术的进步。高分辨率、多频率、全极化的 SAR 数据为地物识别和信息提取提供了丰富可靠的数据源。然而,目前针对极化 SAR 的数据处理、信息提取和认知机理还有很大的提升空间,SAR 数据的复杂成像系统、微波辐射特性、统计模型和 SAR 本身受相干斑噪声影响的缺点为 SAR 数据处理带来了很大的困难,因此如何充分利用 SAR 图像的优势,降低相干斑噪声的影响,探索地物信息的提取方法是目前研究的重点。

早在 20 世纪 80 年代就有学者利用 SAR 进行积雪识别和监测(Mätzler and Schanda, 1984; Schanda et al., 1983; Stiles and Ulaby, 1980)。SAR 数据的极化特征和散射特性对积雪介电常数、表面粗糙度、雪层含水量、雪粒径非常敏感,为探测积雪提供了有效手段(Ulaby and Stiles,1980;Ulaby et al.,1986; 施建成等, 2012)。因此,国内外许多学者都开展了 SAR 成像机理的研究,并将其应用到积雪识别中。目前,主要利用多波段、多极化、多时相 SAR 数据获取其后向散射特性、相干性或极化目标分解特性,对积雪进行识别。主要识别技术可分为以下四类:单极化多时相 SAR 变化检测技术、多频多极化 SAR 数据分类技术、重复轨道 SAR 干涉测量技术、PolSAR 极化分解技术。

(1)利用单极化多时相 SAR 变化检测技术识别积雪

由于湿雪中的液态水导致介电常数增加,后向散射信号急剧下降,使得湿雪与干雪能够很好地区分开来。同时,湿雪的后向散射系数低于裸土等其他地表类型,利用这一特性可以获取湿雪覆盖面积。Baghdadi 等(1997)利用多时相 ERS-1 数据对加拿大魁北克某农业区进行湿雪制图,分析了 25 个样地不同时期的后向散射系数变化,得知无雪和干雪表面的后向散射系数相对较高(约为-10 dB),湿雪的后向散射系数相比两者要低 3 dB。因此,利用相同地区不同时期的湿雪与无雪/干雪条件下的后向散射系数变化,可以提取湿雪覆盖面积。Magagi 和 Bernier(2003)利用 RADARSAT VV 极化数据进行积雪面积制图,发现干雪与湿雪后向散射系数的差值为-1 dB,并针对不同入射角、雪水当量和表面粗糙度等因素分析了其原因。Pettinato 等(2005)利用多时相 ERS SAR 和 ENVISAT ASAR 数据,结合模型模拟和先验信息进行积雪制图,分析了不同时相的后向散射系数,将湿雪期图像与干雪期图像进行对比,设置阈值为-3 dB 识别湿雪。Schellenberger 等(2012)利用多时相 COSMO-SkyMed 数据,通过湿雪期与无雪期的后向散射系数比值和误差概率进行湿雪制图。针对不同的土地覆盖类型设置了不同的阈值,同时利用误差概率来限制最大误差,并与 Landsat ETM+图像识别结果进行对比,两者识别结果相似。Besic 等(2015)通过分析湿雪和干雪的后向散射系数比与局部入射角之间的函数关系,引入空间相关性,使比值范围指示积雪出现的可能性,最后通过置信度将湿雪概率图转化为二值图。也有学者利用湿雪后向散射变化这一特点,通过多时相 SAR 数据变化检测来识别林带积雪(Pulliainen et al., 2003),与同时期光学影像或实测数据相比有较高的一致性。然而,针对不同波段的 SAR 数据,湿雪与无雪/干雪时期的后向散射系数比值的阈值有所不同,需要根据不同频率、不同入射角和不同土地覆盖类型来决定。

(2)利用多频多极化 SAR 数据分类技术识别积雪

低频单极化数据只能进行湿雪制图,限制了积雪制图的发展,多频多极化数据为积雪识别创造了新条件。利用多极化后向散射系数可以使表面粗糙度和积雪体散射对反照率的影响最小化,从而可以区分散射表面的物理机制(Chen et al., 1995; Shi et al., 1994)。Shi 和 Dozier(1997)针对多频多极化 SIR-C/X-SAR 数据的散射特性,提出了两种决策树分类器,对阿尔卑斯山地区进行季节性积雪制图。第一种分类器是根据后向散射系数强度、不同频率比值等特征识别干湿雪,将该方法的结果与同时期 TM 数据积雪分类二值图进行比较,精度约为 TM 数据积雪识别结果的 79%,由于混合像元的存在导致低估了积雪范围。同时,该方法需要高精度数字高程模型(digital elevation model, DEM)来进行地形校正,以降低局部入射角的影响。第二种分类器则是根据散射极化特性和不同频率的后向散射系数比识别湿雪,该方法不需要 DEM,与同时期 TM 数据积雪分类二值图比较,精度约为 77%,同样低估了积雪面积。Floricioiu 和 Rott(2001)分析了湿雪、冰川、植被、裸岩等地物在 SIR-C/X-SAR 数据和 AIRSAR 数据下的散射特征，选择光谱、去极化比值和 HH 与 VV 相关系数等级作为特征向量进行分类，验证了多频多极化 SAR 数据在山区地表分类中的应用潜力。Martini 等(2004)利用 C 波段和 L 波段的多极化 SAR 数据识别阿尔卑斯山地区的干雪，选择以表面散射为主的夏季 L 波段数据和以体散射为主的冬季 C 波段数据，利用有监督的极化对比度增强方法，根据统计分析设置阈值来识别积雪，将该方法与最优极化对比度增强方法比较，该方法具有更好的识别效果和更高的鲁棒性。

(3)利用重复轨道 SAR 干涉测量技术识别积雪

同一区域不同时期的重复轨道 SAR 干涉测量(SAR interferometry，InSAR)技术可以提供高分辨率数字高程模型，也可以提供地表变化的时序信息，进而利用相干性进行地物识别。由于降雪时期与无雪时期地表覆盖不同，使得相干性发生变化，通过该特征可以识别出积雪。但 InSAR 技术对基线的要求很高，需要有较短的时间基线和适合的空间基线，否则会造成失相干，导致无法进行干涉测量，因此需要选择合适的干涉像对来进行 InSAR 处理。Shi 等(1997)选择无雪与有雪时期的两幅重轨 SAR 图像，根据相干性的变化识别出积雪，该算法简单易行且不需要高精度的 DEM，对大尺度积雪制图有很好的效果。当雷达图像入射角较小时(如 20°)，表面粗糙的湿雪和干雪在 C 波段 ERS SAR 数据上具有相似的特性，因此仅利用单极化低入射角的后向散射强度无法识别湿雪，Strozzi 等(1999)利用无雪和下雪时期重轨 SAR 数据的相干性则能很好地克服这一缺点，进行雪盖制图。李震等(2002)根据积雪覆盖后的地面相干性发生很大变化这一特征，利用四景重复轨道 ERS-1/2 SAR 图像干涉测量，将积雪与其他相干性较高的地物区分开来，对昆仑山地区进行积雪制图。Wang 等(2015)利用横断山脉中部达古冰川的多时相重轨 ALOS PALSAR 数据，结合 DEM 数据和 MODIS 地表温度数据，利用多时相 InSAR 的相干性识别积雪的变化，并进行积雪变化范围的估算，与光学图像相比总体精度大于 71%。

(4)利用 PolSAR 极化分解技术识别积雪

相比单极化 SAR 数据，极化 SAR(polarimetric SAR，PolSAR)数据提供了更为丰富的地物信息，可以描述地物的散射机制(Lee and Pottier，2009)。Longépé 等(2009)针对 L 波段 SAR 数据不能用简单的阈值区分干湿雪这一现象，将 H/A/Alpha 分解、Freemen 三分量分解得到的参数和三种极化方式下的后向散射系数作为特征向量，利用支持向量机(support vector machine，SVM)分类器进行监督分类，识别干雪、湿雪和无雪区域。Venkataraman 等(2010)利用全极化 L 波段 ALOS PALSAR 数据识别积雪，通过对相干矩阵进行极化分解，根据该矩阵的特征值计算极化率，建立雷达积雪指数进行积雪识别，并将该算法与四分量 Wishart 监督分类和 H/A/Alpha-Wishart 监督分类进行比较，该算法识别积雪效果更好，具有更高的鲁棒性。Singh 等在此基础上补充了更为丰富的极化分解方法，提取不同的参数描述喜马拉雅山地区的积雪特征，包括后向散射系数、交叉极化和同极化后向散射系数比、H/A/Alpha 分解、Yamaguchi 四分量分解、极化率值,通过阈值和监督分类进行积雪识别,证明了极化 SAR 数据对山区积雪识别的有效性(Singh and Venkataraman,2012;Singh et al.,2014)。Huang 等(2011)提出了基于极化 SAR 目标分解和 SVM 分类方法识别积雪、冰川、冰面岩屑和雪线,提取的极化特征包括后向散射系数、Pauli 分解参数、H/A/Alpha 分解参数,然后利用 SVM 分类器进行监督分类,该算法对湿雪的识别精度高达 96.76%。目前,利用极化分解的方式进行积雪识别是研究的热点,如何利用极化分解的参数表征积雪,利用机器学习的方法进行积雪识别还有待进一步研究。

总体来说,利用 SAR 图像识别积雪主要是根据不同频率、不同极化方式下的地物散射特性来研究积雪的表征,选择合适的图像处理方法进行雪盖制图。因此,研究积雪的散射特性、极化响应特征和物理特性,并研究适合 SAR 数据的图像处理方法尤为重要。目前,积雪识别的方法仅利用 SAR 图像自身特征,而未利用图像空间上下文信息。同时,SAR 图像受相干斑噪声影响较大,滤波处理未能完全去除噪声的影响,同时滤波的过程也会损失一部分信息,因此积雪识别结果较为破碎。

1.2.3 积雪参数遥感反演

1)积雪深度 SAR 反演

积雪深度(简称雪深)是全球能量平衡模型的重要输入变量,也是计算雪水当量的重要参数。雪深的获取是气候、水文和水资源研究的重要问题,雪深的时间和空间分布是积雪累积、融雪径流模拟、牧区雪灾监测、雪崩预测等模型的关键因素(柏延臣等, 2001; 车涛和李新, 2004)。然而,雪深的遥感反演目前仍是一项具有挑战性的工作,因为在空间尺度上,雪深及其分层具有极大的空间异质性;在时间尺度上,雪深具有典型的季节性变化;在微观尺度上,冰粒大小、形状甚至排列方向都依雪深和时间而变化(Leinss et al., 2014)。目前,雪深 SAR 反演方法主要有以下三类:基于积雪物理模型的反演方法、基于差分干涉测量的反演方法、基于积雪热阻原理的反演方法。

(1)基于积雪物理模型的反演方法

积雪的后向散射信号由多方面参数决定,包括传感器参数、积雪参数、下垫面参数等,难以根据有限的观测数据建立雪深估算的半经验模型,需要建立具有物理意义的积雪微波辐射传输模型(Shi, 2008)。为准确反演积雪参数,必须分离后向散射中的雪下地表散射项。具体方法为:结合地面实测数据建立正演模型,模拟不同频率和极化方式下积雪的后向散射特性,分离对雪深贡献的后向散射系数,得到积雪的衰减系数,从而获取雪深。

考虑到单一频率和单一极化方式的局限性,Shi 和 Dozier(2000a, 2000b)发展了利用多波段(L、C、X)和双极化(VV 和 HH)SAR 数据反演雪深的参数化模型,分别采用致密介质传输模型(DMRT)和积分方程模型(IEM)描述体散射项和面散射项,模拟多种传感器参数和积雪参数条件下的后向散射系数，简化方程中未知参数个数，建立后向散射系数与雪深之间的半经验模型。利用L波段VV和HH极化数据估算雪密度和雪下地表的介电常数与表面粗糙度，在最小化雪下地表后向散射影响的条件下，利用C波段和X波段数据估算雪深和雪粒径。Shi(2004, 2006)考虑到C波段测量的散射信号主要来自土壤表面，而X波段或更高频率的数据对积雪本身更加敏感，提出利用X和Ku波段双极化SAR反演雪水当量的方法，通过二阶散射模型的模拟分析，用去极化因子剥离了积雪体散射信号。Du等(2010)建立了多层积雪的多次散射模型及其参数化后向散射模型，证明了参数化模型在雪水当量反演中的适用性。

(2)基于差分干涉测量的反演方法

利用后向散射的相位信息可增强雷达系统的探测能力。SAR干涉测量(InSAR)利用两副天线或同一天线重复飞行对同一区域进行两次成像，经配准后生成干涉相位(即相位差)和相干系数，利用干涉相位提取地面目标的三维信息(Cloude and Papathanassiou, 1998)，应用于DEM生成，以及地震、火山、冰川、地表沉降、海洋等物理参数获取；相干系数则应用于地物分类与特征识别、植被高度与生物量的反演等(郭华东等, 2002)。

SAR差分干涉测量(DInSAR)利用雷达两次成像获取同一区域的相位经过差分干涉得到地表形变信息，包括两轨法、三轨法和四轨法。其中，两轨法首先由两幅雷达影像形成干涉对，生成既包含地表形变信息又包含地形因素的干涉图，然后根据DEM反演地形相位并从干涉相位中予以去除，最后得到仅包含地表形变信息的干涉图。对于干雪覆盖的地表，SAR信号的主要来源为雪下地表散射，因此SAR信号穿透积雪引起的干涉相位与雪深相关。

Guneriussen等(2001)发现，无雪期和干雪期的SAR干涉相位与雪深存在线性关系，运用重轨SAR数据进行差分干涉，可反演雪深信息(Engen et al., 2004; Deeb et al., 2011)。当雷达波穿透干雪时，在空气-雪界面发生折射，引起传播路径变化，形成由积雪导致的相位延迟(Kumar and Venkataraman, 2011)。通过干涉测量从总相位中分离出积雪相位，根据积雪相位与雪深的几何关系即可反演雪深。然而，两期干涉数据的积雪特性的细微变化都将改变干涉相位，引起DEM误差的显著增加，相应地影响积雪差分干涉结果。而湿雪的存在导致严重的失相干，使得DEM的精度更低。此时，可在无雪期和湿雪期分别进行干涉测量获取DEM，然后通过DEM差值来获取湿雪的深度(Leinss et al., 2015)。

雷达干涉测量的相干性是由干涉像对的时间间隔、空间基线、地形效应、系统噪声四个方面的因素决定的。因此应尽可能选取时间间隔短、前后有雪和无雪的数据，间隔期内雪盖变化很大而其他地物变化不大的影像最为理想(李震等, 2002)。例如，Leinss等(2015)利用地基雷达获取间隔为4小时的高时间分辨率数据进行差分干涉测量，相干系数保持在0.99以上。此外，不同波长的干涉测量精度不一样，越短的波长精度越高，对雪深更敏感(Storvold et al., 2006)。但是对于重复轨道，波长越短，受时间去相干的影响就越严重。

(3)基于积雪热阻原理的反演方法

雪水当量是指当积雪完全融化后得到的水形成水层的垂直深度,等于雪密度与雪深的乘积,是表征积雪水资源量的重要指标。EQeau[①] 模型是 Bernier 和 Fortin(1998)针对加拿大魁北克 Eaton 河流域的浅雪地区首次提出的雪水当量反演模型。该模型首先利用积雪热阻与雪深、雪密度的物理关系,将决定雪水当量的雪密度和雪深转换为雪密度和积雪热阻;然后基于积雪热阻与冬秋季后向散射系数比之间的物理联系,利用地面实测积雪参数与同步 C 波段 SAR 数据,建立了积雪热阻与冬秋季后向散射系数比之间的半经验表达式;最后,利用这一半经验表达式和冬秋季后向散射系数比来反演积雪热阻,进而反演雪水当量。

目前,EQeau 模型已在加拿大多地进行了应用实践,取得了较好的效果(Bernier et al., 1999; Dedieu et al., 2003; Corbane et al., 2005)。例如,Gauthier 等(2001)利用 EQeau 模型和RADARSAT-1数据反演加拿大 La Grande 河流域的雪水当量分布,并论证了其在当地水电站中业务化应用的可能性。Turcotte 等(2001)探讨了 EQeau 模型与分布式水文模型 Hydrotel 相结合的方法,以提高春季融雪径流模拟精度。Chokmani 等(2006)针对 EQeau 模型表达式中的模型系数、后向散射系数比和积雪密度对模型进行了不确定性分析,并分析了它们对模型应用的影响。

EQeau 模型只需结合地面实测数据和积雪前后两期 C 波段 SAR 数据即可实现雪水当量反演,模型简单,计算高效,既没有基于理论模型的反演算法对多频多极化数据的需求,也没有 InSAR 技术对两期 SAR 数据严格的轨道基线要求,不存在失相干的问题,更具实际应用价值。但 EQeau 模型仍然存在问题,如秋冬季地表湿度的变化,严重限制了模型的应用效果和反演精度的提高。分析 EQeau 模型影响因素,探讨山区复杂地形与下垫面条件下的模型参数优化方法,是 EQeau 模型应用亟待解决的问题。

2)积雪湿度 SAR 反演

雪中液态水含量(也称为积雪含水量,或积雪湿度)指积雪雪粒孔隙间的含水状态,是表征积雪消融过程的重要指标,其时空变化信息对融雪径流预报、区域气候变化研究有重要意义。由于积雪物理模型的表达形式复杂,无法清晰描述积雪含水量与后向散射系数之间的函数关系,同时又很难利用有限的同步观测数据建立用于反演积雪含水量的有效模型,因此需要利用理论模型模拟不同积雪参数和雷达参数的后向散射系数,基于该模拟数据集建立半经验反演模型。半经验模型基于前向模型,通过模拟或实验来减少、调整或优化理论模型参数,是对理论模型的简化;同时半经验模型与经验模型相比,不受试验地点的约束,也是对经验模型的改进。积雪含水量反演模型研究中比较有代表性的半经验模型有 Shi 等(1993)模型、Shi 和 Dozier(1995)模型。

---

① 法语 EQuivalence eau 的简写,意为水当量。

利用C波段的AIRSAR数据,Shi等(1993)发展了一种积雪含水量反演算法。考虑到湿雪的后向散射主要来自空气-雪界面的面散射以及雪层中的体散射,用小扰动模型模拟湿雪面散射部分,后向散射可以表示成湿雪的介电常数和雪面粗糙度的函数。雪面粗糙度通常是用均方根高度、表面相关长度等函数表示。不同极化的面散射之比可消除雪面粗糙度对后向散射的影响。同时,假定积雪均为随机分布的球形雪粒,积雪体散射部分的后向散射是介电常数、体散射反照率(取决于雪的密度、湿度、颗粒大小及形状、颗粒大小的变化)的函数。发现体散射反照率仅依赖于局部入射角、介电常数而独立于极化方式,不同极化之比可消除体散射反照率对其的影响。最终未知参数可减少到只剩介电常数。再根据介电常数与含水量的经验公式可估算积雪含水量。

针对SIR-C/X-SAR的数据特征,Shi和Dozier(1995)进一步发展了反演积雪含水量的算法。采用一阶体散射模型和表面后向散射模型分别简化体散射系数和面散射系数,未知参数可减少为4个:介电常数、体散射反照率、雪表面均方根高度和雪表面相关长度。根据积分方程模型生成模拟数据集,考虑了大范围的粗糙度变化情况。该数据集模拟了所有可能的含水量、雪密度、雪粒径和雪面粗糙度等条件下的后向散射系数。提出了简化的面散射模型,使表面粗糙度对极化数据的影响减至最小,并用于描述不同极化数据之间的关系,进而给出介电常数表达式。体散射部分简化同Shi等(1993)模型。该模型消除了雪面粗糙度和体散射反照率等参数,以局部入射角作为模型输入参数,可反演获取积雪介电常数。算法的适用范围为入射角25°~70°,雪表面均方根高度小于0.7 cm,雪表面相关长度小于25 cm。基于该算法利用多极化C波段机载SAR数据得到积雪含水量反演结果,与野外地面实测数据比较,在95%置信区间内误差为2.5%。Shi(2001)针对C波段ASAR双极化数据,采用二阶体散射模型,生成了更大范围的雪面粗糙度变化情况的数据集,通过分解面体散射信号,发展了利用各散射分量反演积雪含水量的模型。

Singh等(2006)在Shi等(1993)算法的基础上,利用ASAR数据,基于湿雪的后向散射主要来自雪面面散射以及雪体体散射的理论,用物理光学模型(physieal optics model, POM)模拟湿雪面散射部分,建立了只包含介电常数和局部入射角的反演模型,并进一步根据介电常数与含水量的经验公式得到积雪含水量。与地面同步观测资料比较,雪表层含水量的反演结果在95%的置信区间达到0.8的拟合精度。此后,Singh和Venkataraman(2007,2010)在Shi和Dozier(1995)算法的基础上,进一步发展了C波段和X波段多极化SAR反演积雪含水量的算法,结果与地面同步观测的平均绝对误差为2.3%,X波段新算法反演结果绝对误差为2.14%。

已有的研究表明,积雪散射机制决定了在不同的入射角和雪面粗糙度条件下,SAR后向散射系数与积雪含水量之间的关系有很大的不确定性,因而无法通过统一的方法获得可靠的统计估算模型。如何结合地面同步实测数据,在理论模型基础上,发展简明实用的模型仍需进一步研究。

1.3 主要研究内容

1.3.1 GF-1卫星图像质量评价

卫星图像质量与其对地观测能力息息相关。利用天山玛纳斯河流域典型积雪区GF-1卫星全色多光谱(panchromatic multispectral,PMS)图像与相同区域、相近时间(2天内)成像的国外同类高分辨率卫星SPOT-6和RapidEye图像进行质量比较,评价GF-1卫星在高海拔山区的图像辐射质量和积雪识别能力,为GF-1卫星的应用以及后续高分系列卫星载荷的研制提供参考。首先利用图像统计特征、平均梯度、信息熵和信噪比(SNR)指标对三种高分辨率卫星图像的辐射质量进行比较,结果表明,GF-1卫星在高海拔山区的图像辐射质量已经基本达到了国际同类卫星的水平,部分指标甚至显著优于其他卫星,但在辐射量化级数和传感器所接受辐射能量范围方面还有一定差距,在部分积雪区域会出现过饱和现象。进一步根据支持向量机(support vector machine,SVM)的分类结果比较三种高分辨率卫星图像在高海拔山区的积雪识别能力,采用分层随机方法生成训练样本和验证样本,利用总体精度、生产者精度、使用者精度和F值四种指标评估积雪识别精度,结果表明,三种高分辨率卫星图像都能较好地识别出研究区的积雪,而GF-1卫星在研究区的积雪识别能力优于SPOT-6和RapidEye卫星。

1.3.2 GF-1卫星积雪识别

地形效应是影响高分辨率山区积雪识别的主要因素,使得处于山体阴影区的不同地物的图像响应特征十分相似,给山体阴影区的积雪准确识别带来困难。因此,计算处于坡面的像元接收的总辐照度,结合数字高程模型与大气辐射传输模型对高分辨率遥感图像进行综合辐射校正,削弱地形与大气对积雪识别的影响。此外,处于不同坡度、坡向的雪面像元反射率差异较大,而且积雪具有明显的前向散射特性,故除地形效应外,还应考虑雪面的方向反射特性。因此,采用各向异性校正与地形校正相结合的方法,将不同坡面方向的雪面反射率转换至平坦地表垂直观测方向上的雪面反射率,削弱地表方向反射特性对积雪识别的影响,为山区积雪高分辨率遥感识别奠定基础。

由于目前高分辨率卫星传感器的波段设置缺少积雪光谱强吸收的短波红外波段,导致NDSI不适用于高分辨率遥感图像的积雪识别。利用16 m分辨率的GF-1卫星宽视场成像仪(Wide Field of View,WFV)图像、同步光谱测量数据,根据可见光波段和近红外波段建立高分积雪指数(GF-1 snow index, GFSI)。通过对积雪与非积雪像元在各波段的类间可分性比较分析,确定蓝波段是可见光波段中适合高分积雪识别的最佳波段。最后通过双峰阈值法确定积雪识别的最佳阈值,对GF-1卫星WFV图像使用GFSI进行积雪识别,有效提取高分辨率遥感图像的积雪覆盖范围及新雪/陈雪范围。

为了从多时相遥感图像中快速识别积雪,引入机器学习中的协同训练多视图概念,以每一图像作为一个视图,构建多时相积雪的多视图。将协同训练从单一图像分类扩展到多时相分类,通过积雪多时相表征偏移实现协同训练。并根据多时相遥感图像协同训练的特点,提出未标记样本的选择方法。利用协同训练构建多时相积雪识别模型,通过积雪识别频次图和测试样本集评价三个时相的 GF-1 卫星 PMS 图像积雪识别结果,并分析多时相图像的时相组合与空间匹配误差对协同识别的影响。

1.3.3 GF-3 卫星积雪识别

雷达技术使得大面积重复观测、全天时获取区域尺度的积雪信息成为可能,即使在气候条件恶劣的情况下,也能进行有效观测。以 GF-3 卫星全极化数据为例开展积雪识别研究,以弥补光学遥感受云遮盖影响的不足。利用 GF-3 卫星数据识别积雪,首先需要获取用于识别的特征。极化分解理论将地物的后向散射信号分解为不同的散射分量,形成诸多极化特征。使用 5 种相干或非相干极化分解方法,得到 18 个极化特征;加上 GF-3 卫星数据的 4 种极化的后向散射系数,共计 22 个特征。获得识别的特征以后,使用最大似然法、SVM、BP 神经网络和随机森林等分类方法识别积雪。结果表明,使用随机森林方法的积雪识别结果精度最高。利用该方法计算特征的重要性,获得每一特征加入分类时积雪识别精度的变化规律。结果显示在使用重要性最高的 3 个特征时识别精度已达到使用 22 个特征时的识别精度,其中 HH 极化、VV 极化和 H-A-$\overline{\alpha}$极化分解的第三分量平均散射角可以作为积雪识别最优的特征子集。从积雪识别精度的变化规律还发现,同极化后向散射系数对识别的贡献比交叉极化的贡献大。进一步结合光学与雷达影像选取训练样本,利用 SVM 分类器识别积雪干湿状态,为积雪消融过程监测提供科学支撑。

1.3.4 GF-3 卫星积雪参数反演

积雪深度作为积雪的重要参数之一,其空间分布和时空变化对于气候变化研究、水资源管理、积雪灾害预警等都有着极为重要的意义。基于积雪深度与极化相位差异的关系,利用极化干涉测量方法获取积雪深度具有重要的研究价值。C 波段雷达波能够穿透干雪,并在雪-空气界面发生折射,导致传播路径发生变化。利用阿尔泰山克兰河流域积雪积累期 C 波段全极化 GF-3 卫星数据以及地面同步观测数据、DEM 数据和土地覆盖数据,探讨了国产高分辨率 SAR 数据在雪深反演中的应用潜力。基于积雪微结构及其微波极化特性,构建同极化相位差(co-polarized phase difference, CPD)的正演模型,分析不同雪深导致的 CPD 变化,并进行模型敏感性分析,探讨利用 C 波段 SAR 数据 CPD 进行山区雪深反演的有效性,反演研究区雪深,并对反演结果进行分析。

积雪湿度作为积雪重要的物理特性之一,是融雪水出流的重要条件。积雪中液态水的出现表征着积雪融化过程的开始,其时空变化对融雪径流预报、区域气候变化研究具有重要意义。利用阿尔泰山克兰河流域积雪积累期C波段全极化GF-3卫星数据以及地面同步实测数据探讨了国产高分辨率SAR数据在积雪湿度反演中的应用潜力。通过分析积雪的微波特性,确定C波段的积雪后向散射的主要影响因素以及积雪主要后向散射分量组成。再利用面、体散射模型以及极化分解技术建立积雪湿度反演模型。研究考虑了山区复杂地形条件下的入射角和粗糙度范围,提高了模型的适用性,同时充分利用了交叉极化在反演中的作用。通过反演值与地面同步实测值的对比,发现两者有很高的相关性,说明该方法具有较高的反演精度,国产GF-3卫星数据在积雪湿度反演中拥有较大的应用潜力和价值。

表1.1 高分辨率卫星积雪探测能力评价

卫星类型	探测参数	方法	精度	限制
高分辨率光学卫星	积雪范围	高分积雪指数	93.2%(OA)	复杂地形影响大
	新雪/陈雪范围	双峰阈值法	82.0%(OA)	对阈值变化敏感
	多时相积雪范围	多视图协同训练	0.91(F-score)	计算复杂度高
高分辨率极化雷达	积雪范围	极化特征优选	F-score=0.86	样本选取较困难
	干雪/湿雪范围	支持向量机	76.1%(OA)	样本选取困难
	积雪深度	同极化相位差	5.53 cm(RMSE)	雪层结构影响大
	积雪湿度	散射模拟模型	4.00%(MAE)	下垫面影响大

综上所述,国产高分辨率光学与雷达卫星拥有较强的积雪探测能力,同时仍存在一定的限制(表1.1)。利用高分辨率光学卫星(如GF-1)可有效识别积雪范围、区分新雪和陈雪、获取多时相积雪范围,然而识别精度对复杂地形条件、GFSI阈值变化等因素敏感。利用高分辨率极化雷达(如GF-3)可有效识别积雪范围、区分干雪和湿雪、反演积雪深度和湿度,但是存在样本选取困难、受雪层结构和下垫面影响大等限制。针对国产高分辨率卫星的特点,面向积雪的几何、物理、化学参数,发展与改善积雪遥感识别与反演的新方法并推向实用是未来发展的方向。

小　　结

本章介绍了高分辨率卫星积雪遥感识别与反演的研究背景、国内外研究进展和主要研究内容。空间分辨率的提高使得积雪遥感识别的地形效应显著、积雪表征的类内差异凸显、光谱分辨率受限,因此,山区复杂地形条件下的高分辨率积雪遥感识别是亟待解决的科学难题。同时,高分辨率的雪深、雪湿度等积雪参数的微波遥感反演仍处于实验研究阶段,山区复杂地形条件下的积雪参数雷达反演问题有待深入探索。本书将从GF-1卫星图像质量评价、GF-1卫星积雪识别、GF-3卫星积雪识别、GF-3卫星积雪参数反演四个方面系统地阐述国产高分辨率光学与雷达卫星积雪遥感应用的学术思想与关键技术。

参 考 文 献

白磊，郭玲鹏，马杰，李兰海．2012. 基于数字相机拍摄影像的山区积雪消融动态观测研究——以天山积雪站为例．资源科学，34(4)：620-628.

柏延臣，冯学智，李新，陈贤章．2001. 基于被动微波遥感的青藏高原雪深反演及其结果评价．遥感学报，5(3)：161-165.

柏延臣，冯学智．1997. 积雪遥感动态研究的现状及展望．遥感技术与应用，(2)：60-66.

曹梅盛，冯学智，金德洪．1982. 积雪的若干光谱反射特征．科学通报，27(20)：1295-1261.

曹梅盛，冯学智，金德洪．1984. 积雪若干光谱反射特征的初步研究．冰川冻土，6(3)：15-26.

曹梅盛，李培基．1991. 乌鲁木齐市郊冬季干积雪光谱反照率的若干特征．干旱区地理，14(1)：69-73.

车涛，李新．2004. 青藏高原积雪深度和雪水当量的被动微波遥感反演．冰川冻土，26(3)：363-368.

陈贤章，李新，鲁安新，李文君．1996. 积雪定量化遥感研究进展．遥感技术与应用，11(4)：46-52.

房世峰，裴欢，刘志辉．2010. 新疆天山北坡典型研究区融雪期地物光谱特征分析．光谱学与光谱分析，(30)：1301-1304.

冯学智，陈贤章．1998. 雪冰遥感 20 年的进展与成果．冰川冻土，20(3)：245-248.

冯学智，李文君，史正涛，王丽红．2000. 卫星雪盖监测与玛纳斯河融雪径流模拟．遥感技术与应用，15(1)：18-21.

冯学智，鲁安新，曾群柱．1997. 中国主要牧区雪灾遥感监测评估模型研究．遥感学报，1(2)：129-134.

高培，魏文寿，刘明哲．2012. 新疆西天山积雪稳定期不同下垫面雪物理特性对比．兰州大学学报(自然科学版)，48(01)：15-19.

郭华东，李新武，王长林，李震．2002. 极化干涉雷达遥感机制及作用．遥感学报，6(6)：401-405.

郭华东，李新武．2011. 新一代 SAR 对地观测技术特点与应用拓展．科学通报，56(15)：1155-1168.

郝晓华，王建，车涛，张璞，梁继，李弘毅，白艳芬．2009. 祁连山区冰沟流域积雪分布特征及其属性观测分析．冰川冻土，31(2)：284-292.

郝晓华，王杰，王建，黄晓东，李弘毅，刘艳．2012. 积雪混合像元光谱特征观测及解混方法比较．光谱学与光谱分析，32(10)：2753-2758.

贺青山，刘志辉，魏召才．2012. 基于水热平衡的融雪过程研究．新疆大学学报(自然科学版)，29(2)：132-136.

胡汝骥．2013. 中国积雪与雪灾防治．北京：中国环境出版社．

胡汝骥，魏文寿，王存牛．1985. 我国天山降雪与季节性雪崩的基本物理特征．干旱区地理，(1)：1-10.

姜腾龙，赵书河，肖鹏峰，冯学智，张运，胡伟．2009. 基于实测数据的不同雪粒径光谱分析．冰川冻土，31(2)：227-232.

蒋玲梅．2005. 被动微波雪水当量研究．北京师范大学博士研究生学位论文．

雷小春，宋开山，杜嘉，武彦清，王远东，汤旭光，曾丽红．2011. 雪中污染物对积雪光谱的影响研究．中国科学院研究生院学报，28(5)：611-616.

李新，车涛，2007. 积雪被动微波遥感研究进展．冰川冻土，29(3)：487-496.

李震，郭华东，李新武，王长林．2002. SAR 干涉测量的相干性特征分析及积雪划分．遥感学报，6(5)：334-338.

刘宗超, 蔡国堂, 孙莉. 1988. 中国天山西部山地积雪辐射的若干特征. 干旱区地理, 11(2): 73-80.

陆恒, 魏文寿, 刘明哲. 2011. 天山季节性积雪稳定期雪密度与积累速率的观测分析. 冰川冻土,33(2): 374-380.

马虹, 刘宗超, 刘一峰, 胡汝骥. 1992. 中国西部天山季节性积雪的能量平衡研究和融雪速率模拟. 科学通报, 12(1): 87-93.

马虹, 刘宗超. 1991. 干寒型积雪一维动态温度场的数学模拟. 干旱区地理, 14(4): 48-55.

秦大河, 陈振林, 罗勇, 丁一汇, 戴晓苏, 任贾文, 翟盘茂, 张小曳, 赵宗慈, 张德二, 高学杰, 沈永平. 2007. 气候变化科学的最新认知. 气候变化研究进展, 3(2): 63-73.

施建成, 杜阳, 杜今阳, 蒋玲梅, 柴琳娜, 毛克彪, 徐鹏, 倪文俭, 熊川, 刘强, 刘晨洲, 郭鹏,崔倩, 李云青, 陈晶, 王安琪, 罗禾佳, 王殷辉. 2012. 微波遥感地表参数反演进展. 中国科学(D辑), 42(6): 814-842.

王建, 李硕. 2005. 气候变化对中国内陆干旱区山区融雪径流的影响. 中国科学(D辑), 35(7): 664-670.

王彦龙. 1992. 中国雪崩研究. 北京: 海洋出版社.

魏文寿, 秦大河, 刘明哲. 2001. 中国西北地区季节性积雪的性质与结构. 干旱区地理, 24(4): 310-313.

肖鹏峰, 冯学智, 谢顺平, 都金康. 2015. 新疆天山玛纳斯河流域高分辨率积雪遥感研究进展. 南京大学学报: 自然科学版, 51(5): 909-920.

曾群柱, 曹梅盛, 冯学智, 梁凤仙, 陈贤章, 盛文坤. 1984. 我国西北若干种冰、雪及水体反射光谱特性的研究. 中国科学(B辑), 14(4): 370-377.

曾群柱, 张顺英, 金德洪. 1985. 祁连山积雪卫星监测与河西地区河流融雪径流特征分析. 冰川冻土, 7(4): 295-304.

周石硚, 中尾正义, 桥本重将, 成田英器. 2001. 水在雪中下渗的数学模拟. 水利学报, (1): 6-10.

Aoki T, Aoki T, Fukabori M, Hachikubo A, Tachibana Y, Nishio F. 2000. Effects of snow physical parameters on spectral albedo and bidirectional reflectance of snow surface. *Journal of Geophysical Research*, 105(D8): 10219-10236.

Armstrong R L, Chang A T C, Rango A, Josberger E. 1993. Snow depth and grain size relationships with relevance for passive microwave studies. *Annals of Glaciology*, 17: 171-176.

Baars E P, Essen H. 1988. Millimeter-wave backscatter measurements on snow-covered terrain. *IEEE Transactions on Geoscience and Remote Sensing*, 26(3): 282-299.

Baghdadi N, Gauthier Y, Bernier M, 1997. Capability of multitemporal ERS-1 SAR data for wet-snow mapping. *Remote Sensing of Environment*, 60(2): 174-186.

Bahirat K, Bovolo F, Bruzzone L, Chaudhuri S. 2012. A novel domain adaptation Bayesian classifier for updating land-cover maps with class differences in source and target domains. *IEEE Transactions on Geoscience and Remote Sensing*, 50(7): 2810-2826.

Baraldi A, Bruzzone L, Blonda P. 2005. Quality assessment of classification and cluster maps without ground truth knowledge. *IEEE Transactions on Geoscience and Remote Sensing*, 43(4): 857-873.

Bernier M, Fortin J P, Gauthier Y, Gauthier R, Roy R, Vincent P. 1999. Determination of snow water equivalent using RADARSAT SAR data in eastern Canada. *Hydrological Processes*, 13(18): 3041-3051.

Bernier M, Fortin J P. 1998. The potential of times series of C-band SAR data to monitor dry and shallow snow cover. *IEEE Transactions on Geoscience and Remote Sensing*, 36(1): 226-243.

Besic N, Vasile G, Dedieu J, Chanussot J, Stankovic S. 2015. Stochastic approach in wet snow detection using multitemporal SAR data. *IEEE Geoscience and Remote Sensing Letters*, 12(2): 244-248.

Blum A, Chawla S. 2001. Learning from labeled and unlabeled data using graph mincuts. *Proceeding of ICML*, Berkshires, MA, 19-26.

Bormann K J, Brown R D, Derksen C, Painter T H, 2018. Estimating snow-cover trends from space. *Nature Climate Change*, 8(11): 924-928.

Bourgeois C S, Calanca P, Ohmura A. 2006. A field study of the hemispherical directional reflectance factor and spectral albedo of dry snow. *Journal of Geophysical Research*, 111(D20): 108.

Bruzzone L, Chi M, Marconcini M. 2006. A novel transductive SVM for semisupervised classification of remote-sensing images. *IEEE Transactions on Geoscience and Remote Sensing*, 44(11): 3363-3373.

Camps-Valls G, Marsheva T V B, Zhou D. 2007. Semi-supervised graph-based hyperspectral image classification. *IEEE Transactions on Geoscience and Remote Sensing*, 45(10): 3044-3054.

Casacchia R, Salvatori R, Cagnati A. 2002. Field reflectance of snow/ice covers at Terra Nova Bay, Antarctica. *International Journal of Remote Sensing*, 23(21): 4653-4667.

Chen K S, Yen S K, Huang W P. 1995. A simple model for retrieving bare soil moisture from radar-scattering coefficients. *Remote Sensing of Environment*, 54(2): 121-126.

Chen K, Wu T, Tsang L, et al. 2003. Emission of rough surfaces calculated by the integral equation method with comparison to three-dimensional moment method simulations. *IEEE Transactions on Geoscience and Remote Sensing*, 41(1): 90-101.

Choi G, Robinson D A, Kang S. 2010. Changing Northern Hemisphere snow seasons. *Journal of Climate*, 23(19): 5305-5310.

Chokmani K, Bernier M, Gauthier Y. 2006. Uncertainty analysis of EQeau: a remote sensing based model for snow water equivalent estimation. *International Journal of Remote Sensing*, 27(19):4337-4346.

Cloude S R, Papathanassiou K P. 1998. Polarimetric SAR interferometry. *IEEE Transactions on Geoscience and Remote Sensing*, 36(5): 1551-1565.

Colbeck S C, Akitaya E, Armstrong R. 1990. The international classification for seasonal snow on the ground. International Association of Acientific Hydrology.

Colbeck S C. 1982. An overview of seasonal snow metamorphism. *Reviews of Geophysics and Space Physics*, 20(1): 45-61.

Colbeck S C. 1983. Theory of metamorphism of dry snow. *Journal of Geophysical Research*, 88(C9): 5475.

Colbeck S C. 1991. The layered character of snow covers. *Review of Geophysics*, 29(1): 81-96.

Corbane C, Somma J, Bernier M, Fortin J P, Gauthier Y, Dedieu J P. 2005. Estimation of water equivalent of the snow cover in Lebanese mountains by means of RADARSAT-1 images. *Hydrological Sciences Journal*, 50(2):355-370.

Czyzowska-Wisniewski E H, Leeuwen W J D, Hirschboeck K K, Marsh S E, Wisniewski W T. 2015. Fractional snow cover estimation in complex alpine-forested environments using an artificial neural network. *Remote Sensing of Environment*, 156: 403-417.

Dedieu J P, Gauthier Y, Bernier M, Hardy S, Vincent P, Durand Y. 2003. Radiometric and geometric correction of RADARSAT-1 Images acquired in alpine regions for mapping the Snow Water Equivalent (SWE). *Proceedings of Learning from Earth's Shapes and Sizes*: 2003 IEEE International Geoscience and Remote Sensing Symposium, VI-VII,851-853.

Deeb E J, Forster R R, Kane D L. 2011. Monitoring snowpack evolution using interferometric synthetic aperture radar on the North Slope of Alaska, USA. *International Journal of Remote Sensing*, 32(14): 3985–4003.

Demir B, Bovolo F, Bruzzone L. 2013. Updating land-cover maps by classification of image time series: A novel change-detection-driven transfer learning approach. *IEEE Transactions on Geoscience and Remote Sensing*, 51(1): 300–312.

Dietz A J, Kuenzer C, Gessner U, Dech S. 2012. Remote sensing of snow—A review of available methods. *International Journal of Remote Sensing*, 33(13): 4094–4134.

Du J, Shi J, Rott H. 2010. Comparison between a multi-scattering and multi-layer snow scattering model and its parameterized snow backscattering model. *Remote Sensing of Environment*, 114(5): 1089–1098.

Engen G, Guneriussen T, Overrein Ø. 2004. Delta-K interferometric SAR technique for snow water equivalent (SWE) retrieval. *IEEE Geoscience and Remote Sensing Letters*, 1(2): 57–61.

Fierz C, Armstrong R L, Durand Y, Etchevers P, Greene E, McClung D M, Nishimura K, Satyawali P K, Sokratov S A. 2009. The International Classification for Seasonal Snow on the Ground. International Association of Scientific Hydrology.

Flanner M G, Shell K M, Barlage M, Perovich D K, Tschudi M A. 2011. Radiative forcing and albedo feedback from the Northern Hemisphere cryosphere between 1979 and 2008. *Nature Geoscience*, 4(3): 151–155.

Floricioiu D, Rott H. 2001. Seasonal and short-term variability of multifrequency, polarimetric radar backscatter of Alpine Terrain from SIR-C/X-SAR and AIRSAR data. *IEEE Transactions on Geoscience and Remote Sensing*, 39(12): 2634–2648.

Frei A, Tedesco M, Lee S, Foster J, Hall D K, Kelly R, Robinson D A, 2012. A review of global satellite-derived snow products. *Advances in Space Research*, 50(8): 1007–1029.

Fujino A, Ueda N, Saito K. 2005. A hybrid generative/discriminative approach to semi-supervised classifier design. *Proceedings of the National Conference on Artificial Intelligence*, MIT Press, 764–769.

Fung A K, Li Z, Chen K S. 1992. Backscattering from a randomly rough dielectric surface. *IEEE Transactions on Geoscience & Remote Sensing*, 30(2): 356–369.

Gauthier Y, Bernier M, Fortin J P, Gauthier R, Roy R, Vincent P. 2001. Operational determination of snow water equivalent using Radarsat data over a large hydroelectric complex in eastern Canada. *IAHS Publication*: 343–348.

Gómez-Chova L, Camps-Valls G, Munoz-Mari J, Calpe J. 2008. Semi-supervised image classification with Laplacian support vector machines. *IEEE Geoscience and Remote Sensing Letters*, 5(3): 336–340.

Grenfell T C, Warren S G, Mullen P C. 1994. Reflection of solar radiation by the Antarctic snow surface at ultraviolet, visible, and near-infrared wavelengths. *Journal of Geophysical Research*, 99(D9): 18669–18684.

Guneriussen T, Hogda K A, Johnsen H, Lauknes I. 2001. InSAR for estimation of changes in snow water equivalent of dry snow. *IEEE Transactions on Geoscience and Remote Sensing*, 39(10): 2101–2108.

Hall D K, Riggs G A, Salomonson V V. 1995. Development of methods for mapping global snow cover using moderate resolution imaging spectroradiometer data. *Remote Sensing of Environment*, 54(2): 127–140.

Hallikainen M T, Ulaby F T, Vandeventer T E. 1987. Extinction behavior of dry snow in the 18-GHz to 90-GHz range. *IEEE Transactions on Geoscience and Remote Sensing*, 25(6): 737–745.

Hinkler J, Orbaek J B, Hansen B U. 2003. Detection of spatial, temporal, and spectral surface changes in the Ny-Alesund area 79 degrees N, Svalbard, using a low cost multispectral camera in combination with spectroradiometer measurements. *Physics and Chemistry of the Earth*, 28(32): 1229–1239.

Hinkler J, Pedersen S B, Rasch M, Hansen B U. 2002. Automatic snow cover monitoring at high temporal and spatial resolution, using images taken by a standard digital camera. *International Journal of Remote Sensing*, 23(21): 4669–4682.

Huang L, Li Z, Tian B, Chen Q, Liu J L, Zhang R. 2011. Classification and snow line detection for glacial areas using the polarimetric SAR image. *Remote Sensing of Environment*, 115(7): 1721–1732.

Jackson Q, Landgrebe D A. 2001. An adaptive classifier design for high-dimensional data analysis with a limited training data set. *IEEE Transactions on Geoscience and Remote Sensing*, 39(12): 2664–2679.

Jiang L M, Shi J C, Tjuatja S, Dozier J, Chen K, Zhang L. 2007. A parameterized multiple-scattering model for microwave emission from dry snow. *Remote Sensing of Environment*, 111(2–3): 357–366.

Joachims T. 1999. Transductive inference for text classification using support vector machines. *ICML*: 200–209.

Kim S H, Hong C H. 2012. Antarctic land-cover classification using IKONOS and Hyperion data at Terra Nova Bay. *International Journal of Remote Sensing*, 33(22): 7151–7164.

Kumar V, Venkataraman G. 2011. SAR interferometric coherence analysis for snow cover mapping in the western Himalayan region. *International Journal of Digital Earth*, 4(1): 78–90.

Lee J, Pottier E. 2009. *Polarimetric Radar Imaging: from Basics to Applications*. CRC Press.

Leinss S, Parrella G, Hajnsek, I. 2014. Snow height determination by polarimetric phase differences in X-band SAR data. *IEEE Journal of Selected Topics in Applied Earth Observations and Remote Sensing*, 7(9): 3794–3810.

Leinss S, Wiesmann A, Lemmetyinen J, Hajnsek I. 2015. Snow water equivalent of dry snow measured by differential interferometry. *IEEE Journal of Selected Topics in Applied Earth Observations and Remote Sensing*, 8(8): 3773–3790.

Li Y F, Zhou Z H. 2015. Towards making unlabeled data never hurt in Machine Learning. *IEEE Transactions on Pattern Analysis and Machine Intelligence*, 37(1): 175–188.

Longépé N, Allain S, Ferro-Famil L, Pottier E, Durand Y. 2009. Snowpack characterization in mountainous regions using C-band SAR data and a meteorological model. *IEEE Transactions on Geoscience and Remote Sensing*, 47(2): 406–418.

Lucas R M, Harrison A R. 1990. Snow observation by satellite: a review. *Remote Sensing Reviews*, 4(2): 285–348.

Magagi R, Bernier M. 2003. Optimal conditions for wet snow detection using RADARSAT SAR data. *Remote Sensing of Environment*, 84(2): 221–233.

Martini A, Ferro-Famil L, Pottier E. 2004. Multi-frequency polarimetric snow discrimination in Alpine areas. 2004 *IEEE International Geoscience and Remote Sensing Symposium Proceedings*, 6: 3684–3687.

Matasci G, Volpi M, Tuia D, Kanevski M. 2011. Transfer component analysis for domain adaptation in image classification. *SPIE Image and Signal Processing for Remote Sensing XVII*, SPIE, 81800–81809.

Matthew E T, Peter S. 2009. Transfer learning for reinforcement learning domains: a survey. *Journal of Machine Learning*, (10), 1633–1685.

Mätzler C, Schanda E. 1984. Snow mapping with active microwave sensors. *Remote Sensing*, 5(2): 409–422.

Musselman K N, Clark M P, Liu C, Ikeda K, Rasmussen R. 2017. Slower snowmelt in a warmer world. *Nature Climate Change*, 7(3): 214–219.

Negi H S, Singh S K, Kulkarni A V, Semwal B S. 2010. Field-based spectral reflectance measurements of seasonal snow cover in the Indian Himalaya. *International Journal of Remote Sensing*, 31(9): 2393–2417.

Nigam K, McCallum A K, Thrun S, Mitchell T. 2000. Text classification from labeled and unlabeled documents using EM. *Machine Learning*, 39(2-3): 103-134.

O'Brien H W, Munis R H. 1975. Red and near-infrared spectral reflectance of snow. *Operational Applications of Satellite Snowcover Observations*, 345-360.

Painter T H, Dozier J. 2004. Measurements of the hemispherical-directional reflectance of snow at fine spectral and angular resolution. *Journal of Geophysical Research*, 109(D18): 115.

Peltoniemi J I, Kaasalainen S, Näränen J, Matikainen L, Piironen J. 2005. Measurement of directional and spectral signatures of light reflectance by snow. *IEEE Transactions on Geoscience and Remote Sensing*, 43(10): 2294-2304.

Pettinato S, Poggi P, Macelloni G, Paloscia S, Pampaloni P, Crepaz A. 2005. Mapping snow cover in Alpine areas with Envisat/SAR images. *Proceedings of the ENVISAT & ERS Symposium*, Salzburg, Austria.

Pulliainen J., Engdahl M., and Hallikainen M, 2003. Feasibility of multi-temporal interferometric SAR data for stand-level estimation of boreal forest stem volume. *Remote Sensing of Environment*, (85):397-409.

Pulliainen J T, Grandell J, Hallikainen M T. 1999. UT snow emission model and its applicability to snow water equivalent retrieval. *IEEE Transactions on Geoscience and Remote Sensing*, 37(3):1378-1390.

Romaszewski M, Głomb P, Cholewa M, 2016. Semi-supervised hyperspectral classification from a small number of training samples using a co-training approach. *ISPRS Journal of Photogrammetry and Remote Sensing*, 121: 60-76.

Schanda E, Matzler C, Kunzi K. 1983. Microwave remote sensing of snow cover. *International Journal of Remote Sensing*, 4(1): 149-158.

Schellenberger T, Ventura B, Zebisch M, Notarnicola C. 2012. Wet snow cover mapping algorithm based on multi-temporal COSMO-SkyMed X-band SAR images. *IEEE Journal of Selected Topics in Applied Earth Observations and Remote Sensing*, 5(3): 1045-1053.

Shi J. 2001. A numerical simulation of estimating snow wetness with ASAR. *IEEE Geoscience and Remote Sensing Symposium.*

Shi J. 2004. Estimation of snow water equivalence with two Ku-band dual polarization radar. *IEEE International Geoscience and Remote Sensing Symposium*, 3: 1649-1652.

Shi J. 2006. Snow water equivalence retrieval using X and Ku band dual-polarization radar. *IEEE International Geoscience and Remote Sensing Symposium*, 2183-2185.

Shi J. 2008. Active microwave remote sensing systems and applications to snow monitoring. In: Liang S (Ed.). *Advances in Land Remote Sensing: System, Modelling, Inversion and Application.* New York: Springer.

Shi J, Dozier J, Rott H. 1993. Deriving snow liquid water content using C-band polarimetric SAR. *IEEE International Geoscience and Remote Sensing Symposium.*

Shi J, Dozier J, Rott H. 1994. Snow mapping in alpine regions with synthetic aperture radar. *IEEE Transactions on Geoscience and Remote Sensing*, 32(1): 152-158.

Shi J, Dozier J. 1995. Inferring snow wetness using C-band data from SIR-C's polarimetric synthetic aperture radar. *Transactions on Geoscience & Remote Sensing*, 33(4): 905-914.

Shi J, Dozier J. 1997. Mapping seasonal snow with SIR-C/X-SAR in mountainous areas. *Remote Sensing of Environment*, 59(2): 294-307.

Shi J, Dozier J. 2000a. Estimation of snow water equivalence using SIR-C/X-SAR, part I: Inferring snow density and subsurface properties. *IEEE Transactions on Geoscience and Remote Sensing*, 38(6): 2465-2474.

Shi J, Dozier J. 2000b. Estimation of snow water equivalence using SIR-C/X-SAR, part II: Inferring snow depth and particle size. *IEEE Transactions on Geoscience and Remote Sensing*, 38(6): 2475-2488.

Shi J, Hensley S, Dozier J. 1997. Mapping snow cover with repeat pass synthetic aperture radar. *IEEE International Geoscience and Remote Sensing Symposium.*

Shi J, Jiang L, Zhang L, Chen K S, Wigneron J P, Chanzy A. 2005. A parameterized multifrequency-polarization surface emission model. *IEEE Transactions on Geoscience and Remote Sensing*, 43 (12): 2831-2841.

Singh G, Kumar V, Mohite K, Venkatraman G, Rao Y S. 2006. Snow wetness estimation in Himalayan snow covered regions using ENVISAT-ASAR data. Asia-Pacific Remote Sensing Symposium. International Society for Optics and Photonics.

Singh G, Venkataraman G, Yamaguchi Y, Park S E. 2014. Capability assessment of fully polarimetric ALOS-PALSAR data for discriminating wet snow from other scattering types in mountainous regions. *IEEE Transactions on Geoscience and Remote Sensing*, 52(2): 1177-1196.

Singh G, Venkataraman G. 2007. Snow wetness mapping using advanced synthetic aperture radar data. *Journal of Applied Remote Sensing*, 1:13521.

Singh G, Venkataraman G. 2010. Snow wetness retrieval inversion modeling for C-band and X-band multi-polarization SAR data. *IEEE International Geoscience and Remote Sensing Symposium.*

Singh G, Venkataraman G. 2012. Application of incoherent target decomposition theorems to classify snow cover over the Himalayan region. *International Journal of Remote Sensing*, 33(13): 4161-4177.

Steffen K. 1987. Bidirectional reflectance of snow at 500-600 nm. In: Goodison B, Barry R G, and Dozier J (Eds). *Large-Scale Effects of Seasonal Snow Cover. IAHS Publication*: 415-425.

Stiles W H, Ulaby F T. 1980. The active and passive microwave response to snow parameters: wetness. *Journal of Geophysical Research*: Oceans, 85(C2): 1037-1044.

Storvold R, Malnes E, Larsen Y, Høgda K A, Hamran S E, Mueller K, Langley K A. 2006. SAR remote sensing of snow parameters in Norwegian areas—Current status and future perspective. *Journal of Electromagnetic Waves and Applications*, 20(13): 1751-1759.

Strozzi T, Wegmuller U, Matzler C. 1999. Mapping wet snowcovers with SAR interferometry. *International Journal of Remote Sensing*, 20(12): 2395-2403.

Tan K, Hu J, Li J, Du P, 2015. A novel semi-supervised hyperspectral image classification approach based on spatial neighborhood information and classifier combination. *ISPRS Journal of Photogrammetry and Remote Sensing*, 105: 19-29.

Techel F, Pielmeier C, Schneebeli M. 2011. Microstructural resistance of snow following first wetting. *Cold Regions Science and Technology*, 65(3): 382-391.

Tsang L. 1989. Dense media radiative transfer theory for dense discrete random media with particles of multiple sizes and permittivities. *Progress in Electromagnetic Research*, 6(5): 181-225.

Tsang L, Chen C T, Chang A T C, Guo J, Ding K H. 2000. Dense media radiative transfer theory based on quasicrystalline approximation with applications to passive microwave remote sensing of snow. *Radio Science*, 35(3): 731-750.

Tsang L, Chen Z, Oh S, Marks R J, Chang A T. 1992. Inversion of snow parameters from passive microwave remote sensing measurements by a neural network trained with a multiple scattering model. *IEEE Transactions on Geoscience and Remote Sensing*, 30(5): 1015-1024.

Turcotte R, Fortin J P, Bernier M, Gauthier Y. 2001. Developments for snowpack water equivalent monitoring using Radarsat data as input to the Hydrotel hydrological model. *IAHS Publication*: 374–378.

Ulaby F T, Moore R K, Fung A K. 1986. *Microwave Remote Sensing: Active and Passive, Volume III: From Theory to Applications*. Norwood, USA: Artech House.

Ulaby F T, Nashashibi A, El-Rouby A, Li E S, De Roo R D, Sarabandi K, Wallace H. B. 1998. 95-GHz scattering by terrain at near-grazing incidence. *IEEE Transactions on Antennas and Propagation*, 46(1): 3–13.

Ulaby F T, Stiles W H. 1980. The active and passive microwave response to snow parameters: 2. Water equivalent of dry snow. *Journal of Geophysical Research: Oceans*, 85(C2): 1045–1049.

Vapnik V N. 1999. An overview of statistical learning theory. *IEEE Transactions on Neural Networks*, 10(5), 988–999.

Venkataraman G, Singh G, Yamaguchi Y. 2010. Fully polarimetric ALOS PALSAR data applications for snow and ice studies. *IEEE Geoscience and Remote Sensing Symposium*.

Wang W, Huang X, Deng J, Xie H, Liang T. 2015. Spatio-temporal change of snow cover and its response to climate over the Tibetan Plateau based on an improved daily cloud-free snow cover product. *Remote Sensing*, 7(1): 169–194.

Wiesmann A, Mätzler C. 1999. Microwave Emission Model of Layered Snowpacks. *Remote Sensing of Environment*, 70(3):307–316.

Yang J, Jiang L, Shi J, Wu S, Sun R, Yang H. 2014. Monitoring snow cover using Chinese meteorological satellite data over China. *Remote Sensing of Environment*, 143: 192–203.

Ye M, Qian Y, Zhou J, Tang Y, 2017. Dictionary learning-based feature-level domain adaptation for cross-scene hyperspectral image classification. *IEEE Transactions on Geoscience and Remote Sensing*, 55(3): 1544–1562.

Zhu L, Xiao P, Feng X, Zhang X, Wang Z, Jiang L. 2014. Support vector machine-based decisiontree for snow cover extraction in mountain areas using high spatial resolution remote sensing image. *Journal of Applied Remote Sensing*, 8(1): 084698.

第2章

野外考察与积雪观测

新疆地区是我国三大积雪区之一。在新疆天山玛纳斯河流域、阿尔泰山克兰河流域野外考察与积雪观测的基础上,开展高分辨率积雪遥感识别与反演研究。野外考察以全面了解研究区积雪空间分布特点与时间变化差异为目标,通过考察加深对研究区地形、地貌及景观特点的认知,掌握不同高度带的下垫面差异,选择适合积雪观测的样区。积雪观测内容包括积雪状态、雪深、雪粒径、雪密度、雪湿度、雪层温度等积雪参数,以及气温、风速、总辐射等环境参数,为积雪遥感识别和积雪参数反演模型及其验证提供实况资料。

目前,玛纳斯河流域与克兰河流域高寒山区的野外考察与科学观测工作尚不多见。虽有一些文献报道,但大都局限于前山带或易于到达的区域,高寒山区腹地的可用于科学研究的资料几乎为空白。为验证国产高分辨率卫星对山区积雪的探测能力,掌握研究区积雪的时空分布和变化特点,研究人员克服环境恶劣、条件艰苦的重重困难和诸多不确定因素的阻碍,多次赴研究区腹地开展野外考察与积雪观测工作,取得了大量的地面实测资料和分析结果,为研究的顺利开展奠定了坚实的基础,同时也为北天山中部与阿尔泰山南部绿洲的开发建设和水资源的科学管理提供有价值的参考资料。

2.1 研究区概况

2.1.1 天山玛纳斯河流域概况

玛纳斯河流域地处北天山中段的北麓、准噶尔盆地的南缘。南起依连哈比尔尕山的分水岭,北接准噶尔盆地的古尔班通古特沙漠,东起塔西河,西至巴音沟河,其地理位置为43°20′N~45°55′N,84°43′E~86°35′E(图2.1)。广义的玛纳斯河流域总面积约 $2.23\times10^4\ km^2$,其中山区面积约 $0.95\times10^4\ km^2$,平原面积约 $1.28\times10^4\ km^2$。该流域由六条河流组成,从东至西分别为呼图壁河、塔西河、玛纳斯河、宁家河、金沟河和巴音沟河,均发源于海拔 3600 m 以上的依连哈比尔尕山各山峰。河源区终年积雪、冰川覆盖，面积达 1038 km^2，是各条河流的主要补给水源。各河流的源头均伸入雪线以上，由南向北，深切横穿高、中山地峡谷，从低山口流出，进入准噶尔盆地。

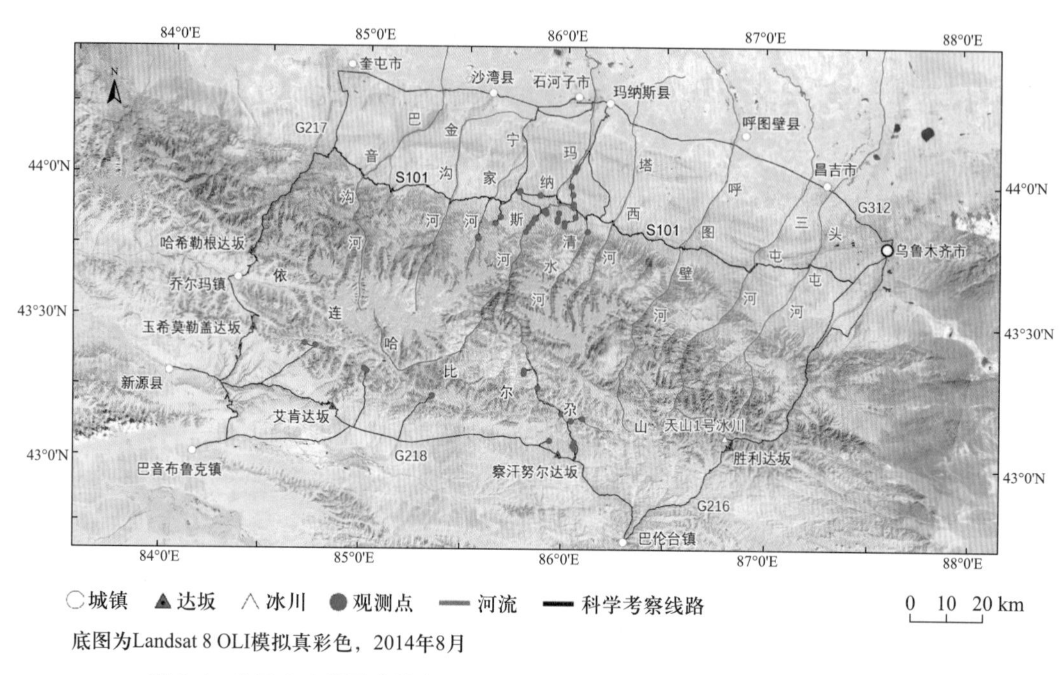

图 2.1　北天山中段及北坡主要河流示意图，玛纳斯河是天山北麓最长的河流

源于山区的河流流出山口后，首先进入山前的倾斜平原，流速减缓，泥沙沉积，依次形成了冲积洪积扇和冲积平原，使得流域内的地势由东南向西北倾斜，海拔也从 5243 m 剧降至 256 m，形成 4987 m 的高差和平均 17.84 m/km 的落差。南部的山区成为优质的夏季牧场，北部的冲积平原则成为广阔的农耕基地。历史记载显示，在 200 多年前的乾隆盛世时期，山区就有哈萨克的牧歌，而中下游则有民屯农耕，沿河两岸已有先民们的生活足迹。

源于依连哈比尔尕山 43 号冰川的玛纳斯河是天山北麓最长的河流。有东西两源，分别称为玛纳斯河的东支和西支，西支为主源。两源汇合后流经玛纳斯河大峡谷，并在肯斯瓦特水文站附近纳入其支流清水河，一路北流，在红山嘴附近流出山口，经戈壁明珠石河子，石油之城克拉玛依，最后注入沙漠边缘的玛纳斯湖。从发源地到最后的归宿，河流长约 450 km，汇水面积达 5963 km^2。上游峡谷湍流，下游平原坦荡。源头海拔 5000 m 以上高山聚集，为冰川发育提供了有利的地形条件，共有冰川 800 多条，面积达 608 km^2（刘潮海等，1998），是天山中段北麓冰川数量最多、规模最大的一条河流。玛纳斯河山区平均雪线 3970 m，冰川融水量 4.42 亿 m^3，年平均径流量 12.8 亿 m^3（红山嘴水文站），冰川融水补给的比重约占 34.6%（杨针娘，1987；胡汝骥，2004）。由于玛纳斯河受雪冰融水的影响较大，其径流补给具有明显的垂直地带性，高山带由高山雪冰融水补给，中山带由雪冰融水和降水共同补给。高山雪冰融水补给占玛纳斯河年径流量的 47%。雪冰融水对玛纳斯河春季径流有重要贡献,是天山北坡绿洲灌溉的宝贵水源。

玛纳斯河流域山区(红山嘴以上)的垂直地带性较为明显,海拔 3600 m 以上为高山带,在气候、冰川和永久积雪的作用下,地表岩石裸露,山势陡峭。该带终年积雪,年平均气温在 0 ℃以下,年降水量较大(大于 500 mm)而年蒸发量较小(400 mm 左右),气候寒冷湿润。1500~3600 m 为中山带,受古冰川和河流径流的作用,形成沟壑纵横、重峦叠嶂的地貌景观,谷深 400~700 m,多呈 V 字形,山体多由砂岩和砂砾岩组成,其中,2700~3600 m 为高山草甸带,地表植被发育较好。1500~2700 m 为山地针叶林带,多天山云杉和灌木,是降雨径流的主要形成区。中山带年平均气温在 2 ℃左右,年降水量为 300~500 mm,呈寒温带半湿润气候。600~1500 m 为低山丘陵,带内山体大多矮小浑圆,植被主要为草地,覆盖度达 50%,暴雨期水土流失严重,是玛纳斯河的主要产沙区。该带年平均气温为 5 ℃左右,冬季月平均最低气温-15 ℃,夏季月平均最高气温 20 ℃,年降水量为 200~300 mm,年水面蒸发量 700~800 mm,属温带半干旱区。

玛纳斯河地处中亚腹地,水汽来源较少,气候干旱,降水稀少,具有明显的大陆性气候特征。年内无霜期为 154~227 天,大于 10 ℃以上积温在 3400~3600 ℃,年平均气温 6.2~7.8 ℃,日温差较大。绝对最高气温和绝对最低气温分别为 40 ℃和-38 ℃。日照不低于 2700 h,热量条件适合各种粮食作物种植,对早熟陆地棉和甜菜生产有利。冬季长达 4 个多月,气温低,但一般积雪深厚,无大风,雪盖比较稳定,有利于冬小麦越冬,是北疆主要冬麦产区。纬向西风环流是该区水汽的主要来源,同时北冰洋的干冷气流也是影响因素之一。因处于天山中段北坡,高大的天山山脉拦截了深入内陆的水汽,使得山区降水远远大于平原区。降水主要集中在夏、春两季,占全年总降水 70% 左右,其中 4—7 月占全年 50%~60%,夏季降水大于春季。受地形起伏影响,降水分布极不均匀,对径流的影响也各不相同。山地降水丰富,最大降水带在 2500 m 上下,年降水量约 600 mm,1500 m 以上年降水量约 400 mm,1000~1500 m 年降水量约 300 mm,山前平原区年降水量降至 100~200 mm,因此,山区降水是玛纳斯河径流的主要补给来源。同时,由于降水的年内分配不均,夏季的降水大于春季,冬季的降水又略大于秋季(春、夏、秋、冬各季的降水分别约占年降水量的 28.14%、43.58%、13.04%、15.24%)。水源不足依然是该区域农业生产的主要矛盾,尤其是春旱现象较为普遍。

随着流域内绿洲的外延式快速扩张、工农业生产的快速发展和水资源的过度利用,加之上游水库的兴建,使得河川径流失去了它自然的本性。昔日还曾是水草丰美的玛纳斯河下游,多次出现断流,成为新的风沙地,在玛纳斯湖捕鱼的场景早已不见。特别是 20 世纪 70 年代,随着玛纳斯湖的完全干涸,湖区的绝大部分已经结晶成盐,甚至有了晒盐场的地表景观。随着土地的荒漠化,耕地的盐渍化程度日渐加重,古尔班通古特沙漠逐渐南侵,并以每年 5~10m 的移动速度向绿洲逼近,已严重威胁到这一地区的生态安全。

2.1.2 阿尔泰山克兰河流域概况

克兰河是中国唯一注入北冰洋的河流——额尔齐斯河的支流,位于新疆北部,阿尔泰山南麓,地理位置为 87°18′E~88°39′E,47°16′N~48°21′N(图 2.2)。河流全长 265 km,流域面积 1655 km²,年平均径流量 6.0 亿 m³(沈永平等, 2007)。克兰河发源于阿尔泰山,在阿勒泰水文站以北 10 km 处,河流由东西两支合流流向东南方向。西支为大克兰河,长约 70 km,是克兰河的主源流;东支为小克兰河。流域内最高海拔为 3480 m,最低海拔位于南部山前倾斜平原,地势北高南低,自东北部的阿尔泰山向西南部的准噶尔盆地倾斜。流域东北部为山地地形,海拔 2000~4000 m;中部为起伏平缓的前山地带,海拔1000~2000 m;南部为河谷平原,海拔为 470~1000 m。

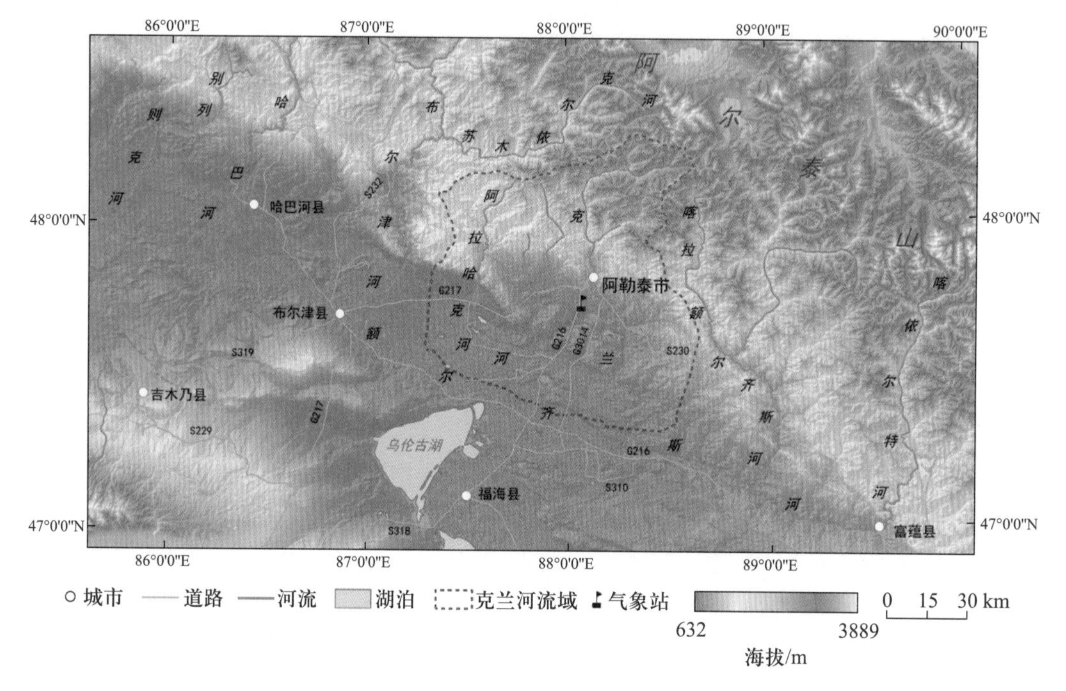

图 2.2 克兰河流域位置示意图

阿勒泰地区位于新疆最北部,气候相对寒冷和湿润,垂直方向上变化较大。水汽主要来源于大西洋和北冰洋,水汽的丰富程度自西向东逐渐递减,加之山体的抬升作用,水汽重新分配,出现了降水量自西向东逐渐递减和自山麓向高山逐渐递增的双重趋势。地形的变化使水热在水平和垂直方向上重新分配,形成了与其水热条件相适应的土壤形成特征和植被分布特征。受第四纪以后的冰期作用,冰蚀、冰碛影响广布,较少黄土堆积(徐华君和韩宝平, 2008)。自然景观自东北向西南依次为亚积雪带、山地草原带、森林和森林草原带、灌木草原带、荒漠带和荒漠草原带,形成的土壤类型依次为高山冰沼土、高山和亚高山草甸土、灰色森林土、山地栗钙土、山地棕钙土和灰棕漠土。

受纬度、地形和深居大陆内部的地理位置影响,在中国气候区划中,克兰河流域属于中温带干旱区,夏季温和而短暂,冬季寒冷且漫长,四季分明,属于北温带大陆性气候。年平均气温 4.0 ℃,日均温≥10 ℃的日数为 144.5 天,≥10 ℃的积温为 2783.8 ℃,其中 1 月多年平均气温为-16.9 ℃,4 月为 6.6 ℃,7 月为 22.2 ℃,10 月为 5.6 ℃。阿勒泰地区位于我国寒潮南下三条线路的西线,是冰雪冻害高发的地区之一,多年平均霜日 111.4 天。

阿勒泰地区年平均降水量 191.5 mm,在时间上分配极不均匀,空间差异较大。常年受西风影响,气团沿额尔齐斯河河谷东进,受阿尔泰山地形的阻挡而抬升,形成降水。年等降水量线沿西北—东南方向分布,年等降水量由西南向东北递增,西南部年平均降水量约为150 mm,东北部在 500 mm 以上,150 mm 年等降水量线基本上沿阿尔泰山麓分布。年等降水量线在东北部的山区分布比较密集,在西南部的下游地区比较稀疏。流域内东西方向的地形起伏程度和西风水汽含量不同,年平均降水量垂直梯度由西北向东南减少,平均约为 30 mm/km(周伯诚, 1983)。除夏季盛行西风外,春、秋和冬季盛行东北风,受气团和水汽输送的影响,月平均降水量变化较大,最大月平均降水量在 7 月,冬季以固态降水为主,夏季以降雨为主。其中,春季降水约占全年降水总量的 20.6 %,夏季约占 31.8 %,秋季约占 24.2 %,冬季约占 23.4 %。阿勒泰地区月平均气温和降水量分布如图 2.3 所示。

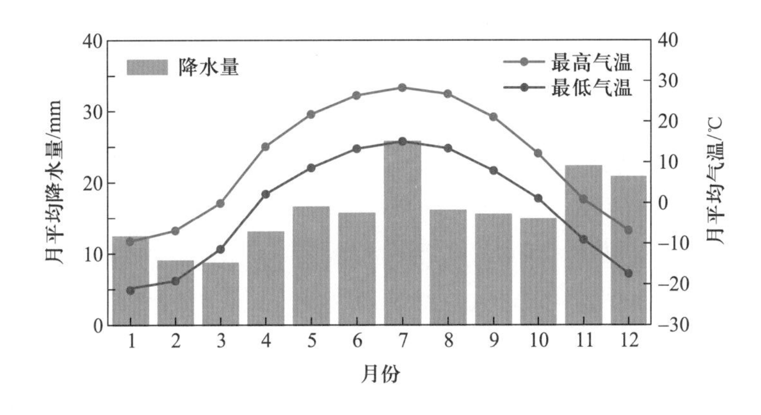

图 2.3 阿勒泰市多年平均气温与降水

在中国水文区划上,阿勒泰地区北部的河流属于阿尔泰山地带河流,河流的补给以季节性冰雪融水和夏季降水为主。阿勒泰地区降水量最大的月份出现在 7 月,夏季前后的半年河流的补给以降水为主,地下水补给为辅。南部地区河流属于准噶尔盆地地带河流,河流补给以雨水和地下水补给为主,丰水期在夏季,多为降水量较大的月份,其他时间处于枯竭或半干竭状态(胡汝骥和柳永焕, 1963; 周伯诚, 1983)。

阿勒泰地区水汽来源于北冰洋和大西洋,受西伯利亚冷空气、极地北冰洋水汽南下和中纬强西风锋区东进的影响,造成降雪天气。中纬冷空气南下,与南部强盛的暖湿气团相遇,暖湿扭转被迫抬升,在锋后易形成暴雪天气(杨莲梅和杨涛, 2005)。在强大的蒙古-西伯利亚高压影响下,从 10 月到次年 4 月以固态降水为主,积雪期从 10 月中下旬开始,到次年 3 月下旬或 4 月上旬结束,长达 4~5个月(张佳华等, 2008),降雪量占全年降水量的 30%~60%。

阿勒泰地区降雪量较大,多年平均雪深 40 cm 以上。在阿尔泰山西南山麓地带,降雪量占全年降水的 30%左右。从西南到东北,海拔逐渐升高,地形对气团的抬升作用逐渐增大,降雪量也随之增多,在2700 m海拔山中,降雪量占全年降水总量的50%以上。因深居亚欧大陆内部,受大陆气团控制,所形成的积雪为大陆性气候条件下典型的“干寒型”积雪。与暖湿地区相同粒径积雪相比,阿勒泰“干寒型”积雪密度较小,平均密度为0.16~0.20 g cm^{-3}。在低温环境下,新雪降落后在积累期中变质作用的主要原因及动力是积雪顶部与底部能量交换过程中发生的升华、凝华以及积雪自身的重力压实作用。

2.2 野外考察线路与观测点布设

2.2.1 野外工作概况

1)玛纳斯河流域野外工作

为获取玛纳斯河流域高分辨率积雪遥感的地面实况资料,研究人员先后9次赴研究区进行科学考察与积雪观测,其主要目的为:①沿G218国道,从北天山南坡寻求进入玛纳斯河上源的线路,即从巴伦台—巴音布鲁克—新源线(以下简称“南线”)寻求进入玛纳斯河西支、东支源头及山区腹地,并布设观测点,进行积雪参数的观测与辐射参数的测量;②沿S101省道从北天山北坡寻求进入玛纳斯河流域山区腹地的线路,即从清水河—大白杨沟—小白杨沟—哈熊沟—宁家河线(以下简称“北线”)进入玛纳斯河腹地,布设观测点,进行积雪参数与星地同步观测。历次野外考察线路与积雪观测点分布见图2.1,考察和观测的过程简述如下。

(1)2010年9月、2011年9月和2011年12月先后3次从天山北坡分别进入肯斯瓦特水文站、清水河水文站、煤窑水文站和哈熊沟等地,对山区积雪消融时段和积雪稳定时段的积雪时空分布现状进行调查,初步选定了前山带积雪观测的场地,并在三岔口气象站、小白杨沟气象站周边区域开展冬季积雪的反射光谱、雪粒径等参数的测量,同时还开展了气温、地温等环境参数的观测,初步获取了前山带积雪消融末期和积雪稳定期的地面实况资料。

(2)2012年4月对玛纳斯河山区开展了第一次综合性的野外考察与积雪观测工作。分南、北两线同时展开。北线工作组主要赴石河子、玛纳斯等地,除与石河子水文水资源勘测局、玛纳斯河流域管理处等单位接洽、调研和收集水文、气象等地面观测资料外,还赴清水河水文站、白杨沟气象站等观测站点考察,并落实有关进山的线路及部分观测站点的布设场地。南线工作组则直奔巴伦台,在翻越察汗努尔达坂后,沿G218国道的北侧寻找进入玛纳斯河流域的线路,或在山脊线邻近区域选择观测场站的合适位置。途中考察了敦德铁矿的进山道路,并沿此路深入山脊线附近,在高山积雪区进行了积雪反射光谱和积雪参数的测量。最后翻越艾肯达坂,通过对巩乃斯沟等地的考察,最后选择从阿尔先沟进山，同样在接近分水岭的高山积雪区进行积雪反射光谱和积雪参数的测量，有关工作场景如图 2.4 所示。

(a)

(b)

(c)

图 2.4 2012 年 4 月 12 日阿尔先沟积雪分布(a)、进山道路(b)和积雪观测工作场景(c)

(3)2014 年 4 月在山区积雪消融时段赴玛纳斯河上源和山区腹地进行野外考察和积雪观测工作，在沿途的不同高度带上布设温度记录仪，进行每隔 2 小时的温度实况记录。具体路线为：从巴伦台沿 G218 国道行进，在察汗努尔达坂附近寻求进入玛纳斯河上源东支和山区腹地的进山线路(以下简称“东线”)，在艾肯达坂前寻找进入玛纳斯河上源西支的线路(以下简称“西线”)，开展积雪观测。野外考察线路如图 2.5 所示。

西线的考察线路与观测点布设如图 2.6 所示，行进路线起始于 G218 国道的火烧桥附近，并沿巴州凯宏矿业有限责任公司矿区道路向北至流域边界附近，在流域边界山前分为朝东道路和朝北道路。东边山体较高，坡度较陡，不易攀爬，只能在道路附近选择了一块平坦台地，布设温度记录仪，并开展积雪反射光谱和物化参数测量。朝北道路一直通往接近流域边界海拔 3860 m 的平台，由于前方再无道路，只能由此沿山体两坡面交界线徒步翻越海拔约 3920 m 的山脊线进入流域内，并继续朝北行走 400 m 左右，考察流域西支上源

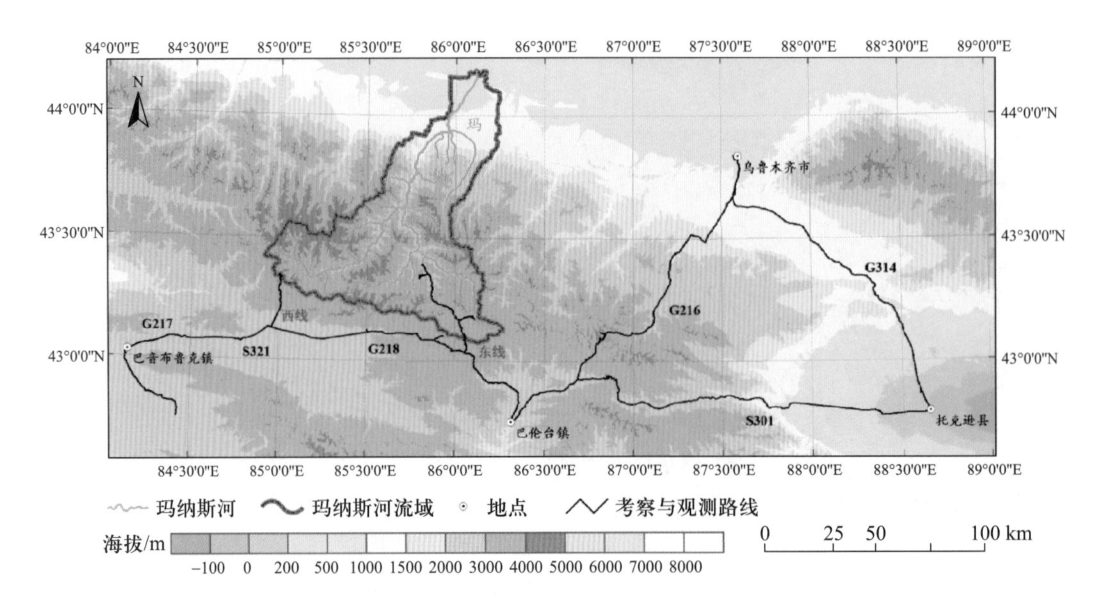

图 2.5 2014 年 4 月春季野外考察与积雪观测线路

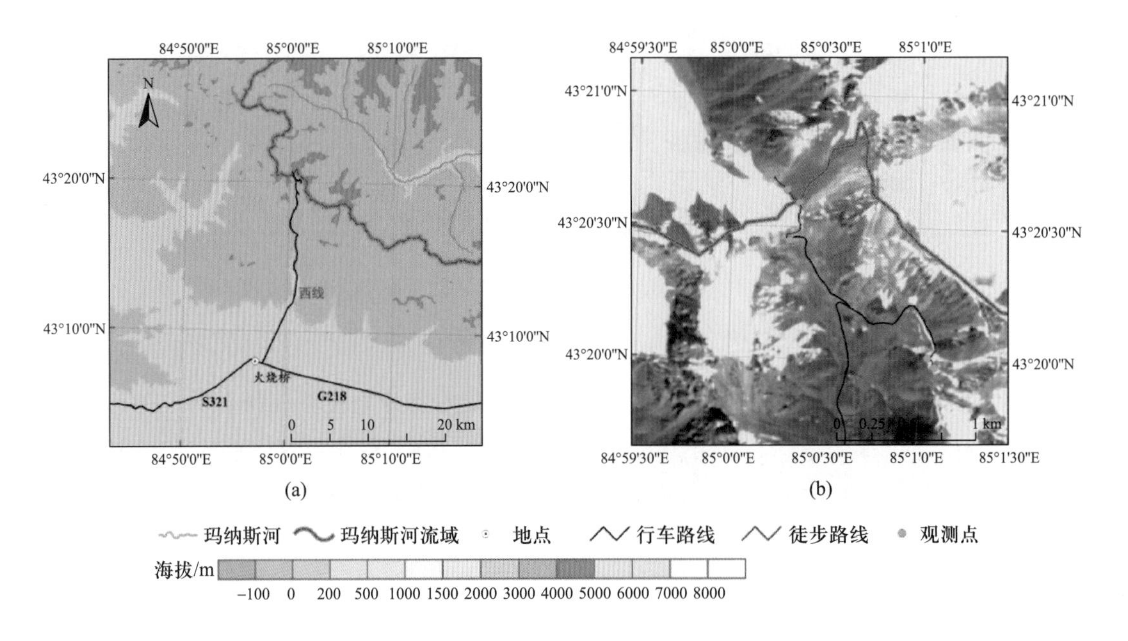

图 2.6 西线考察线路与观测点分布，底图分别为 DEM 数据（a）和 GF-1 图像（b）

的积雪分布情况。徒步过程中选择代表性区域，进行山脊线附近积雪反射光谱和物化参数测量，并布设温度记录仪，该观测点海拔约 3920 m，是所有观测点中海拔最高的一个点。

东线考察与观测线路如图 2.7 所示，行进路线起始于 G218 国道猛进道班附近，向北转入金特祥和矿业开发有限公司的矿区道路，在翻越流域边界达坂后沿古伦沟进入山区腹地，延伸到玛纳斯河东支别力克奇附近，即为东线的最北端。在东线距乌拉斯坦哈萨东南方向约 6 km 处，有采矿道路通向山区腹地的高海拔山区，沿此上山道路爬升至山脊线附近（图 2.7b），海拔随之升高到 3285 m 左右，在此处开展了积雪反射光谱和物化参数的测量，并布设了温度记录仪。该观测点是在山区腹地布设的海拔最高的一个点。在东线距流域边界西北方向约 9 km 处，发现牧民走的小路通向流域东南部，便沿此小路徒步前进，深入到了流域东支源区（图 2.7d），考察了东支源区的积雪分布情况，并开展了积雪反射光谱和物化参数的测量。

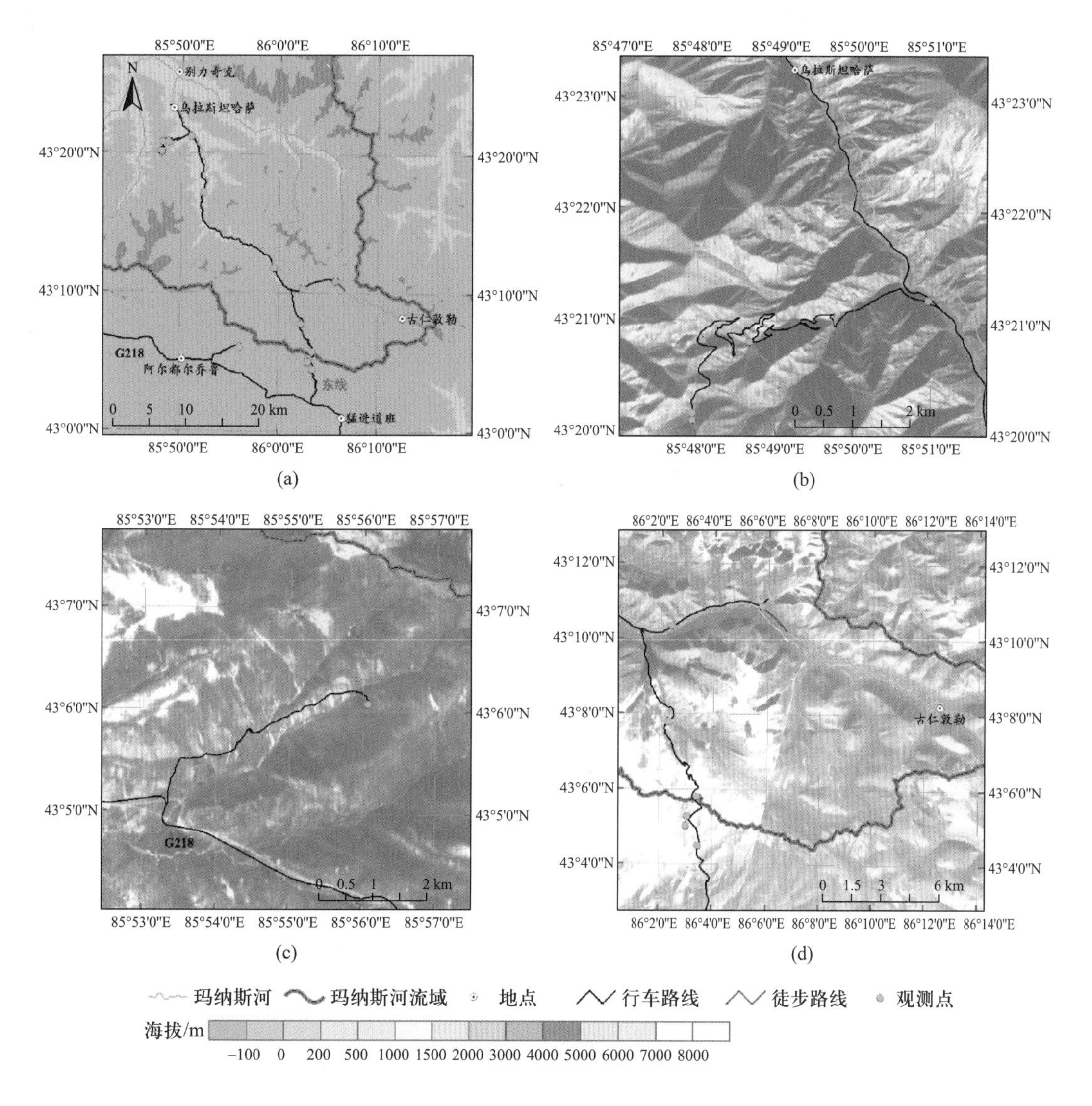

图 2.7 东线考察线路与观测点分布图(a)及其局部放大图(b~d)

沿东线道路考察时发现，流域边界海拔 3500 m 左右，地势较平坦，有明显的风吹雪现象。雪深根据地表起伏差异较大，道路上的积雪深度能达到 0.5 m 左右，在低洼处雪深甚至达到 1.4 m。当沿古伦沟向纵深行驶时，海拔逐渐由流域边界的 3500 m 左右降低到东线北端（别力克奇附近）的 2400 m 左右，气温随之明显升高。因此，在沿线的不同海拔高度和不同坡向上布设了温度记录仪，并对代表性区域进行了积雪反射光谱和物理参数的测量（图 2.7a）。有关考察线路与工作情景如图 2.8～图2.11 所示。

图 2.8　2014 年 4 月 13 日从西线徒步翻越山脊线之前，在高山带积雪区开展雪剖面观测；翻越山脊线之后，抵达玛纳斯河西支源头，开展雪剖面观测

图 2.9　2014 年 4 月 14 日沿 G218 国道阿布都尔乔伦东侧的探矿小路向北行驶约 5 km，到达玛纳斯河流域边界附近

（4）2013 年 12 月和 2014 年 3 月在积雪积累期和消融期两次赴玛纳斯河流域典型区域开展星地同步积雪观测。观测路线和观测点分布见图 2.12。观测区域大致可分为西、中、东三个片区。西片区由 S223 省道进入观测区，经 151 团场转向紫红路，经洪沟大桥穿过玛纳斯河大峡谷，进入观测区域西南角的哈熊沟。东片区由 X156 县道进入观测区，并沿 X130 县道进入清水河乡，向南到达观测区南部的大小白杨沟。中片区为沿 S101 省道，从 151 团场进入清水河乡，可连接东西两个片区。

图 2.10 2014 年 4 月 15 日从东线进入研究区，在玛纳斯河流域边界达坂附近开展积雪观测

图 2.11 2014 年 4 月 17 日从东线沿古伦沟深入山区腹地开展积雪观测

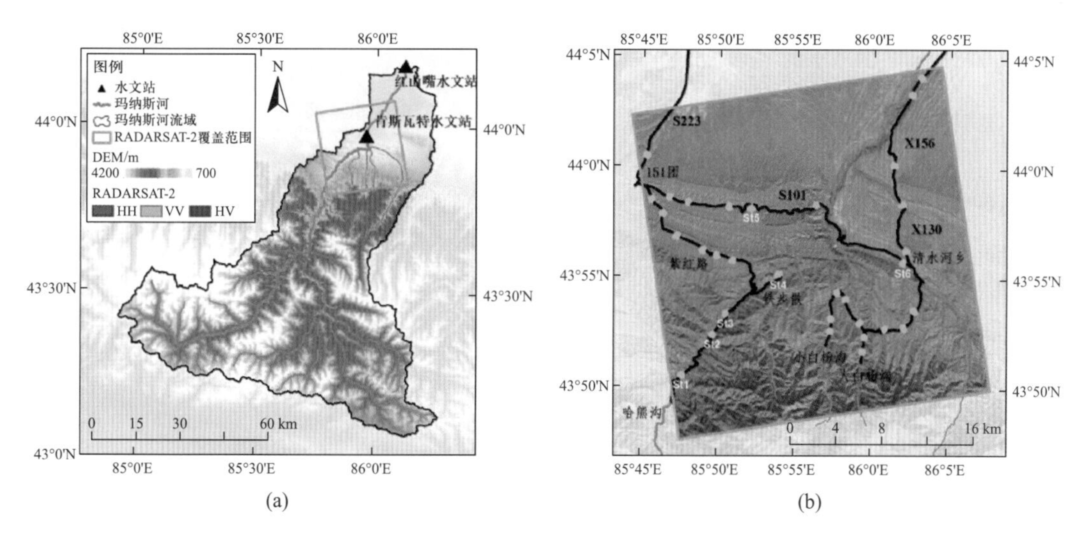

图 2.12 2013 年 12 月和 2014 年 3 月玛纳斯河流域积雪观测区域位置(a)和观测线路(黑色线)及观测点(绿色点)分布图(b)

预先通过高分辨率遥感图像选择地表较为平坦、下垫面类型较为均一的区域作为观测场地。2013 年 12 月的同步观测共选择了 32 个观测点，获得了各观测点在干雪状态下的地面实测数据。2014 年 3 月的同步观测点与 2013 年的基本相同，除进行重复的观测外，还得到湿雪状态下的各积雪参数与环境参数。其中，积雪参数包括积雪反射光谱、雪密度、雪湿度、雪层温度、雪面温度、雪深、雪水当量、雪粒径和雪面粗糙度等；大气参数包括风速、空气湿度和空气温度等；下垫面参数包括在不同坡度、坡向上的地表覆盖类型及覆盖比率等信息。在 St1～St6观测点布置温度记录仪，连续记录了积雪表面温度的实况数据。有关考察线路与工作情景如图 2.13 和图 2.14 所示。

(a) (b)

图2.13　2013年12月13日(a)和2014年3月19日(b)在铁布散附近的玛纳斯河大峡谷阶地上观测雪深、雪密度和雪层温度

图2.14　2013年12月16日在S101省道南侧定位温度记录仪并采集温度时序数据

(5)2015年4月再次赴研究区开展野外考察与积雪观测工作,主要目的为:从南线进入玛纳斯河东支、西支上源取回2014年所布设的温度记录仪,并进行补测工作;从北线进入玛纳斯河前山带和中山带进行温度记录仪的布设,并进行积雪参数的补测和辐射、下垫面等环境条件的测量(图2.15)。

(6)2016年6月又一次赴玛纳斯河研究区开展野外考察与积雪观测工作。主要工作内容包括收回布设的全部温度记录仪,在设定的观测点补测积雪参数及环境参数。

2)克兰河流域野外工作

为获取克兰河流域研究区高分辨率积雪遥感的地面实况资料,于2016年12月和2018年1月两次赴克兰河中游和上游地区开展野外考察与积雪观测。科研人员突破重重困难,进入克兰河东支源头区域开展GF-3卫星同步积雪观测,获得了宝贵的高海拔山区

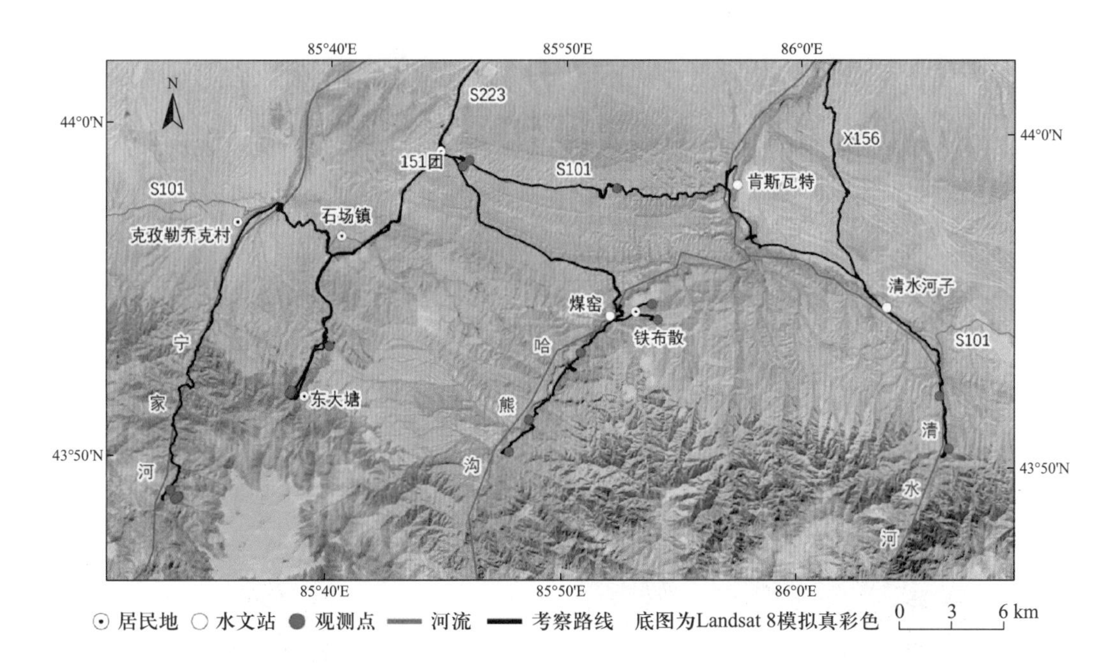

图 2.15　2015 年 4 月从北线进入前山带和中山带的四条观测线路和观测点布设图

星地同步积雪观测数据。

在该区域开展积雪观测的主要目的：首先，调查研究区积雪的属性，以确定构建的雪深、雪湿度反演模型在研究区是否适用；其次，以星地同步积雪观测数据为基础，包括积雪的物理属性、环境条件、下垫面参数等，改进现有模型以提高其适用性；最后，利用星地同步积雪观测数据进行积雪参数反演精度验证。

(1) 克兰河中游积雪观测

选取阿勒泰市气象局以西农耕区为中心的区域为研究区。观测区域包含阿苇滩和切木尔切克乡的核心区域，共 20 多个行政村和 1 个牧场。观测区域总体上北高南低，北部为阿尔泰山前山地带，海拔较高，地形起伏较大，是阿勒泰地区重要的牧区；中部地区为山前冲积平原，地形较为平坦，土壤肥沃，主要是农耕区，是人类活动较为频繁的区域；南部地区为戈壁，地形起伏较为平缓，土壤较为贫瘠，以荒漠为主。观测区域主体部分海拔较低，地形较为平坦，坡度较缓，其中海拔 1000 m 以下的地区面积占观测区域总面积的 84.86%。

综合考虑对地面观测数据的需求、交通的可达性和实际工作效率，规划了积雪属性剖面观测和积雪样带观测两种并行方案。积雪剖面观测主要测量的积雪参数有雪深、雪密度、雪层温度、雪层介电常数、雪层湿度、雪粒径等，其目的是进行积雪状态的详细分析。积雪样带观测主要测量的积雪参数有雪深、雪密度、雪层温度等，其目的是获取研究区广泛分布的积雪参数样本点，作为雪深反演模型的输入参数和验证样本。图 2.16 展示了观测期间不同观测任务和不同积雪参数获取的部分工作照。

图2.16 克兰河中游地区积雪观测:(a)积雪剖面观测;(b)获取积雪样品;(c)环境照片拍摄;(d)积雪粒径观测;(e)积雪特性观测;(f)积雪密度观测;(g)积雪观测结果记录

为提高样点的代表性，要求样点在空间上均匀布设，并且在不同的地形、积雪状态和地表覆盖类型上都有丰富的样点。为提高样点的有效性，样点必须选在地表类型均一、视野开阔，能够有效代表测点周边积雪、地形和地表覆盖类型的地方。基于以上对样点代表性和有效性的考虑，选取了戈壁、耕地、裸地、冰面等处的积雪进行观测。图 2.17 ~ 图 2.20展示了不同地形、下垫面、植被条件下的积雪。

(a) (b)

图 2.17 不同地形的戈壁上的积雪：(a)平坦的戈壁；(b)地形起伏的戈壁

(a) (b)

(c) (d)

图 2.18 不同类型耕地上的积雪：(a)平整的农田；(b)秸秆较多的农田；(c)翻耕过的农田；(d)积雪被牲畜破坏的农田

(a) (b) (c) (d)

图2.19 不同下垫面类型的积雪：(a)湖泊；(b)草地；(c)裸地；(d)建成区

(a) (b) (c) (d)

图2.20 不同植被条件下的积雪：(a)芦苇；(b)灌木、疏草；(c)稀疏的人工林；(d)茂密的人工林

考虑到观测点数量、交通情况和工作效率，将观测人员划分为两队，在不同的路线同时开展观测任务，如图 2.21 所示。第一条线路为沿 G217 国道向西，先到达切木尔切克乡，再向南进入研究区西部戈壁观测，最后返回切木尔切克乡向北沿县乡道到阿尔泰山南麓农耕区观测；第二条线路沿 G216 国道南下，先观测 G216 国道以东的农耕区积雪，再向西穿过 G216 国道进入研究区西南部戈壁进行观测，最后向北观测 G216 国道以西农耕区积雪。积雪剖面观测从阿尔泰山南麓农耕区开始，依次向南进入研究区西部戈壁、G216 国道以西农耕区、研究区西南戈壁，再向东进入 G216 国道以东农耕区进行观测。

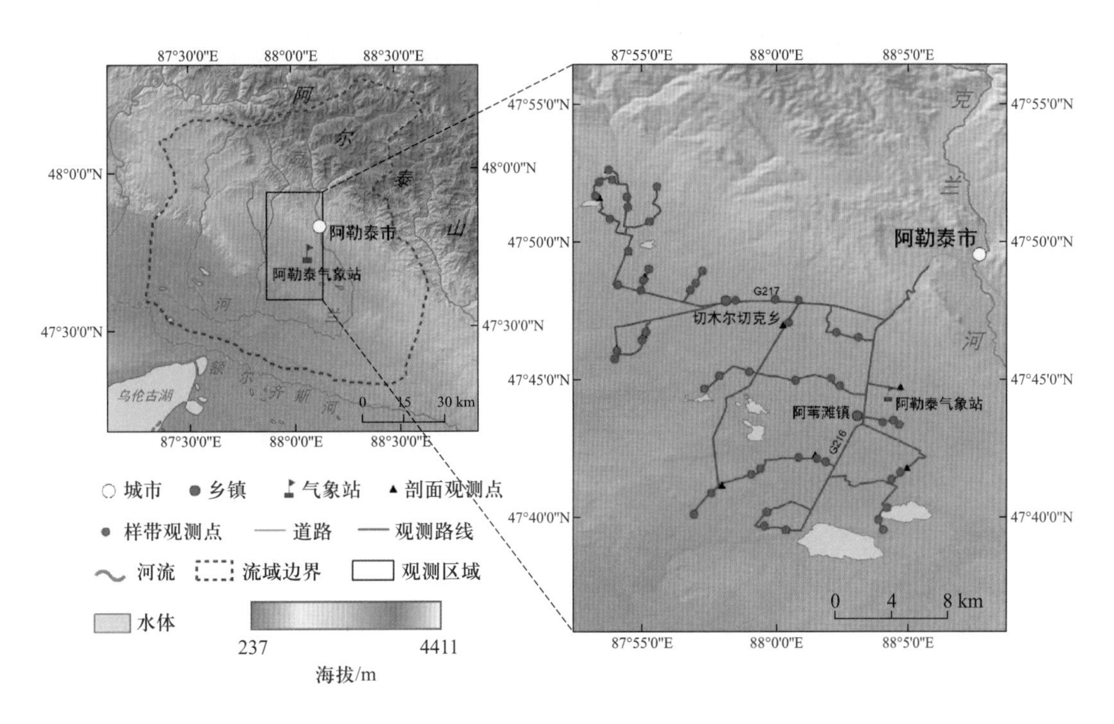

图 2.21 克兰河中游积雪观测线路和样点分布图

(2) 克兰河上游积雪观测

克兰河上游位于阿勒泰市以北的山区，包括东支和西支两条支流。由于西支冬季不具备车辆通行条件，主要在东支开展积雪观测，于 2018 年 1 月 10 日和 17 日两次进入克兰河东支小东沟源头区域。由于地形起伏较大，选择相对平坦区域开展积雪剖面观测。其中，在 1 月 17 日测得与 GF-3 卫星同步的 8 个剖面数据及其附近多个雪深数据。在克兰河上游开展积雪观测的线路以及剖面测量点位置分布如图 2.22 所示。

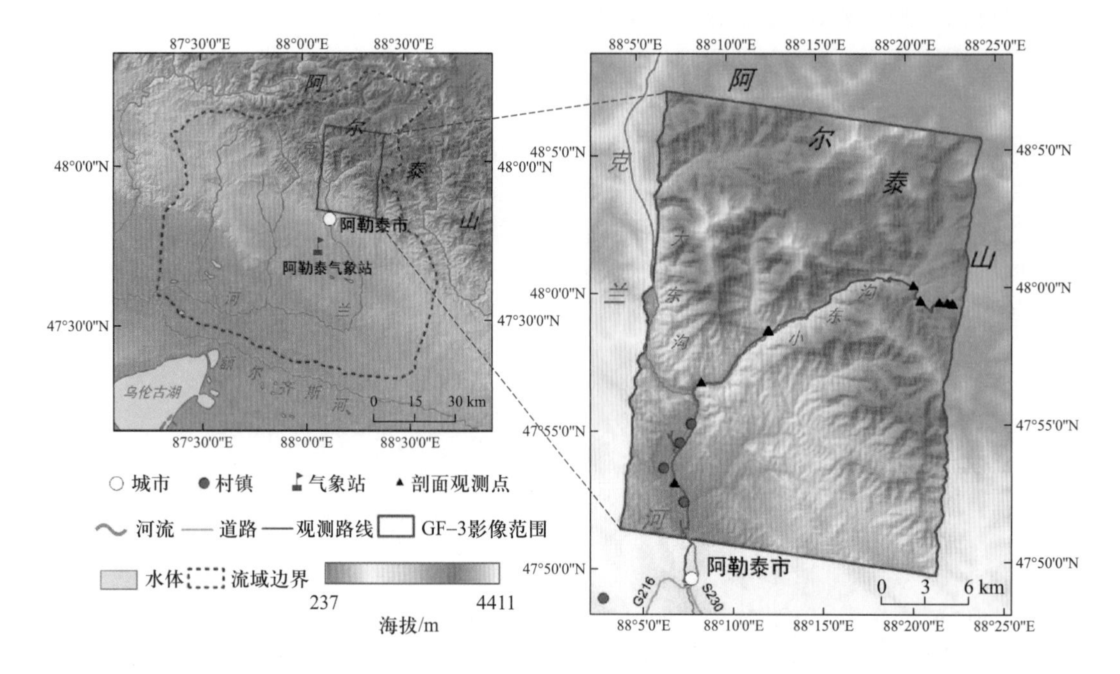

图 2.22 克兰河上游积雪观测线路与剖面观测点分布图

2.2.2 观测仪器设备

积雪观测仪器主要包括地物光谱仪、辐射表、温度记录仪、红外温度计、直尺等,星地同步观测的仪器还包括量雪桶、电子秤、雪特性分析仪、显微相机、针式温度计等。在同步观测期间,对环境参数也进行了观测,所使用的观测仪器主要包括手持 GPS、风速计、气温计、罗盘仪等。主要观测设备及参数见表 2.1。

利用直尺在开挖的积雪剖面上测量积雪深度,同时在积雪观测点周围 3 m 的范围内再获取两次雪深,取三次雪深观测的平均值为观测点的雪深,以减小局部地形变化对雪深测量造成的误差。雪深观测单位为厘米,计数精度为 0.1 cm。

用直尺、托板和自制量雪筒测量积雪密度。首先,在开挖的积雪剖面上,沿雪地界面水平插入托板;然后,利用直尺测量取雪深度;接着,利用量雪筒取出托板上部的积雪,并测量取雪的质量;最后,利用公式(2.1)计算积雪密度。

$$\rho_s = \frac{w_s}{\pi r^2 h_s} \tag{2.1}$$

式中,ρ_s 为积雪平均密度,单位 g cm^{-3};r 为测量积雪密度所用量雪筒内壁半径,单位 cm;h_s 为取雪深度,单位 cm;w_s 为使用量雪筒取出积雪的质量,单位 g。与通用的量雪筒相比,自制的量雪筒具有质量轻、半径大的特点,可以在一定程度上减少观测过程中的随机误差对积雪密度的影响。

表 2.1 主要观测仪器简介

仪器名称	观测内容	仪器简介	仪器照片
ASD Field-Spec4 地物光谱仪	积雪及其他典型地物的表面反射率	美国 ASD 公司生产,测量波长范围为 350~2500 nm	
MicroLite U 盘温度记录仪	连续时间序列的空气或物体表面温度	以色列生产,尺寸小,方便携带和放置,能够记录-40~80 ℃范围内气温和物体表面温度,测量精度达到 0.3 ℃,采样速率可设置为每秒 1 次至每 18 小时 1 次,可存储 8000 个观测值	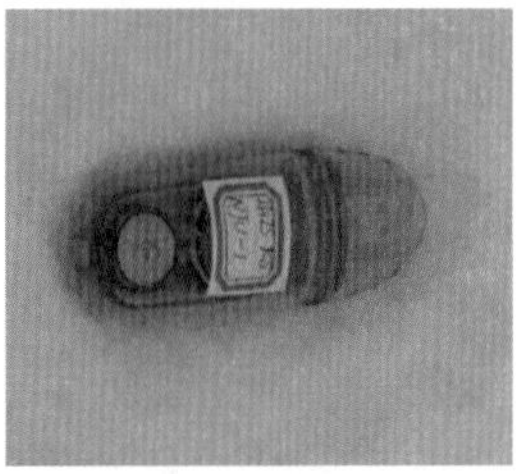
CMP6 太阳辐射表	地表辐射	为一级太阳辐射表,观测光谱波长为 285~2800 nm,热辐射偏移小于 12 W m^{-2}。可利用两个 CMP6 太阳辐射表进行同步观测,同时获取地表上下行辐射,并计算出净辐射和地表反照率	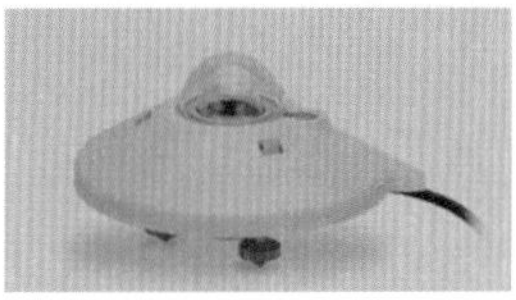
Snow Fork 雪特性分析仪	积雪介电常数、密度和湿度的测量	芬兰赫尔辛基大学研制,通过测量共振频率、衰减度和3 dB带宽 3 个参数计算积雪介电常数,并通过半经验公式得到积雪密度和雪湿度	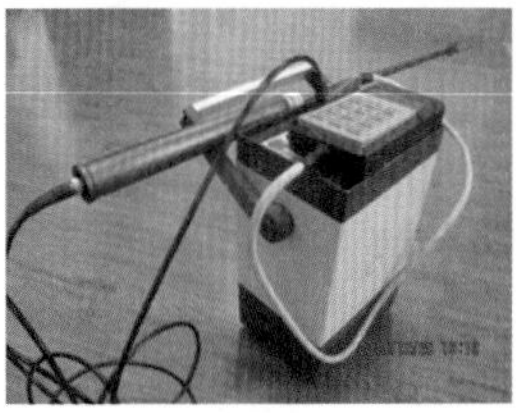
USB 数字显微镜	雪粒径	显微相机通过放大目标物体 40~200 倍进行拍照,照片通过 USB 接口即时传输到电脑并保存;观测时先利用标尺载玻片对数码显微镜定标,获得图像像元数量和实际尺寸的关系,然后进行积雪颗粒的拍照;观测结束后根据定标结果对积雪颗粒照片进行处理	

续表

仪器名称	观测内容	仪器简介	仪器照片
Apogee MI 系列手持式红外温度计	积雪表面温度	美国 Apogee 公司生产,通过对物体辐射能量的测量获得物体表面温度,能在高寒环境下工作,温度观测范围为-40~70 ℃,观测精度高于 0.5 ℃	
针式温度计	雪剖面温度	总长度 22.5 cm,不锈钢探针长度 15 cm,能够测量-50~300 ℃范围温度,温度分辨率为0.1 ℃,温度测量精度达到±1 ℃(0~80 ℃)和±5 ℃(其他范围),用于测量雪剖面各层积雪温度	

雪层温度使用电子针式温度计测量。在野外观测之前,利用冰水混合物对温度计进行定标,剔除不满足雪层温度测量要求的温度计。测量雪层温度之前,将温度计取出,置于空气或积雪中冷却 1 分钟。测量时,在积雪剖面上按 10 cm 的步长将积雪由表层向下划分成不同的雪层,再将温度计水平插入每个雪层的中部,待读数稳定后记录雪层温度。

积雪粒径由取雪铲、毛刷、带刻度的背景板和显微相机完成测量。测量之前,搭建简易的积雪粒径观测工作台,将观测工具置于空气或积雪中进行冷却。测量过程中,用取雪铲依次取出各雪层中部的积雪颗粒置于背景板上,并用毛刷进行分选,挑选出完整的积雪颗粒,并使用显微相机进行成像。观测完成后,利用背景板上的刻度,等比例地换算出积雪颗粒的粒径。背景板最小刻度为 1 mm,读数过程中对最小刻度后一位进行估读,使积雪粒径观测精度为 0.1 mm。利用积雪颗粒图像,对积雪颗粒的外接椭圆进行测量,得到椭圆的长轴半径和短轴半径,在一定程度上可以表征积雪颗粒的形状。定义积雪颗粒外接椭圆的轴间比为

$$r=\frac{a_x}{a_z}=\frac{a_y}{a_z} \tag{2.2}$$

式中,a_x和 a_y为积雪颗粒短轴半径,a_z为积雪颗粒长轴半径。将积雪颗粒抽象成一个椭球体,并假定 $a_x=a_y$,由于显微相机只能获取平面图像,无法实现立体测量,故实际测量中只能获得 a_x和 a_y中的一个参数。

雪层密度、液态水含量和介电常数通过雪特性分析仪 Snow Fork 测量和换算得出。雪特性分析仪可以直接测量出积雪的共振频率、衰减度和 3 dB 带宽,进而推导出积雪介电常数,通过半经验公式换算出雪中液态水含量和积雪密度。

此外,雪地界面温度由针式温度计测量,将针式温度计沿雪地界面水平插入,测量方法与雪层温度测量相同;雪面粗糙度和地表粗糙度由自制粗糙度板测量并拍照,经室内数

字化处理获得;地物反射光谱由 ASD FieldSpec4 地物光谱仪测量,并经室内后处理获得;地表上下行辐射由 CMP6 辐射表测量获得。

2.3 积雪观测的初步结果

2.3.1 玛纳斯河流域积雪观测结果

1)积雪反射光谱分析

(1)典型地物反射光谱比较

冬春季节,研究区典型地物类型包括积雪、枯草、干枯灌木、裸土、裸岩、雪与枯草混合物等,不同地物的光谱曲线见图 2.23。积雪与非积雪的光谱曲线具有明显差异,积雪在可见光波段的反射率在 0.80 以上,在 350~900 nm 波段范围内平稳下降,在 900 nm 处开始急剧下降,在 1030 nm 波段处形成第一个波谷后开始上升,在 1080 nm 处形成波峰后再次下降,之后在 1250 nm、1496 nm 处形成波谷,而在 1320 nm、2246 nm 处形成波峰。裸土、裸岩、枯草、干枯灌木四种地物在可见光波段的反射率随波长增加呈上升趋势,但是其反射率最大值也仅有 0.30 左右,远低于积雪在可见光波段的反射率。另外,由于枯草的覆盖率较低,且有裸土出露,因而枯草的光谱曲线与裸土的光谱曲线非常接近。

前山带的草本植被茂密,是优良的牧场。在冬春季节,枯草是研究区常见的下垫面类型,当降雪发生,且积雪较浅时,枯草出露在积雪表面,便形成雪与枯草混合物。与积雪相比,雪与枯草混合物的反射率有一定程度的降低,且在可见光波段最为明显,下降了 0.06~0.08;随着波长的增加,两者的反射率差异逐渐缩小;整体而言,两者的光谱曲线具有相似的变化趋势。

(2)不同积雪类型的反射光谱比较

降雪发生后,当空气中的扬尘、暗物质等污染物吸附在积雪表面时,便形成污化雪。受污染物的影响,积雪反射率发生显著改变。另外,随着时间的推移,积雪在自然老化和融化的共同作用下,雪晶逐渐粒化、粗化,甚至出现再冻结现象,最终变成陈雪,受雪粒径、融化状态等因素的影响,积雪反射特性亦发生明显改变。在山区的风口和山顶地区,在风力和地形的共同作用下,积雪迁移量大,造成风吹雪现象较为显著,其分布特点对寒区水文模型有重要影响,且风吹雪灾害是我国面临的重大自然灾害之一;在风力的作用下,风吹雪表面形成一层风成硬壳,密度很大,底层普遍发育雪下冰晶。为了分析风吹雪的反射特性,野外观测时也测量了风吹雪的光谱数据。新雪、污化雪、陈雪和风吹雪的光谱曲线如图2.24所示。

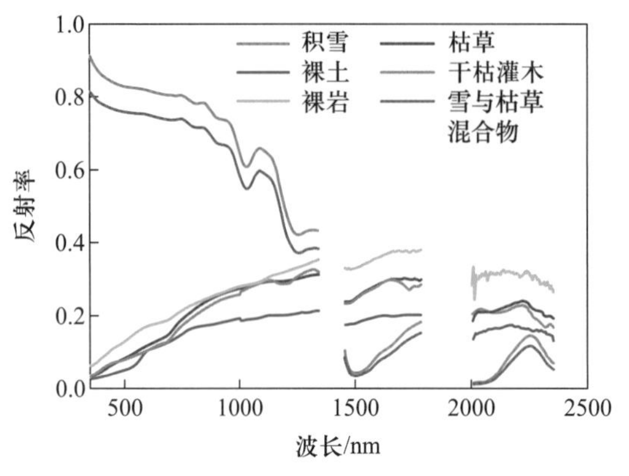

图2.23 积雪及其他典型地物的反射光谱曲线

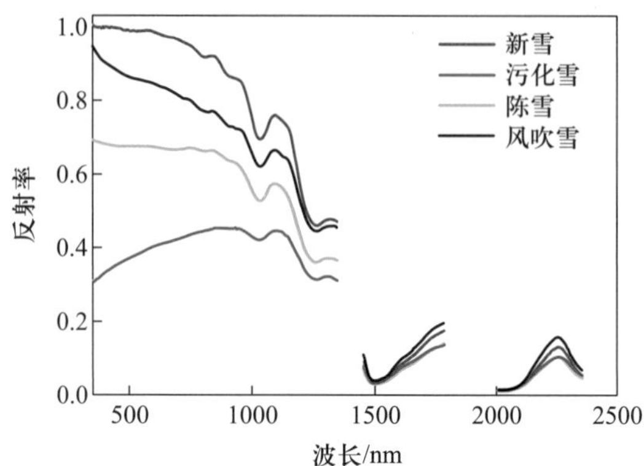

图2.24 新雪、陈雪、污化雪、风吹雪的反射光谱曲线

不同积雪类型的反射率差异明显,在可见光波段最为显著,新雪的反射率在0.90以上,污化雪的反射率为0.31~0.45,陈雪的反射率为0.67~0.7,风吹雪的反射率为0.78~0.92。随着波长的增加,不同积雪类型的反射率差异逐渐缩小,特别是在1451~1779 nm和2001~2349 nm波段内,不同积雪类型的反射率较为接近。不同的积雪类型在可见光波段的光谱曲线变化趋势亦有所不同,新雪、陈雪和风吹雪的光谱曲线呈逐渐下降趋势,且风吹雪的下降速率明显高于新雪和陈雪;而污化雪的光谱曲线则呈逐渐上升趋势。

(3)不同污化条件对积雪反射光谱的影响

为了分析不同污染物类型、污染程度对积雪反射率的影响,分别测量了污染物为煤灰、泥尘时的积雪反射光谱曲线(图2.25)。研究区内煤炭资源丰富,煤矿周围和运煤公路两侧的积雪明显受到煤灰污染。由于缺乏测量污染物浓度的设备,以运煤公路为中心,以不同距离代表不同污染程度,距离运煤公路越近,污染越严重,积雪表面越黑。分别测量了距运煤公路1 m、5 m、10 m的污化雪光谱数据。

煤灰对积雪反射特性的影响非常明显,随着其浓度增加,积雪的反射率迅速降低。在可见光波段,距公路10 m、5 m、1 m处的污化雪反射率分别为0.86~0.87、0.73~0.75、0.31~0.41;与未污化雪相比,距运煤公路1 m处的污化雪的反射率下降幅度高达0.7左右。在近红外波段,煤灰对积雪反射率的影响有所减小。受煤灰污染的积雪反射光谱曲线的变化趋势亦发生明显改变,在可见光波段,未受污染的积雪反射率随波长增加而呈现下降趋势;而受煤灰污染的积雪反射率随波长增加呈现上升趋势。另外,在近红外波段的

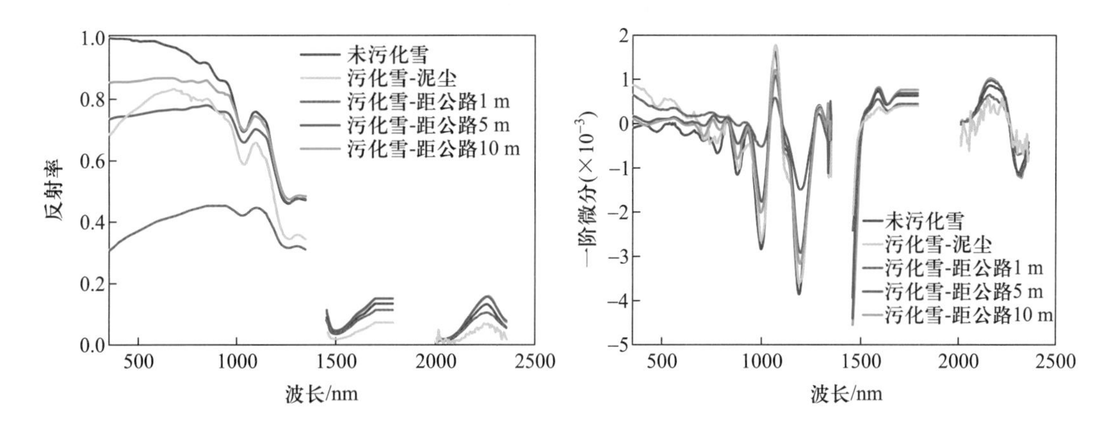

图 2.25 不同污化条件的积雪反射光谱曲线与一阶微分曲线

波谷和波峰位置,煤灰浓度对积雪反射光谱曲线的变化趋势造成的影响明显不同,在波谷地带,污染物浓度越大,污化雪反射率的下降速率越慢;在波峰地带,污染物浓度越大,污化雪反射率的上升速率越慢。

泥尘污染对积雪反射特性亦有显著影响,与煤灰对积雪反射特性的影响既有相似之处,又有一定的差异。受泥尘污染的积雪反射率在 350~680 nm 波段呈现明显上升趋势,且上升速率明显高于受煤灰污染的积雪,之后便开始下降。而受煤灰污染的积雪反射率在 350~900 nm 波段一直呈现上升趋势,且受泥尘污染的积雪反射率上升速率明显高于受煤灰污染的积雪。

(4)含水量对积雪反射光谱的影响

积雪融化导致雪层含水量增加,而水在 380~1180 nm 波段内的反射率很低,在红外波段又有强烈吸收带,因而雪层含水量会使积雪的反射特性发生剧烈变化。雪层含水量利用雪特性分析仪直接测量得到,为距积雪表面 2 cm 处的雪表层体积含水量。雪层含水量为 0.00%、1.41%、3.26%和 6.08%的积雪反射光谱曲线如图 2.26 所示。

随着雪层含水量增加,积雪反射率迅速下降;且在可见光波段的下降幅度明显高于在近红外波段的下降幅度。相较于干雪的反射率,含水量为 1.41%,3.26%、6.08%的积雪反射率在可见光波段分别下降了 0.1~0.13、0.2~0.23、0.34~0.40。在近红外波段,尽管不同含水量的积雪反射率差异随波长增加而逐渐缩小,但是在 760~1339 nm 波段,含水量对积雪反射率的影响仍较为显著;在 1451~1779 nm 和 2001~2349 nm 波段,含水量为 1.41%、3.26%、6.08%的积雪反射率几乎完全一致,且均低于干雪的反射率。

(5)粒径对积雪反射光谱的影响

雪粒径是影响积雪表面反射率的主要参数。入射光散射时穿越雪粒的路程随雪粒径的增大而加长，使得积雪对光能的吸收也加强，因而随粒径的增加积雪反射率降低。野外测量得到的粒径为350 μm、500 μm、640 μm 的积雪反射光谱曲线见图 2. 27。其中，雪粒径为观测点的平均雪粒径，利用手持 40 倍显微镜获取一组雪粒照片，测量不同雪粒的粒径大小，取均值代表观测点的雪粒径。

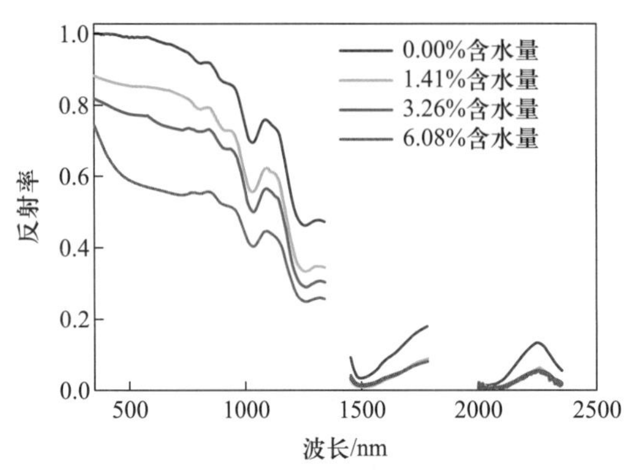

图 2. 26 不同含水量的积雪反射光谱曲线

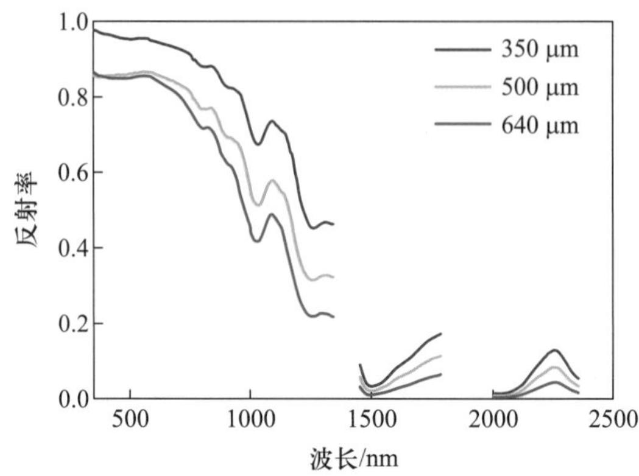

图 2. 27 不同粒径的积雪反射光谱曲线

随着积雪粒径增大，积雪反射率逐渐下降，且在近红外波段的下降幅度明显高于在可见光波段的下降幅度。当雪粒径为 350 μm 时，积雪在可见光波段的反射率在 0. 9 以上；当积雪粒径增大到 500 μm 和 640 μm 时，积雪在可见光波段的反射率有所下降，但仍可达到 0. 82~0. 86。在近红外波段，特别是在积雪反射光谱曲线的两个波谷 1020 nm 和 1250 nm 处，以及波峰 1150 nm 处，不同粒径的积雪反射率差异达到最大，雪粒径为 350 μm 和 500 μm 的积雪反射率差异达到 0. 15 左右，雪粒径为 500 μm 和 640 μm 的积雪反射率差异达到 0. 1 左右。

2）地表辐射的空间差异

（1）下行辐射与下垫面

依据野外获取的不同观测点的下行辐射数据，研究不同下垫面的下行辐射特点。选取了晴空条件下的 7 个观测点（1、2、3、4、8、9、10 号观测点）的数据，并按照观测时间绘制了晴空条件下的下行辐射随下垫面的变化图。1、2、3 和 4 号观测点的观测时间是 2015 年 4 月，8、9 和 10 号观测点的观测时间是 2016 年 6 月。

图 2. 28a 中，蓝色曲线表示积雪下垫面，红色曲线表示草地。总体上，晴空且同一时刻（认为是相同太阳高度角）的条件下，积雪下垫面的下行辐射高于草地下垫面。成因可能有两个：首先，积雪下垫面对太阳辐射的多次散射会较明显加强雪面测得的下行辐射，这在多云的情况下更为明显。其次，高山冰雪带海拔高于草地分布的海拔，一般情况下，随着海拔的升高，太阳直接辐射的增加大于散射辐射的减弱，整体上使得下行辐射呈现增强

的现象。图 2. 28b 中,蓝色曲线表示积雪下垫面,红色曲线表示草地。总体上,晴空且同一时刻条件下,积雪下垫面的下行辐射高于草地下垫面。

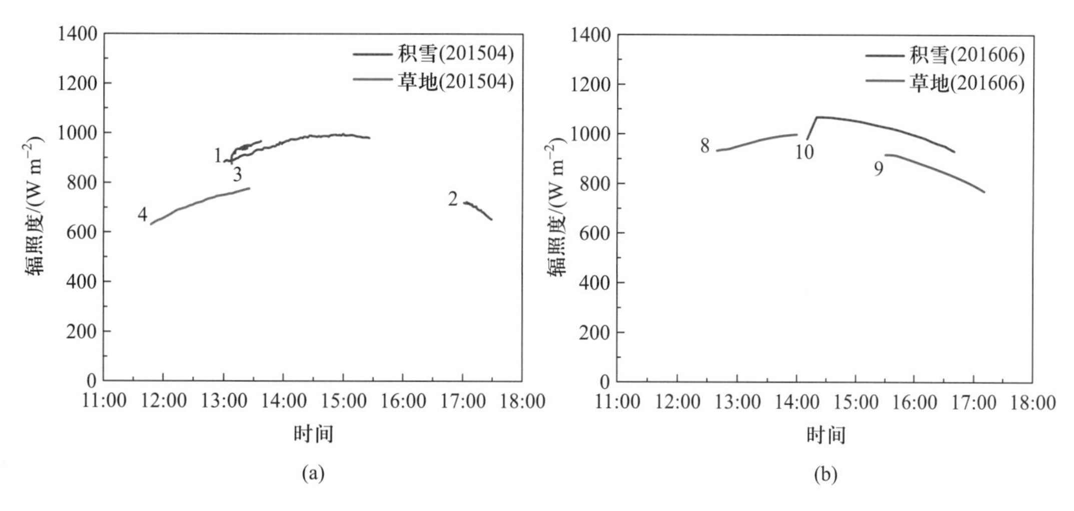

图 2. 28 草地和积雪下垫面的下行辐射:(a)2015 年 4 月;(b)2016 年 6 月

(2)下行辐射与海拔

探讨下行辐射随海拔变化的特点,获取下行辐射随海拔变化的垂直梯度。首先假定太阳高度角、天气状况和下垫面三个条件一致。也就是在晴空条件下,同一时刻、相同下垫面情况下,探讨下行辐射与海拔之间的内在联系。

利用 2015 年 4 月野外观测获取的下行辐射数据,选取晴空条件下不同海拔的 4 个观测点(1、2、3、4 号观测点)的辐射数据,绘制了晴空下行辐射的变化曲线,如图 2. 29 所示。

图 2. 29 中,以颜色区分观测点的海拔。蓝色、紫色、粉红色和红色曲线分别代表 4 个观测点从低到高的 4 个海拔值,分别为 1124 m、3324 m、3515 m 和 3879 m。其中,1、3、4 号观测点数据获取的时间为 2015 年 4 月 11 日至 2015 年 4 月 18 日,其间最多相差 8 天,可以认为这三个点的观测期间太阳高度角具有相同的日变化规律。图中 1、3、4 号观测点在 13:07 ~ 13:25 期间都具有观测数据,其中的某一时刻的太阳高度角都可以认为是相同的。取三个点都具有观测数据时段的中间时刻 13:16,假设画一条垂直时间轴的直线,与 1、3、4 号观测点的下行辐射曲线相交,得到 3 个交点,描绘上行辐射随海拔变化图(图 2. 30)。

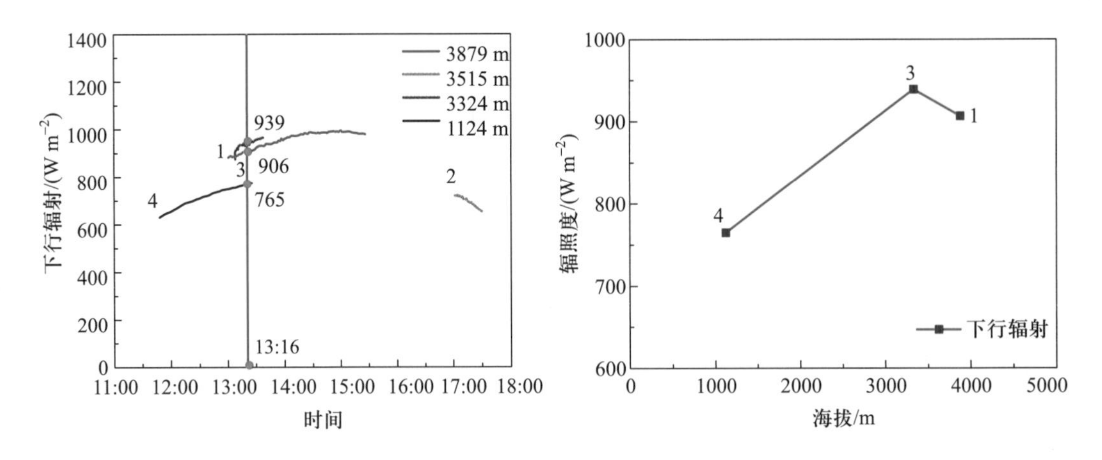

图 2.29　2015 年 4 月晴空条件下不同海拔的下行辐射

图 2.30　2015 年 4 月下行辐射随海拔变化

图 2.30 中,下行辐射随着海拔的升高,呈现先升高后降低的趋势。一般来说,海拔越高,大气质量和大气浑浊度越小,山区太阳直接辐射随海拔的升高而明显升高,同时散射辐射随海拔的升高而减少,所以下行辐射随海拔升高的增减趋势正是这两种组成部分此消彼长的博弈。下行辐射随海拔升高而升高,表明太阳直接辐射的增长部分超过了散射辐射的减弱部分。反之,下行辐射随海拔升高而减小,表明太阳直接辐射的增长部分少于散射辐射的减弱部分。

通过计算,上升阶段垂直辐射梯度为 7.91 W m^{-2}(100 m)$^{-1}$,也就是说,在 1124~3324 m 的海拔范围内,研究区的海拔每升高 100 m,下行辐射平均增加 7.91 W m^{-2};下降阶段垂直辐射梯度为 5.95 W m^{-2}(100 m)$^{-1}$,也就是说,在 3324~3879 m 的海拔高度范围内,研究区海拔每升高 100 m,下行辐射平均减少 5.95 W m^{-2}。图 2.30 中,在 3 号观测点取得极值,表明在 4 号点所处的 1124 m 到 3 号点所处的 3324 m 之间的天山中段地区,下行辐射的变化趋势存在一个转折点。在这个转折点,太阳直接辐射随海拔升高而增加的部分,与太阳散射辐射随海拔升高而减少的部分相互抵消。

(3)上行辐射与下垫面

依据野外获取的不同观测点的上行辐射数据,探讨不同下垫面的上行辐射差异。选取晴空条件下的 7 个观测点(1、2、3、4、8、9、10 号观测点)的数据,根据观测的时间是否在同一年,绘制晴空上行辐射随下垫面的变化图(图 2.31)。1、2、3、4 号观测点的观测时间是 2015 年 4 月, 8、9、10 号观测点的观测时间是 2016 年 6 月。

根据图 2.31a,总体上,晴空且同一时刻(认为是相同太阳高度角)的条件下,积雪下垫面的上行辐射远高于草地下垫面。原因在于积雪下垫面的下行辐射高于草地下垫面,而且积雪的反照率高于草地。另外,1 号和 3 号观测点下垫面同为积雪,但是其同一时刻的

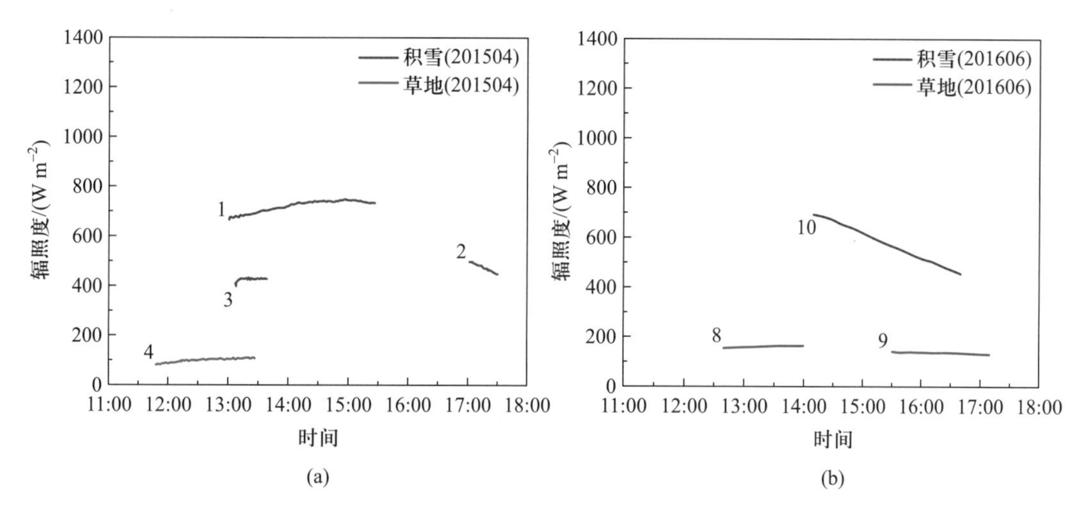

图 2.31 2015 年 4 月和 2016 年 6 月不同下垫面的上行辐射

上行辐射差异较大,原因在于积雪的物理性质不同,1 号观测点的积雪为新雪,反照率远高于 3 号观测点的陈雪。根据图 2.31b,总体上,晴空且同一时刻条件下,积雪下垫面的上行辐射远高于草地下垫面。

(4)上行辐射与海拔

探讨上行辐射随海拔变化的特点,获取上行辐射随海拔变化的垂直梯度。首先假定太阳高度角、天气状况和下垫面三个条件一致。也就是在晴空条件下,同一时刻、相同下垫面情况下,探讨上行辐射与海拔之间的内在联系。

依据野外观测记录的观测点海拔数据和测量获取的上行辐射数据,利用 2015 年 4 月野外观测获取的上行辐射数据,选取晴空条件下的 4 个观测点(1、2、3、4 号观测点),绘制上行辐射变化的曲线(图 2.32)。

图 2.32 中,以不同颜色来区分观测点的海拔。图中 1、3、4 号观测点在 13:07—13:25 观测时段内均有观测数据。其中任意时刻的太阳高度角认为是相同的。假设在此观测时段的中间时刻,即北京时间 13:16,画一条垂直时间轴的剖面线,与 1、3、4 号观测点的上行辐射曲线相交,得到 3 个交点的信息,描绘上行辐射随海拔变化(图 2.33)。

上行辐射随着海拔的升高呈现持续增加趋势。海拔 1124~3324 m 的垂直辐射梯度为 14.60 W m^{-2}(100 m)$^{-1}$,也就是说,在 1124~3324 m 的海拔范围内,海拔每升高 100 m,上行辐射平均增加 14.60 W m^{-2};海拔 3324~3879 m 的垂直辐射梯度为 45.87 W m^{-2}(100 m)$^{-1}$,也就是说,在 3324~3879 m 的海拔范围内,海拔每升高 100 m,上行辐射平均增加 45.87 W m^{-2}。上行辐射的垂直梯度值随海拔的升高呈现增长的趋势。

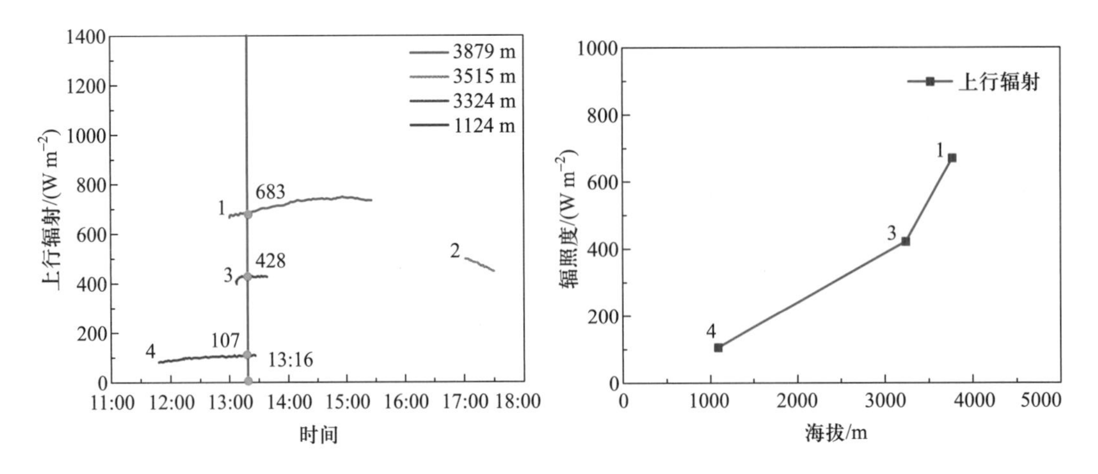

图 2.32 2015 年 4 月晴空条件下不同海拔的上行辐射

图 2.33 2015 年 4 月上行辐射随海拔变化

3）雪深和雪水当量

2013 年冬季和 2014 年春季各观测点的积雪深度和雪水当量如图 2.34 所示。在冬季积雪期，积雪较浅，积雪深度最小值 4.30 cm，最大值 17.50 cm，平均积雪深度 8.97 cm。而且，以 4~12 cm 深度的积雪为主，占观测点总数约 82.8%，且内部分布均匀，4~6 cm、6~8 cm、8~10 cm 和 10~12 cm 深度的积雪各占 20%左右；12~16 cm 和 16 cm 以上深度的积雪分别占 10.3%和 6.9%。其中，积雪相对较深的地区分别为紫红线南段、清水河乡北部 1 km 处附近、S101 省道上 151 团场以东 10 km 处附近以及大白杨沟等地；哈熊沟、泉水沟、紫红线北段以及各块耕地雪深较浅。在春季融雪期，积雪深度最小值 8 cm，最大值 29 cm，平均积雪深度 13.86 cm，积雪较浅。以 8~14 cm 深度的积雪为主，占观测点总数约 80.6%，且内部分布均匀，8~10 cm、10~12 cm 和 12~14 cm 深度的积雪各占 26.9%左右。其中，积雪相对较深的地区分别为紫红线南段、清水河乡北部 1 km 处附近、S101 省道上 151 团场以东 10 km 处附近以及大白杨沟等地；哈熊沟、泉水沟、紫红线北段以及各处耕地雪深较浅。

在冬季积雪期，雪水当量最小值 0.83 cm，最大值 3.52 cm，平均雪水当量 1.77 cm，以 1.2~1.6 cm 的雪水当量为主，占观测点总数约 34.5%。雪水当量相对较大的地区为紫红线南段、贝母房子村以及清水河乡北部 1 km 处附近等；哈熊沟、泉水沟以及各块耕地的雪水当量相对较小。

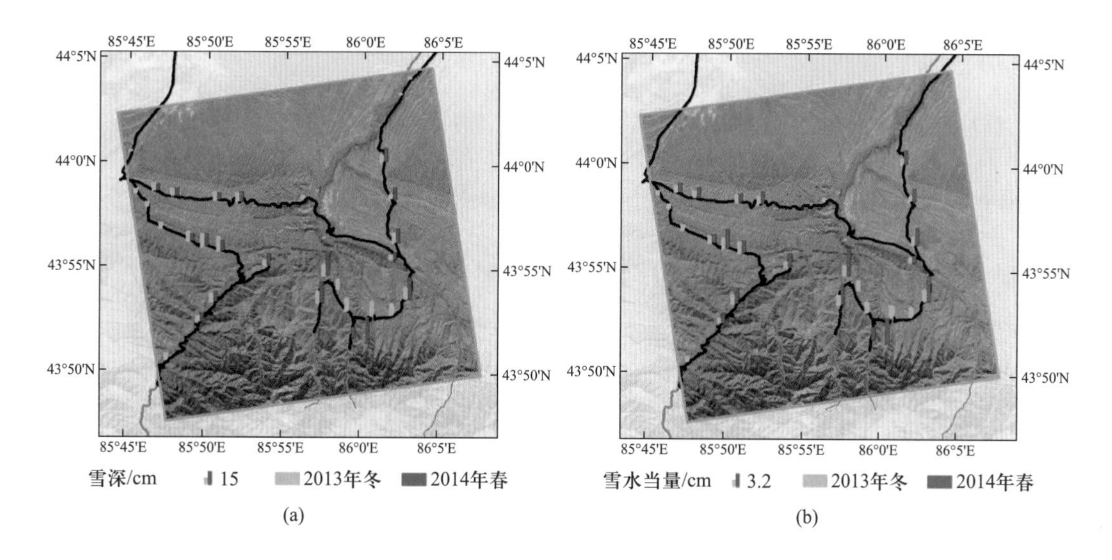

图 2.34 雪深(a)和雪水当量(b)观测结果

4) 雪密度和含水量

2013 年冬季和 2014 年春季各观测点的雪密度和雪湿度如图 2.35 所示。在冬季积雪期,积雪密度最小值为 0.132 g cm^{-3},最大值 0.288 g cm^{-3},平均积雪密度0.202 g cm^{-3},属于低密度型积雪。有超过 56%的观测点的积雪密度处于 0.176~0.221 g cm^{-3},超过 86%的观测点处于 0.154~0.243 g cm^{-3},标准差仅 0.032 g cm^{-3},积雪密度分布相对集中,差异很小。同时发现,尽管积雪密度差异不大,但整体上研究区东北部(清水河乡及其北部地区)及西北部(紫红线北段)低海拔地区的积雪密度较大,而铁布散、紫红线南段及贝母房子村附近积雪密度较小。在春季融雪期,积雪密度最小值为 0.163 g cm^{-3},最大值0.419 g cm^{-3},平均积雪密度 0.321 g cm^{-3},属于低密度型积雪。有超过 51.6%的观测点积雪密度处于 0.300~ 0.396 g cm^{-3},超过 80.6%的观测点处于 0.224 ~ 0.396 g cm^{-3},标准差仅 0.051 g cm^{-3},积雪密度分布相对集中,差异很小。同时发现,尽管积雪密度差异不大,但整体上研究区东北部(清水河乡及其北部地区)及西北部(紫红线北段)的低海拔地区的积雪密度较大,而铁布散、紫红线南段及贝母房子村附近积雪密度较小。

春季融雪期内,雪湿度最小值为 0.90%,最大值 6.29%,平均雪湿度为 3.77%。超过 57%的观测点雪湿度处于 3.09%~4.62%,超过 80%的观测点处于 2.16%~4.62%,其中,雪湿度较大的地区分别为 151 团场以东 10 km 处附近、铁布散附近、清水河乡北部1 km处附近等地;大白杨沟、小白杨沟、哈熊沟以及泉水沟雪表层含水量值较小。值得注意的是,冬季积雪期的雪湿度远远低于春季的雪湿度。

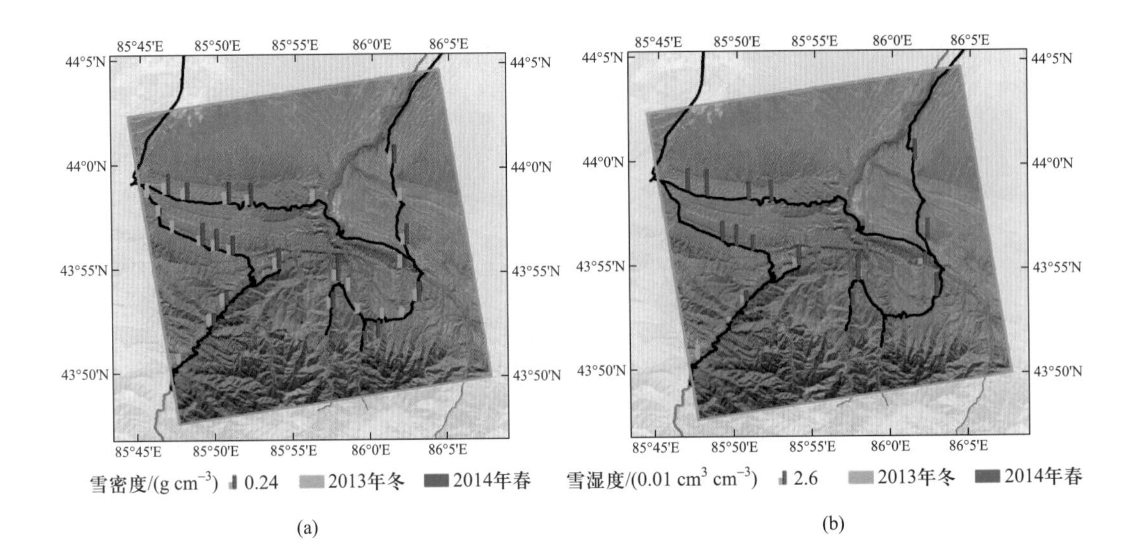

图 2.35 雪密度(a)和雪湿度(b)观测结果

5)雪层参数特性

(1)前山带积雪的雪层参数特性

2014 年春季前山带各观测点雪层参数如图 2.36 所示。可以看出,前山带的雪层温度主要在 0 ℃以上,随积雪深度增加,雪温变化差异不大,波动范围在 0.4 ℃左右。位于小白杨沟的 1 号点与位于贝母房子村的 4 号点,随积雪深度增加,雪温逐步降低。而位于大白杨沟的 2、3 号观测点与清水河乡的 5 号点,积雪随着深度的增加温度逐渐升高,但是当积雪厚度超过 10 cm 时,雪剖面温度又开始降低。这是由于雪表层受到太阳辐射,温度较高,而雪结构松散,有 60%~70%的孔隙,内部充满空气,静止的空气为不良热导体,使雪具有低热传导率,积雪下面的热空气不易传出来,外面的冷空气又难以进去,因此热能不能传递到表层以下的深度,加之地表的冻土吸收消耗热量,造成雪层近地表温度低。

前山带积雪密度的垂直分布存在差异,随着积雪深度的增加,雪密度逐步减小。一般来说,由于山区风吹的作用,表层积雪形成密度较大的雪壳,底层发育成雪下冰晶,但是在动力温度梯度的变质作用下形成的雪下冰晶密度小。所以密度垂直廓线呈现逐渐减小的趋势。

雪特性分析观测表明,前山带所采集积雪含水量均在 0%~6%。含水量通用的分类方案是国际水文科学协会发布的分类标准,根据液态水百分比将积雪分为干雪(0%)、潮雪(<3%)、湿雪(3%~8%)、非常湿(8%~15%)、烂泥(>15%),前山带积雪在观测期内属于

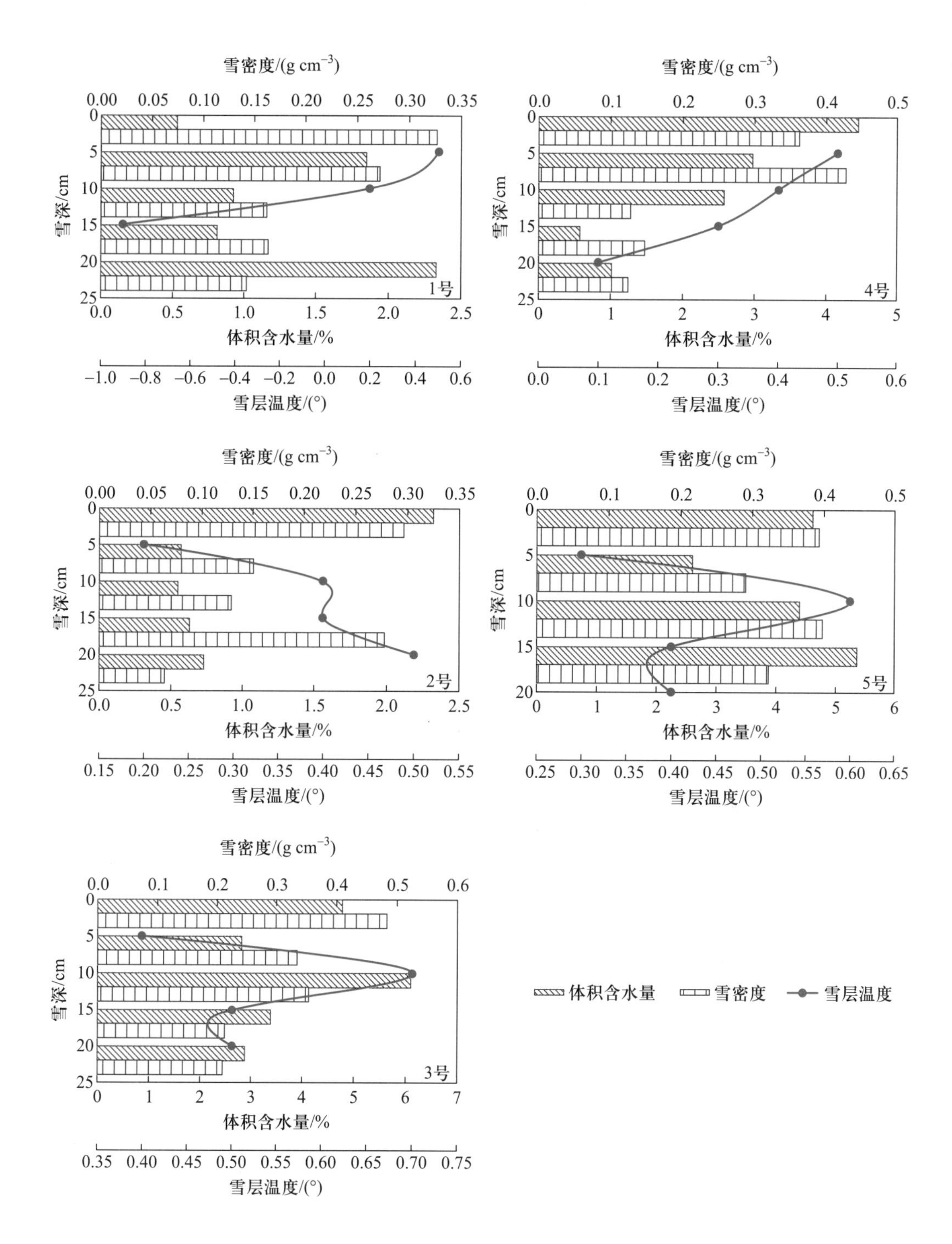

图 2.36 前山带各观测点的雪层参数

干雪和潮雪。积雪各层含水量随深度变化呈单峰型,峰值距雪表面约12 cm。主要原因是在太阳辐射和风的作用下,或由表层积雪融水下渗,融雪受阻而沿水平方向缓慢流动遇冷冻结形成了硬度较大的冰壳层。雪层剖面中冰壳层在一定程度上阻碍了上部热量、水分及其他物质向下部传输,即冰壳层对融水有阻滞效应,这与冰壳层上的积雪层具有很高的含水量、冰壳层下的含水量较低的结论相一致。积雪底部含水量较高是因为土壤的热传导作用使积雪剖面底层受热而产生含水量较高的现象。雪层含水量与温度变化基本一致。积雪剖面底部因为受到地中热流的影响而有融水,所以含水量稍大。

(2)高山带积雪的雪层参数特性

2014年春季高山带各观测点雪层参数如图2.37所示。在积雪较深的6、7号观测点,雪层的垂直温差差异较大,达到5℃以上。对于6、7、8号观测点,距地表越近雪层温度越高,随积雪深度增加,雪层温度逐渐降低。9号观测点积雪随着深度的增加温度逐渐降低,但是当积雪厚度超过7 cm时,7 cm以下雪剖面温度又开始升高,这种温度梯度同样是由雪的低热传导率造成的。雪较低热传导率使其具有保温作用,这种绝热性很大程度上取决于它的厚度,如果达到一定深度,积雪具有保温作用。10号观测点的雪层温度变化不大。

高山带的雪密度的垂直变化呈中间大、底部和顶部小的特征。这是由于非稳定积雪期表层新降雪导致积雪剖面上层雪密度较小;山区太阳辐射强、气温高,上层的融水下渗流入中部雪层,雪层含水量增加,加之由于存在密实化作用,其间没有形成深霜,因此雪密度高于上层和底层雪密度;积雪剖面底层由于深霜融化形成空洞,孔隙率大,雪层松散,雪密度较小。

南部高海拔地区积雪含水量较低,全部为0%~3%,属于干雪和潮雪。积雪由数次非连续降雪形成,具有明显的层状结构,各雪层密度、粒径与孔隙率等各不相同,所以各层的持水和过水能力也存在差异,因而雪层含水量不是连续地递增或者递减,存在层位变化。8、9、10号观测时段在日落后,温度低,由于雪面与外界的热量交换弱或由于夜间气温较低以及雪面强烈的反射辐射,使积雪表面温度大大低于周围空气的温度,雪层向大气释放热量,雪层中的液态水冻结,使得雪层中含水量出现大量0值。

总体而言,研究区在非稳定期积雪随着深度的增加温度逐渐降低,保温层位于雪表层下10 cm左右位置,厚度超过10 cm时,雪剖面温度变化明显。前山带随着积雪深度的增加,雪密度逐步减小,高山带积雪由数次非连续降雪形成,层状结构明显,雪密度的垂直廓线呈现为中部大、积雪表层和底部小的分布特征。前山带积雪体积含水量比南部高,积雪在观测期内属于干雪和潮雪,垂直廓线随积雪深度变化呈单峰曲线,峰值距雪表面约12 cm;高山带的积雪以干雪为主,雪层含水量存在层位变化。

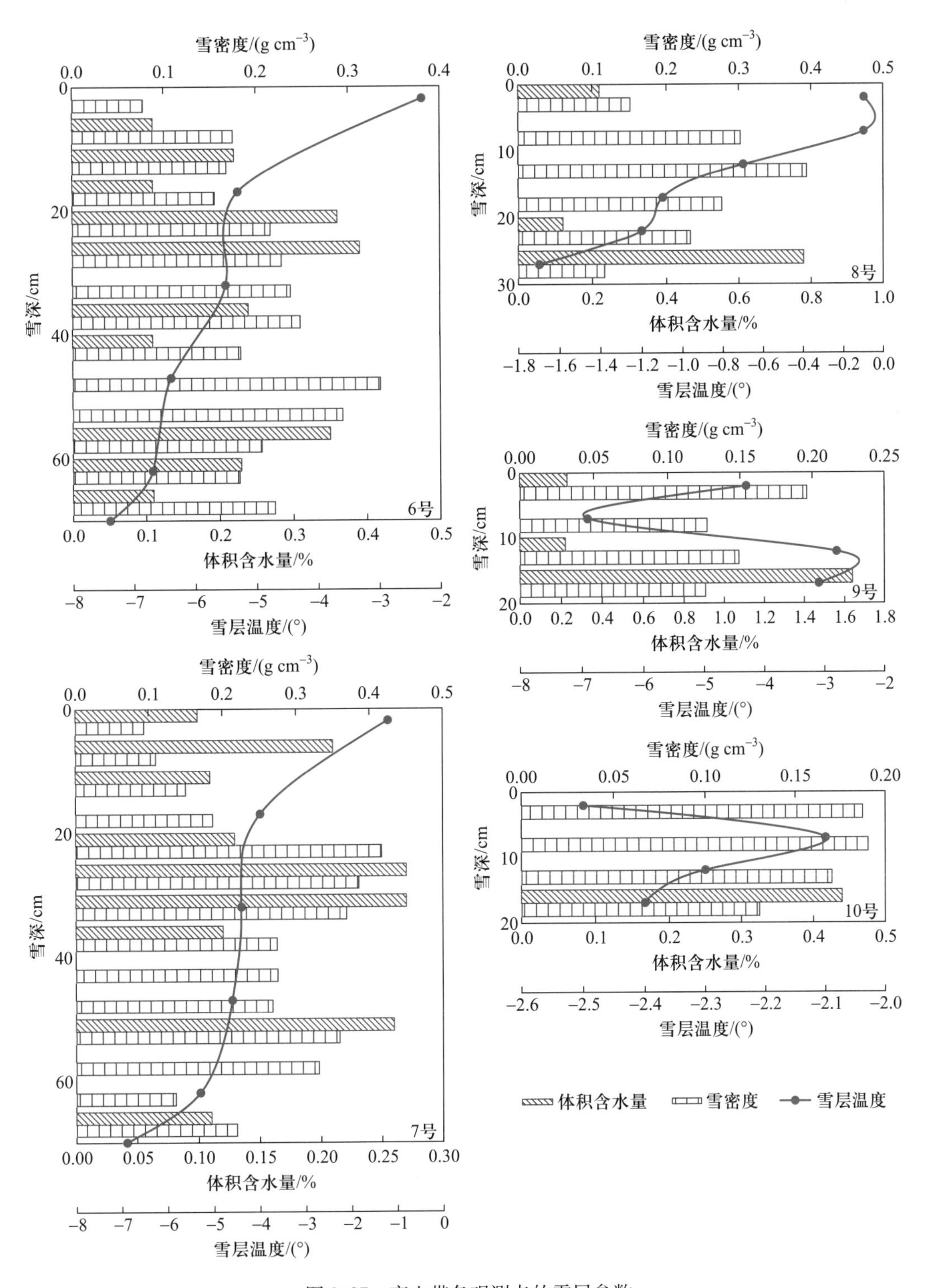

图 2.37 高山带各观测点的雪层参数

2.3.2 克兰河流域积雪观测结果

1）中游地区积雪观测结果

2018 年 1 月在克兰河中游地区共获取积雪样带观测点 61 个，积雪剖面观测点 12 个，删除无效积雪观测点后，有效的积雪样带观测点 51 个，积雪剖面观测点 12 个。

2017 年 10 月 1 日至 2018 年 4 月 30 日的气温和雪深数据如图 2.38 所示。自 2017 年 11 月上旬起，阿勒泰地区日平均气温开始低于 0 ℃，并开始降雪，进入积雪积累期，平均雪深 4 cm；经过 12 月中旬和下旬的几次降雪，12 月下旬和 2018 年 1 月上旬的平均雪深达到 10 cm；在星地同步观测前，1 月 13 日左右发生了一次较大的降雪，自 1 月 13 日至 2 月底无较大降雪天气过程，平均雪深约为 14.5 cm；3 月初发生较大降雪，观测雪深达到 26 cm，达到本雪年的最大值；3 月 7 日以后气温回升至 0 ℃以上，积雪开始大面积消融，到 3 月 12 日雪深为 0 cm，表明积雪已全部消融；之后有几次较小降雪，即降即融，无积雪。与历史雪深记录相比，该年的降雪量严重偏少。

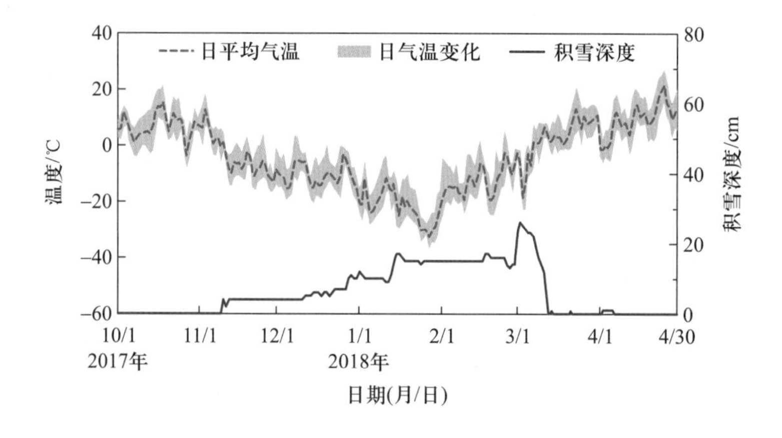

图 2.38 克兰河中游地区 2017 年 10 月至 2018 年 4 月气温和雪深情况

雪深、雪密度、下垫面类型观测结果和观测点 SAR 局部入射角统计如图 2.39 所示。其中，观测最大雪深 20.2 cm，最小雪深 6.7 cm，平均雪深 14.8 cm，雪深集中分布在 13~16 cm区间；观测最大雪密度 0.228 g cm^{-3}，最小雪密度 0.096 g cm^{-3}，平均雪密度 0.148 g cm^{-3}，雪密度集中分布在 0.13~0.17 g cm^{-3}；利用雪深和雪密度可以计算得到观测点的雪水当量（SWE），最大 SWE 为 3.964 cm，最小 SWE 为 0.982 cm，平均 SWE 为 2.190 cm；51 个有效观测点主要分布在裸地和耕地，其中 16 个观测点下垫面为裸地，33 个观测点下垫面为耕地，下垫面类型为草地和湖冰的观测点各有 1 个；结合 DEM 提取了 51 个观测点在 SAR 图像中的局部入射角，主要分布在 37.28°~45.08°内，大部分观测点集中在 42.3°左右。

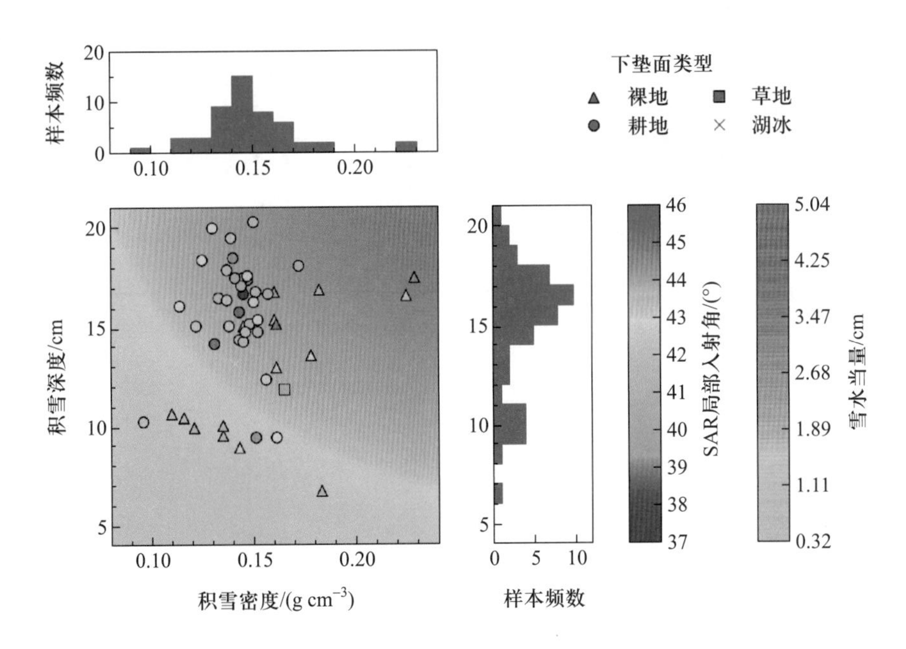

图 2.39 积雪观测点下垫面类型、雪深、雪密度、雪水当量和 SAR 局部入射角

由于 2017—2018 年阿勒泰地区降雪偏少,雪深较往年平均值偏低,使用针式温度计难以准确测量多层雪层温度。在积雪样带观测和剖面观测中,一般测量雪深 5 cm 和 10 cm 处温度分别作为第 1 层和第 2 层的温度,部分观测点测量了 1 层或 3 层雪层温度。积雪 5 cm深处温度最大值为-5.4 ℃,最小值为-20.8 ℃,平均温度-11.7 ℃;10 cm 深处温度的最大值为-3.8 ℃,最小值为-19.5 ℃,平均温度-9.4 ℃。5 cm 深处的温度日变化大于 10 cm深处的温度日变化,且 5 cm 深处温度明显低于 10 cm 深处温度,积雪对地表具有一定的保温作用。由于雪深较小,各雪层温度受太阳高度角影响较大,当太阳辐射逐渐增强,5 cm 和 10 cm 深处温度都呈现出明显的上升趋势,由于雪层的隔热作用,10 cm 深处温度的上升幅度较 5 cm 深处小。

与往年气象记录相比,阿勒泰地区 2017—2018 年气温偏低,降水偏少,导致地表和近地面空气温度梯度增大,受此影响,积雪属性在垂直方向出现了较大的差异。表 2.2 展示了 2018 年 1 月 18 日积雪剖面观测中拍摄的一组雪粒照片,表层积雪为 2018 年 1 月 13 日新降雪,雪粒较小,呈不规则状;自积雪顶层向下,随着雪深的增加,雪粒逐渐圆化,棱角逐渐消失;到积雪底层,雪粒已经完全变成球体,相应的雪粒长短半轴比依次为 2.100、1.667、1.186 和 1.070,呈现出由椭球体逐渐向球体变化的趋势。

由于雪层较浅,大多数积雪剖面只测量了一次介电常数,在 12 个积雪剖面上共获取了 13 个介电常数,如图 2.40 所示。由图可知,除右上角一个观测点的介电常数虚部较高外,其他观测点的介电常数虚部都在 0.01 以下,这表明积雪为干雪或含水量极低,说明 SAR 信号可以完全穿透积雪雪层。

表 2.2 积雪粒径观测结果示例

雪粒照片				
长轴长/mm	2.625	4.375	6.032	8.133
短轴长/mm	1.250	2.625	5.086	7.600
长短轴比	2.100	1.667	1.186	1.070

注:雪粒照片背景网格每格大小为 1 mm×1 mm。

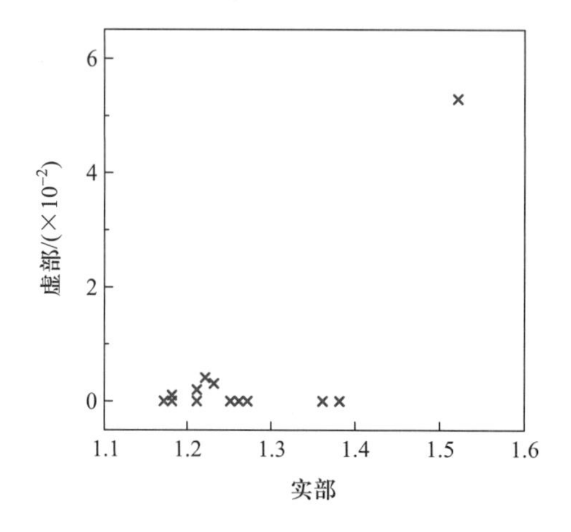

图 2.40 积雪剖面观测点介电常数分布

2)上游地区积雪观测结果

(1)雪深和雪水当量

2018 年 1 月克兰河上游地区雪深和雪水当量观测结果如图 2.41 和图 2.42 所示。研究区共计 44 个雪深观测点,其中雪深最小值为 20.7 cm,最大值为 86.2 cm,平均雪深59.8 cm。研究区东部与西部雪深差异明显,研究区西部位于阿尔泰山中山带、克兰河河谷区域,积雪相对较浅,雪深分布范围为 20.7~30.8 cm,平均雪深为 27.9 cm。积雪较深的位置集中于研究区东部阿尔泰山高山带,接近克兰河河源区,雪深分布范围为 55.7~86.2 cm,平均雪深为 73.1 cm。研究区雪深反演主要使用东部高山带 31 个积雪观测点数据,其中 29%的点雪深在 70 cm 以下,61%的点雪深分布于 70~80 cm,10%的点雪深大于 80 cm。

在冬季积雪期,8 个观测剖面中雪水当量最小值为 3.24 cm,最大值为 16.56 cm,平均雪水当量 11.49 cm。雪水当量相对较大的地区为研究区东部阿尔泰山高山带,以 13.1~16.6 cm 为主。研究区西部拉斯特、斯德克等村镇附近雪水当量相对较小,以 3.2~6.3 cm 为主。

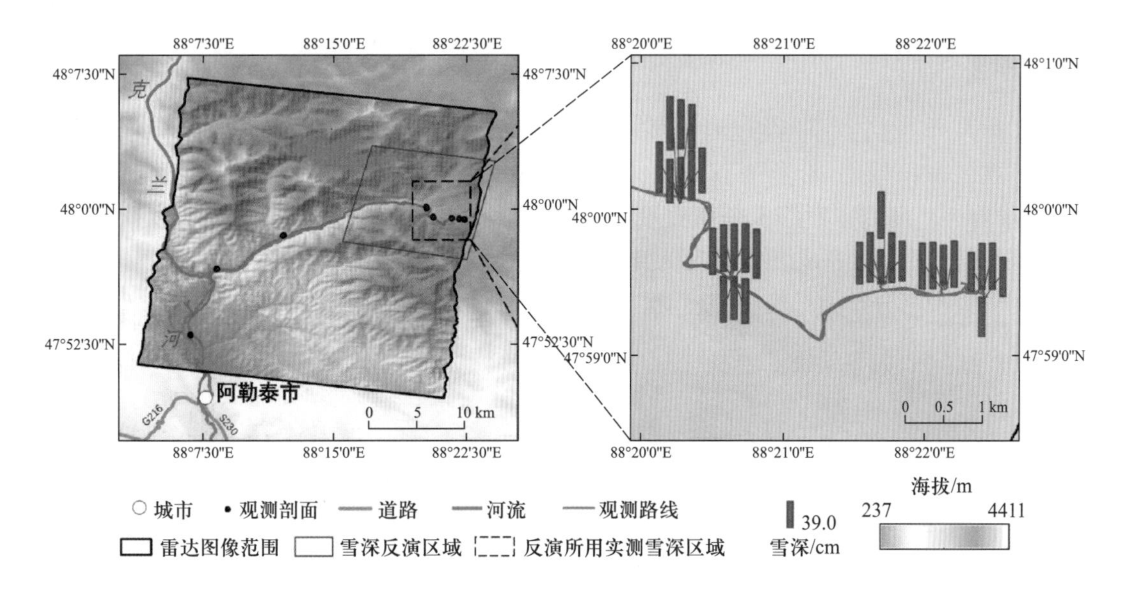

图 2.41　克兰河上游地区雪深观测结果

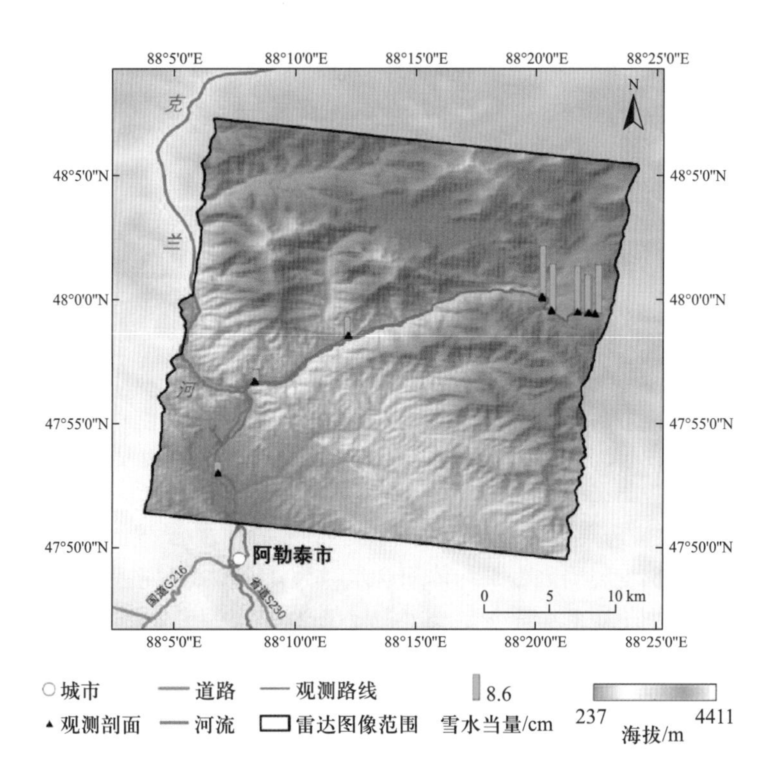

图 2.42　克兰河上游地区雪水当量观测结果

(2)雪密度和含水量

2018 年 1 月克兰河上游观测剖面的积雪密度和含水量观测结果如图 2.43 和图 2.44 所示。在冬季积雪期,8 个剖面观测点中积雪密度最小值为 0.155 g cm^{-3},最大值为 0.249 g cm^{-3}。研究区西部 3 个剖面平均积雪密度为 0.174 g cm^{-3},属于低密度型积雪。研究区东部 5 个剖面平均积雪密度为 0.226 g cm^{-3},大于西部积雪密度。东部与西部地区内部的积雪密度分布相对集中,差异很小。

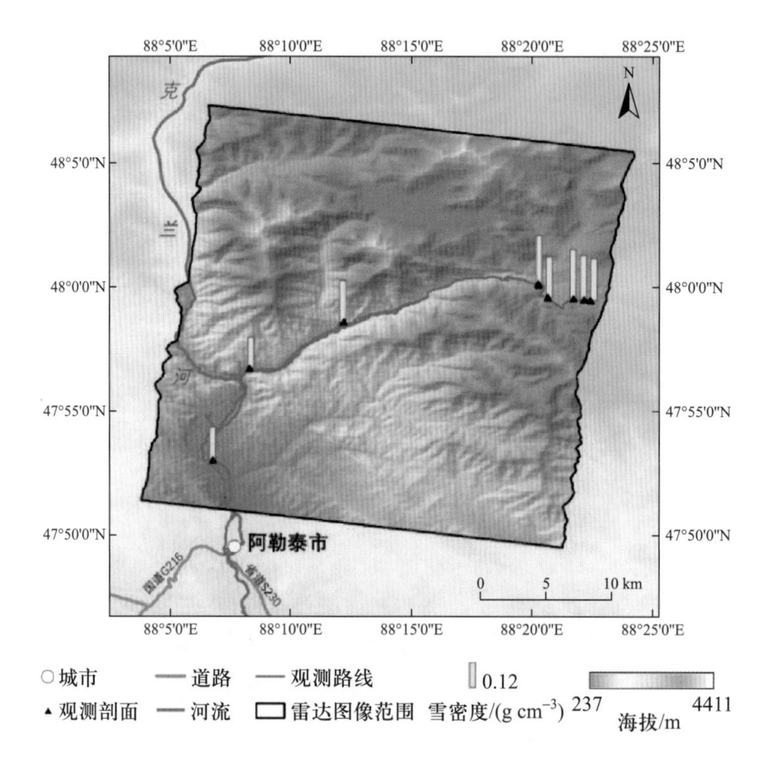

图 2.43 克兰河上游地区雪密度观测结果

所有观测剖面中体积含水量最小值为 0.11%,最大值为 7.89%,平均体积含水量为 2.68%。研究区西部 3 个观测剖面平均体积含水量为 0.44%;研究区东部 5 个剖面点平均体积含水量为 4.01%,但内部差异较大,其中 2 个观测剖面体积含水量均值为 7.86%,3 个剖面观测点均值为 1.45%。总体而言研究区东部积雪体积含水量大于西部。

(3)雪层参数特性

2018 年 1 月克兰河上游观测剖面的雪层参数特性观测结果如图 2.45 所示,按照从东往西的顺序给各观测点按照点号 1~8进行编号。可以看出,各雪层温度均在 0 ℃以下,当雪层深度较大时,雪层温度在 0~-20 ℃范围内。雪层温度呈现先下降后上升的趋势,即当

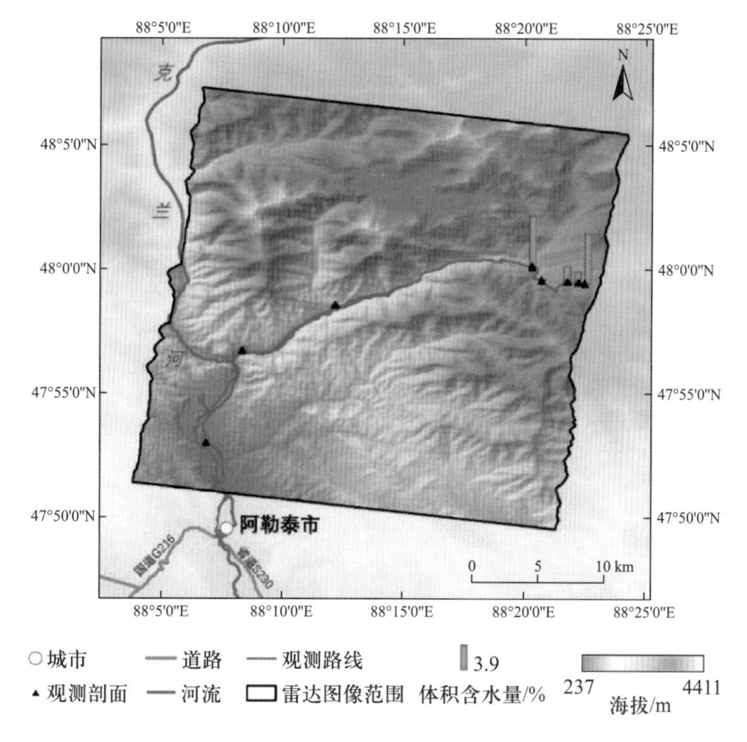

图 2.44 克兰河上游地区积雪含水量观测结果

由雪表层进入积雪层时，温度下降，随着雪层深度的增加，温度又逐渐上升，接近下垫面的积雪层温度达到最大，接近于 0 ℃。这是因为雪表层受到太阳辐射，温度较高，而雪结构松散，有 60 %~70 %的孔隙，内部充满空气，静止的空气为不良热导体，使雪具有低热传导率，积雪下面的热空气不易传出来，外面的冷空气又难以进去，因此热能不能传递，造成积雪表层温度较高。而在积雪内部，积雪较低的热传导率使其具有保温作用。这种绝热性很大程度上取决于它的厚度，如果达到一定深度，由于下垫面的热量传导，导致积雪层温度向上逐渐减小。当雪层深度较小时，雪层温度变化范围在-3~-15 ℃，呈现一直上升的趋势，即从积雪表层开始，随着积雪深度的增加，温度逐渐上升，接近下垫面的积雪层温度达到最大值-3 ℃左右。此种现象主要原因是雪层深度较小时，积雪保温作用不再明显，此时的地-气热交换变得更容易，因此导致从积雪表层至积雪内部没有出现温度先下降后上升现象，且积雪表层和积雪下垫面的温差变得更小。

积雪密度的垂直变化呈中间大、底部和顶部小的特征。这是由于表层新降雪导致积雪剖面上层雪密度较小。而重力作用会导致中间层积雪密度增大。积雪剖面底层由于受到下垫面的热传导作用，融化形成空洞，孔隙率大，雪层松散，因此雪密度较小。

雪特性分析观测表明，所采集积雪湿度值均在 0 %~8 %。每个剖面点上层积雪湿度均较小，积雪底部湿度均较大。其主要原因是观测时间点气温较低，没有达到积雪的消融温度，造成上层积雪湿度值偏小甚至为 0。而在积雪底部，因为受到地中热流的影响而有融水，所以体积含水量稍大。

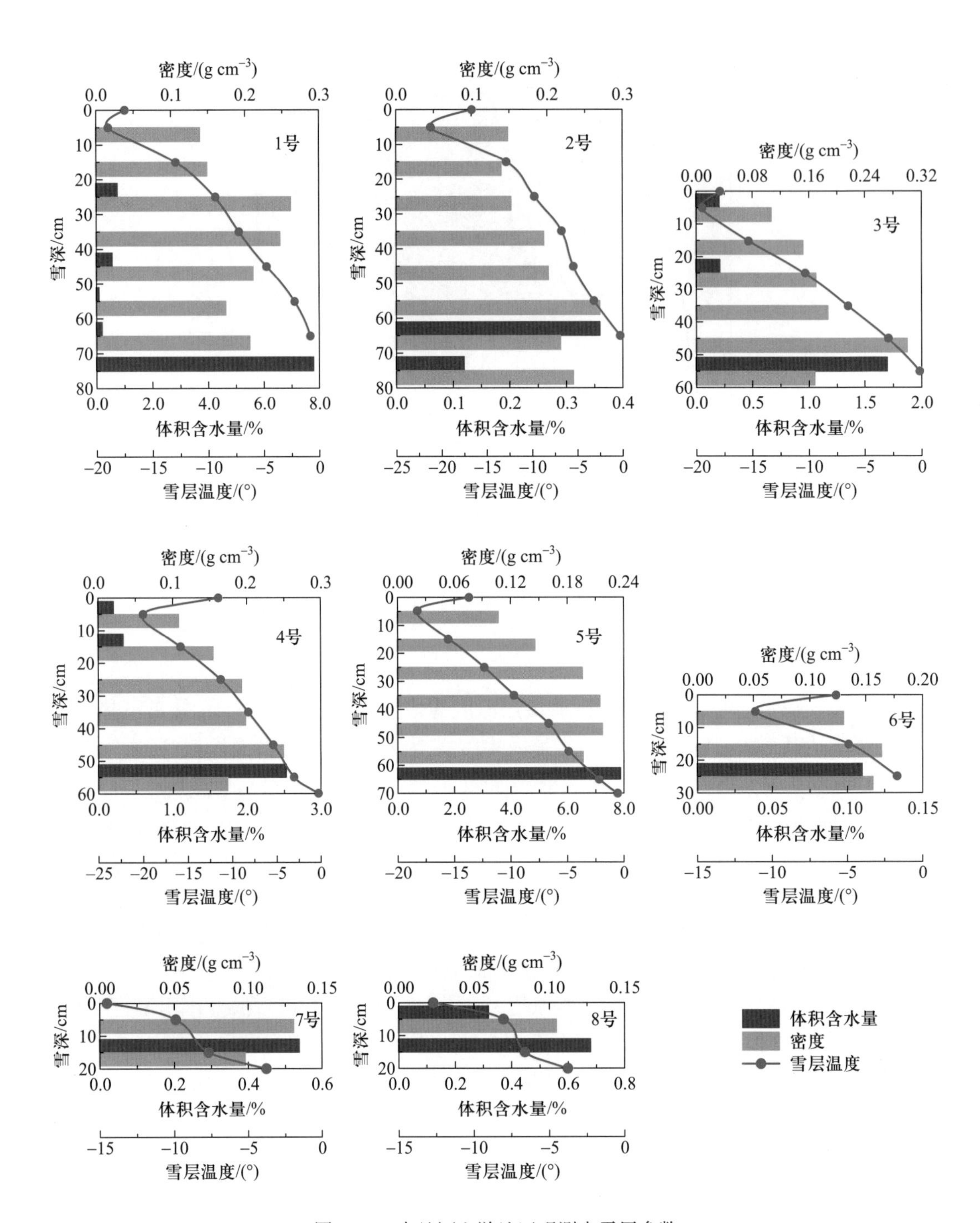

图 2.45 克兰河上游地区观测点雪层参数

综上可知,研究区积雪温度总体随着深度的增加而逐渐升高,但在积雪较深时,雪层温度呈现先下降后上升的趋势。因积雪由数次非连续降雪形成,所以分层结构明显,雪密度的垂直廓线呈现中部大、表层和底部小的分布特征。受气温以及下垫面温度的影响,积雪上层湿度均较小,接近下垫面的积雪湿度均较大。

小 结

高分辨率积雪遥感识别与反演需要通过野外实地观测进行验证。本章阐述了在新疆天山北坡玛纳斯河流域、阿尔泰山南坡克兰河流域开展野外考察与积雪观测的情况。在玛纳斯河流域,先后 9 次赴中游前山带、上游高山带、东西支源头等地开展野外考察与积雪观测,其中包括两次星地同步观测,掌握了流域不同区域、不同高度带、不同下垫面的积雪状况、辐射和温度情况,获得了典型区域的积雪反射光谱、雪深、雪水当量、雪密度、雪湿度、雪温度等宝贵的积雪观测数据。在克兰河流域,先后两次赴中游平原、上游高山带等地开展野外考察与星地同步积雪观测,掌握了流域不同区域、不同高度带、不同下垫面的积雪状况,获得了大量的雪深、雪水当量、雪密度、雪湿度等积雪观测数据。野外考察结果加深了对研究区积雪状况的认识,观测数据为高分辨率积雪遥感识别与反演模型的建立与验证奠定了坚实的基础。

参考文献

胡汝骥 . 2004. 中国天山自然地理 . 北京: 中国环境科学出版社 .

胡汝骥, 柳永焕, 1963. 雪冰在新疆河流补给中的比重 . 新疆农业科学, 6: 248-250.

刘潮海, 谢自楚, М. Б. 久尔盖诺夫 . 1998. 天山冰川作用 . 北京:科学出版社 .

沈永平, 王国亚, 苏宏超, 韩萍, 高前兆, 王顺德 . 2007. 新疆阿尔泰山区克兰河上游水文过程对气候变暖的响应 . 冰川冻土, 29(6): 845-854.

徐华君, 韩宝平 . 2008. 阿尔泰山南坡主要土壤类型及分布 . 土壤通报, (3): 465-470.

杨莲梅, 杨涛 . 2005. 新疆大—暴雪气候特征及其水汽分析 . 冰川冻土, 27(3): 389-396.

杨针娘 . 1987. 中国冰川水资源 . 自然资源, (1): 46-68.

张佳华, 吴杨, 姚凤梅, 魏文寿 . 2008. 利用卫星遥感和地面实测积雪资料分析近年新疆积雪特征 . 高原气象, 27(3): 551-557.

周伯诚 . 1983. 我国阿尔泰山的降水及河流径流分析 . 冰川冻土, 5(4): 49-56.

第3章

GF-1 卫星图像质量评价

卫星图像质量与其对地观测能力息息相关,GF-1 卫星是我国高分辨率对地观测系统的首发星,在积雪监测中有着重要的应用价值。本章利用天山玛纳斯河流域典型积雪区 GF-1 卫星 PMS 图像与相同区域、相近时间(2 天内)成像的国外同类高分辨率卫星 SPOT-6 和 RapidEye 图像进行质量比较,评价 GF-1 卫星在高海拔山区的图像辐射质量和积雪识别能力,为 GF-1 卫星的应用以及后续高分系列卫星载荷的研制提供参考。

首先利用图像统计特征、平均梯度、信息熵和信噪比指标对三种高分辨率卫星图像的辐射质量进行比较,结果表明,GF-1 卫星图像与其他两种卫星图像相比在图像统计特征和平均梯度方面表现最佳;但由于辐射量化级数的制约,其信息熵相比其他两种卫星图像还存在一定差距;GF-1 卫星图像在积雪局部会出现过饱和现象,从而导致部分区域的局部标准差值为 0,在去除这些异常值后对 GF-1 卫星图像的 SNR 进行重新估计,发现其在蓝光、红光和全色波段显著优于其他卫星,但绿光波段和近红外波段与 SPOT-6 卫星有一定差距,与 RapidEye 卫星相仿。

进一步根据支持向量机的分类结果比较三种高分辨率卫星图像在高海拔山区的积雪识别能力,采用分层随机方法生成训练样本和验证样本,利用总体精度、生产者精度、使用者精度和 F 值四种指标评估积雪识别精度,结果表明,在训练样本比例较小的情况下,GF-1图像的精度优势最为明显,随着训练样本比例的增大,三种遥感图像的精度差距有所缩小,但 GF-1 图像仍保持领先。由于高海拔山区能采集的训练样本大小通常很有限,所以 GF-1 图像在小样本情况下表现出来的优势尤为重要,表明了 GF-1 卫星在山区积雪识别应用中的可行性。

3.1 数据资料及预处理

3.1.1 数据资料

玛纳斯河流域山区面积约为 5960 km^2,单景高分辨率卫星图像难以覆盖整个流域,需要在流域内选择典型区域进行 GF-1 卫星图像质量评价。考虑到应尽可能选择高海拔山区并包含以积雪为主的多种地表景观类型,在玛纳斯河西支源头选取典型区域作为研究区,其范围如图 3.1a 所示。研究区面积约为 993 km^2,海拔范围为 2572~5250 m,自北向南横跨玛纳斯河流域的中山带(1500~3600 m)和高山带(大于 3600 m),海拔由低向高依次分布着山地草原带、山地森林带、高山草甸带以及冰雪带,为典型的山区环境,具有较好的代表性。研究区的数据资料主要包括我国 GF-1 卫星图像、法国 SPOT-6 卫星图像、德国 RapidEye 卫星图像(图 3.1b~d)。

1)GF-1 卫星数据

GF-1 卫星是我国高分辨率对地观测系统的首颗卫星,于 2013 年 4 月 26 日在酒泉卫星发射中心成功发射。轨道高度为 645km(标称值),轨道倾角为 98.05°,降交点地方时为 10:30,回归周期为 41 天。卫星上搭载了两种传感器:一是全色多光谱(Panchromatic Multispectral,PMS)传感器,全色波段空间分辨率 2 m,多光谱波段空间分辨率 8 m(表 3.1);二是宽视场成像仪(Wide Field of View,WFV),空间分辨率 16 m。四台 WFV 拼接幅宽高达 800 km,可在 4 天内对地球进行完整覆盖,从而实现了高空间分辨率、高时间分辨率、多光谱与宽覆盖的相结合。

表 3.1 GF-1 卫星 PMS 传感器有效载荷参数

波段	波段范围/nm	空间分辨率/m	幅宽/km	侧摆角度/(°)	重访周期/天
蓝	450~520	8	60	±35	4
绿	520~590				
红	630~690				
近红外	770~890				
全色	450~900	2			

采用 GF-1 PMS 相机 1A 级产品(预处理级辐射校正图像产品),幅宽为 60 km,全色波段空间分辨率 2 m,多光谱波段空间分辨率 8 m,辐射量化级数为 10 bit,成像日期为 2013 年 9 月 25 日。两景 GF-1 PMS2 图像能够完全覆盖研究区域。数据信息如表 3.2 所示。

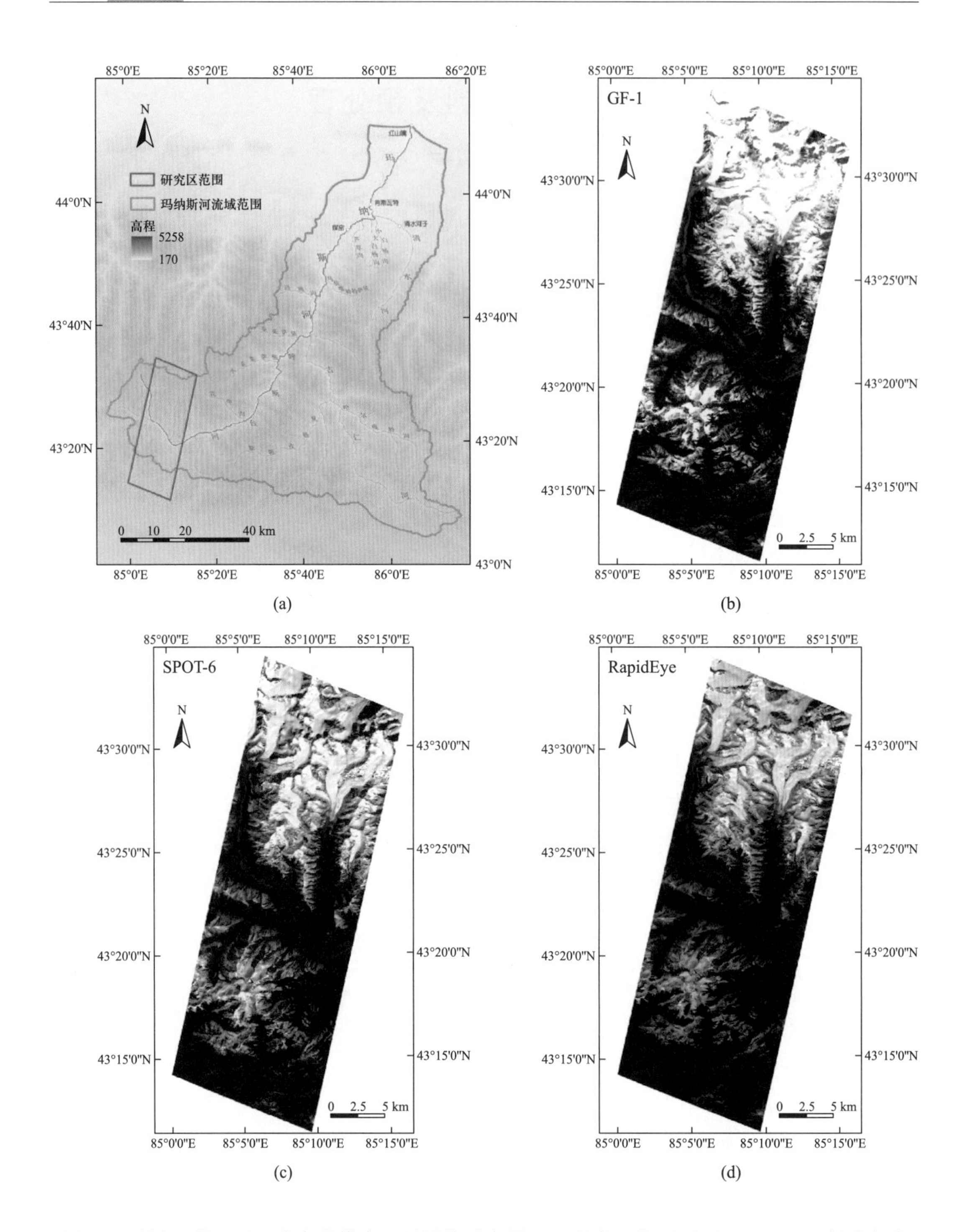

图3.1　研究区位置及三种高分辨率卫星图像示意图:(a)研究区位置;(b)GF-1 PMS假彩色合成图像;(c)SPOT-6假彩色合成图像;(d) RapidEye假彩色合成图像

表 3.2 GF-1 卫星 PMS 图像数据信息

轨道号	太阳方位角/(°)	太阳高度角/(°)	卫星方位角/(°)	卫星高度角/(°)	研究区云量/%
Path56/Row164	167.398	44.841	285.193	75.254	38
Path56/Row165	167.224	45.097	285.133	75.253	6

2）SPOT-6 卫星数据

SPOT-6 卫星是法国空间研究中心研制的地球观测卫星系统之一，于 2012 年 9 月 9 日成功发射。轨道高度为 695km(标称值)，轨道倾角 98.05°，降交点地方时为10:30，回归周期为 26 天(表 3.3)。SPOT-6 与 SPOT-7 为双子星，处于同一轨道高度，彼此相隔 180°，同时与 Pleiades 1A&1B 卫星处于同一轨道平面，四颗卫星彼此相隔 90°构成星座，从而增强了数据获取能力。

表 3.3 SPOT-6 卫星传感器有效载荷参数

波段	波段范围/nm	空间分辨率/m	幅宽/km	侧摆角度/(°)	重访周期/天
蓝	450~520	6	60	±35	2~3
绿	530~590				
红	625~695				
近红外	760~890				
全色	450~745	1.5			

采用 SPOT-6 多光谱和全色波段捆绑初级产品数据，幅宽为 60 km，全色波段空间分辨率为 1.5 m，多光谱波段空间分辨率为 6 m，辐射量化级数 12 bit，成像日期为 2013 年 9 月 23 日。1 景 SPOT-6 图像能够完全覆盖研究区域。数据信息如表 3.4 所示。

表 3.4 SPOT-6 卫星图像数据信息

太阳方位角/(°)	太阳高度角/(°)	研究区云量/%
151.366	43.47	0

3）RapidEye 卫星数据

RapidEye 卫星是德国的商用卫星，于 2008 年 8 月 29 日成功发射升空。轨道高度为 630 km，轨道倾角 97°，降交点地方时为 11:00(表 3.5)。RapidEye 拥有 5 颗对地观测卫星，组成了全球第一个环境资源卫星星座，每颗卫星都搭载了 6 台多光谱相机。RapidEye

标准数据产品分为1B和3A两种级别。其中,1B级产品对原始影像进行了辐射标定,并乘以100存储为16 bit无符号整型数据。

表3.5 RapidEye卫星传感器有效载荷参数

波段名称	波段范围/nm	空间分辨率/m	幅宽/km	重访周期/天
蓝	440~510	5	77	每天
绿	520~590			
红	630~685			
红边	690~730			
近红外	760~850			

采用RapidEye多光谱五波段捆绑1B级产品数据,幅宽为77 km,空间分辨率为5 m,辐射量化级数12 bit,成像日期为2013年9月24日。1景RapidEye卫星图像能够完全覆盖研究区域。数据信息如表3.6所示。

表3.6 RapidEye卫星图像数据信息

太阳方位角/(°)	太阳高度角/(°)	研究区云量/%
179.188	46.282	13

3.1.2 数据预处理

将两景GF-1 PMS图像进行拼接,并对研究区三种卫星遥感图像重叠区域进行最大化裁剪,得到研究区的三种卫星遥感图像(图3.1)。根据图像质量评价的不同任务,针对图像辐射质量评价和积雪识别能力比较两方面分别进行数据预处理。

1)面向辐射质量评价的预处理

由于RapidEye的1B级产品已经进行了辐射标定且乘以100存储为无符号16bit整型数据,因此需对GF-1和SPOT-6图像进行同样的标定处理。因为各个卫星的轨道高度、图像获取时太阳角度和卫星角度、天气情况以及传感器波谱响应等各不相同,所以从辐亮度的物理意义上来说是不相同的,无法直接进行比较。因此,将三种卫星遥感图像进行最小值-最大值拉伸,将DN值标准化到0~100,以利于辐射质量的比较。

2)面向积雪识别的预处理

面向积雪识别的遥感图像预处理内容包括辐射标定、大气校正和正射校正。

- 辐射标定:利用各传感器的绝对辐射标定系数将遥感图像DN值计算得到大气层顶

反射率。

- 大气校正：利用 ENVI 软件的 FLAASH 模块将大气层顶反射率计算得到地表反射率。
- 正射校正：利用 DEM 数据和有理函数模型（rational function model，RFM）对图像进行倾斜改正和投影差改正。

3.2 GF-1 卫星图像辐射质量评价

3.2.1 辐射质量评价方法

1）图像统计特征

图像统计特征主要根据一系列统计指标对图像辐射质量进行定量描述。主要选取均值、标准差、偏斜和陡度四个统计特征。均值（M）是图像所有像元值的和与像元总数的比值，反映了图像总体的亮度特征。标准差（STD）反映了各像元的亮度相对于亮度均值的离散度，在某种程度上可以评价图像对比度的大小。标准差越大，说明图像亮度分布越分散，从图像可以得出更多的信息；标准差小说明图像对比度小，色调单一。偏斜（S）用于表示图像直方图分布形状偏离均值分布的程度，偏斜度越大，偏离程度越大。值为正表示向大于均值一侧偏斜，值为负表示向小于均值的一侧偏斜。陡度（K）用于评价图像直方图分布的集中程度，陡度越大，图像直方图越集中，分布越窄。四个指标的计算公式如下：

$$M = \frac{1}{T}\sum_{i=1}^{T} L(i) \tag{3.1}$$

$$\mathrm{STD} = \sqrt{\frac{1}{T}\sum_{i=1}^{T} (L_2(i) - M)^2} \tag{3.2}$$

$$S = \frac{1}{T}\sum_{i=1}^{T} (L(i) - M)^3/\mathrm{STD}^6 \tag{3.3}$$

$$K = \frac{1}{T}\sum_{i=1}^{T} (L(i) - M)^4/\mathrm{STD}^8 \tag{3.4}$$

式中，T 为图像像元总数，$L(i)$ 为图像第 i 个像元的亮度值。

2）平均梯度

平均梯度 G 反映图像表达细节反差的能力，是衡量图像清晰度的指标，其值越大表明图像越清晰。

$$G=\frac{1}{(m-1)(n-1)}\sum_{i=1}^{m-1}\sum_{j=1}^{n-1}\sqrt{\frac{(L(i,j)-L(i+1,j))^2+(L(i,j)-L(i,j+1))^2}{2}} \tag{3.5}$$

式中，m 和 n 分别为图像行数和列数，$L(i,j)$ 表示第 i 行第 j 列的亮度值。

3）信息熵

信息熵是评价图像信息量涵盖程度的重要指标，信息熵越大说明图像涵盖的信息量越大，总体分布的不确定性越大。根据香农信息理论，信息熵公式如下：

$$H=-\sum_{i=0}^{L-1}P_i\log_2 P_i \tag{3.6}$$

式中，P_i 为像元亮度值 i 的概率，L 为图像的亮度级数。

4）信噪比

通过局部平均值和局部标准差法（Gao，1993）估计三种卫星传感器的信噪比（signal function ratio，SNR）。相较于均匀区域法和地统计法估计 SNR，该方法可利用整幅图的像元信息并实现自动计算，计算公式如下：

$$\mathrm{LM}=\frac{1}{N}\sum_{i=1}^{N}L \tag{3.7}$$

$$\mathrm{LSD}=\left[\frac{1}{N-1}\sum_{i=1}^{N}(L-\mathrm{LM})^2\right]^{\frac{1}{2}} \tag{3.8}$$

$$\mathrm{SNR}=\frac{\mathrm{LM}_{\mathrm{mean}}}{\mathrm{LSD}_{\mathrm{max}}} \tag{3.9}$$

式中，N 为局部像元数，LM 为局部平均值，LSD 为局部标准差，$\mathrm{LM}_{\mathrm{mean}}$ 为所有 LM 的均值，$\mathrm{LSD}_{\mathrm{max}}$ 为 LSD 频率分布直方图中峰值所对应的 LSD。

3.2.2 辐射质量评价结果

对 GF-1、SPOT-6 和 RapidEye 卫星遥感图像分别计算图像统计特征、平均梯度、信息熵和 SNR 指标，得到图像辐射质量评价结果，如表 3.7 所示。

表 3.7 三种卫星遥感图像的辐射质量评价结果

卫星	波段	波长范围/nm	图像统计特征				平均梯度	信息熵	SNR
			均值	标准差	偏斜(10^{-5})	陡度(10^{-6})			
GF-1	蓝	450~520	47.47	31.82	1.49	1.56	1.90	8.81	545.51
	绿	520~590	47.52	34.44	1.21	1.14	2.52	8.25	79.97
	红	630~690	46.11	29.93	2.33	2.27	2.12	8.95	497.66
	近红外	770~890	34.62	25.84	6.76	7.10	1.76	9.25	67.47
	全色	450~900	43.60	29.41	3.61	3.03	1.76	5.81	144.69
SPOT-6	蓝	450~520	30.89	29.13	3.24	3.12	1.89	11.25	197.07
	绿	530~590	32.70	29.65	3.12	2.91	1.98	11.33	142.08
	红	625~695	32.48	28.29	3.74	3.65	1.93	11.33	144.21
	近红外	760~890	32.30	25.26	5.29	5.99	1.80	11.41	77.59
	全色	450~745	33.92	28.89	3.67	3.34	1.18	7.34	104.03
RapidEye	蓝	440~510	24.53	23.82	7.14	8.11	1.71	14.71	104.37
	绿	520~590	25.01	23.05	8.22	9.58	1.65	14.66	85.90
	红	630~685	26.37	22.38	9.21	11.03	1.72	14.45	76.42
	红边	690~730	27.86	22.56	8.83	10.51	1.46	14.18	70.50
	近红外	760~850	30.26	21.88	9.83	12.19	1.59	13.93	68.35

1）图像统计特征

总体来说 GF-1 均值在除近红外波段之外的各个波段都显著高于其他两个卫星，RapidEye最低。多光谱波段的均值随着波长的增加，GF-1 表现出下降趋势，在近红外波段显著下降，SPOT-6 总体变化不大，RapidEye 却出现了小幅的上升趋势。

在除近红外波段之外的各个波段，总体上 GF-1 标准差最高，SPOT-6 次之、RapidEye 最低；随着波长的增加，多光谱波段 GF-1 和 SPOT-6 先增加后降低，RapidEye 则呈现不断降低趋势。

RapidEye 在多光谱波段的偏斜都显著高于其他两个卫星；GF-1 在可见光波段偏斜最低；多光谱波段随着波长的增加，偏斜都在不断上升；全色波段 GF-1 与 SPOT-6 基本相同。偏斜都为正值，说明各卫星各波段相对于平均值其频数分布直方图都偏向于右边分布。

RapidEye 在多光谱波段的陡度都显著高于其他两个卫星；GF-1 在可见光波段陡度最低；多光谱波段随着波长的增加，陡度都在不断上升；全色波段 GF-1 与 SPOT-6 基本相同。

总体来说，GF-1 图像统计特征相比 SPOT-6 和 RapidEye 都有较为明显优势，均值大，标准差大，偏斜程度低且陡度较低，说明 GF-1 传感器的感光器件更灵敏，从而使亮度值分布范围广，标准差大，陡度低；且传感器对积雪区的成像适应能力较好，总体均值较大,图像偏斜小。

2)平均梯度

多光谱波段中除近红外波段外,GF-1 平均梯度均为最高,RapidEye 最低,绿光波段 GF-1 显著高于其他波段,说明 GF-1 传感器对于地物细节变化的探测能力更强;全色波段 GF-1 平均梯度显著高于 SPOT-6 波段,这是由于 GF-1 全色波段的波长范围更宽,与 SPOT-6 相比多覆盖了近红外波段范围,因此所记录不同地物细节之间的亮度差变大,使得图像清晰度上升。

3)信息熵

在多光谱波段,RapidEye 信息熵最高,GF-1 最低;各波段整体相差不大;全色波段显著低于多光谱波段,这可能是全色波段相比多光谱波段的波长范围更宽,所以像元值之间变化相对来说比较平缓,总体分布的不确定性越小,所以信息熵值相应较低;全色波段的 GF-1 信息熵值低于 SPOT-6,主要原因在于 SPOT-6 辐射量化级数为 12 bit 而 GF-1 为 10 bit,所以 SPOT-6 所含信息量明显大于 GF-1。同理,这也是多光谱波段的 GF-1 信息熵最低的主要原因。

4)信噪比

GF-1 图像在进行信噪比计算时由于过饱和效应会导致 LSD 频率分布直方图值在 0 时出现一个峰值(图 3.2a),直接由该峰值计算 SNR 将导致结果趋于无穷大,因此对去除 LSD 为 0 区域后的图像重新进行直方图统计(图 3.2b)。结果表明,在蓝波段和红波段,GF-1 的 SNR 显著优于 SPOT-6 和 RapidEye,在绿波段和近红外波段 SPOT-6 的 SNR 最大,GF-1 和 RapidEye 相近;多光谱波段 SPOT-6 总体上优于 RapidEye,且随着波长的增加,SPOT-6 和 RapidEye 的 SNR 总体呈现出下降的趋势,这是由于波长增加导致信号在传输过程中更容易受到干扰从而存在更多的噪声;全色波段 GF-1 的 SNR 优于 SPOT-6。

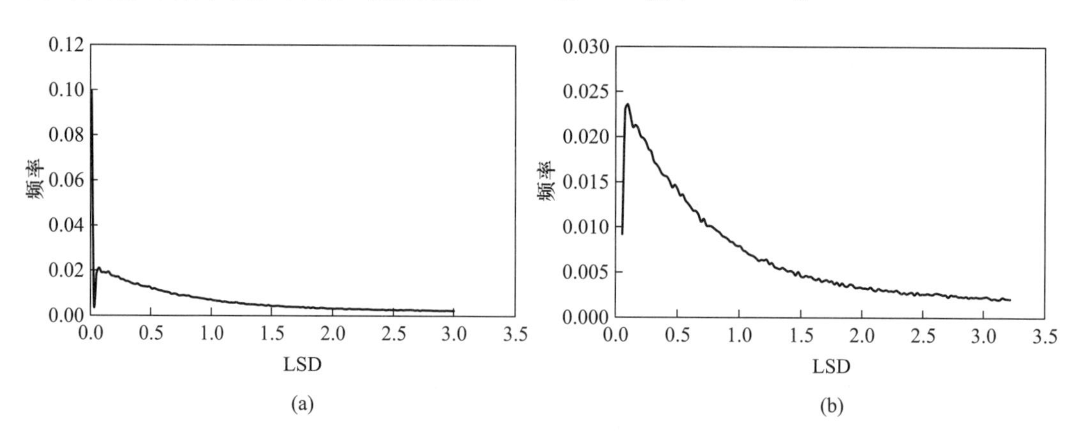

图 3.2 处理前后 LSD 频率分布直方图对比(GF-1 蓝波段):(a)处理前;(b) 处理后

总体上来说,GF-1 图像在蓝、红和全色波段的 SNR 表现最佳,说明 GF-1 传感器的这几个波段在高山积雪区成像时的抗噪声干扰能力最强,但近红外和绿波段抗噪声干扰能力与 SPOT-6 还有一定差距,与 RapidEye 相近。多光谱波段随着波长的增加,SPOT-6 和 RapidEye 的 SNR 不断降低。

3.3 GF-1 卫星积雪识别能力比较

3.3.1 积雪识别样本获取

1) 样本集

通过 SVM 分类器比较三种高分辨率卫星图像的积雪识别能力,采用径向基函数作为 SVM 的核函数(Vapnik, 1998)。SVM 作为一种监督分类方法,首先需要获取一定数量的训练样本和验证样本。参考 Google Earth 高分辨率图像和 30 m 分辨率的 GlobeLand30 土地覆盖数据,采用目视解译方法获取样本集。需要采集的样本包括两个类别:积雪和非积雪。

获取样本集的步骤为:①从遥感图像中随机选取约 10%的样本像元;②参考三幅遥感图像和 Google Earth 高分辨率图像、GlobeLand30 土地覆盖数据,通过目视解译判断样本的类型;③为样本添加属性值,积雪赋值为“1”,非积雪赋值为“0”。

获取的三幅遥感图像样本集的信息如表 3.8 所示。对于 GF-1 图像,研究区范围内的像元总数为 8217494,样本集为 821400 像元,约占像元总数的 10%。对于 SPOT-6 图像,研究区范围内的像元总数为 14612149,样本集为 1461210 像元,也约占像元总数的 10%。对于 RapidEye 图像,研究区范围内的像元总数为 21043583,样本集为 2104330 像元,同样约占像元总数的 10%。

表 3.8 三幅遥感图像的样本集的像元数

卫星	积雪	非积雪	总计
GF-1	333300	488100	821400
SPOT-6	663962	797248	1461210
RapidEye	891800	1212530	2104330

2）训练样本和验证样本

为保证遥感图像分类结果的稳定性和可比性，采用以下步骤获取SVM分类所需的训练样本和验证样本：①采用分层随机方法，从样本集中选取 $r \in \{0.03\%, 0.05\%, 0.07\%, \cdots, 0.31\%, 0.33\%\}$ 的样本作为训练样本；②从样本集中的全部剩余样本作为验证样本。

利用训练样本和验证样本分别进行遥感图像分类和分类精度评价，并逐步增加训练样本的比例（从0.03%到0.33%共计16次），观察遥感图像分类精度的变化规律。为了获得稳定的分类结果，重复以上实验7次，取分类精度的平均值作为最终的分类精度。

3.3.2 积雪识别精度评价

1）精度评价指标

根据三幅遥感图像的SVM分类结果比较三种高分辨率卫星的积雪识别能力，采用总体精度、生产者精度、使用者精度 、*F* 值四种指标评价积雪识别精度。总体精度是指被正确分类的像元总数和分类像元总数的比值，代表了每一个随机样本的分类结果与地表真值相一致的概率。生产者精度是指被正确分为某一类别的像元总数与该类别真实参考像元总数的比值，代表了参考像元被正确分类的概率。使用者精度是指被正确分为某一类别的像元总数与分类器将整个图像划分为该类别的像元总数的比值，表明了分类结果中该类像元在地面上实际代表该类别的概率。*F* 值是一种平衡生产者精度和使用者精度的分类精度评价指标，综合考虑了被错误划分为该类别的像元和漏分为某一类别的像元（Rittger et al., 2013）。

2）识别结果分析

因为遥感图像分类的实验次数较多，无法展示所有的积雪识别结果，所以选择GF-1、SPOT-6、RapidEye三种遥感图像的第7次分类实验中，训练样本分别为0.03%、0.13%、0.33%的积雪识别结果进行展示，依次如图3.3、图3.4和图3.5所示。

横向对比三幅遥感图像的识别结果可以看出，对于同一幅遥感图像，随着训练样本的增加，识别结果的整体分布变化非常小，仅细节信息有所丰富。纵向对比三幅遥感图像的识别结果可以看出，在训练样本比例相同时，SPOT-6图像识别为积雪的像元多于RapidEye图像，RapidEye图像识别为积雪的像元又多于GF-1图像。通过分析三幅遥感图像的成像日期并参考气象资料，发现这是由于2013年9月22日研究区的降雪事件造成的。SPOT-6图像的成像日期为2013年9月23日，此时降雪刚刚结束，研究区存在大量新雪，因此积雪面积最大。而RapidEye和GF-1图像的成像日期分别为2013年9月24日和25日，因山区秋季白天温度较高，随着时间的推移，积雪逐渐融化，因此积雪面积依次减少。

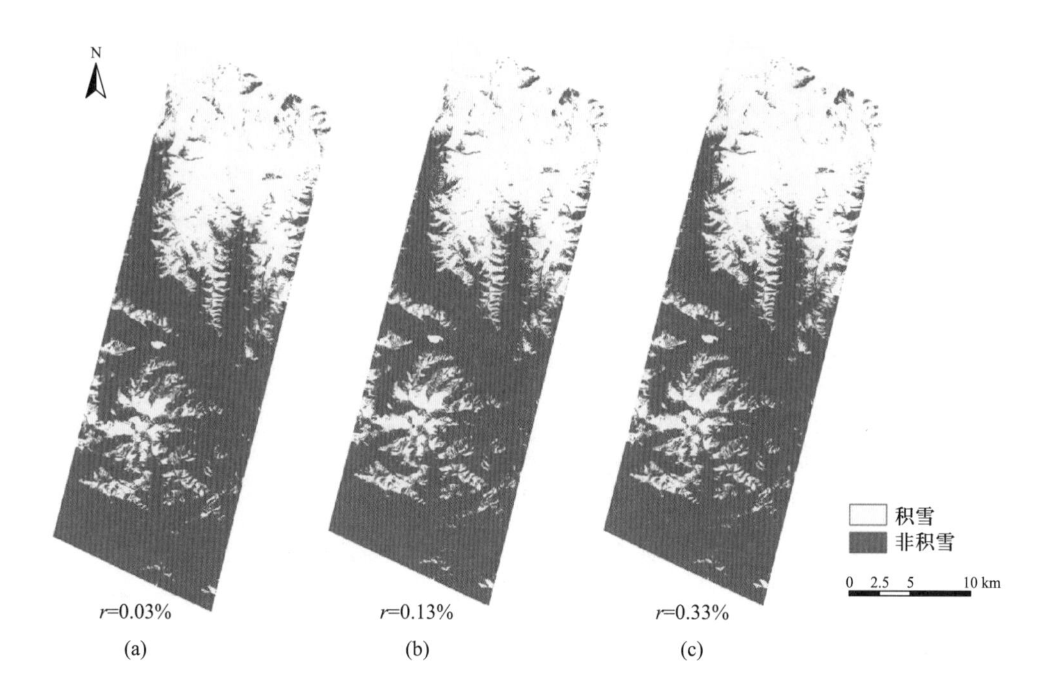

图 3.3 GF-1 积雪识别结果

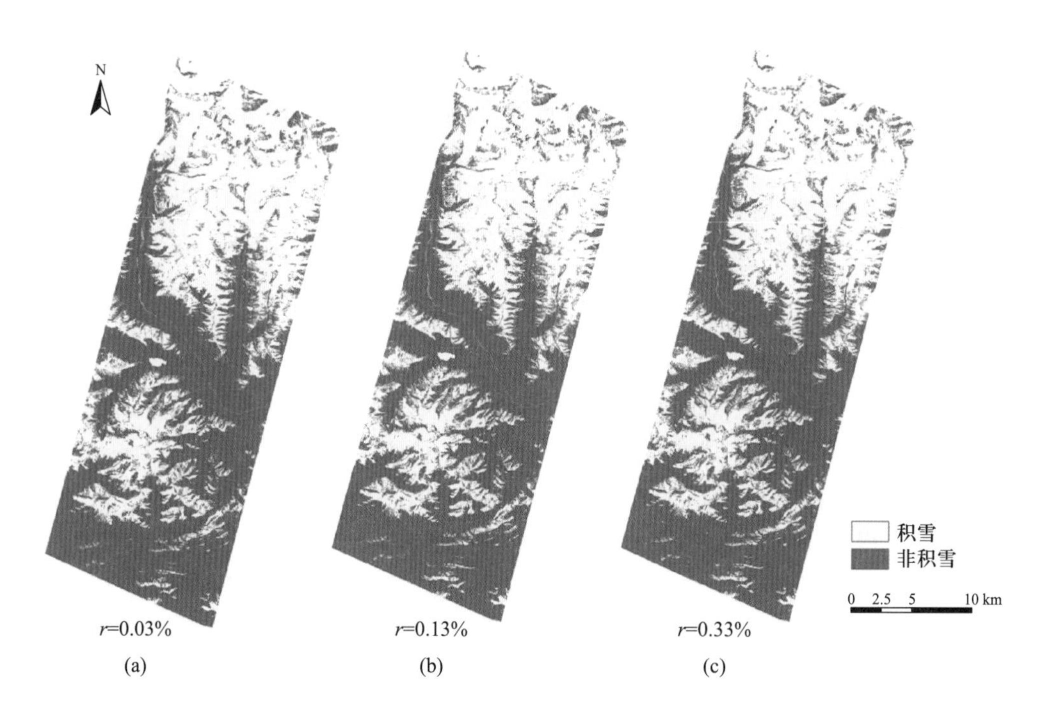

图 3.4 SPOT-6 积雪识别结果

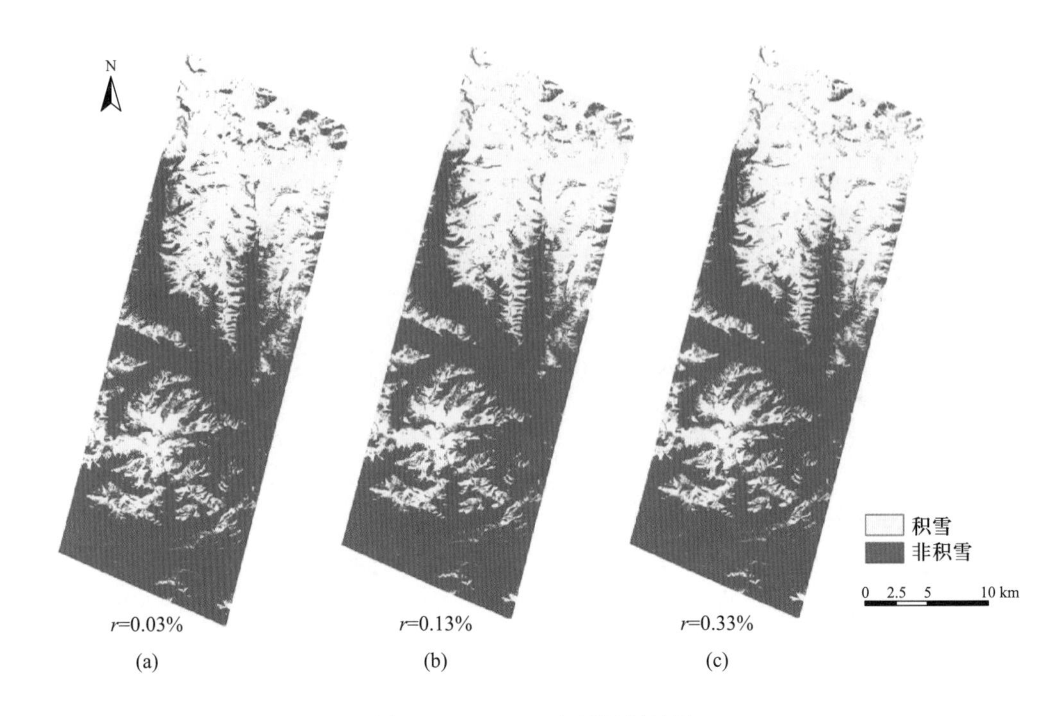

图3.5 RapidEye积雪识别结果

3）识别精度比较

利用验证样本对积雪识别结果进行精度评价，GF-1、SPOT-6、RapidEye三幅遥感图像的精度评价结果分别如图3.6、图3.7和图3.8所示，包括总体精度、生产者精度、使用者精度、F值四种精度评价结果。横坐标表示不同的训练样本和验证样本比例，在每一种比例情况下都有7个实验结果，用不同形状和颜色的点表示，图例中的数字表示7次实验的序号。

由图3.6可见，GF-1图像积雪识别的总体精度、生产者精度、使用者精度、F值四种精度评价指标都随着训练样本的增加呈现先增大后稳定的趋势。具体来看，总体精度的范围为97.0%~99.5%，生产者精度的范围为95.5%~99.5%，使用者精度的范围为96.5%~100.0%，均高于95.0%；同时，F值的范围为0.96~1.00，高于0.95。可见即使是在小样本情况下，只要随机抽取训练样本，GF-1图像仍然可以非常高的精度识别出研究区的积雪。

由图3.7可见，SPOT-6图像积雪识别的总体精度、生产者精度、使用者精度、F值四种精度评价指标都随着训练样本的增加呈现先增大后稳定的趋势。具体来看，总体精度的范围为95.0%~98.5%，生产者精度的范围为92.5%~99.0%，使用者精度的范围为92.5%~98.5%，均高于92.0%；同时，F值的范围为0.94~0.98，高于0.94。可见即使是在小样本情况下，只要随机抽取训练样本，SPOT-6图像仍然可以较好地识别出研究区的积雪。

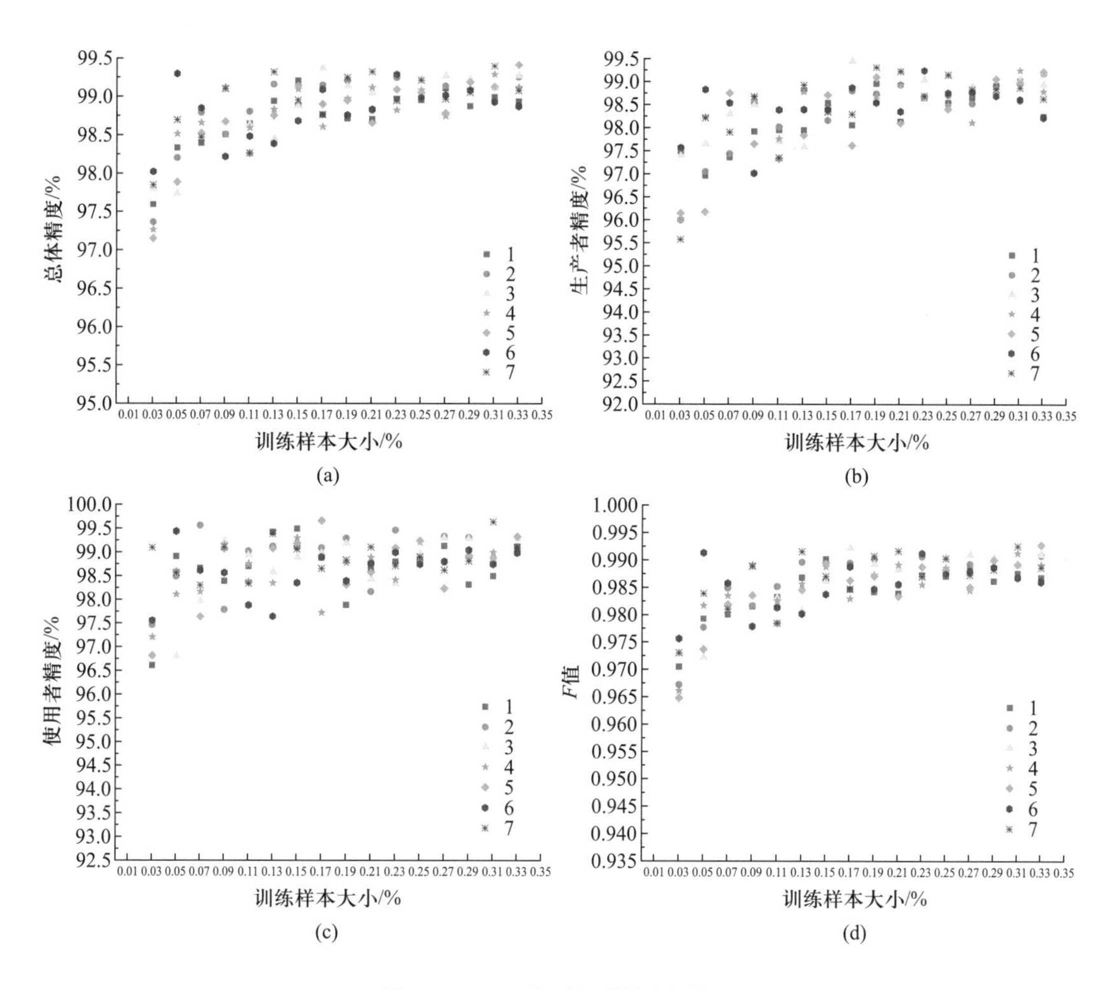

图 3.6 GF-1积雪识别精度评价图

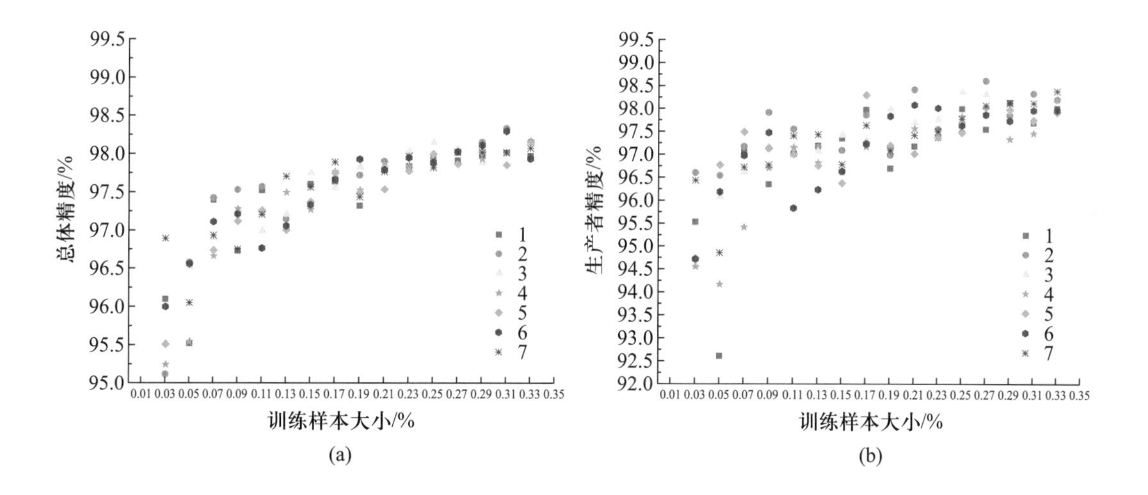

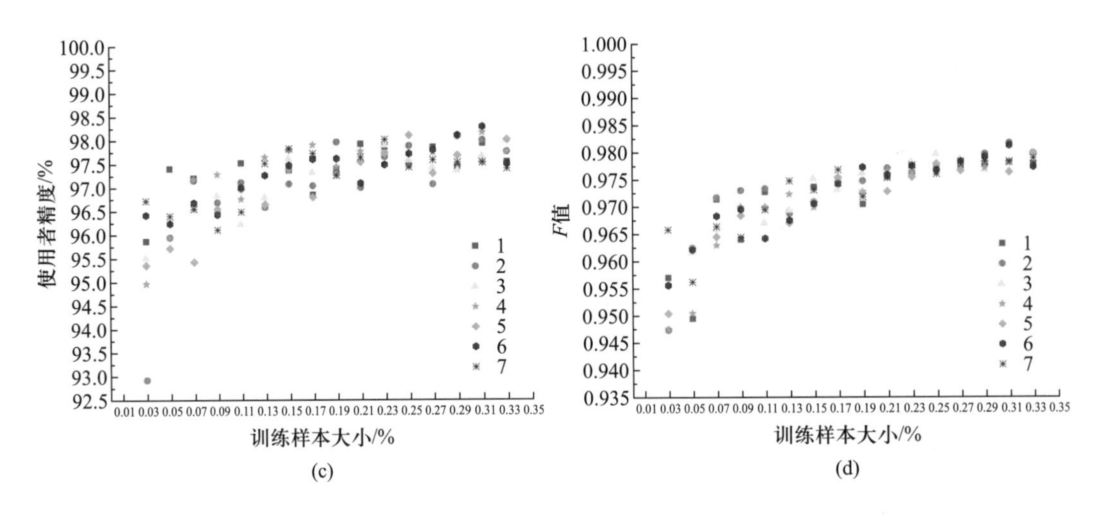

图3.7 SPOT-6积雪识别精度评价图

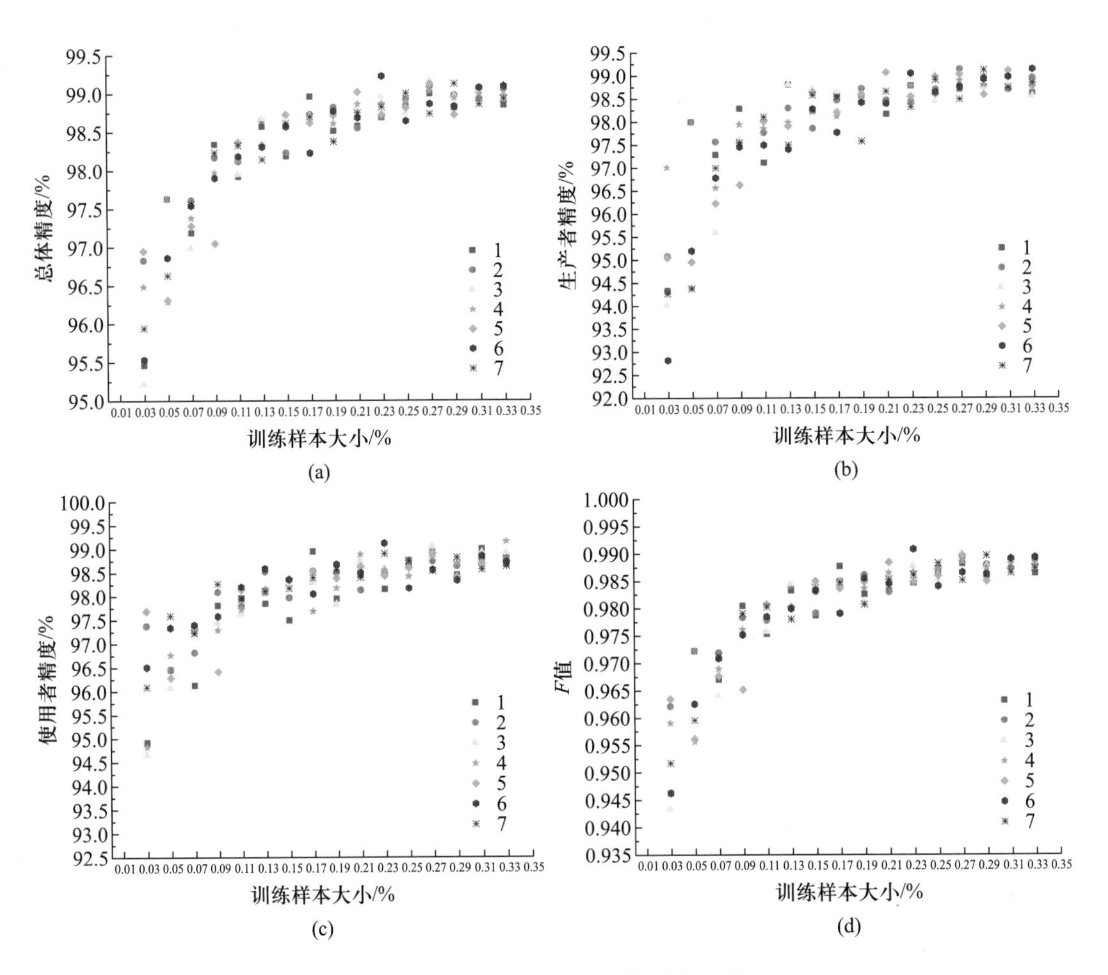

图3.8 RapidEye积雪识别精度评价图

由图 3.8 可以看出，RapidEye 图像积雪识别的总体精度、生产者精度、使用者精度、*F* 值四种精度评价指标都随着训练样本的增加呈现先增大后稳定的趋势。具体来看，总体精度的范围为 95.0%～99.5%，生产者精度的范围为 92.0%～99.0%，使用者精度的范围为 94.5%～99.5%，均高于 92.0%；同时，*F* 值的取值范围为 0.94～1.00，高于 0.94。可见即使是在小样本情况下，只要随机抽取训练样本，RapidEye 图像仍然可以较好地识别出研究区的积雪。

去掉三种遥感图像的 7 次实验的精度最大值和最小值，计算余下 5 次实验的精度平均值，得到如图 3.9 所示的积雪识别精度折线图。由图可见，GF-1 图像的总体精度、生产者精度、使用者精度、*F* 值四种精度评价指标均高于 RapidEye 图像，而 RapidEye 图像又高于 SPOT-6 图像，说明 GF-1 图像在研究区的积雪识别能力优于 RapidEye 和 SPOT-6 图像。特别地，在训练样本比例较小的时候，GF-1 图像的精度优势最为明显；随着训练样本比例的增大，三种遥感图像的精度差距有所缩小，但 GF-1 图像仍保持领先。在玛纳斯河流域等高海拔山区，由于复杂地形条件的限制，样本的人工采集非常困难，获得的训练样本大

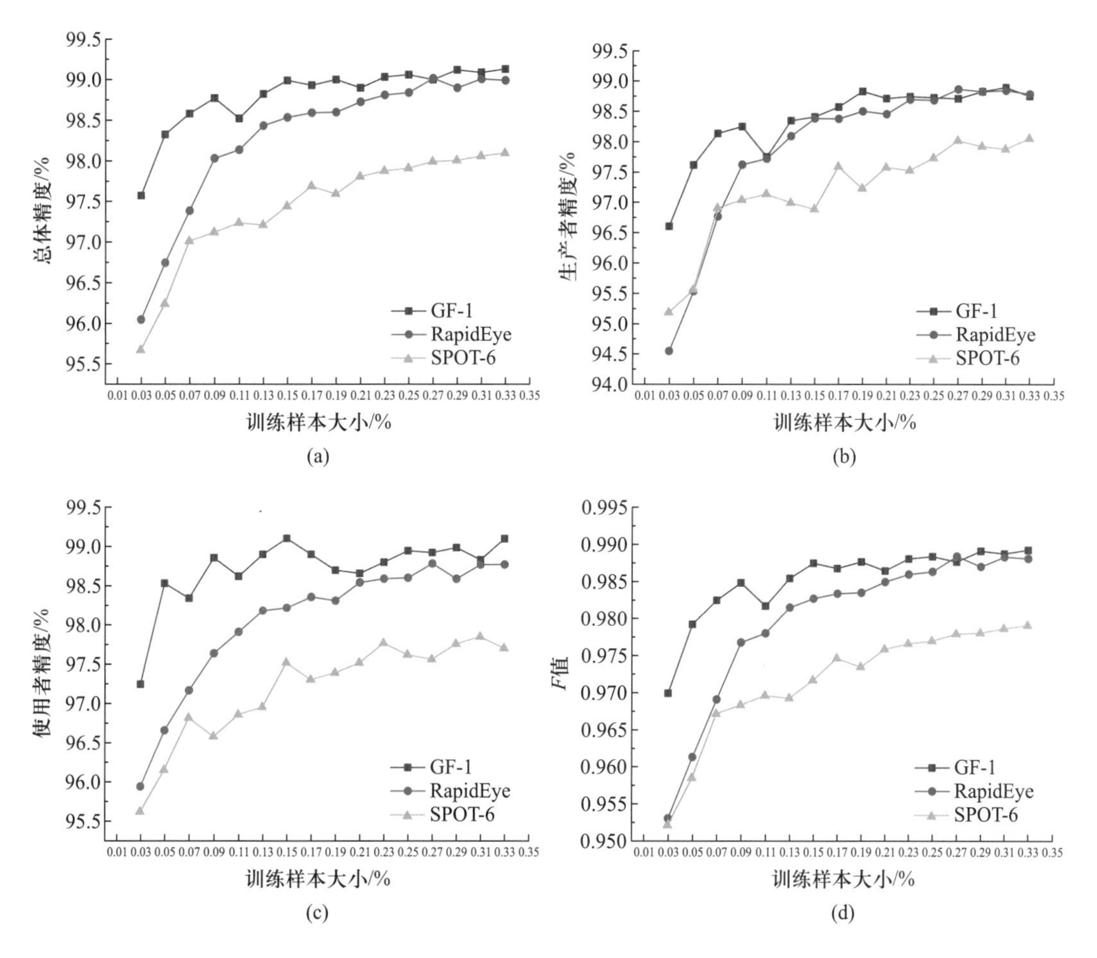

图 3.9 三种遥感图像的积雪识别精度比较图

小通常都很有限,所以GF-1图像在小样本情况下表现出来的精度优势尤为重要,表明了GF-1卫星在山区积雪识别应用中的可行性。

小 结

本章使用天山玛纳斯河流域典型积雪区GF-1图像与相同区域、相近时间(2天内)成像的国外同类高分辨率卫星SPOT-6和RapidEye图像进行质量比较,评价其在高海拔山区的图像辐射质量和积雪识别能力。首先通过图像统计特征、平均梯度、信息熵、信噪比四种指标评价图像辐射质量,结果表明,GF-1卫星在高海拔山区的图像辐射质量基本达到了国际同类卫星的水平,在图像统计特征和平均梯度方面优于其他卫星,但在辐射量化级数和传感器所接受辐射能量范围方面还有一定差距,在部分积雪区会出现过饱和现象。然后根据SVM的分类结果比较三种高分辨率卫星图像在高海拔山区的积雪识别能力,采用分层随机方法生成训练样本和验证样本,利用总体精度、生产者精度、使用者精度、*F*值四种指标评估积雪识别精度,结果表明,在训练样本比例较小的情况下,只要随机抽取训练样本,三种高分辨率卫星图像都能较好地识别出研究区的积雪,而GF-1卫星在研究区的积雪识别能力优于SPOT-6和RapidEye卫星。

参 考 文 献

Gao BC. 1993. An operational method for estimating signal to noise ratios from data acquired with imaging spectrometers. *Remote Sensing of Environment*, 43(1): 23-33.

Vapnik VN. 1998. Statistical Learning Theory. New York: Wiley-Interscience.

Rittger K, Painter TH, Dozier J.2013. Assessment of methods for mapping snow cover from MODIS. *Advances in Water Resources*,51, 367-380.

第 4 章

GF-1 卫星单时相积雪识别

高分辨率遥感图像的地形效应显著，当利用高分辨率光学遥感图像进行山区积雪识别时，山区复杂地形对积雪识别的影响主要表现在处于山体阴影区的积雪难以被准确识别。以考虑雪面的方向反射特性为前提，采用各向异性校正和地形校正相结合的方法计算真实的地表反射率。为了评价该方法对反射率计算精度的影响，与基于朗伯体假设的地形校正方法进行对比，结果表明了该方法的有效性。同时，由于目前高空间分辨率卫星传感器的波段设置缺少积雪光谱强吸收的短波红外波段，导致 NDSI 不适用于高分辨率遥感图像的积雪识别。基于 GF-1 WFV 图像，利用可见光波段和近红外波段建立高分积雪指数(GF-1 Snow Index, GFSI)。通过对积雪与非积雪像元在各波段的类间可分性分析，确定蓝波段是可见光波段中适合高分积雪识别的最佳波段。最后通过双峰阈值法确定积雪识别的最佳阈值，对 GF-1 WFV 图像使用 GFSI 进行积雪识别，结果表明山体阴影处的积雪可以准确识别，同时非阴影区积雪的识别结果也得到了改进，积雪识别总体精度达到 93.2%。这说明建立的 GFSI 能够突出积雪与其他地物的反射率差异，有效提取高分辨率遥感图像的积雪覆盖范围。

4.1 数据资料及预处理

4.1.1 数据资料

1) GF-1 WFV1 数据

GF-1 卫星搭载了两台 2 m 分辨率全色、8 m 分辨率多光谱相机以及四台 16 m 分辨率宽幅相机。本研究采用 GF-1 WFV1 宽幅相机多光谱数据，分辨率为 16 m，成像日期为

2013 年 12 月 14 日。表 4.1 为 GF-1 WFV1 传感器的主要载荷参数。

表 4.1 GF-1 WFV1 传感器主要载荷参数及绝对辐射定标系数

载荷	波段	分辨率/m	光谱范围/μm
WFV1	蓝	16	0.45～0.52
	绿		0.52～0.59
	红		0.63～0.69
	近红外		0.77～0.89

研究区位于玛纳斯河流域山区中山带，使用了 2 景 GF-1 WFV1 图像。数据信息如表 4.2 所示。

表 4.2 GF-1 WFV1 图像数据信息

轨道号	太阳方位角/(°)	太阳高度角/(°)	卫星方位角/(°)	卫星高度角/(°)	研究区云量/%
Path55/Row166	165.68	22.51	101.66	63.37	0
Path56/Row160	166.16	20.95	101.74	63.36	<1

2）DEM 数据

采用 ASTER GDEM 数据作为辐射校正使用的数字高程数据。研究区位于 ASTER GDEM 分片边缘，需要 3 块分片才能将整个研究区域完整覆盖，其编号分别为 N43E085、N43E086 和 N44E085。

4.1.2 数据预处理

1）GF-1 WFV1 数据预处理

（1）图像拼接与裁剪

在对图像数据进行处理前，首先需要进行图像拼接与裁剪。为了得到准确的辐亮度和反射率数据，在拼接过程中不进行匀色处理。图 4.1 是经过配准、拼接、裁剪所得的研究区 2013 年 12 月 14 日 WFV1 图像，由 321 波段进行彩色合成。

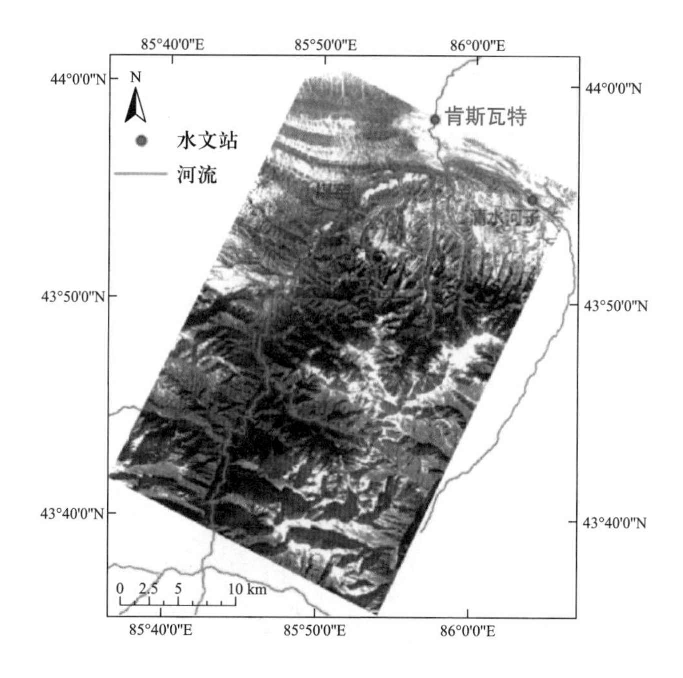

图 4.1 研究区 GF-1 WFV1 图像

(2)传感器端辐射校正

GF-1 WFV1 图像数据的处理包括大气层顶的辐亮度计算和反射率计算两部分。表 4.3 为进行传感器端校正所需的 GF-1 WFV1 宽幅相机的绝对辐射定标系数。利用绝对辐射定标系数将传感器所记录的 DN 值转换成辐亮度值 $L(\mu_v)$ 的公式为

$$L(\mu_v) = \text{Gain} \times \text{DN} + \text{Bias} \tag{4.1}$$

式中,$L(\mu_v)$为卫星入瞳处的辐亮度;Gain 为增益;Bias 为偏移;DN 为卫星载荷记录值。

表 4.3 GF-1 WFV1 绝对辐射定标系数

波段	太阳辐照度/(W m^{-2} μm^{-1})	增益/(W $m^{-2}sr^{-1}\mu m^{-1}$)	偏移/(W $m^{-2}sr^{-1}\mu m^{-1}$)
蓝	1969.7	0.1709	-0.0039
绿	1859.7	0.1398	-0.0047
红	1560.1	0.1195	-0.0030
近红外	1078.1	0.1338	-0.0274

2) DEM 数据预处理

(1)数据拼接、重投影与重采样

首先将获取的三幅 ASTER GDEM 分片数据进行拼接与裁剪;然后将其重投影至与GF-1 WFV1 图像相同的平面坐标下(WGS84 N45 分带),并重采样至 16 m 分辨率,使其与 WFV1 图像具有相同的像元大小及行列数。图 4.2 为预处理后的研究区 DEM 数据,海拔范围为 782~4898 m,包括高山带、中山带以及前山带。

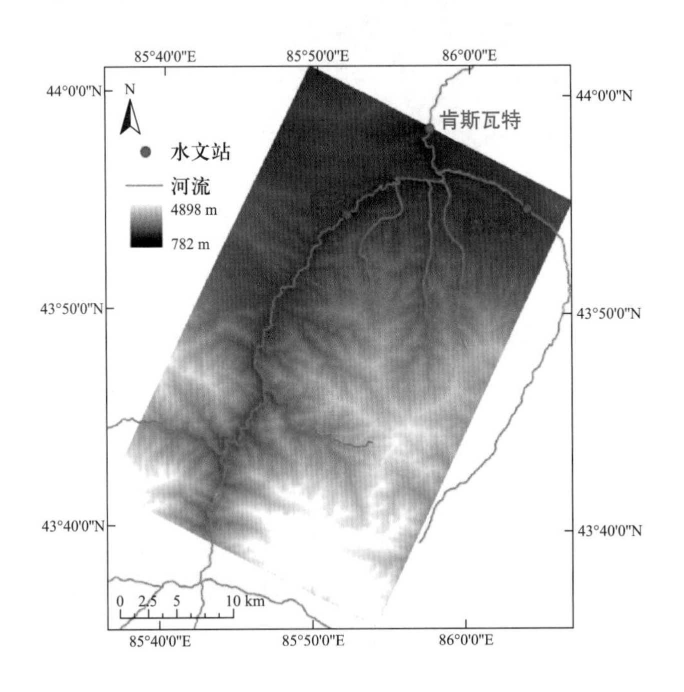

图 4.2 研究区 DEM 数据

(2)地形因子的提取

地形因子是模拟坡面像元接收太阳辐照度的关键要素(张秀英和冯学智,2006),在地形起伏较大的山区,周围地形的遮蔽会直接影响坡面像元接收到的太阳辐照度(曾燕等,2003)。为了恢复真实的地表反射率,需要通过 DEM 数据计算多种地形因子,包括坡度、坡向、天空可视因子以及地形观测因子。计算得到的研究区坡度和坡向因子如图 4.3 所示,天空可视因子和地形观测因子如图 4.4 所示。

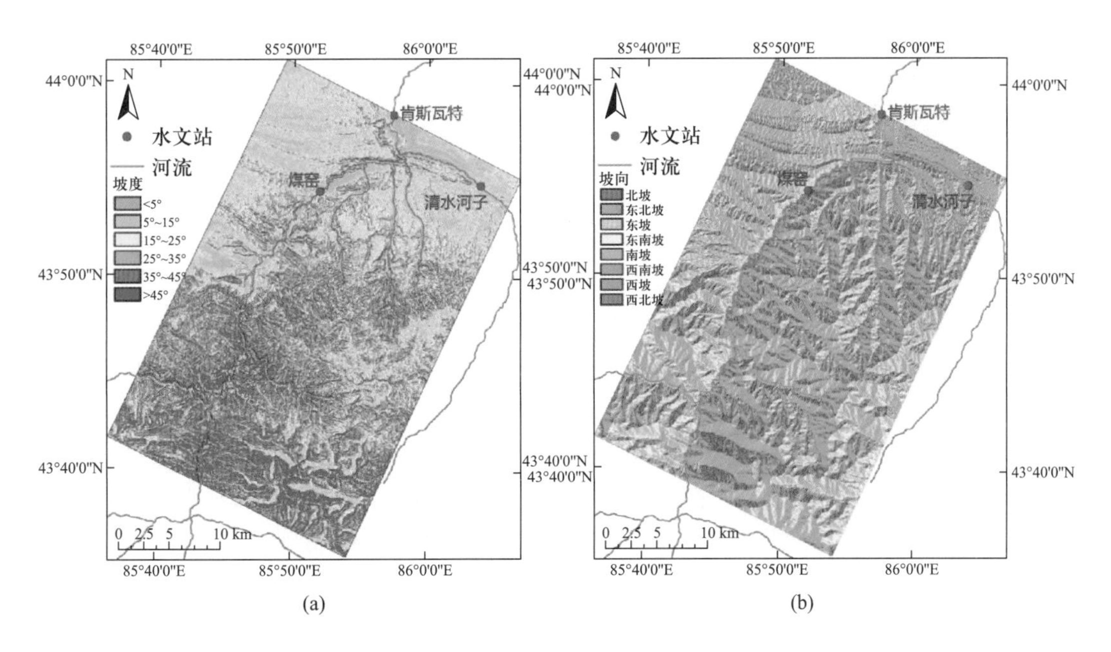

图 4.3 研究区坡度与坡向图:(a)坡度;(b)坡向

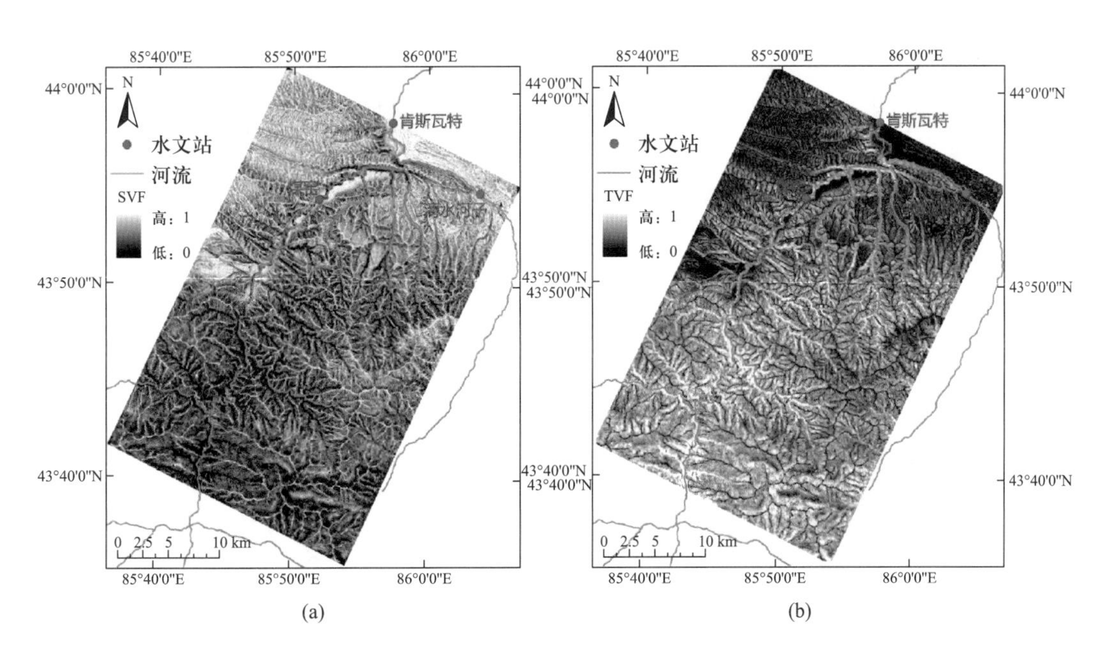

图 4.4 研究区天空可视因子与地形观测因子:(a)天空可视因子;(b)地形观测因子

4.2 山区复杂地形条件下雪面反射率计算

4.2.1 山区复杂地形对积雪识别的影响

在地形起伏较大的山区,地表像元接收到的太阳辐射受坡度、坡向、太阳入射角、太阳高度角、大气状况及地表相互作用等多种因素的影响,导致位于不同坡度、坡向的地表像元接收到的辐射具有明显差异,这种辐射差异最终导致遥感图像不能真实地反映地物的图像响应特征(Wen et al., 2009)。例如,对于相同的地物类型,由于处在不同的坡度和坡向,导致传感器所接收的辐射有所差别,出现"同物异谱"的现象。相应地,许多处在高大山体遮蔽中的不同地物,传感器所接收的辐射则相似,出现"同谱异物"现象,导致难以准确地进行区分。因此,复杂地形已经成为影响山区遥感进一步发展的主要问题之一(Chen et al., 2006)。

当利用光学遥感图像进行山区积雪识别时,山区复杂地形对积雪识别的影响主要表现在处于山体阴影区的积雪难以被准确识别。图4.5为研究区积雪与裸岩在阴影区与非阴影区的反射率特征,可以看出,同类地物在非阴影区与阴影区的反射率差异明显。非阴影区积雪在可见光波段的平均反射率为0.48,而在阴影区仅为0.11;非阴影区裸岩在可见光波段的平均反射率为0.25,而在阴影区仅为0.07。对于处在山体阴影中的不同地物,其图像响应特征十分接近,难以准确区分。此外由于山区通常海拔差异较大,导致不同高程的像元所接收的太阳辐射也相差较大,出现同一地物在高海拔地区较亮而在低海拔地区较暗的现象。以下将从高程差异和地形效应两个方面分析山区复杂地形对积雪识别的影响。

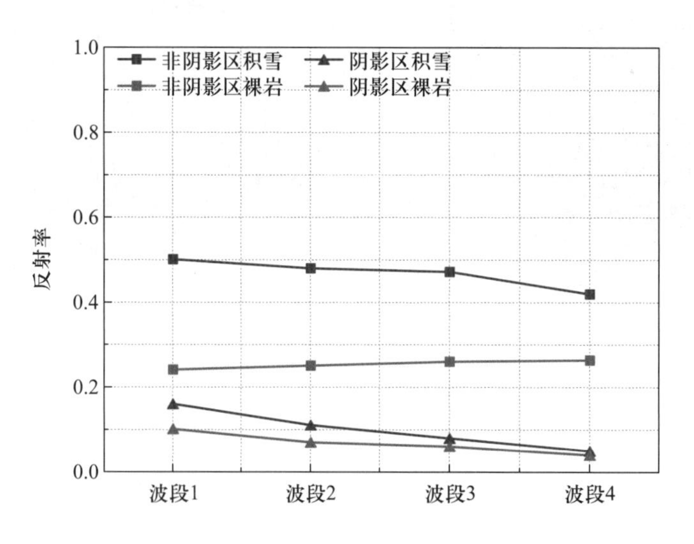

图4.5 积雪与裸岩反射率在非阴影区与阴影区之间的差异

1）高程差异

研究区位于玛纳斯河流域北坡，海拔最高为4898 m，最低为782 m，高程差异很大。不同海拔上大气组成成分和粒子浓度相差较大，使得气溶胶光学厚度随海拔发生变化，从而影响大气上/下透射率，最终导致不同海拔接收到的辐射能量相差较大。对研究区内DEM按照高差分成14个高程带（$\Delta h=300$ m），由6S模型计算每个高程带上的大气参数，包括水平面接收的太阳直接辐射、水平面接收的天空漫散射，以及大气上、下行总透过率。由于缺少成像时刻的大气状况数据，根据图像的成像时间（2013年12月14日），选择6S提供的中纬度冬季大气模式进行大气参数的计算。表4.4为第一波段不同高程带上的大气参数。可以发现，不同高程带上的大气参数差异很大，导致相同的地物在高海拔地区与低海拔地区接收到的辐射值差异较大，使得高海拔地区的反射率一般大于低海拔地区，且在高海拔区域容易出现过饱和现象。这也给选择合适的阈值进行积雪识别造成影响。因此，为了减弱高程对积雪识别的影响，将研究区分为14个高程带，分别估算大气参数并进行大气校正。

表4.4 不同高程带上第一波段大气参数

高程带/m	太阳直接辐射/（W m^{-2}）	天空漫散射/（W m^{-2}）	大气上行总透射率	大气下行总透射率
700～1000	494.01	128.94	0.65	0.69
1000～1300	501.30	125.54	0.66	0.70
1300～1600	508.46	122.19	0.67	0.71
1600～1900	515.47	118.91	0.68	0.71
1900～2200	522.34	115.68	0.68	0.72
2200～2500	529.07	112.52	0.69	0.73
2500～2800	535.66	109.42	0.70	0.74
2800～3100	542.09	106.39	0.71	0.75
3100～3400	548.38	103.43	0.72	0.75
3400～3700	554.55	100.52	0.73	0.77
3700～4000	560.58	97.67	0.74	0.77
4000～4300	566.48	94.89	0.74	0.78
4300～4600	572.26	92.15	0.76	0.79
4600～4900	577.91	89.49	0.76	0.80

2）地形效应

冬季太阳高度角相对较低，当从遥感图像上提取山区积雪信息时，地形产生的阴影将对积雪信息提取的准确性造成严重影响(冯学智等,2000),这种影响也被称为地形效应。地形效应产生的主要原因是:对于处在不同坡度、坡向的坡面像元,其相对应的坡面太阳入射角(i_s)和坡面卫星观测角(i_v)有所不同,从而导致传感器所接收总辐射值不同。图4.6表示了坡面太阳入射角及坡面卫星观测角随地形的变化情况:在平坦地表,太阳入射角 i_s 与太阳天顶角 θ_s 相同;在朝向太阳的坡面,坡面太阳入射角 i_s 小于太阳天顶角 θ_s,坡面上的像元接收到更多的太阳辐射;在背向太阳的坡面,坡面太阳入射角 i_s 大于太阳天顶角 θ_s,坡面上的像元接收到的太阳辐射相对于平坦地表变小。这一现象造成相同地物类型的某些像元被太阳直射导致过亮,而某些处在阴暗中导致过暗。可见,图像上各像元所接收到的辐射能量主要受该像元的太阳入射角的影响。已有研究也证明,在地形起伏情况较大的山区,图像的反射率与坡面太阳入射角的余弦($\cos i_s$)存在较高的相关性(Reeder, 2002; 高永年和张万昌, 2008)。

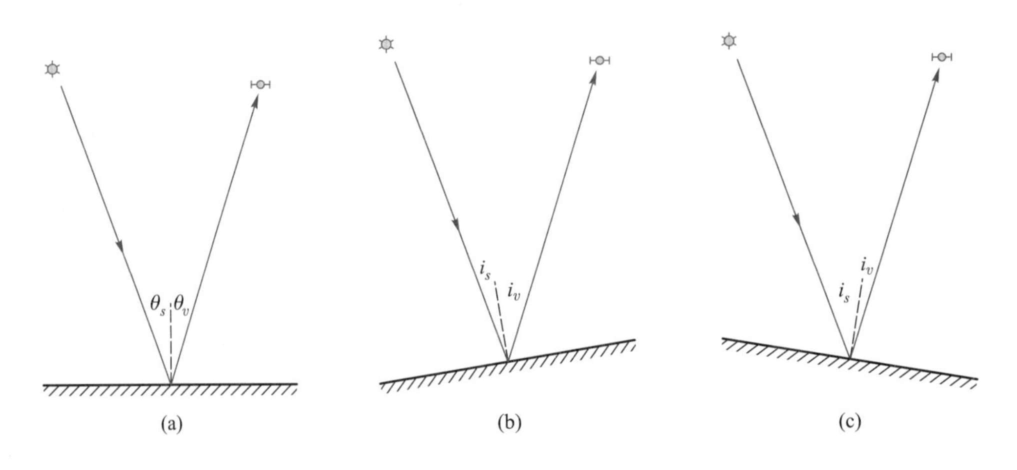

图4.6 坡面太阳入射角及坡面传感器观测角随地形的变化(闻建光,2008):(a)平坦地表;(b)面向太阳;(c)背向太阳

图4.7显示了影像上的阴坡积雪与裸岩样本,图4.8为在地形效应的影响下阴坡积雪及裸岩的各波段反射率的直方图。可以看出,地形效应的存在,导致阴坡积雪与裸岩的反射率直方图在各波段均存在较大的重叠,使用单一波段阈值进行区分时,会在两者之间造成严重的混分现象。

由于地形效应的影响,当未进行地形校正而仅进行大气校正后,地物的反射率仍然会随着坡面太阳入射角的变化而变化。为了验证GF-1 WFV1图像中地物反射率与坡面太阳入射角之间的相关性,本研究首先对研究区2548像元×2981像元的各波段地物反射率与坡面入射角余弦值进行线性回归分析,结果如图4.9所示。可以发现,GF-1 WFV1图像各波段反射率与 $\cos i_s$ 之间的相关关系并不显著,从波段1至波段4,各波段反射率与坡面太阳入射角余弦之间的相关系数仅分别为0.05、0.09、0.12、0.15。这主要是由于线性回归统计的是整个研究区内所有地物类型的反射率,对于任一极小区间 $\cos i_s$,其相应的地物反射率会包含积雪等高反射率地物及裸岩、枯草等低反射率地物,因而会导致整个研究区

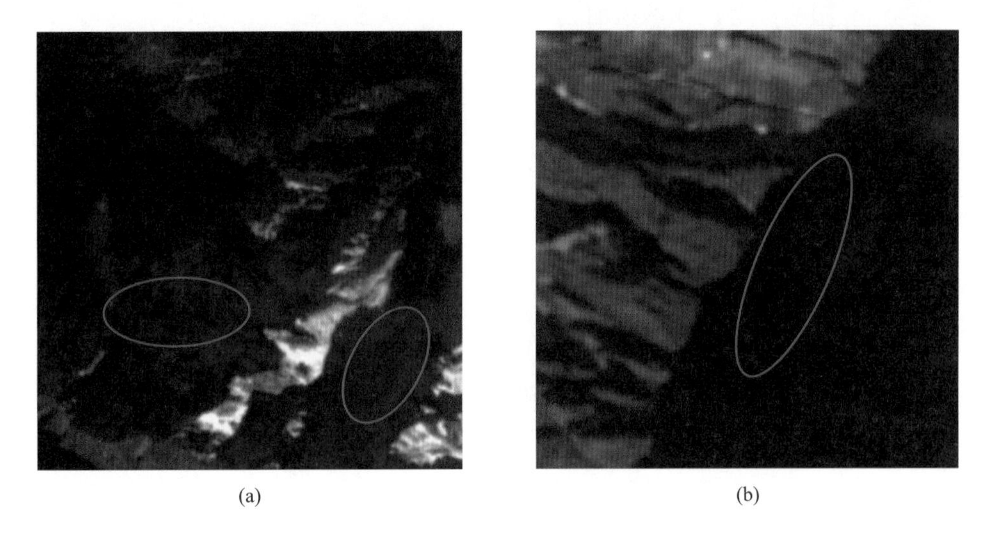

图 4.7 阴坡积雪和阴坡裸岩样本:(a)阴坡积雪;(b)阴坡裸岩

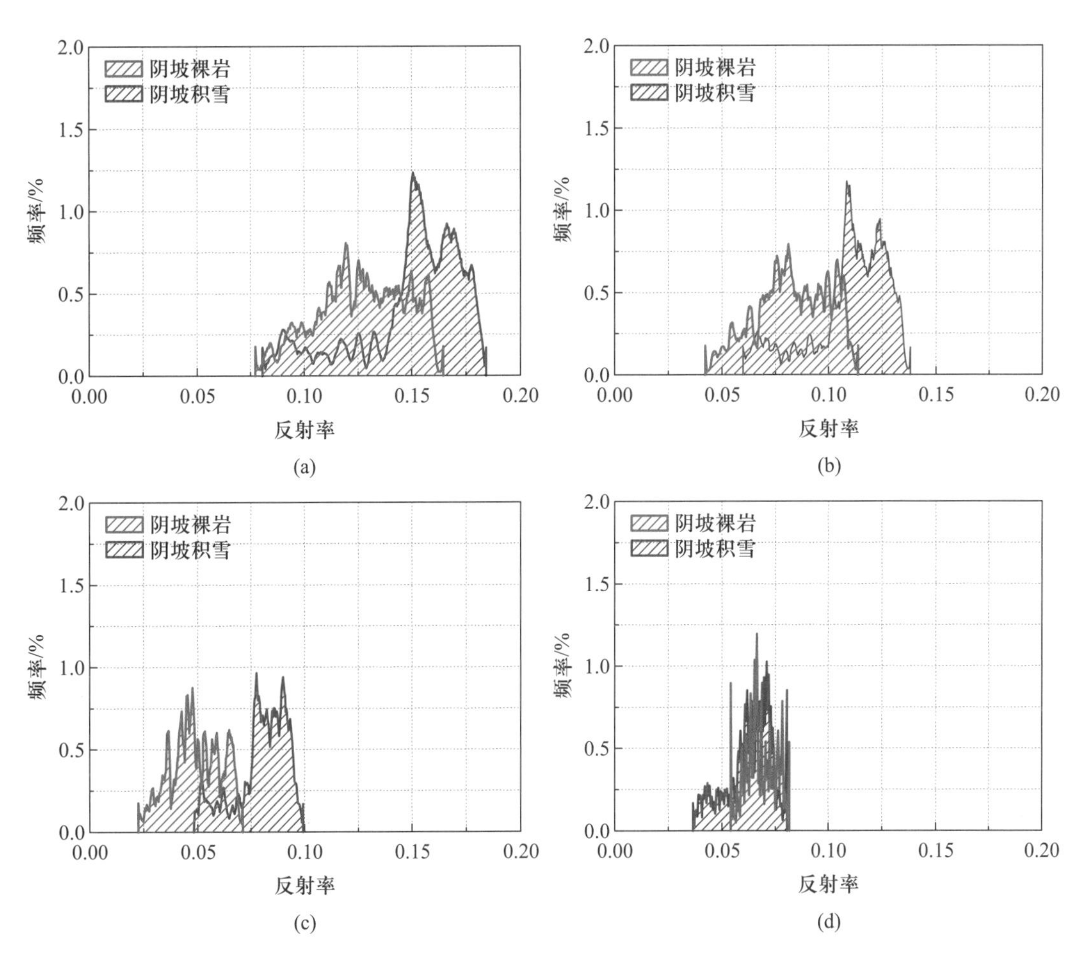

图 4.8 阴影区积雪与裸岩反射率在各波段的直方图:(a)蓝波段;(b)绿波段;(c)红波段;(d)近红外波段

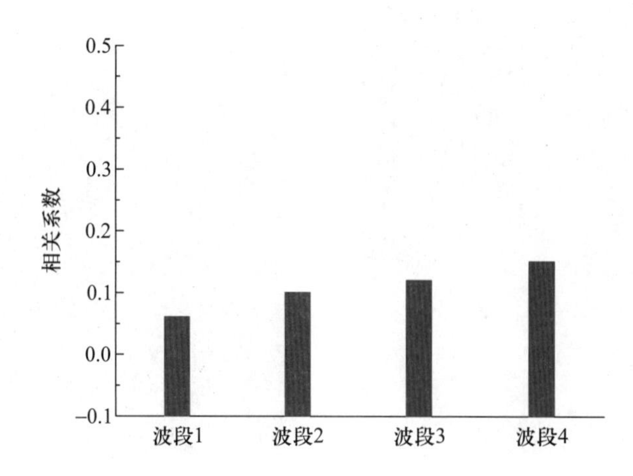

图 4.9 图像各波段反射率与 $\cos i_s$ 之间的相关系数

各波段地表反射率与 $\cos i_s$ 之间的相关性不显著。

进一步分别选取 1000 个非阴影区陈雪像元与 1000 个非阴影区裸岩像元，对其经过 6S 大气校正后的各波段地物反射率与 $\cos i_s$ 进行线性回归分析，结果分别如图 4.10 和图 4.11 及表 4.5 和表 4.6 所示。各波段地物反射率受 $\cos i_s$ 的影响程度可分别用线性回归方程的斜率系数 S 以及反射率与 $\cos i_s$ 之间的相关系数代表，斜率的绝对值越大，表明反射率受 $\cos i_s$ 的影响程度越大，反之亦然；相关系数的绝对值越大，表明反射率与 $\cos i_s$ 的相关程度越高，相关系数大于 0 时，两者呈正相关，小于 0 时，两者呈负相关。

可以看出，6S 大气校正后的图像中，同种地物在各波段反射率与 $\cos i_s$ 之间呈正相关。各波段反射率受 $\cos i_s$ 的影响较大，表现在随着 $\cos i_s$ 的增大，同种地物的反射率逐渐增加。而且，斜率系数及相关系数越大，反射率受地形的影响程度越大。同时可以发现各波段反

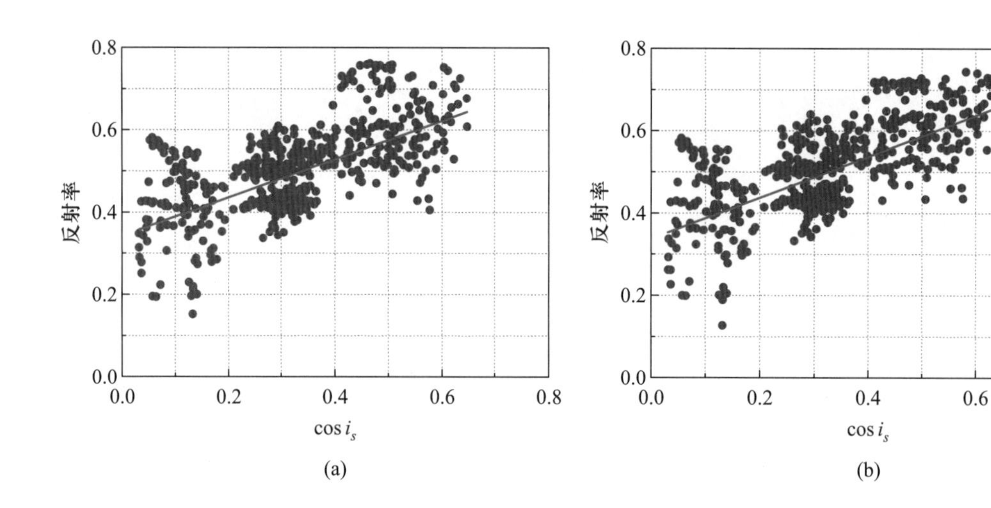

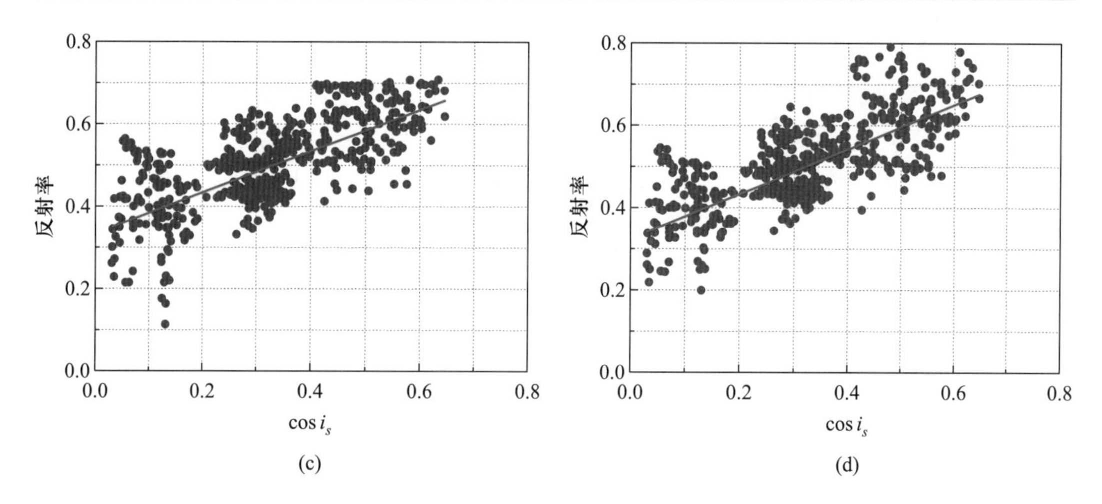

图 4.10 各波段陈雪反射率与坡面太阳入射角余弦之间的相关关系:(a)第一波段;(b)第二波段;(c)第三波段;(d)第四波段

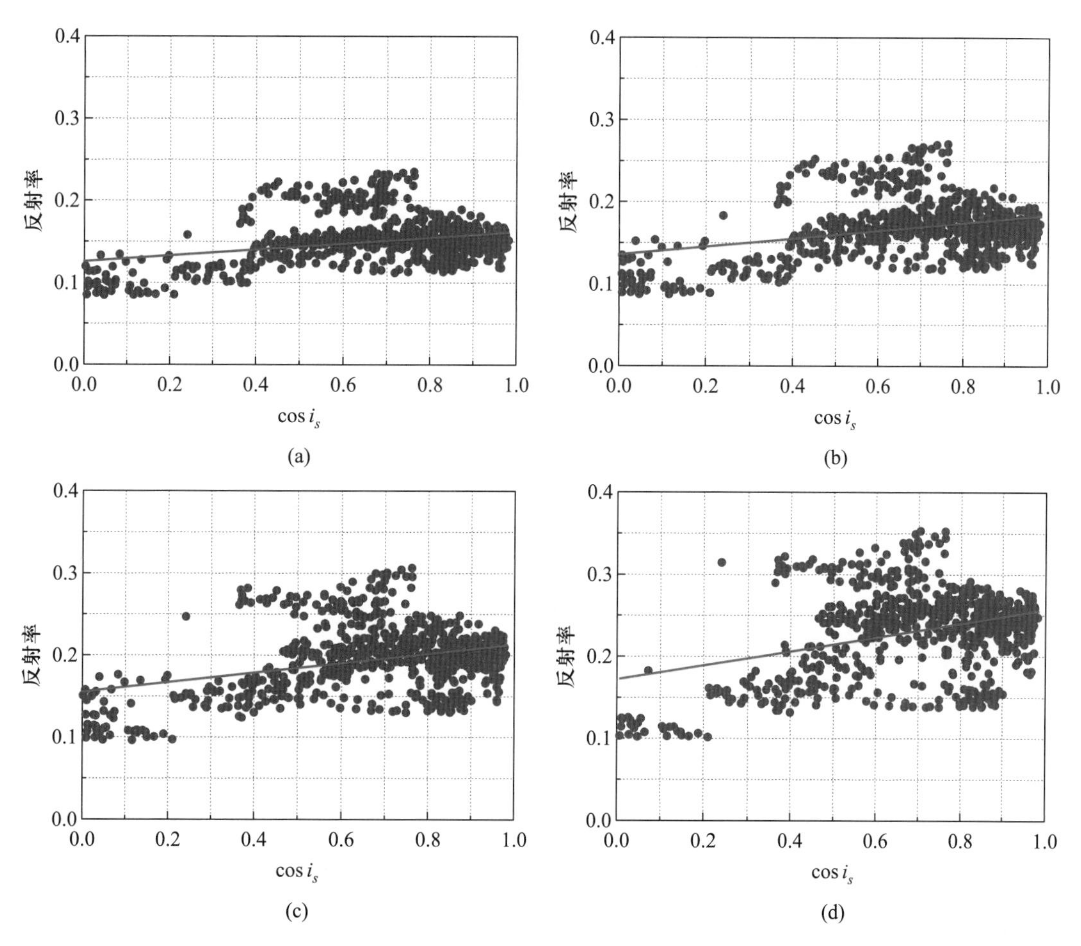

图 4.11 各波段裸岩反射率与坡面太阳入射角余弦之间的相关关系:(a)第一波段;(b)第二波段;(c)第三波段;(d)第四波段

射率与 $\cos i_s$ 之间的相关性差异较大，通过波段比值的方法并不能完全消除地形效应的影响。综上，由于冬季太阳高度角较小，地物的反射率受地形效应的影响程度较大，会给积雪的准确识别造成一定的困难，且通过波段比值的方法也不能完全消除地形的影响。因此，为了较好地消除地形效应对山区积雪识别的影响，地形校正的过程是必不可少的。

表4.5 各波段陈雪像元反射率与 $\cos i_s$ 之间的相关关系

波段	斜率(s)	相关系数(r)
波段1	0.560	0.622
波段2	0.591	0.655
波段3	0.572	0.689
波段4	0.630	0.713

表4.6 各波段裸岩像元反射率与 $\cos i_s$ 之间的相关关系

波段	斜率(s)	相关系数(r)
波段1	0.037	0.315
波段2	0.047	0.317
波段3	0.058	0.337
波段4	0.085	0.350

4.2.2 辐射校正模型与方法

为消除地形效应的影响，需要准确恢复山区遥感图像的地表反射率。山区地表反射率计算过程一般可以概括为（王介民和高峰，2004；蒋熹，2006）：①传感器校正；②大气校正；③各向异性校正；④地形校正。现有的地表反射率计算研究通常采用基于地表朗伯体假设的地形校正模型，以消除地形对反射率计算的影响，但由于真实地表的非朗伯体特性，这种假设通常会给地表反射率的计算带来大于10%的误差。

闻建光等(2008)考虑真实地表的方向反射特性，将各向异性校正模型 Walthall 与山地辐射传输模型相结合，提出一种基于地表方向反射特性的地表反射率校正模型，结果表明通过此模型计算的地物反射率与实测结果趋于一致。但采用的各向异性校正模型 Walthall 为经验模型，其模拟雪面的方向反射特性的能力还有待进一步探讨。在已有研究的基础上，以考虑真实雪面的方向反射特性为前提，采用各向异性校正和地形校正相结合的方法计算真实的地表反射率。其中各向异性校正的关键在于选取合适的地表方向反射模型，通过构建地表方向反射数据集，计算地表的各向异性因子。

1）地表二向反射分布函数特征提取

（1）地表方向反射数据集的建立

地表方向反射模型的构建需要多个太阳入射角和传感器观测角的支持，而对于中高分辨率遥感卫星，传感器观测方式通常较为单一，难以在平坦地区获得多角度反射率数据，导致很难获取精确的地表方向反射特性（Beisl，2001）。而在地形起伏较大的山区，由于同类地物分布在不同坡度与朝向的坡面上，导致太阳光相对坡面的入射角有所不同，传感器相对于坡面的观测角也有所不同。因此同一地表类型可提供多个相对太阳入射角、传感器观测角以及相对应的多个地表观测反射率数据，用以构建地表方向反射分布模型。

地表方向反射数据集建立的具体步骤可以概括为：①利用最大似然法获取研究区图像的积雪覆盖信息，并结合研究区土地覆盖数据集，将研究区划分为积雪、裸岩、枯草、林地四种类型；②利用重采样至 16 m 的 DEM 数据提取每类地物像元对应的坡度、坡向数据，并计算各像元的坡面太阳入射角 i_s 和坡面卫星观测角 i_v；③将这两个参数结合地表方向反射率 ρ，建立各类地物的地表方向反射数据集（i_s，i_v，ρ）。

在建立地表方向反射数据集之前，首先需要了解所选取的数据是否能够保证不同土地覆盖类型的二向反射分布函数（bidirectional reflectance distribution function，BRDF）特征提取的精度。因此对积雪像元、裸岩像元、枯草像元、林地像元的坡面太阳入射角、坡面卫星观测角以及相对方位角（$\Delta\varphi$）信息进行统计，结果如表 4.7 所示。图 4.12 分别显示了积雪像元、裸岩像元、枯草像元、林地像元的坡面太阳入射角和坡面卫星观测角的直方图。

表 4.7　研究区像元角度信息统计

地物类型	太阳高度角 /(°)	卫星高度角 /(°)	坡面太阳入射角 /(°)	坡面卫星观测角 /(°)	相对方位角 /(°)
积雪	22.51	63.37	4.00～83.18	0.11～77.92	0.1～179.98
裸岩			5.45～80.80	0.66～89.96	0.0～178.98
枯草			3.07～83.56	0.11～89.83	0.1～180.00
林地			9.44～82.72	0.57～89.87	0.1～179.98

可以看出，所选取的不同土地覆盖类型的坡面太阳入射角在 3.07°～83.56°变化，坡面卫星观测角在 0.11°～89.96°变化，相对方位角的取值范围在 0°～180.00°。对于所选取的不同地物类型的像元数据，其坡面太阳入射角、坡面卫星观测角、相对方位角的分布范围广泛，基本覆盖了坡面太阳入射角及坡面卫星观测角的取值范围，数据较为充足，具备了提取 BRDF 特征的能力。但同时，同一成像日期的图像所能提供的数据量及数据范围是有限的，这会引起在某些数据量较小的角度上 BRDF 特征拟合能力不佳的问题，从而影响 BRDF 模型系数拟合的精度（张玉环等，2012）。

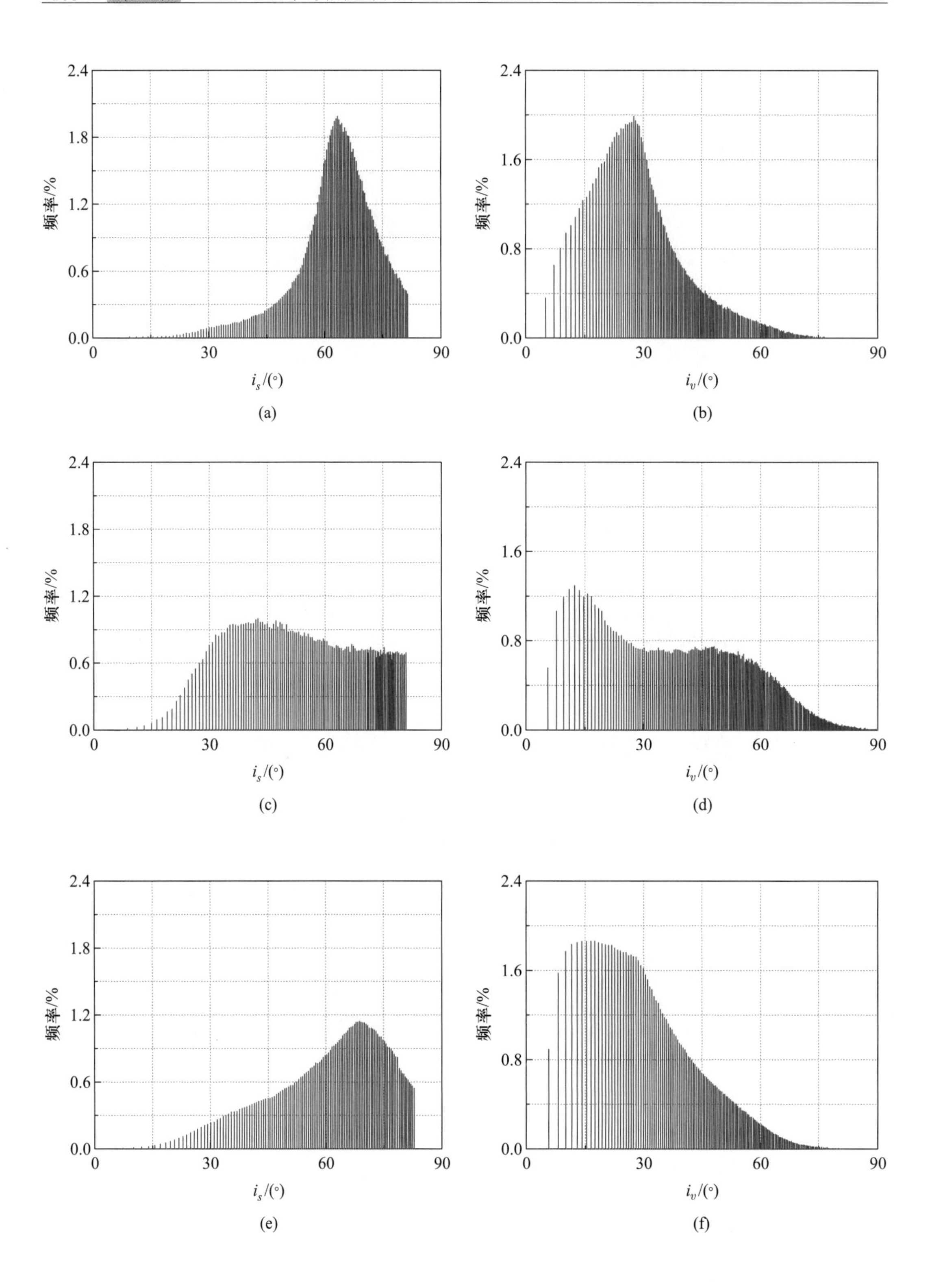

2.4
1.8
1.2
0.6
0.0
频率/%
0
30
60
90
$i_s/(°)$
(a)
2.4
1.6
0.8
0.0
频率/%
$i_v/(°)$
(b)
$i_s/(°)$
(c)
$i_v/(°)$
(d)
$i_s/(°)$
(e)
$i_v/(°)$
(f)

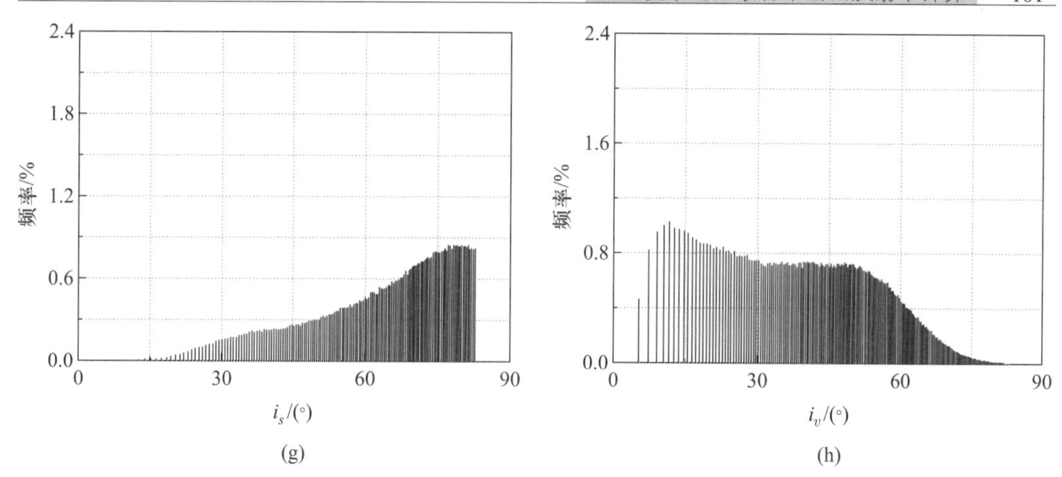

图 4.12 研究区不同地物的坡面太阳入射角及坡面卫星观测角直方图:(a)积雪像元的坡面太阳入射角;(b)积雪像元的坡面卫星观测角;(c)裸岩像元的坡面太阳入射角;(d)裸岩像元的坡面卫星观测角;(e)枯草像元的坡面太阳入射角;(f)枯草像元的坡面卫星观测角;(g)林地像元的坡面太阳入射角;(h)林地像元的坡面卫星观测角

(2)BRDF 模型系数的拟合

各向异性校正的核心在于选取合适的地表 BRDF 模型对地表方向反射数据集进行拟合,确定 BRDF 模型的参数。一旦确定了 BRDF 模型的系数,就可以模拟地物反射率的角度分布情况,计算任意观测角度下的反射率数据。已有的地表 BRDF 模型主要可以分为三种类型:①物理模型(physical model),此类模型以太阳入射光与地表相互作用的过程为基础,模型参数具有确定的物理意义(Jacquemoud et al., 2002)。根据模型建立的机理以及参数化方式的不同,物理模型又大致可以分为三类:辐射传输模型(RT model)(李小文和王锦地, 1995)、几何光学模型(GO model)(Li and Strahlar, 1986, 1988, 1992)、几何光学-辐射传输混合模型(GO-RT model)(Chen and Leblanc, 1997; Huemmrich, 2001)。②经验模型(empirical model),这类模型主要利用函数来拟合地物的方向反射分布情况,模型参数并不具备明确的物理解释。这类模型具有计算简单的优点,但却需要大量的实测数据作为建立模型的基础。广泛使用的经验模型主要包括:Minnaert 模型(Minnaert, 1941)、Walthall 模型(Walthall et al., 1985)、改进的 Walthall 模型(Liang and Strahler, 1994)。③半经验模型,此类模型介于物理模型和经验模型之间,是对物理模型的简化和近似,在降低了模型复杂程度的基础上,保留了模型参数的物理意义,同时又具备经验模型计算简便的优点(Roujean et al., 1992)。在综合考虑所使用模型的复杂程度、计算量、计算效率的基础上,选择半经验模型模拟各类地物的方向反射特性,计算各向异性因子。

基于 Ross-Thick 和 Li-Sparse 核函数对各类地表方向反射特性的良好模拟能力,采用基于 Ross-Thick 核及 Li-Sparse 核的线性核驱动 BRDF 模型对不同地物类型的方向反射

特性进行拟合,基本表达式如下(Roujean et al., 1992):

$$R(\theta_s,\theta_v,\varphi)=K_0+K_1 f_{\text{Ross-Thick}}(\theta_s,\theta_v,\varphi)+K_2 f_{\text{Li-Sparse}}(\theta_s,\theta_v,\varphi) \tag{4.2}$$

式中,θ_s 和 θ_v 分别为太阳天顶角和传感器观测天顶角(0°~90°);φ 为太阳和传感器之间的相对方位角(0°~180°);$R(\theta_s,\theta_v,\varphi)$ 为地表方向反射;K_0,K_1,K_2 为三个常系数,其中 K_0 代表当 $\theta_s=\theta_v=0$ 时的各向异性反射,K_1、K_2 分别代表几何光学散射、体散射所占的比例;$f_{\text{Ross-Thick}}(\theta_s,\theta_v,\varphi)$ 和 $f_{\text{Li-Sparse}}(\theta_s,\theta_v,\varphi)$ 分别为

$$f_{\text{Ross-Thick}}(\theta_s,\theta_v,\varphi)=\frac{\left(\frac{\pi}{2}-\xi\right)\cos\xi+\sin\xi}{\cos\theta_s+\cos\theta_v}-\frac{\pi}{4} \tag{4.3}$$

式中,ξ 为相位角,$\cos\xi=\cos\theta_s\cos\theta_v+\sin\theta_s\sin\theta_v\cos\varphi$。

$$f_{\text{Li-Sparse}}(\theta_s,\theta_v,\varphi)=O(\theta_s,\theta_v,\varphi)-\sec\theta_s-\sec\theta_v+\frac{1}{2}(1+\cos\xi)\sec\theta_v \tag{4.4}$$

其中,

$$O(\theta_s,\theta_v,\varphi)=\frac{1}{\pi}(t-\sin t\cos t)(\sec\theta_s+\sec\theta_v)$$

$$\cos t=\frac{\sqrt{D^2+(\tan\theta_s\tan\theta_v\sin\varphi)}}{\sec\theta_s+\sec\theta_v}$$

$$D=\sqrt{\tan^2\theta_s+\tan^2\theta_v-2\tan\theta_s\tan\theta_v\cos\varphi}$$

表4.8为利用Ross-Li模型对不同地物类型的方向反射数据集进行拟合所得到的模型各波段系数,拟合结果用均方根误差(RMSE)进行评价。可以看出,由Ross-Li模型模拟的各地物的方向反射率的RMSE较小,拟合效果良好。

表4.8 Ross-Li模型各波段系数

地物类型	模型系数	波段1	波段2	波段3	波段4
积雪	K_0	0.501	0.456	0.427	0.339
	K_1	0.087	0.098	0.085	0.099
	K_2	-0.010	-0.009	-0.008	-0.007
	RMSE	0.044	0.043	0.037	0.012

续表

地物类型	模型系数	波段 1	波段 2	波段 3	波段 4
裸岩	K_0	0.188	0.201	0.230	0.277
	K_1	−0.033	−0.034	−0.034	−0.034
	K_2	0.002	0.003	0.006	0.005
	RMSE	0.026	0.042	0.040	0.053
枯草	K_0	0.1707	0.1978	0.2265	0.2637
	K_1	−0.0241	−0.0264	−0.0287	−0.0300
	K_2	0.0026	0.0037	0.0051	0.0067
	RMSE	0.041	0.039	0.035	0.048
林地	K_0	0.0740	0.1181	0.1241	0.2442
	K_1	−0.0268	−0.0270	−0.0273	−0.0298
	K_2	0.0012	0.0019	0.0024	−0.0188
	RMSE	0.034	0.049	0.045	0.030

图 4.13 显示了当太阳天顶角为 66°时（成像时刻太阳天顶角），观测角度从 0°到 80°，间隔为 10°的情况下，利用拟合得到的 Ross-Li 模型各系数计算得到的主平面方向上不同卫星观测角度下各波段的方向反射率的变化情况（主平面为太阳入射方向与卫星观测方向的垂线所组成的平面，相对方位角分别为 0°和 180°），其中卫星观测角度为负值代表后向观测，为正值代表前向观测。由图 4.13a 可以看出，从可见光至近红外波段，积雪的方向反射率呈逐渐下降趋势，但其方向性特征在各波段极为相似，均呈碗状分布。随着观测天顶角的逐渐增大，积雪的方向反射率在前向观测和后向观测方向上也逐渐增强，但当观测天顶角大于 45°时，前向观测的积雪反射率大于后向观测。由图 4.13b、c 可以看出，裸岩和枯草的方向反射率从可见光至近红外波段逐渐增加，后向观测方向上随着卫星观测角度的变化，裸岩的反射率仅发生较小的变化。当卫星观测天顶角大于 50°时，前向观测方向上的裸岩反射率小于后向观测方向。由图 4.13d 可以看出，林地在近红外波段的反射率明显高于可见光波段，且近红外波段的方向反射基本呈碗状分布，而可见光波段与裸岩、枯草类似呈丘状分布。造成这种现象的主要原因是林地在近红外波段的反射率主要受植被冠层的体散射部分影响（$f_{\text{Li-Sparse}}(\theta_s,\theta_v,\varphi)$），而在可见光波段的反射率主要受植被冠层的几何光学散射部分影响（$f_{\text{Ross-Thick}}(\theta_s,\theta_v,\varphi)$）（李小文和王锦地，1995）。

2）地表反射率的计算

将各坡面像元的方向反射 $R(i_s,i_v,\varphi)$ 归一化至平坦地表太阳入射和卫星观测方向上的方向反射 $R(\theta_s,\theta_v,\varphi)$ 是消除方向反射特性对地表图像反射率计算影响的主要步骤，其中 i_s、i_v 分别为太阳相对坡面的入射角及卫星相对坡面的观测角。这一过程需要引入各向

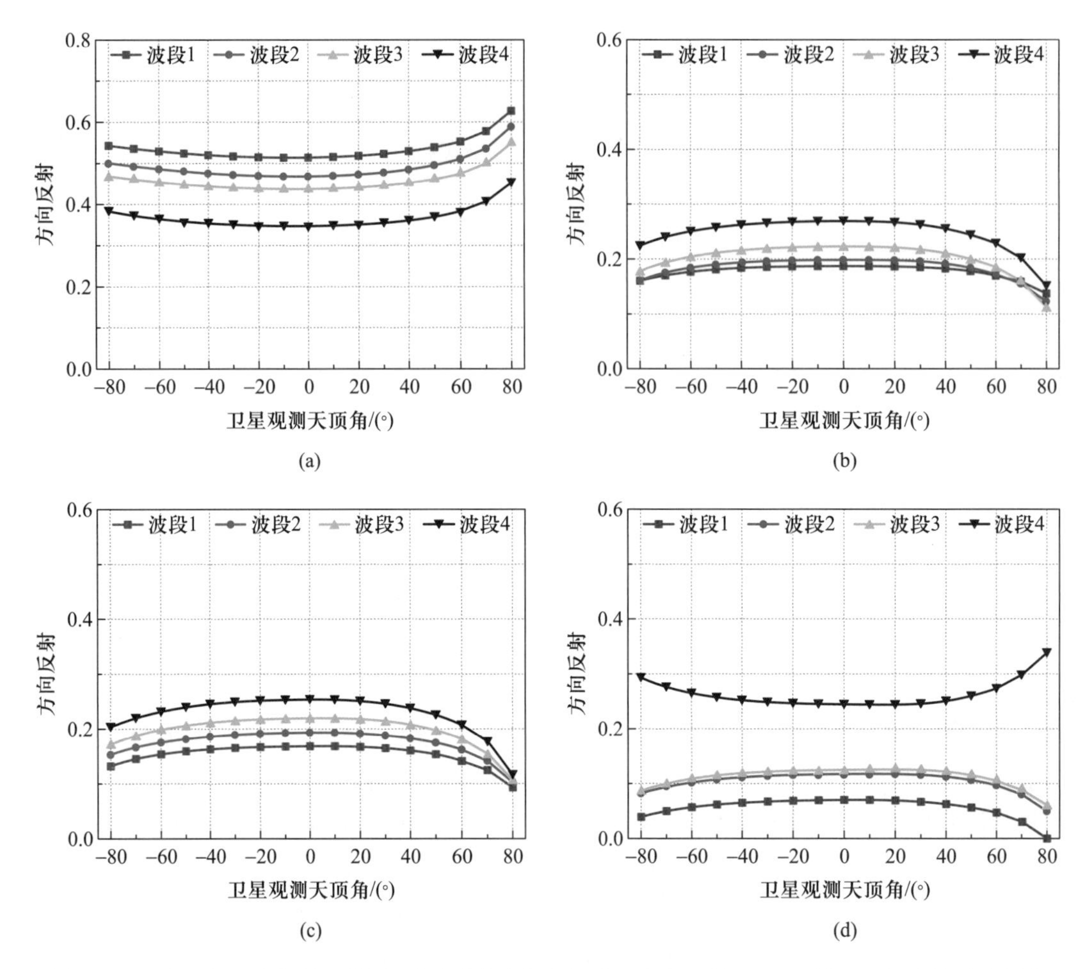

图 4.13 主平面上不同卫星观测角下不同地物在各波段的方向反射率:(a)积雪方向反射;(b)裸岩方向反射;(c)枯草方向反射;(d)林地方向反射

异性反射因子 A(anistropic reflectance factor, ARF),其定义为方向反射 $R(\theta_s,\theta_v,\varphi)$ 与卫星观测方向为垂直方向($\theta_v=0$)以及太阳入射为垂直方向($\theta_s=0$)时的方向反射 $R(0,0,\varphi)$ 的归一化比值(Gutman, 1994; Wu et al., 1995):

$$A(\theta_s,\theta_v,\varphi)=\frac{R(\theta_s,\theta_v,\varphi)}{R(0,0,\varphi)}=1+\frac{K_1}{K_0}f_1(\theta_s,\theta_v,\varphi)+\frac{K_2}{K_0}f_2(\theta_s,\theta_v,\varphi) \tag{4.5}$$

图 4.14 分别为根据拟合得到的 Ross-Li 模型各波段系数所模拟的当太阳天顶角为 66°,卫星观测天顶角从 0°到 80°,太阳与卫星的相对方位角从 0°到 360°时,GF-1 WFV1 各波段的雪面、裸岩、枯草及林地在半球空间的分布情况。极坐标 0°到 180°组成的平面为主平面,其中在 0°的方向上的反射为后向反射,在 180°的方向上的反射为前向反射。

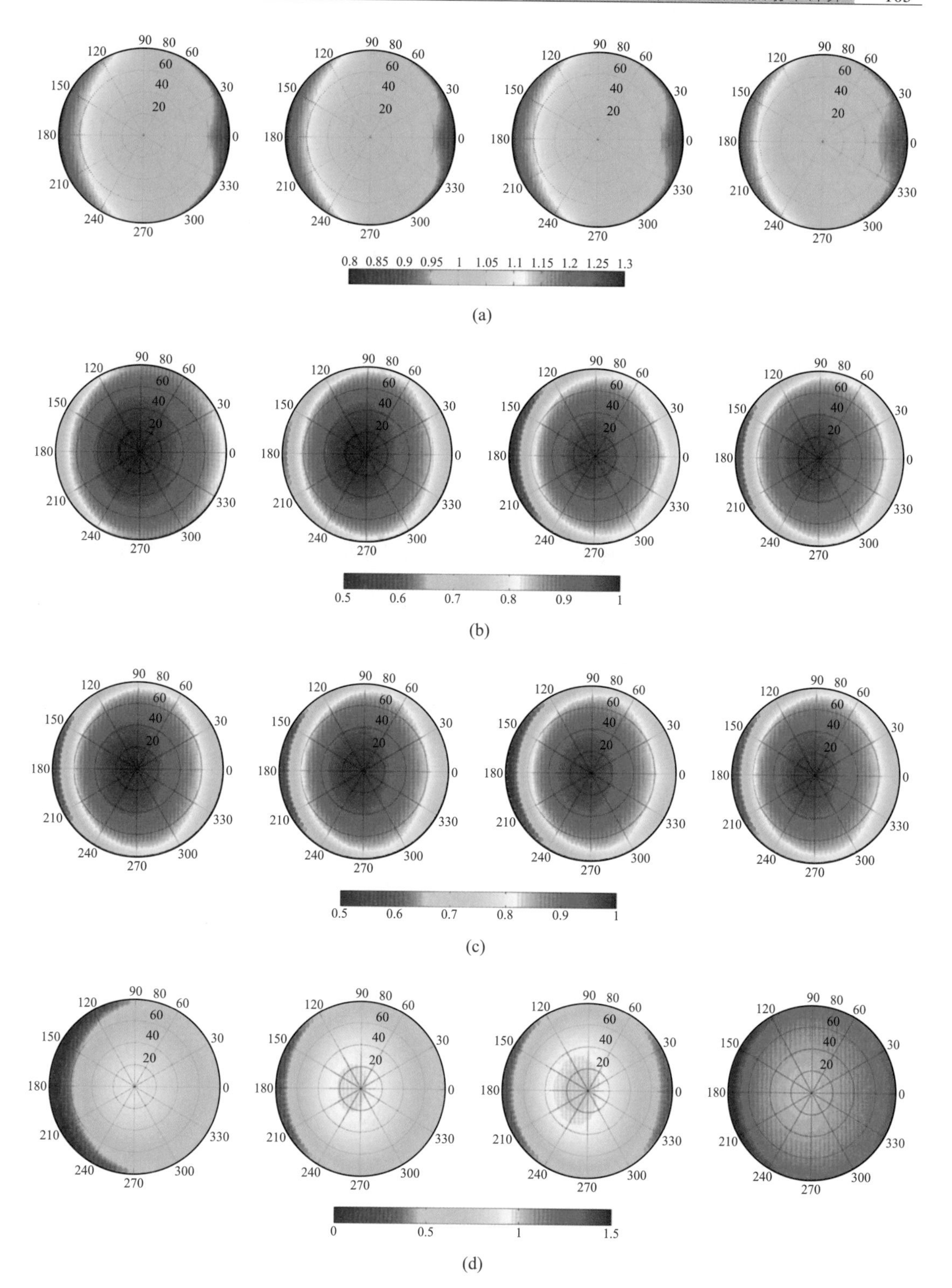

图 4.14 研究区不同地物的各向异性反射因子:(a)雪面各向异性反射因子;(b)裸岩各向异性反射因子;(c)枯草各向异性反射因子;(d)林地各向异性反射因子

从左至右分别为波段 1~4;极角表示相对方位角,半径表示卫星观测天顶角由图4.14a可以看出,由Ross-Li模型各参数模拟得到雪面各向异性反射因子在可见光波段的角度分布情况非常接近,均基本呈碗状分布(中间低,四周较高),进入近红外波段后雪面的各向异性反射因子略低于可见光波段。在前向反射方向上,各向异性因子随观测天顶角的增加而变大,至相对方位角为180°附近时反射尤为突出;在相对方位角为90°侧向时,各向异性反射因子随观测天顶角的增加发生微弱的变化;而在后向反射方向上,当观测天顶角靠近水平面时(相对方位角为0°),模型所输出的各向异性反射因子出现明显的下降(极坐标图的边缘),这说明Ross-Li模型在极大卫星观测角度下,模拟的雪面方向反射率会出现不稳定的状况。而对于研究区内的积雪像元,坡面卫星观测的最大天顶角为77.92°,没有接近水平面的角度。因此Ross-Li模型的这一不稳定性并不会在研究区的方向反射率计算中引入较大误差。

由图4.14b、c可以看出,裸岩、枯草像元各向异性因子在各波段的角度分布情况非常接近,基本均呈丘状分布(中间高,四周较低)。在后向观测方向上,随着观测天顶角的增加,各向异性因子逐渐降低,至相对方位角为180°附近时,各向异性因子降至最低;在相对方位角为90°附近时,各向异性因子随着观测天顶角的增加变化微弱;而在前向观测方向上,随着观测天顶角的增加,各向异性因子缓慢减小。综上,裸岩、枯草具有明显的后向散射特性,且当观测天顶角极大时,Ross-Li模型在模拟枯草和裸岩像元的反射率上仍旧是稳定的。

由图4.14d可以看出,林地的各向异性因子在可见光波段和近红外波段差异较大,可见光波段中林地的各向异性因子基本呈丘状分布,而进入近红外波段后,林地的各向异性反射因子明显高于可见光波段,且基本呈碗状分布。这主要是由于在可见光波段林地的方向反射主要受表面散射核的影响,而近红外波段则主要受体散射核的影响(李小文和王锦地, 1995)。

根据式(4.5),利用已知的坡面方向反射$R(i_s,i_v,\varphi)$便可推算平坦地表的方向反射$R(\theta_s,\theta_v,\varphi)$:

$$R(i_s,i_v,\phi)=\frac{A(i_s,i_v,\phi)}{A(\theta_s,\theta_v,\phi)}R(\theta_s,\theta_v,\phi) \tag{4.6}$$

而在地形变化较大的山区,同一类地物由于海拔、坡度、坡向以及周围地形相互遮蔽的影响也会形成不同的坡面方向反射,坡面像元所接受的辐射也会有所不同。因此,在地表反射率计算的研究中,除进行各向异性校正外,还应当消除地形对地表反射率的影响,进行地形校正。

使用山地辐射传输模型进行地形校正以获取地表反射率。山区坡面点像元实际所接收的总辐照度E_{all}来源于三部分:太阳直接辐照度E_s,天空散射辐照度E_d,周围地物的反射辐照度E_a(Sandmeier and Itten, 1997)。具体计算公式可表示为

$$E_{\text{all}}=E_s+E_d+E_a \tag{4.7}$$

地面点所反射的总辐照度在经过大气衰减后被传感器接收,设大气上行总透过率为$T^{\uparrow}(\theta_v)$,$T^{\uparrow}(\theta_v)=e^{\frac{-\tau}{\cos\theta_v}}+t_d^{\uparrow}(\theta_v)$,其中$\tau$为成像时刻的大气光学厚度,$t_d^{\uparrow}(\theta_v)$为大气上行散

射透过率,则传感器所接收到的入射总辐射可以表示为

$$L_{\text{toa}} = L_{\text{all}} \times T^{\uparrow}(\theta_v) + L_p \tag{4.8}$$

式中,L_p 为大气本身的反射辐射(程辐射)。

此外,考虑地表对太阳直接辐射的反射为方向-方向反射 $\rho_{\text{DD}}(i_s,i_v,\varphi)$,对天空散射辐射的反射及周围地形辐射的反射为半球-方向反射 $\rho_{\text{HD}}(i_s,i_v,\varphi)$(Wen et al.,2009),假设当时的大气光学厚度为 τ,则传感器所接收的入瞳总辐射 L_{toa} 可以进一步表示为大气程辐射 L_p 与地表反射辐射之和:

$$L_{\text{toa}} = L_p + \frac{1}{\pi}\left[E_s\rho_{\text{DD}}\mathrm{e}^{-\tau/\cos(\theta_v)} + \rho_{\text{HD}}\mathrm{e}^{-\tau/\cos(\theta_v)}(E_d + E_a)\right] \tag{4.9}$$

在太阳和传感器几何位置相对不变的情况下,将坡面反射太阳直接辐射的方向-方向反射 $\rho_{\text{DD}}(i_s,i_v,\varphi)$ 和反射天空漫散射及周围地形反射辐射的半球-方向反射 $\rho_{\text{HD}}(i_s,i_v,\varphi)$ 转换成平坦地表的方向-方向反射 $\rho_{\text{H}}(\theta_s,\theta_v,\varphi)$ 为地表反射率计算的最终目的。坡面的半球-方向反射可以表示为方向-方向反射的入射角半球积分:

$$\rho_{\text{HD}}(i_s,i_v,\varphi) = \frac{1}{\pi}\int_{2\pi}\int_{\frac{\pi}{2}}\rho_{\text{DD}}(i_s,i_v,\varphi)\,\mathrm{d}A_{i_s} \tag{4.10}$$

其中 A_{i_s} 是太阳入射方向上投影的立体角,表示为

$$A_{i_s} = \int_{2\pi}\int_{\frac{\pi}{2}}\cos i_s \sin i_s \,\mathrm{d}i_s\,\mathrm{d}\varphi_s \tag{4.11}$$

将式(4.6)代入式(4.10),可得

$$\rho_{\text{HD}}(i_s,i_v,\varphi) = \frac{1}{\pi}\int_{2\pi}\int_{\frac{\pi}{2}}\frac{A(i_s,i_v,\varphi)}{A(\theta_s,\theta_v,\varphi)}\rho_{\text{H}}(\theta_s,\theta_v,\varphi)\,\mathrm{d}A_{i_s} \tag{4.12}$$

最后将式(4.6)、式(4.12)代入式(4.9),整理之后,地表方向反射可以表示为

$$\rho_{\text{H}}(\theta_s,\theta_v,\varphi) = \frac{\pi(L_{\text{toa}} - L_p)\mathrm{e}^{\tau/\cos\theta_v}}{E_s\dfrac{A(i_s,i_v,\varphi)}{A(\theta_s,\theta_v,\varphi)} + \dfrac{E_d + E_a}{\pi A(\theta_s,\theta_v,\varphi)}\displaystyle\int_{2\pi}\int_{\frac{\pi}{2}}A(i_s,i_v,\varphi)\,\mathrm{d}A_{i_s}} \tag{4.13}$$

采用 6S 辐射传输模型计算校正过程中所需要的大气参数。6S 模型对太阳光在太阳—地面—传感器的整个传输过程中所受的大气影响进行了计算,所得参数主要包括:水平面接收到的太阳直接辐照度 E_s^h、水平面接收的天空散射辐照度 E_d^h、大气程辐射 L_p、大气

上/下行直射透射率 $e^{-\tau/\cos\theta_v}$ 和 $e^{-\tau/\cos\theta_s}$ 以及大气上/下行散射透射率 $T^{\uparrow}(\theta_v)$ 和 $T^{\downarrow}(\theta_s)$。由于缺少遥感图像成像时刻的大气状况数据，根据图像的成像时间，选择6S提供的标准大气模式进行计算。此处由于图像的成像日期为2013年12月14日，所以选择中纬度冬季大气模式。

在计算地表反射率的过程中，需要考虑坡面点所接收到的太阳直接辐照度、天空散射辐照度、周围地物的反射辐照度。其中，太阳直接辐照度由6S模型直接计算得到；选用Perez模型（Perez et al.，1990）将水平面像元所接收的天空散射辐照度转换为坡面像元所接收的天空散射辐照度；选择Dozier和Frew（1990）提出的近似模型计算周围地物的反射辐照度。

4.2.3 雪面反射率计算结果分析

利用6S模型分高程带估算的大气参数、不同地物的各向异性反射因子、坡面像元所接收的各项辐照度，结合式（4.13）便可对研究区的图像反射率进行计算。

图4.15为研究区原始图像与校正后的反射率对比图，可以看出原始图像上非阴影区与阴影区的亮度差异明显，阴影区地物反射率明显低于非阴影区，导致处于山体阴影区的地物难以识别；而校正后的图像有效消除了地形的影响，阴影区图像的细节特征也更加明显，便于识别，且同种地物在阴影区与非阴影区的反射率差异较小，图像表现得更为均一、平坦；同时由于计算地表反射率时考虑了不同海拔接收的总辐射值有所差异，有效抑制了高海拔区域地物反射率偏高的现象。

为了准确评价本模型对反射率计算精度的影响，将大气校正、基于朗伯体假设的地形校正方法与此方法进行对比，图4.16a为仅进行大气校正后的地表反射率情况，可以看到，地形效应并未消除，地表反射率在非阴影区与阴影区的差异仍然较大，同时地物在高海拔地区存在过饱和现象；图4.16b是利用基于朗伯体假设的地形校正模型计算的地表反射率，可以看出此方法有效消除了地形的影响。阴影区域图像的细节特征变得明显，可以对阴影区域的地物进行区分；图4.16c是由基于地表各向异性的地形校正模型计算的地表反射率，相较于前两种校正方法，整体呈现出平坦地表的特征，同一地物在非阴影与阴影区域的反射率更加趋于一致，图像变得更为均一，阴影区域的图像细节也更加明显。

1）地形效应消除分析

由于地形的影响，仅进行大气校正后的山区地表反射率会随着坡面太阳入射角余弦（$\cos i_s$）的变化而变化，两者之间的相关程度较高。当地形效应消除后，像元反射率将不再随着 $\cos i_s$ 的改变而发生变化，反射率与 $\cos i_s$ 之间的相关程度应大幅度减小。因此，为评价大气校正、基于地表朗伯体假设的地形校正、基于地表各向异性的地形校正对地形效应的消除程度，以陈雪像元为例，采用线性回归的方法对坡面太阳入射角的余弦和陈雪像元反射率之间的关系进行统计，将线性回归方程的斜率作为评价指标，斜率的绝对值越大，地形效应的影响程度越大，斜率的绝对值越小，则地形效应的影响程度越小。表4.9显示了

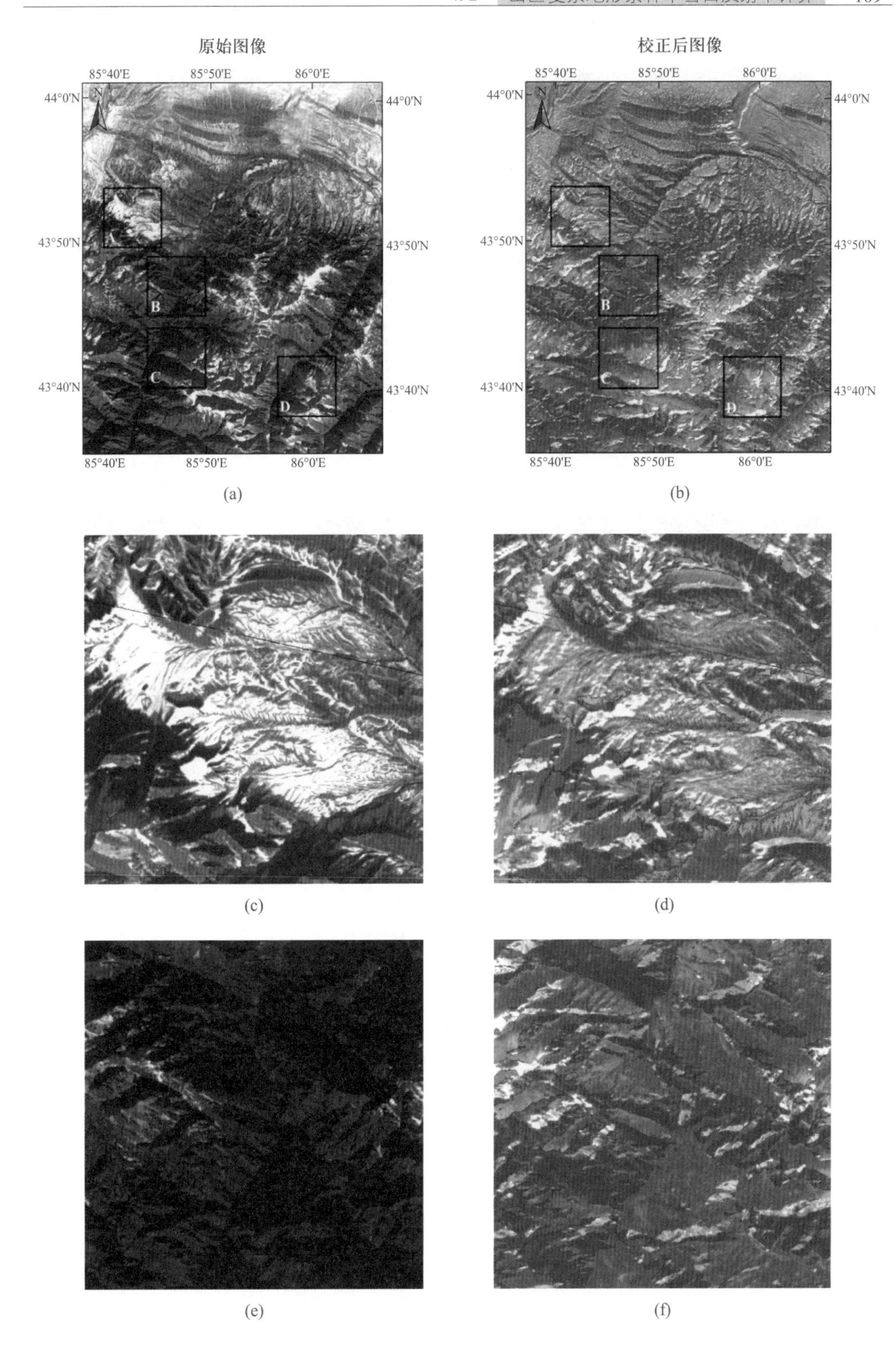

(a) (b)

(c) (d)

(e) (f)

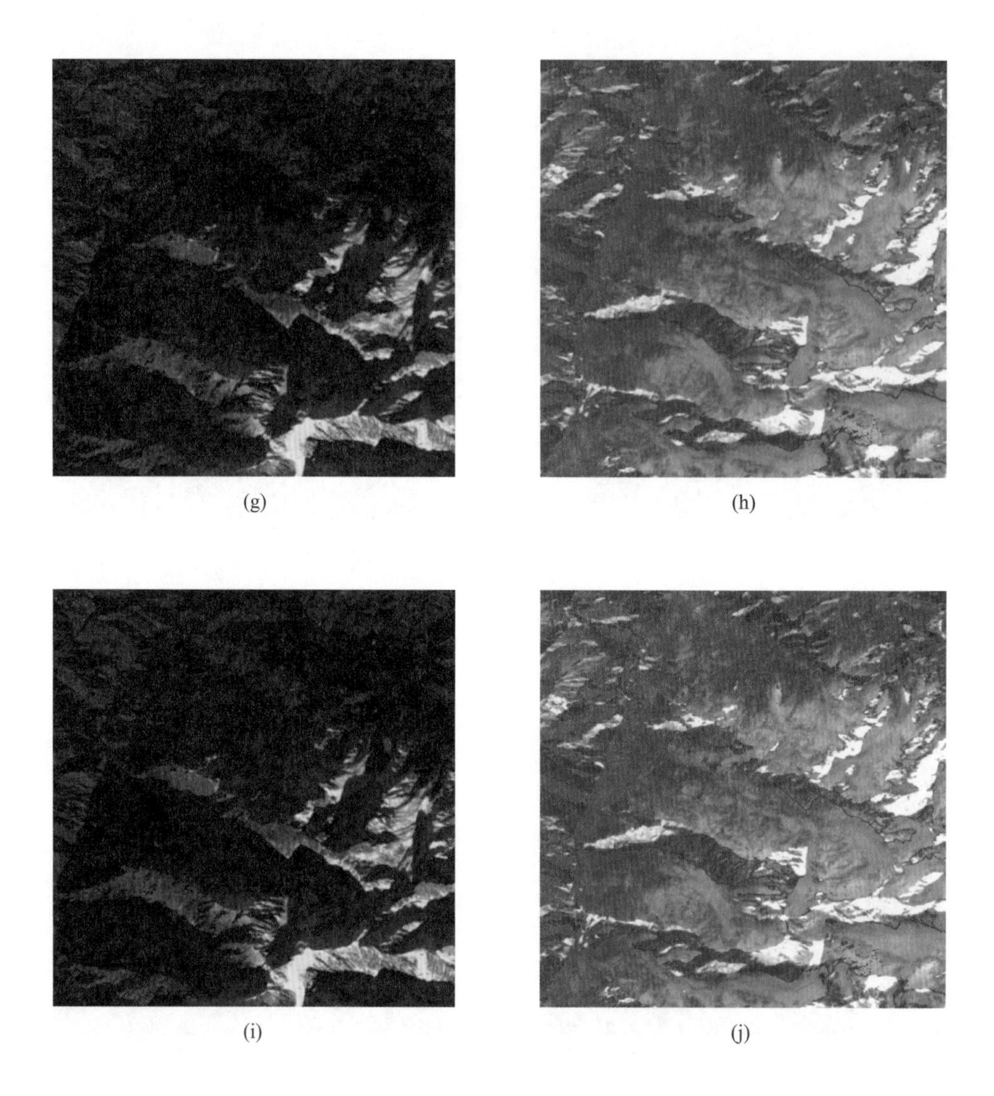

图4.15 研究区原始图像及校正后图像对比图:(a)研究区原始图像;(b)研究区校正后图像;(c)局部区域A原始图像;(d)局部区域A校正后图像;(e)局部区域B原始图像;(f)局部区域B校正后图像;(g)局部区域C原始图像;(h)局部区域C校正后图像;(i)局部区域D原始图像;(j)局部区域D校正后图像

仅进行大气校正、朗伯体假设条件下的地形校正和地表各向异性的地形校正后的陈雪像元反射率与坡面太阳入射角余弦之间的线性关系斜率对比。

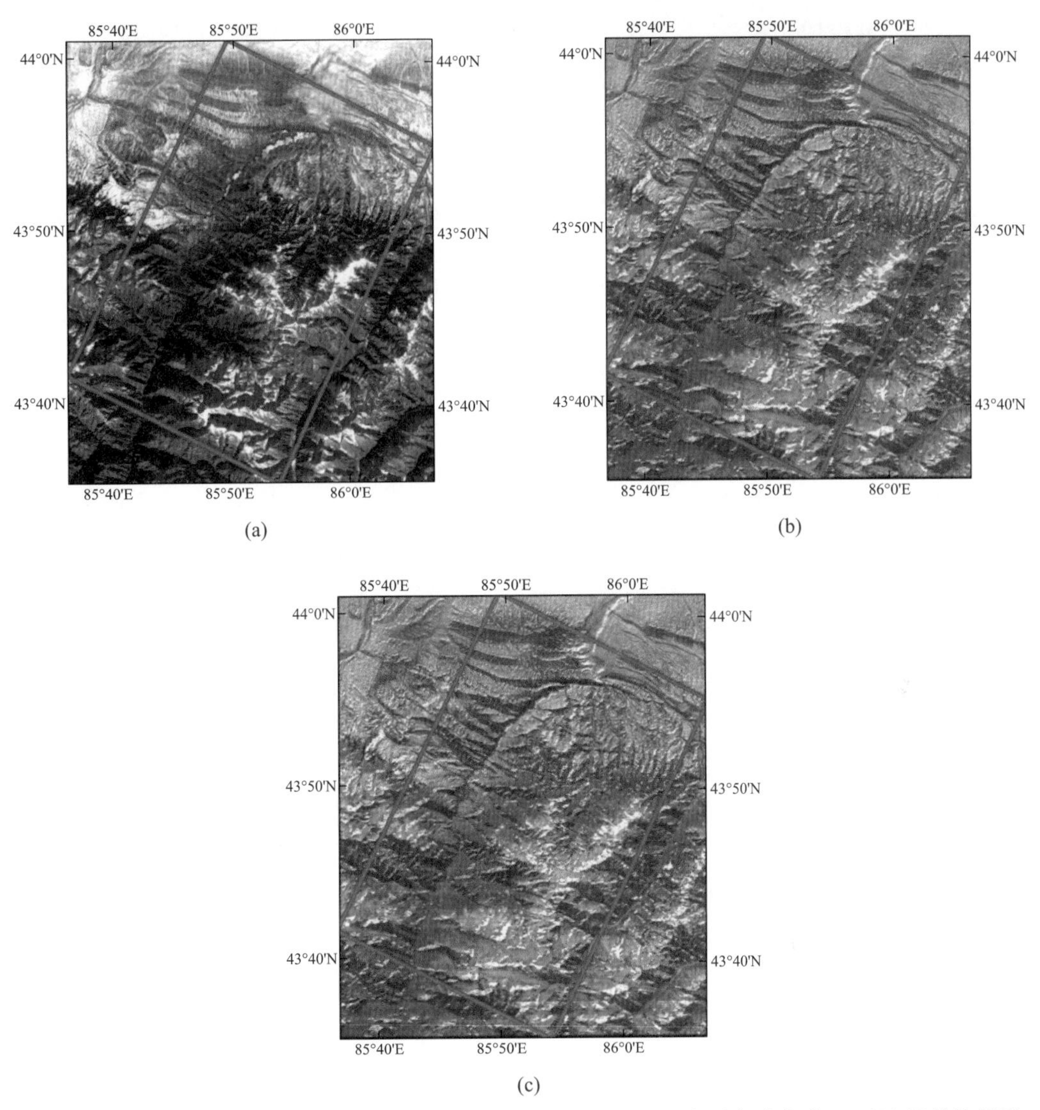

图 4.16 不同校正方法后的研究区影像对比(321 波段合成):(a)仅进行大气校正;(b)朗伯体假设的地形校正;(c)地表各向异性的地形校正

表 4.9 三种校正方法下陈雪像元反射率与 $\cos i_s$ 的线性关系斜率(s)对比

波段	仅大气校正	朗伯体假设的地形校正	地表各向异性的地形校正
蓝	0.324	−0.050	−0.012
绿	0.358	−0.035	−0.010
红	0.365	−0.030	−0.008
近红外	0.395	−0.063	0.010

分析表4.9可以发现,若不考虑地形的影响,仅进行大气校正,则陈雪像元反射率与$\cos i_s$之间的相关程度非常高,两者之间呈正相关,表现在随着坡面太阳入射角的减小,陈雪反射率逐渐增大;而考虑地形影响之后,反射率受$\cos i_s$的影响程度在各波段均大幅度降低,但当采用基于朗伯体假设的地形校正方法时,陈雪反射率在$\cos i_s$较小的区域会略高,出现过度校正现象;而当采用基于地表各向异性的地形校正后,陈雪反射率受$\cos i_s$的影响程度进一步减小,表明地形效应的消除程度较前两种校正方法有所提高。同时,相比基于地表朗伯体特性的地形校正方法,陈雪的反射率在$\cos i_s$较小的区域过高的现象得到了抑制,过度校正的现象得到了一定程度的改善。

2)实测光谱对比分析

为了进一步验证方法的精度,采用地面实测的陈雪平均反射率数据与三种方法校正后的雪面反射率数据进行对比。其中,雪面反射率数据为在研究区选取的1000个非阴影区陈雪像元与1000个阴影区雪面像元的各波段平均反射率。由于校正后的雪面反射率与实测数据的观测角度有所不同,因此在进行对比前首先需要根据雪面各向异性因子将卫星观测方向的雪面反射率转换至垂直观测方向。同时由于地面实测的反射率数据为光谱分辨率小于3.0 nm的连续曲线,与GF-1 WFV1的波段反射率无法直接比较,因此还需利用GF-1 WFV1的波段响应函数[①]对实测数据进行转换,计算在GF-1 WFV1对应波段上的反射率。

图4.17为GF-1 WFV1据经过三种方法校正之后雪面反射率与实测反射率数据的对比。由图4.17a可以看出,当仅进行大气校正后,雪面反射率在非阴影区与阴影区的差异较大,非阴影区雪面的反射率与实测相比差异较小,但阴影区雪面的反射率很低,表明大气校正并不能恢复阴影区域积雪的反射率;图4.17b为经过基于地表朗伯体假设的地形校正后的雪面反射率与实测数据的对比,可以看出校正后非阴影区和阴影区的雪面反射率高于实测数据,表明采用基于地表朗伯体校正的地形校正方法会出现过校正现象。图4.17c为采用地表各向异性的地形校正方法计算的雪面反射率与实测数据对比,可以看出非阴影区雪面反射率、阴影区雪面反射率与实测数据趋于一致,雪面在阴影区与非阴影区的过度校正问题得到了一定程度的减弱。

经过校正之后,研究区内非阴影区与阴影区的雪面反射率跟实测数据相比差异减小,且非阴影区反射率与阴影区反射率整体上趋于一致,说明所采用的方法有效地削弱了地形和大气效应对雪面反射率的影响。不过由该方法计算得到雪面反射率与实测数据对比仍然存在误差,误差主要来源于:①地表接收的总辐照度计算的误差;②雪面各向异性因子计算的误差。地表接收的总辐照度计算的误差上文已经讨论,此处不再重复。造成雪面各向异性因子计算误差的主要原因是:根据仅大气校正后的雪面反射率数据拟合的Ross-Li模型参数与实际存在差异,同时较低分辨率的DEM也会导致模拟的雪面各向异性因子存在误差。

① 数据来自 http://www.cresda.com。

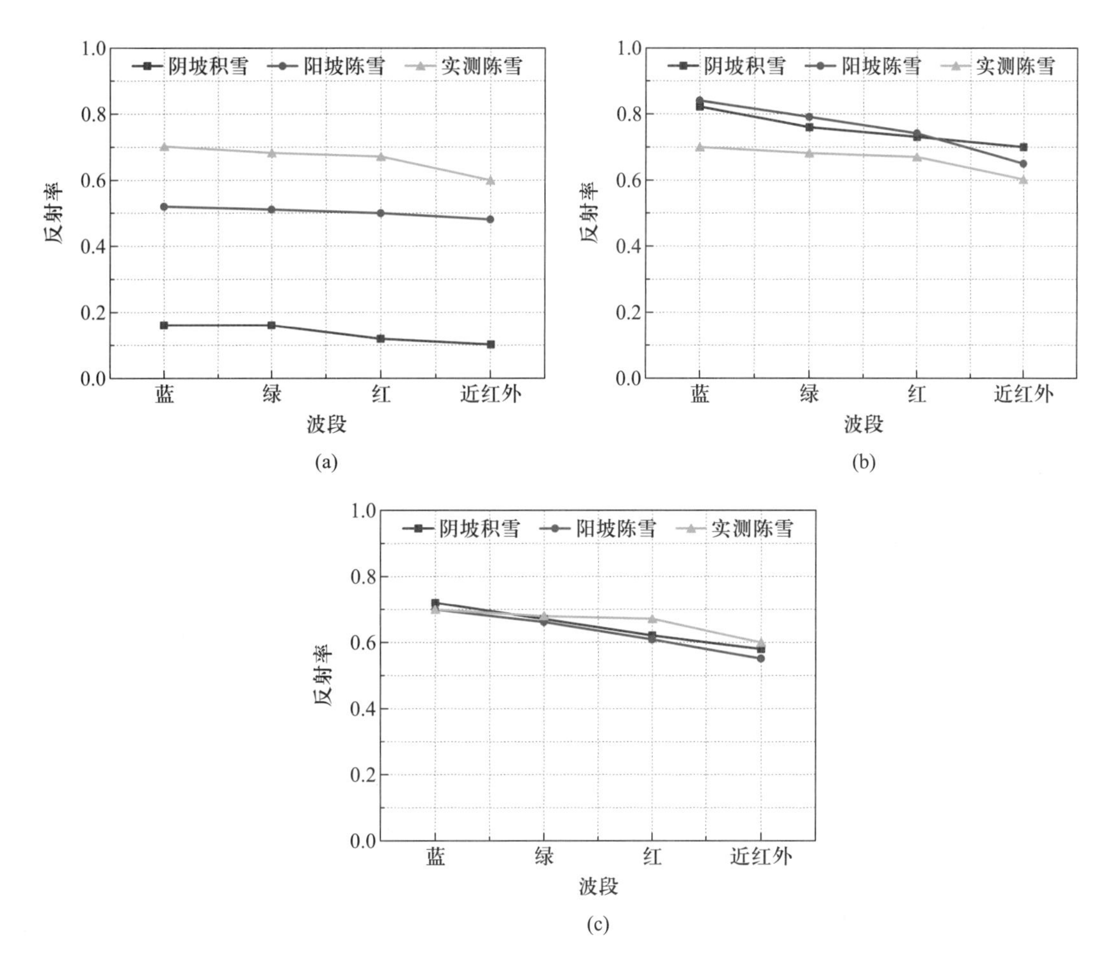

图 4.17 基于三种方法校正后的积雪反射率与实测数据对比:(a)仅进行大气校正;(b)朗伯体假设下的地形校正;(c)地表各向异性的地形校正

4.3 高分积雪指数的建立

4.3.1 积雪信息的遥感图像响应

1)积雪的反射光谱特征

积雪的反射光谱特性主要随积雪状态、测量环境参数的改变而变化。随着时间的推移,积雪在自然老化和融化的共同作用下,逐渐粒化、粗化及再冻结,最终变为陈雪。冬季研究区的典型地物除积雪外,还包括枯草、裸岩、天山云杉,其中积雪根据不同的老化程度可以进一步分为新雪和陈雪。通过与GF-1卫星过境时间准同步的地面光谱测量实验,可以获得研究区新雪、陈雪、裸岩、枯草的光谱反射曲线。同时,获得实测的天山云杉反射光谱数据①。图4.18为研究区典型地物的光谱反射曲线。

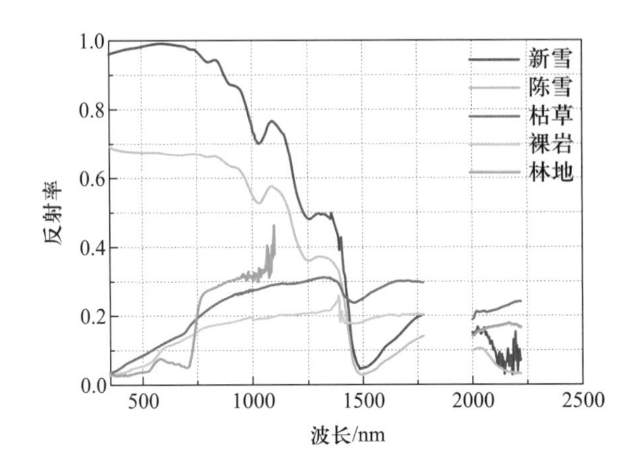

图4.18 研究区典型地物反射光谱曲线

分析图4.18可知,可见光至近红外波段,积雪与非积雪的光谱特征具有明显差异。可见光波段内(400~750 nm)积雪的反射率很高,且处于稳定状态,其中新雪的反射率高达0.95以上,而随着积雪的老化变质,雪粒径与雪密度逐渐增大,导致陈雪在可见光波段的反射率有所降低,降至0.7左右;进入近红外波段后随着波长的增加,积雪的反射率逐渐降低,至短波红外(1030 nm)反射率急剧下降;随后缓慢上升至1100 nm处,之后再次下降,分别在1250 nm和1490 nm处形成两个波谷,积雪的这一光谱特征与冰的吸收系数在该区域的剧烈波动有关。裸岩和枯草的反射率随着波长的增加呈上升趋势,至近红外波段反射率最高可达0.35左右,但仍远低于积雪的反射率。天山云杉的反射率在可见光波段增速缓慢,进入近红外波段后反射率呈陡坡状增加。

2)积雪的图像响应

在研究区分别选取新雪、陈雪、枯草、裸岩和林地像元各3000个,分析其经校正后的图像反射率。图4.19为由GF-1 WFV1波段响应函数转换得到的实测地物各波段平均反射率,图4.20为研究区典型地物在各波段的图像反射率。可以看出,新雪与陈雪从可见光至近红外反射率逐渐下降,其他地物的反射率逐渐增加。校正后典型地物的反射率与实测反射率基本一致,表明校正后的反射率数据能够作为确定GF-1 WFV1传感器用于积雪最佳探测波段的数据基础。

---

① 由滁州学院刘玉峰博士提供。

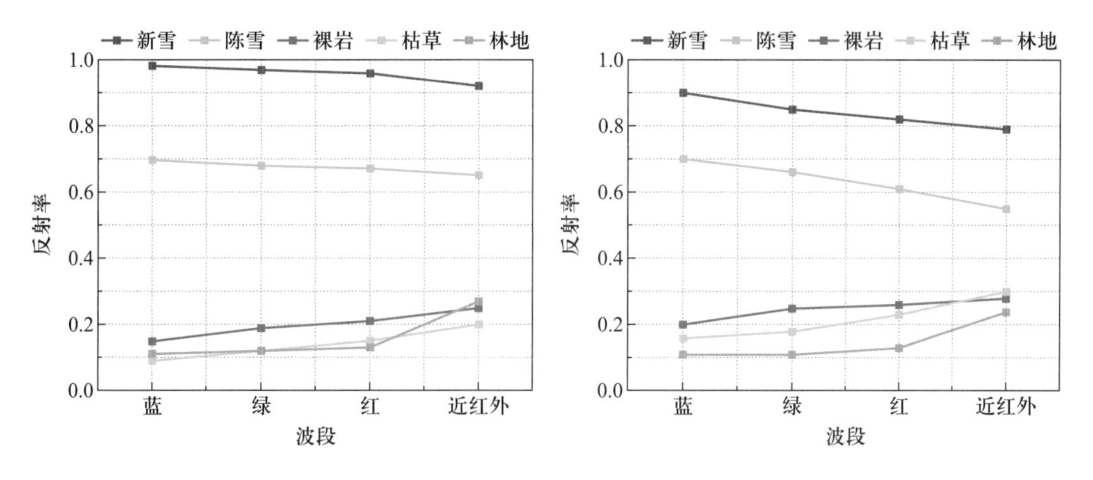

图 4.19 实测典型地物的各波段平均反射率

图 4.20 典型地物各波段图像反射率

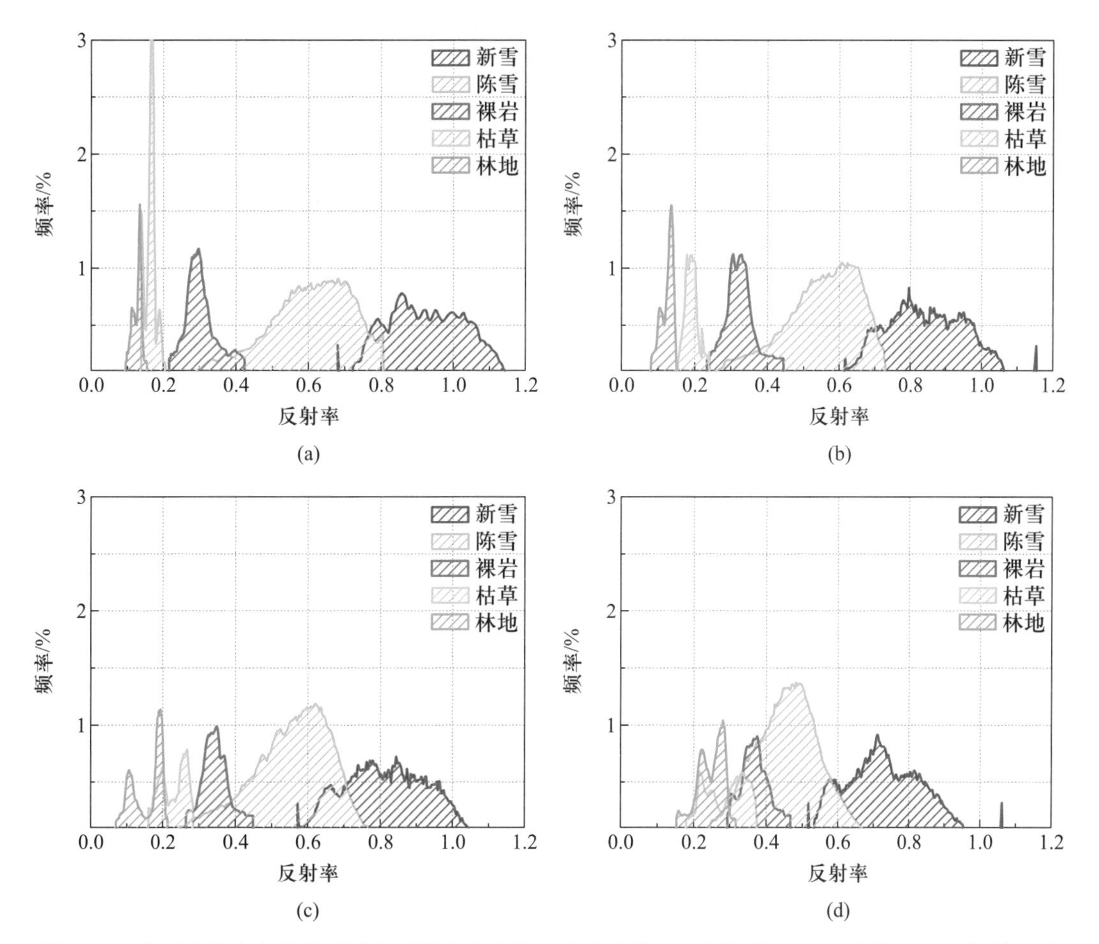

图 4.21 典型地物在各波段的图像反射率直方图:(a)蓝波段;(b)绿波段;(c)红波段;(d)近红外波段

图4.21为所选取的不同地物样本在各波段的图像响应特征直方图,可以看出,新雪在可见光波段和近红外波段与非雪类型的直方图基本无重叠,但与陈雪的直方图会出现少许重叠;陈雪与非雪类型的直方图在各波段均有不同程度的重叠,特别是与裸岩的可分性较差,若利用单一波段阈值法,则会导致两者间严重的混分,降低积雪识别的精度。

4.3.2 高分积雪指数

1)GFSI形式的确定

以积雪的反射特性为基础提出的归一化差分积雪指数(NDSI)通过波段之间的非线性组合可有效地区分积雪与其他地物,是一个简单有效的遥感指数。针对高分辨率卫星传感器缺少短波红外波段这一问题,Hinkler等(2003)将最初用于NOAA/AVHRR、SPOT VEGETATION传感器中积雪识别的NDSII指数(De and LeDrew, 1997; Xiao et al., 2001; Xiao et al., 2002),应用于只有绿波段、红波段以及近红外波段的多光谱图像中,区分积雪与非雪类型。NDSII的形式如下式所示:

$$\text{NDSII} = \frac{\text{VIS} - \text{NIR}}{\text{VIS} + \text{NIR}} \tag{4.14}$$

式中,VIS代表可见光波段的反射率,NIR代表近红外波段(725~1100 nm)的反射率。

NDSII构建所依托的积雪光谱特性为:①积雪在近红外波段反射率较小,并小于可见光波段;②积雪的老化程度越严重,近红外波段的反射率下降幅度就越大。NDSII的取值范围为-1~1,理论上,积雪的NDSII应大于0,且NDSII值越大表示积雪的老化程度越严重。

由前述典型地物实测光谱特性的分析可以得到,研究区内非雪地物(裸岩、枯草、林地)的反射率从可见光至近红外区域一直呈上升趋势;而积雪的反射率在可见光波段较高,至近红外波段开始下降,反射率小于可见光波段。非雪地物的反射特性与积雪的反射特性在可见光至近红外区域恰好相反,因此以NDSII作为原型指数,将可见光波段与近红外波段进行归一化差分处理,建立适应于GF-1 WFV传感器的积雪指数,突出表现积雪的反射特性,对积雪与非雪类型进行区分。建立的计算式如下:

$$\text{GFSI} = \frac{R_{\text{VIS}} - R_{\text{NIR}}}{R_{\text{VIS}} + R_{\text{NIR}}} \tag{4.15}$$

式中,R_{VIS}代表某一确定的可见光波段的反射率,R_{NIR}代表近红外波段的反射率。

2)GFSI波段的选择

对于不同的卫星传感器,由于获取方式和波段设置不同,NDSII的具体形式有所差别,如表4.10所示。可以发现,可见光波段经常选择绿波段和红波段,而在近红外波段的选择

表 4.10 不同传感器条件的 NDSII 波段组合

传感器	可见光波段	近红外波段
SPOT VEGETATION	2(0.610~0.680 μm)	4(1.580~1.750 μm)
NOAA/AVHRR-11	1(0.580~0.680 μm)	2(0.725~1.100 μm)
Landsat TM	2(0.520~0.600 μm)	5(1.550~1.750 μm)
Terra/ASTER	1(0.520~0.600 μm)	3(0.760~0.860 μm)

中 SPOT VEGETATION 与 Landsat TM 传感器均选择了雪面强吸收的短波红外波段，而 NOAA/AVHRR-11和 Terra/ASTER 由于波段设置的原因，分别选择 0.725~1.100 μm、0.760~0.860 μm 的近红外范围。对于 GF-1 WFV 传感器而言，近红外波长范围内只设置了一个波段 0.77~0.89μm，因此 GFSI 中的近红外波段的选择是确定的；其可见光波段包括蓝、绿以及红波段，选择合适的可见光波段是确定 GFSI 具体形式的基础。选用 Jeffries-Matusita(J-M)距离作为积雪与其他土地覆盖类型的类分离性度量指标。J-M 距离用于描述类别间特征子集的可分离性，其基础是条件概率理论(Bruzzone et al., 1995)。由于其对数据的分布形式要求低且通用性高，因此常用作不同地物类型光谱可分离性的衡量指标，其公式如下：

$$JM_{ij} = \sqrt{2 \times (1 - \exp(-B_{ij}))} \tag{4.16}$$

式中，JM_{ij} 为第 i 类与第 j 类之间的 J-M 距离；B_{ij} 为第 i 类与第 j 类之间的巴氏距离(Bhatta-charyya)，其公式如下：

$$B_{ij} = \frac{1}{8}(M_i - M_j)^{T}\left[\frac{V_i + V_j}{2}\right]^{-1}(M_i - M_j) + \frac{1}{2}\ln\frac{|(V_i + V_j)/2|}{\sqrt{|V_i||V_j|}} \tag{4.17}$$

式中，M_i 和 M_j 分别代表第 i 类和第 j 类样本的均值向量；V_i 和 V_j 分别代表第 i 类和第 j 类样本的协方差矩阵。JM 值介于 $0\sim\sqrt{2}$，JM 越大，代表类间可分性越大；JM 越小，代表可分性越小。当 $0<JM<\frac{\sqrt{2}}{2}$ 时，样本之间不具有类间可分离性；当 $1<JM<1.3$ 时，样本之间具有一定的类间可分离性；当 $JM>1.3$ 时，表示样本之间的可分离性很好。

为度量可见光各波段上积雪与其他土地覆盖类型的类间可分性，需分别计算新雪、陈雪与裸岩、枯草之间的 J-M 距离，结果如表 4.11 所示。从蓝波段到红波段，新雪样本与裸岩、草地、林地之间的类分离性均达到最大($\sqrt{2}$)，新雪样本与这三类非雪地物的直方图在四个波段中均无重叠，样本的可分性最大。而陈雪样本与三类非雪地物的直方图存在不同程度的重叠。以不同类型间的平均 J-M 距离作为类间分离性的度量指标，可以发现蓝波段的平均 J-M 距离最大，表明在蓝波段陈雪与非雪的类间可分性最大。因此当选择蓝

表 4.11 各波段积雪与其他地物的 J-M 距离

波段	积雪	裸岩	枯草	林地
蓝	新雪	1.4142	1.4142	1.4142
	陈雪	1.2282	1.4102	1.4100
绿	新雪	1.4142	1.4142	1.4142
	陈雪	1.1960	1.3978	1.4136
红	新雪	1.4142	1.4142	1.4142
	陈雪	1.1014	1.3416	1.3978
近红外	新雪	1.4100	1.4142	1.4142
	陈雪	0.9901	1.2712	1.3426

波段作为 *GFSI* 的可见光波段时,理论上 *GFSI* 中积雪与非雪地物的类间可分性最大。

为了验证蓝波段是积雪遥感识别的最佳波段,分别选择三个波段构建 GFSI(将蓝波段、绿波段、红波段构建的 GFSI 分别用 $GFSI_B$、$GFSI_G$、$GFSI_R$ 表示),利用 J-M 距离比较不同波段组合下 GFSI 的类间可分离性,并将类间可分性最高的 GFSI 作为最合适的积雪指数。图 4.22 分别是蓝波段-近红外波段、绿波段-近红外波段、红波段-近红外波段三种 GFSI 组合下,各地物 GFSI 的直方图。对于积雪样本,超过 95%的样本的 GFSI 大于 0,积雪与非雪的重叠主要集中在裸岩;对于裸岩样本,在三种 GFSI 形式下,与积雪均存在重叠,其中 GFSI 大于 0 的像元分别占 0.8%、1.5%、2.0%;对于枯草与林地样本,三种 GFSI 形式下,积雪与其基本无重叠部分。通过对校正后影像的各波段遥感反射率分析可以发现,新雪与陈雪像元的遥感反射率从蓝波段至近红外波段呈逐渐减小趋势,而裸岩、枯草、林地的遥感反射率从蓝波段至近红外波段呈逐渐增加趋势。因此将相应地物的蓝波段和近红外波段的遥感反射率进行归一化差分计算后,理论上积雪像元的 GFSI 应全部大于 0,而非雪像元的 GFSI 应全部小于 0。在实际应用中,由于反射率校正时出现的误差,会导致小部分积雪像元的 GFSI 小于 0 以及少量非雪像元的 GFSI 大于 0 的情况出现。此时若简单地将积雪与非雪像元的识别阈值确定为 0,会降低积雪识别的精度。

表 4.12 为不同波段组合下各地物 GFSI 指数之间的 J-M 距离。对于新雪,它与裸岩在三种 GFSI 形式下存在不同程度的重叠,其中 $GFSI_B$ 的重叠程度最小,J-M 距离最大,类间可分性最大。陈雪与非雪类型在三种 GFSI 形式下,J-M 距离接近最大值,类间可分性最大。综合三种形式的 GFSI,可知由蓝波段和近红外波段组合的 GFSI 对于雪与非雪类型具有最大的类间可分性。相比单波段中积雪与非雪的类间可分性,经过归一化差分计算后,积雪样本与非雪样本的类间可分性增大,如图 4.23 所示。

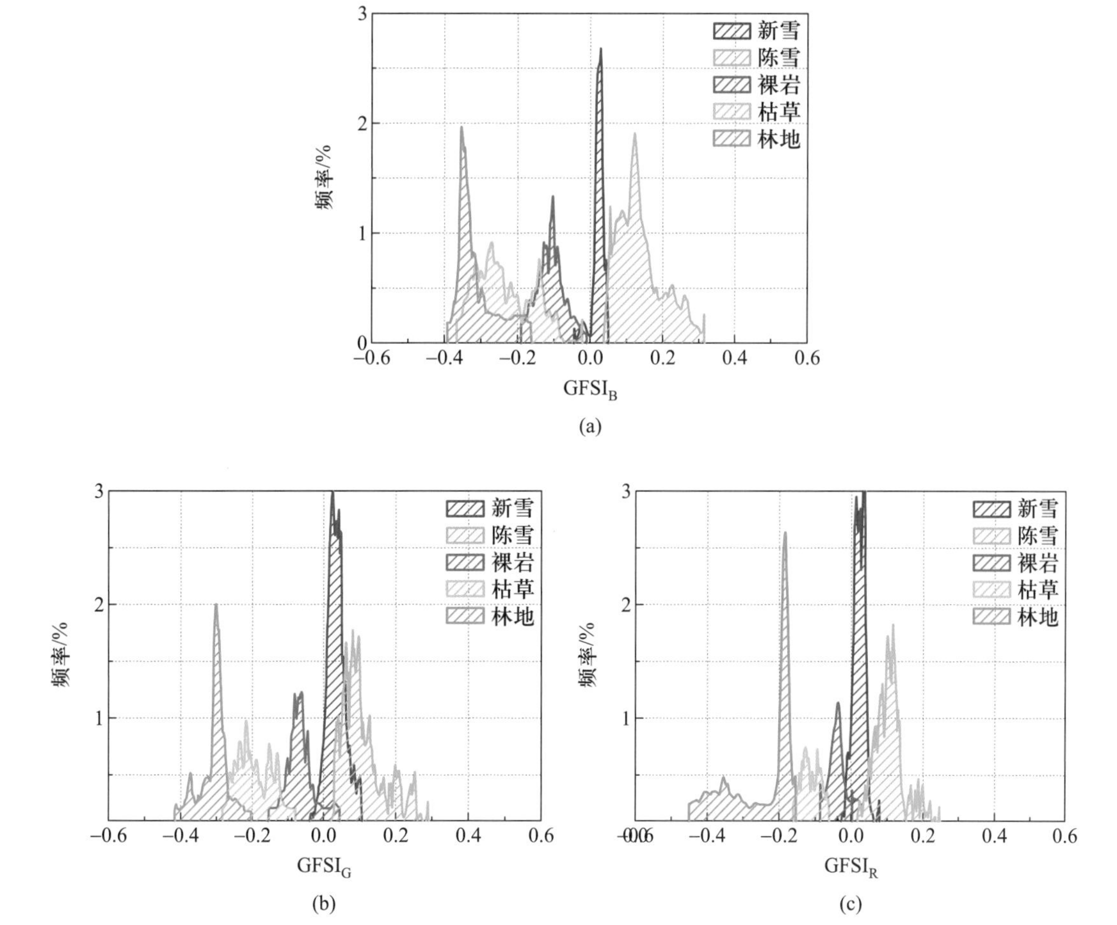

图 4.22 三种 GFSI 形式下各地物 GFSI 直方图：(a) $GFSI_B$；(b) $GFSI_G$；(c) $GFSI_R$

表 4.12 三种 GFSI 形式下积雪与其他地物之间的 J-M 距离

GFSI	积雪	裸岩	枯草	林地
$GFSI_B$	新雪	1.3334	1.4139	1.4142
	陈雪	1.4142	1.4142	1.4142
$GFSI_G$	新雪	1.2787	1.4098	1.4142
	陈雪	1.3223	1.4142	1.4142
$GFSI_R$	新雪	1.1688	1.4006	1.4142
	陈雪	1.3839	1.4142	1.4142

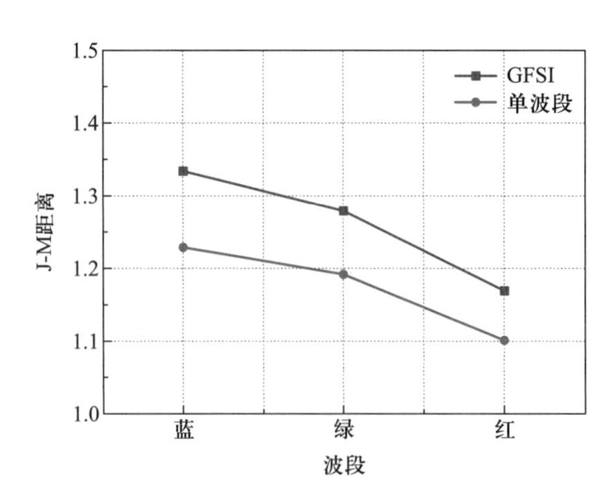

图4.23 积雪与非积雪在单波段和三种GFSI形式下的类间可分性对比

综合图4.23以及表4.10、表4.11的研究结果,为使积雪与三类非雪地物均有最大的类间可分性,选择利用蓝波段与近红外波段构建适用于高分辨率卫星遥感积雪识别的高分积雪指数,用于区分积雪与非雪像元,具体形式如下:

$$GFSI = \frac{R_B - R_{NIR}}{R_B + R_{NIR}} \tag{4.18}$$

式中,R_B代表蓝波段的反射率,R_{NIR}代表近红外波段的反射率。

4.4 基于GFSI的山区积雪识别

4.4.1 积雪识别方法与精度分析

1)积雪像元识别阈值的确定

由上述分析可知,利用GFSI计算的积雪与非雪像元的J-M距离很大,类间可分性很高,且超过95%的积雪像元的GFSI大于0,而对于非雪像元除裸岩存在0.8%的像元GFSI大于0外,枯草与林地的GFSI均小于0,且与积雪像元基本无重叠,此时可通过对GFSI设定合适的阈值完成对积雪像元的识别。图4.24为校正后图像的GFSI积雪指数图,图4.25为GFSI像元个数分布直方图。GFSI图像的直方图存在两个明显的波峰,两个波峰分别对应GFSI图像中积雪像元(目标类)与非雪像元(背景类)。此时可采用双峰阈值法确定合适的阈值T对积雪像元进行识别。理论上,当识别阈值位于双峰之间的谷底时,目标类的识别结果效果最佳(Lee et al.,1990)。对于直方图存在明显双峰的图像,此方法简单易行且计算快速。

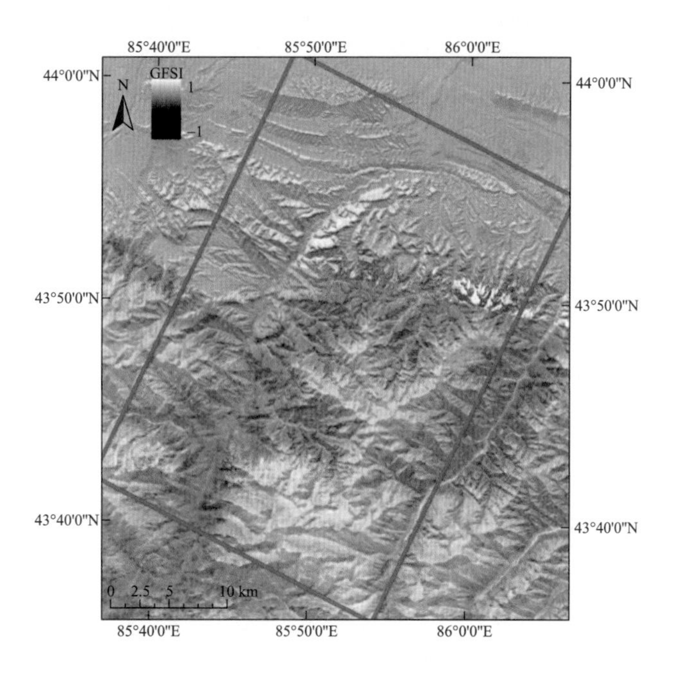

图 4.24 校正后图像 GFSI 图

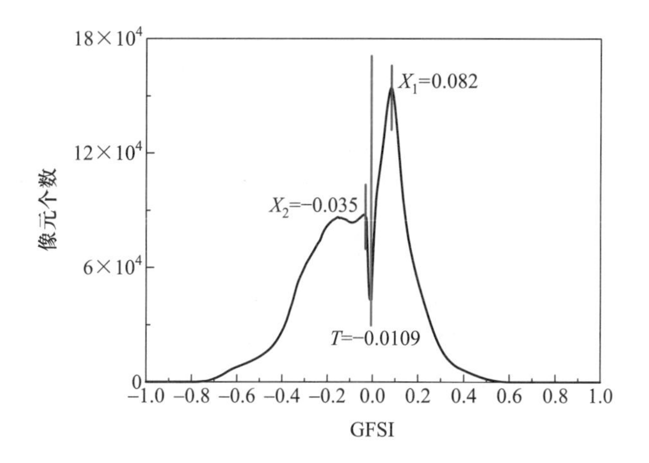

图 4.25 图像 GFSI 的直方图

首先,确定 GFSI 直方图中的两个波峰的具体位置,分别为-0.035、0.082;其次,通过找寻两个波峰之间的波谷位置,便可确定最佳阈值 T,为-0.01;最后,利用最佳阈值 T 可准确识别积雪像元,识别准则如式(4.19)所示:

$$\text{image}(x,y)=\begin{cases}\text{积雪} & \text{GFSI}(x,y)\geqslant -0.01\\ \text{非雪} & \text{其他}\end{cases} \tag{4.19}$$

图 4. 26 为阈值取-0. 01 时研究区积雪识别结果,白色代表积雪像元,黑色代表非雪像元。

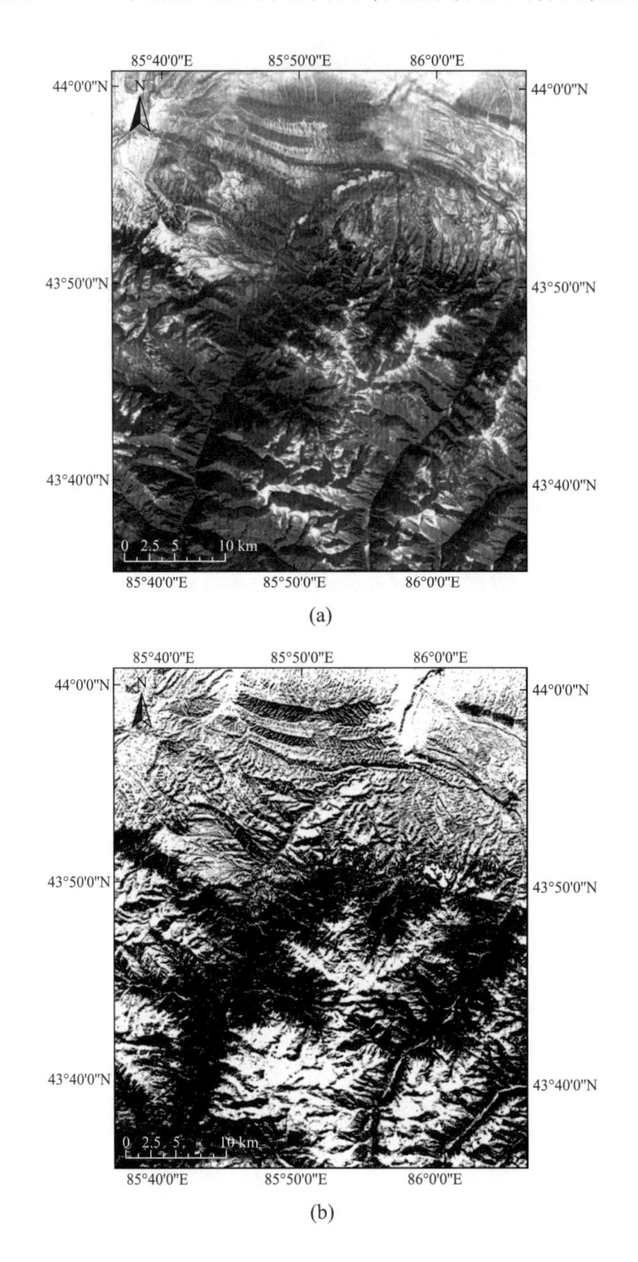

图 4. 26 研究区积雪识别结果:(a)原始图像;(b)积雪识别结果

2)积雪表面类型识别阈值的确定

从图 4. 25 可以看出,研究区积雪像元的 GFSI 直方图仅存在一个明显的波峰,说明不同类型积雪的重叠信息较多,此时直方图阈值方法难以确定合适的阈值对积雪表面类型进行识别。

为了区分新雪像元与陈雪像元，在非阴影区随机选取 12000 个像元，结合研究区 2000 年土地覆盖数据，判定其新雪、陈雪和其他非雪类型，作为样本确定合适的阈值。对判定结果进行统计，共有 6728 个像元被识别为陈雪，1116 个像元被识别为新雪，另有 2188 个枯草像元、1044 个裸岩像元、924 个林地像元。新雪的 GFSI 与裸岩的 GFSI 存在部分重叠；新雪像元的最高 GFSI 的值为 0.12，最低为-0.05，GFSI 多分布在 0.00~0.06，占全部新雪像元的 96%；陈雪像元的最高 GFSI 值是 0.380，最低为 0.002，GFSI 多分布在 0.04~0.32，占全部陈雪像元的 92%；新雪像元与陈雪像元的重叠部分分别占两者的 62%、34%。根据以上统计结果，设定积雪表面类型识别阈值的取值范围在 0.00~0.08，以步长 0.01 为单位，计算不同 GFSI 阈值情况下研究区积雪表面类型的识别精度。图 4.27为选取不同 GFSI 阈值时研究区的积雪表面类型识别精度的变化曲线，从图中可以看出，当阈值小于 0.02 时，积雪表面类型的识别精度很低，不足 70%，误差主要来源于大部分的新雪像元被错分成陈雪；当阈值为 0.02~0.04 时，积雪表面类型的识别精度有所提高，其中当阈值等于 0.02 时，精度最高为 82.05%；当阈值大于 0.05 时，识别精度急剧下降，误差主要来源于大部分的陈雪像元被误分为新雪像元。图 4.28 显示了当阈值等于 0.02 时，研究区新雪和陈雪的识别情况。其中新雪像元个数 31.70×10^4，面积为 81.17 km^2。陈雪像元个数为 312.42×10^4，面积为 799.80 km^2。

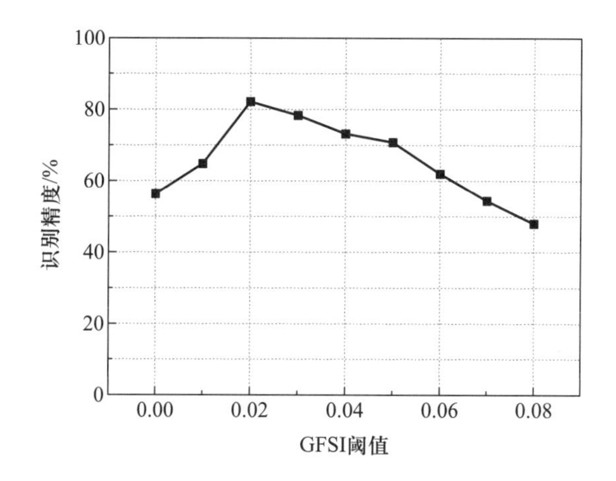

图 4.27 不同 GFSI 阈值下积雪表面类型识别精度

综上，适用于研究区的积雪识别算法可以总结为

$$\text{image}(x,y)=\begin{cases}\text{陈雪} & \text{GFSI}\geqslant 0.02\\ \text{新雪} & -0.01\leqslant \text{GFSI}<0.02\\ \text{非雪} & \text{其他}\end{cases} \tag{4.20}$$

当像元的 GFSI>-0.01 时，该像元被识别为积雪；当-0.01≤GFSI<0.02 时，被识别为新雪；当 GFSI≥0.02 时，则被识别为陈雪。随着积雪老化程度的加深，雪面反射率在可见

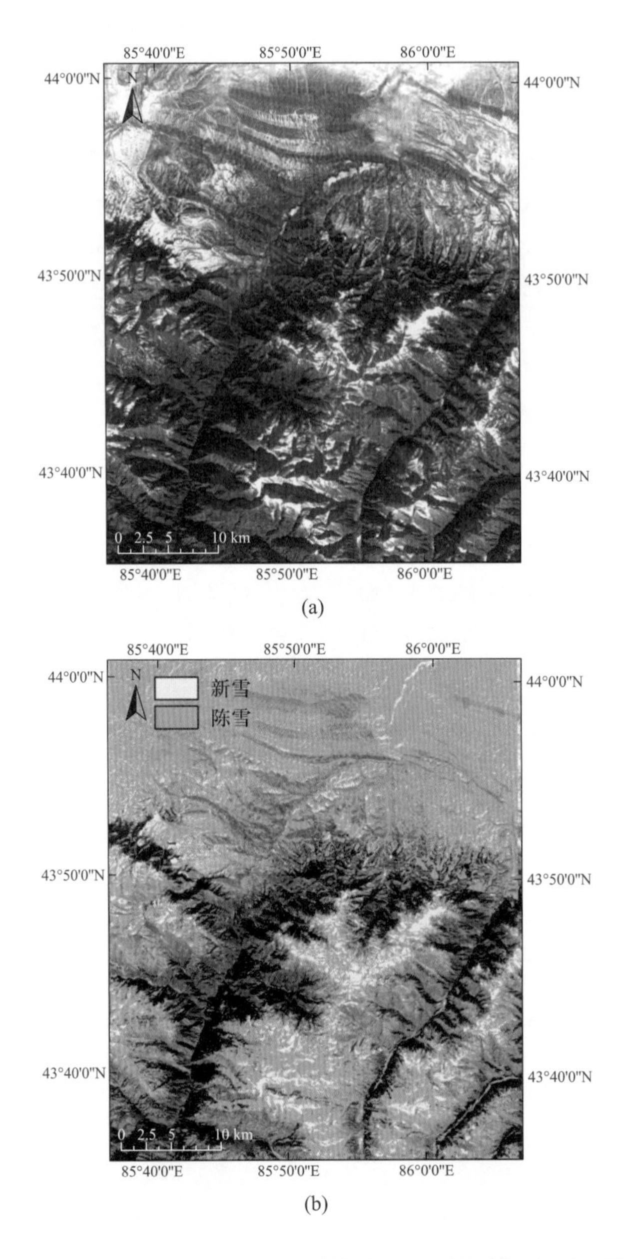

图 4.28 研究区积雪表面类型识别结果:(a)原始图像;(b)识别结果

光和近红外波段下降的速度越快,GFSI 数值越大。

3)阈值对积雪识别的影响

为了验证双峰阈值分割法得到的阈值 T 对积雪识别的精度,通过阈值选择实验,分析不同阈值对积雪识别精度的影响。设定阈值的取值范围为-0.06~0.10,以步长 0.02 为单位,计算不同阈值情况下积雪表面类型的识别精度,如图 4.29 所示。可以看出,随着 GFSI

阈值的增大,研究区积雪识别精度呈现先上升后下降的趋势。当 GFSI 的阈值在 -0.04~-0.02 变化时,积雪的识别精度变化较小,且整体处于较高的精度,均大于 90%,表明使用此范围的阈值能有效对积雪进行识别;当阈值小于-0.04 时,积雪识别精度逐渐降低,许多裸岩像元被误判为积雪,识别精度降至 85%左右;当阈值大于 0.02 时,随着阈值的增加,积雪的识别精度开始下降,最低降至 60.46%,许多积雪像元被误分为非雪。根据以上统计结果可以发现,当 GFSI 的阈值为-0.04~0.02 时,积雪的识别精度均较高,大于 90%;当阈值为-0.02 时,积雪的识别精度达到最高,为 95.8%。阈值选择实验表明,使用由双峰法阈值分割所得到的阈值-0.01 对研究区进行积雪识别,能够满足研究区积雪识别精度的要求,识别精度高于 90%。

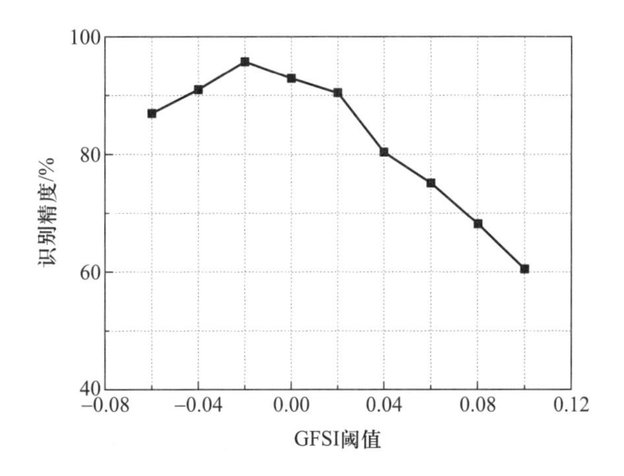

图 4.29 不同 GFSI 阈值下积雪识别精度

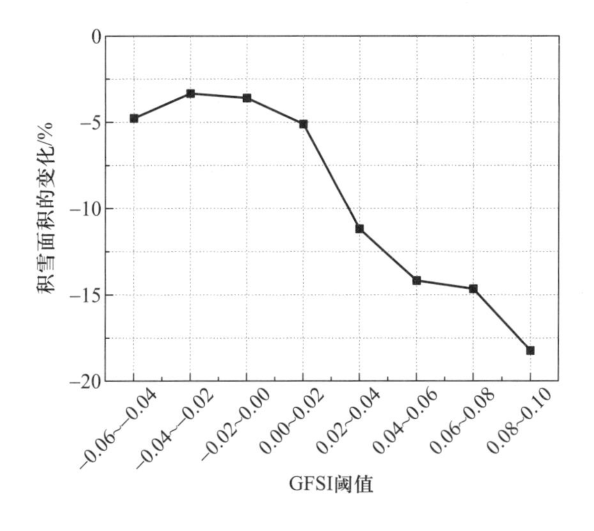

图 4.30 不同 GFSI 阈值下积雪识别面积的变化

图4.30显示了当选择不同GFSI阈值时,研究区积雪识别面积的变化情况。当GFSI的阈值在-0.04~0.02时,研究区内积雪识别面积的变化不超过5%;当阈值超过0.02时,积雪识别面积锐减,积雪识别面积的变化值呈陡坡状增加,最高为17.85%。整体而言,当GFSI的阈值在-0.04~0.02范围内时,积雪识别面积的变化较小,且识别精度较高。这说明使用GFSI可以有效区分积雪与其他地物。

4.4.2 识别结果空间分布与误差分析

山体阴影、高程差异及由不同坡面太阳入射角引起的地形效应均会对山区积雪识别造成影响。为验证校正之后的积雪识别结果,对校正前后的图像使用GFSI进行积雪识别,并对识别结果进行比较分析。图4.31为利用GFSI得到的校正前后研究区积雪识别结果,白色代表积雪像元,黑色代表非雪像元。

由表4.13可以看出,校正前研究区的阴影区积雪像元数远大于校正后,而非阴影区积雪像元数则略小于校正后;校正前研究区积雪识别总体精度仅为72.28%,而校正后则上

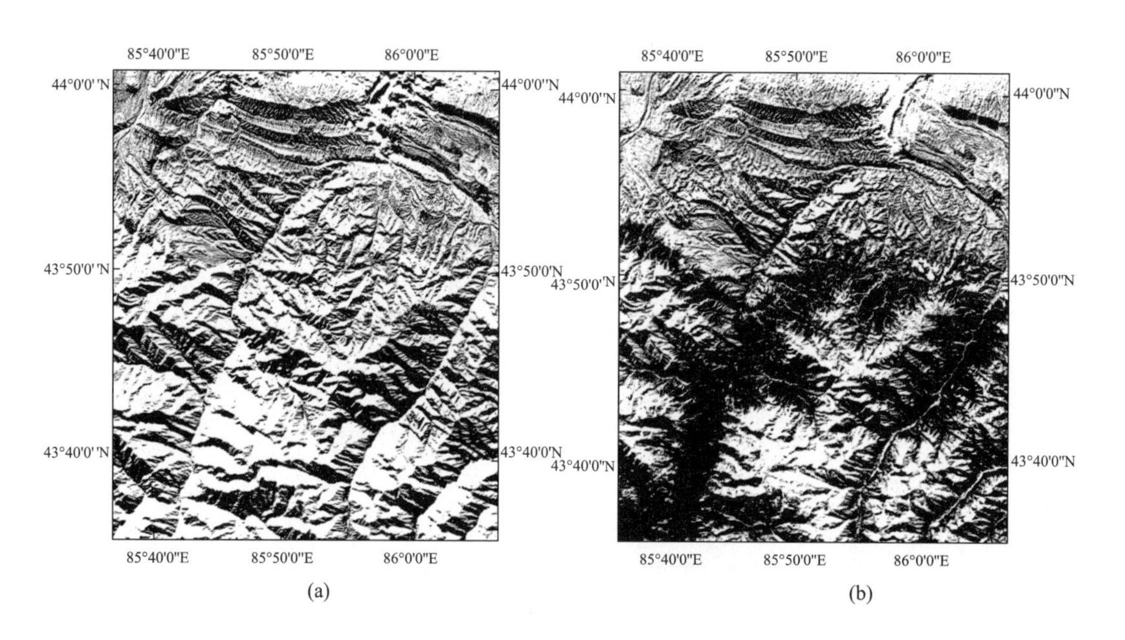

图4.31 校正前后研究区积雪识别结果:(a)校正前;(b)校正后

表4.13 校正前后研究区积雪像元数

	非阴影区积雪像元数($\times10^4$)	阴影区积雪像元数($\times10^4$)	识别总体精度/%
校正前	183	285	72.28
校正后	203	147	93.20

升至93.20%。对校正前积雪识别结果的统计发现,超过98%的阴影区像元被识别为积雪像元,积雪识别精度很低。出现这种现象的原因可以用校正前后阴影区各地物的GFSI直方图解释(图4.32)。校正前研究区非阴影区域各地物的GFSI均大于0,积雪像元与非雪像元的重叠部分较多,基本不具有可分性。此时在山体阴影的影响下,当利用GFSI进行积雪识别时,阴影区的各类地物均被误分为积雪像元,导致积雪识别面积大幅度升高,积雪识别精度降低;而校正之后,超过98%的阴影区域积雪像元的GFSI大于0,超过99%的非雪像元的GFSI小于0,积雪像元与非雪像元的可分性增大,此时利用GFSI便可准确识别阴影区域的积雪像元,研究区积雪识别精度也得到了提高。

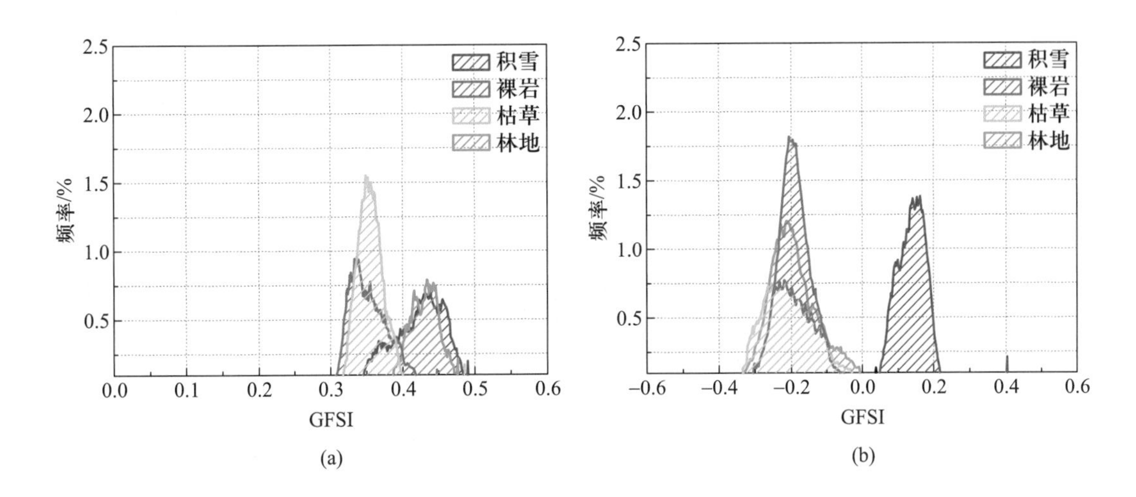

图4.32 校正前后阴影区域各地物的GFSI直方图:(a)校正前;(b)校正后

总体而言,在经过各向异性校正与地形校正之后,阴影区不同地物的反射率得以恢复,积雪与非雪像元的类间可分性得到了提高,使用GFSI能够准确地识别阴影区积雪像元。

除山体阴影外,高程和不同坡面太阳入射角也会给山区积雪识别带来影响。校正前,积雪像元在海拔较高的区域过度感光,可见光波段存在过饱和现象,反射率小于近红外波段,从而导致GFSI数值小于0,当GFSI小于阈值时,则被识别为非雪像元;而校正之后,因为采用了分带估算大气参数的方法,积雪像元在高海拔区域不再过度感光,过饱和现象消除,由高程所造成的积雪识别误差因而减弱。图4.33显示了影像校正前后高程对积雪识别的影响。

除此之外,不同坡面太阳入射角也会对山区积雪识别造成影响(图4.34)。校正前积雪各波段反射率与坡面太阳入射角余弦 $\cos i_s$ 之间存在着明显的正相关。当使用GFSI进行积雪识别时,对于一些面向太阳坡面太阳入射角小于太阳天顶角的积雪像元,随着 $\cos i_s$ 的增大,积雪反射率逐渐增加,GFSI的分母也逐渐增大,同时由于第四波段反射率与 $\cos i_s$ 之间的相关性最高,因此随着 $\cos i_s$ 的增加,第四波段的反射率增加得更为明显,GFSI逐渐

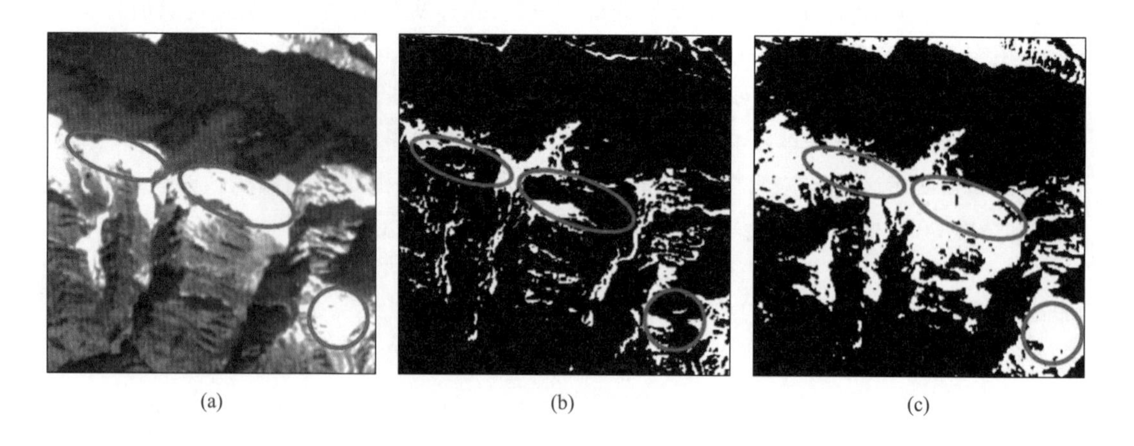

图4.33 校正前后高程对积雪识别的影响:(a)原始图像;(b)校正前;(c)校正后

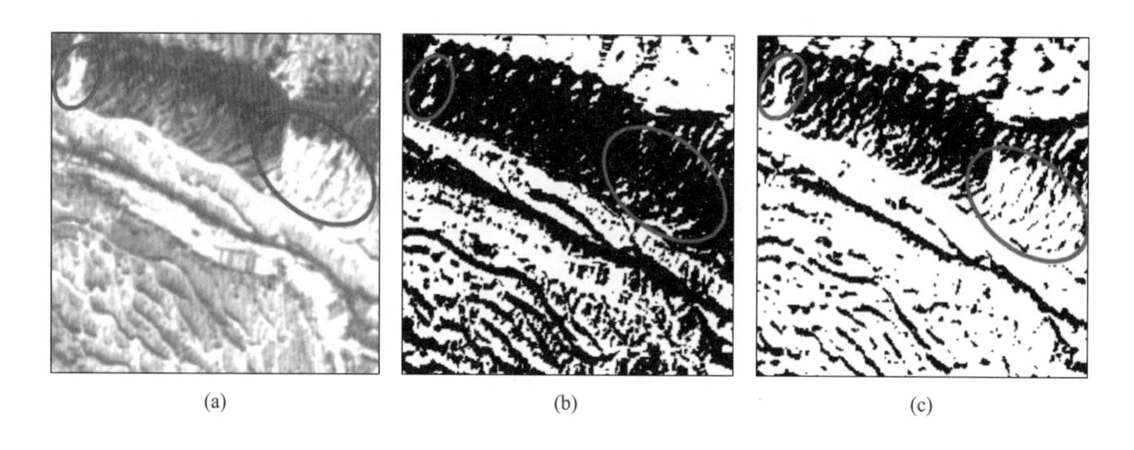

图4.34 校正前后坡面太阳入射角对积雪识别的影响:(a)原始图像;(b)校正前积雪识别;(c)校正后积雪识别

减小,最终当积雪像元的GFSI小于给定的阈值时,此类积雪像元不能被准确识别;而对于经过各向异性校正和地形校正的山区图像,由于地形效应被消除,地物在各波段的反射率将不再随坡面太阳入射角余弦 $\cos i_s$ 的变化而变化,校正前未被识别的积雪能被准确识别。

小　结

高空间分辨率遥感图像在提供更多细节信息的同时增加了地物内部的差异,利用高分辨率遥感图像识别积雪存在显著的地形效应,需要对反射率数据进行地形校正。同时,积雪具有明显的前向散射特性,需要对反射率数据进行各向异性校正。因此,首先采用各向异性校正和地形校正相结合的方法计算真实的地表反射率。此外,由于目前高空间分辨率卫星传感器的波段设置缺少积雪光谱强吸收的短波红外波段,导致NDSI不适用于高分辨率遥感图像的积雪识别。因此,利用蓝波段和近红外波段建立新的积雪指数GFSI,最后通过双峰阈值法进行积雪识别。结果表明,山体阴影处的积雪可以准确识别,同时非阴影区积雪的识别结果也得到了改进,积雪识别总体精度达到93.2%,证明了该方法的有效性。

参考文献

冯学智,李文君,史正涛,王丽红.2000.卫星雪盖监测与玛纳斯河融雪径流模拟.遥感技术与应用,15(1):18-21.

高永年,张万昌.2008.遥感影像地形校正研究进展及其比较实验.地理研究,27(2):467-477.

蒋熹.2006.冰雪反照率研究进展.冰川冻土,28(5):728-738.

李小文,王锦地.1995.植被光学遥感模型与植被结构参数化.北京:科学出版社.

王介民,高峰.2004.关于地表反照率遥感反演的几个问题.遥感技术与应用,19(5):295-300.

闻建光,柳钦火,肖青,刘强,李小文.2008.复杂山区光学遥感反射率计算模型.中国科学:地球科学,11(38):1419-1427.

曾燕,邱新法,刘昌明,吴险峰.2003.基于DEM的黄河流域天文辐射空间分布.地理学报,58(6):810-816.

张秀英,冯学智.2006.基于数字地形模型的山区太阳辐射的时空分布模拟.高原气象,25(1):123-127.

张玉环,仲波,杨锋杰,柳钦火.2012.TM/ETM和DEM数据的BRDF特征提取.遥感学报,16(2):361-377.

Beisl U. 2001. Correction of bidirectional effects in imaging spectrometer data. Remote Sensing Series 37, Department of Geography, University of Zurich 24-38.

Bruzzone L., Roli F., Serpico S.B.1995. An extension of the Jeffreys-Matusita distance to multiclass cases for feature selection. *IEEE Transactions on Geoscience and Remote Sensing*, 33(6): 1318-1321.

Chen J M, Leblanc S. 1997. A 4-scale bidirectional reflection model based on canopy architecture. *IEEE Transactions on Geoscience and Remote Sensing*, 35: 1316-1337.

Chen Y, Hall A, Liou K N.2006. Application of three-dimensional solar radiative transfer to mountains. *Journal of Geographic Research*, 111: D21111.

De A R, LeDrew E.1997. Monitoring Snow and Ice Conditions Using a Normalized Difference Index Based on AVHRR Channels 1 and 2. http://www.crysys.uwaterloo.ca/science/documents/ger97_deabreu2.pdf.

Dozier J, Frew J.1990. Rapid calculation of terrain parameters for radiation modeling from digital elevation data. *IEEE Transactions on Geoscience and Remote Sensing*, 28(5): 963-969.

Gutman G.1994. Normalization of multi-annual global AVHRR reflectance data over land surfaces to common sun-target-sensor geometry. *Advances in Space Research*, 14(1): 121-124.

Hinkler J, Orbaek J B, Hansen B U.2003. Detection of spatial, temporal, and spectral surface changes in the Ny-Alesund area 79 degrees N, Svalbard, using a low cost multispectral camera in combination with spectroradiometer measurements. *Physics and Chemistry of the Earth*, 28(32): 1229-1239.

Huemmrich K F. 2001. The GeoSail model: A simple addition to the SAIL model to describe discontinuous canopy reflectance. *Remote Sensing of Environment*, 75: 423-431.

Jacquemoud S, Bacour C, Poilve H, Frangi J P.2002.Comparison of Four Radiative Transfer Models to Simulate Plant Canopies Reflectance: Direct and Inverse Mode.*Remote Sensing of Environment*, 74(3): 471-481.

Lee S U, Chung S K, Park R H.1990.A comparative performance study of several global thresholding techniques for segmentation.*Computer Vision, Graphics, and Image Processing*, 52(2): 171-190.

Li X, Strahlar A H.1986.Geometric-Optical bidirectional reflectance modeling of a conifer forest canopy.*IEEE Transactions on Geoscience and Remote Sensing*, GE-24(6): 9006-919.

Li X, Strahlar A H.1988.Modeling the gap probability of a discontinuous egetation canopy.*IEEE Transactions on Geoscience and Remote Sensing*, 26(2): 161-170.

Li X, Strahlar A H.1992.Geometric-Optical bidirectional reflectance modeling of the discrete crown vegetation canopy: Effect of crown shape and mutual shadowing.*IEEE Transactions on Geoscience and Remote Sensing*, 30(2): 276-292.

Liang S, Strahler A.1994.Retrieval of surface BRDF from multiangle remotely sensed data,*Remote Sensing of Environment*, 50:18-30.

Minnaert M.1941.The reciprocity principle in lunar photometry.*Astrophys.J.*93, 403-410.

Perez R, Ineichen P, Seals R.1990.Modelling daylight availability and irradiance components from direct and global irradiance.*Solar Energy*, 44:271-289.

Reeder D H, 2002.Topographic correction of satellite images theory and application.New Hampshire: Dartt-mouth College.

Roujean J L, Leroy M, Deschamps P Y.1992.A bi-directional reflectance model of the earth surface for the correction of remote sensing data.*Journal of Geophysical Research*, 97(D18): 20455-20468.

Sandmeier S,Itten K I.1997.A physically-based model to correct atmospheric and illumination effects in optical satellite data of rugged terrain.*IEEE Transactions on Geoscience and Remote Sensing*,35(3):708-717.

Walthall C L, Norman J M N, Welles J M, Campbell G, Blad B L.1985.Simple equation to approximate the bi-directional reflectance from vegetationcanopies and bare soil surfaces, *Applied Optics*, 24: 383-387.

Wen J, Liu Q, Liu Q, Xiao Q, Li X.2009.Parametrized BRDF for atmospheric and topographic correction and albedo estimation in Jiangxi rugged terrain.*International Journal of Remote Sensing*, 30: 112875-112896.

Wu A, Li Z, Cihlar J.1995.Effects of land cover type and greenness on advanced very high resolution radiometer bidirectional reflectances: Analysis and removal.*Journal of Geophysical Research*, 100(5), 9179-9192.

Xiao X, Moore B, Qin X, Shen Z., Boles S.2002.Large-scale observations of alpine snow and ice cover in Asia: Using multi-temporal VEGETATION sensor data. *International Journal of Remote Sensing*, 23(11): 2213-2228.

Xiao X, Shen Z, Qin X.2001.Assessing the potential of VEGETATION sensor data for mapping snow and ice cover: a Normalized Difference Snow and Ice Index. *International Journal of Remote Sensing*, 22(13): 2479-2487.

第5章

GF-1 卫星多时相积雪识别

国产高分辨率卫星不仅提供高空间分辨率的图像，而且时间分辨率也大大提高。为了从多时相遥感图像中识别积雪，快速获得时间序列的积雪识别产品，引入机器学习中协同训练(co-training)和多视图的概念，以每一幅图像作为一个视图，构建多时相积雪的多视图，将协同训练从单一图像分类技术扩展到多时相分类技术，通过积雪多时相表征偏移实现协同训练。根据多时相遥感图像协同训练的特点，提出未标记样本的交互学习和自动选择方法。利用协同训练构建多时相积雪识别模型，通过积雪识别频次图和测试样本集评价 GF-1 PMS 图像积雪识别结果，并分析多时相图像的时相组合与空间匹配误差对协同识别的影响。结果表明，通过协同训练构建的多时相积雪识别模型，相对于单一时相积雪识别算法在精度、稳定性、对样本的质量和数量敏感性上具有较大的优势，协同识别在小样本的情况下能够实现多时相积雪的同时识别。

5.1 数据资料及预处理

5.1.1 数据资料

使用的遥感数据为玛纳斯河流域山区高山带 3 个时相(T1、T2、T3)的 GF-1 PMS 多光谱数据，空间分辨率为 8 m，共 4 个波段：B1(0.45～0.52 μm)、B2(0.52～0.59 μm)、B3(0.63～0.69 μm)和 B4(0.77～0.89 μm)，数据信息如表 5.1 所示。按研究区范围裁剪后的假彩色合成图像如图 5.1 所示。显然，在时相 T1 和 T2 之间有一个降雪过程，随后较低海拔地区的积雪逐渐融化并减少。

表 5.1 GF-1 PMS 图像信息

编号	获取时间(年/月/日)	太阳方位角/(°)	太阳高度角/(°)	云量/%	备注
T1	2013/10/07	168.64	40.58	0	降雪前
T2	2013/10/15	169.35	37.64	0	降雪后
T3	2013/10/19	169.55	36.19	0(含云阴影)	降雪后

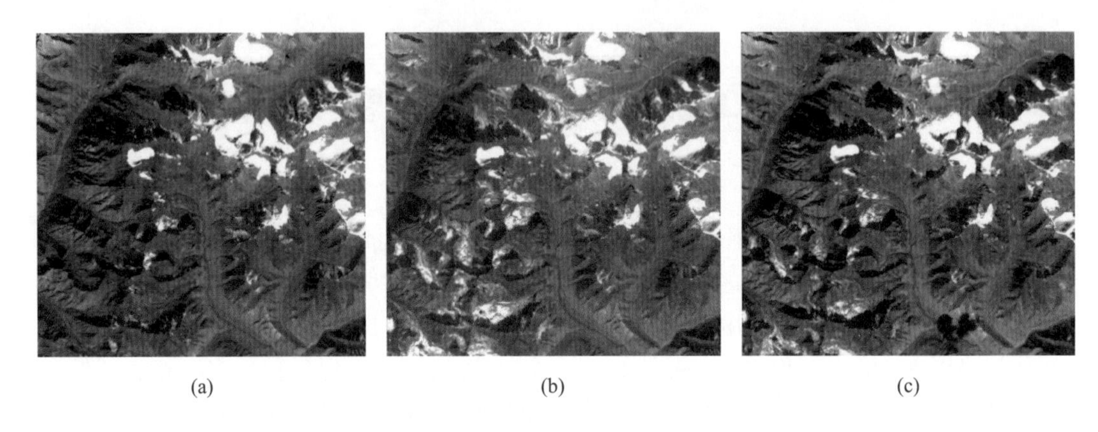

(a) (b) (c)

图 5.1 GF-1 PMS 假彩色合成图像:(a)T1;(b)T2;(c)T3

研究区地形条件复杂,大部分区域都难以到达,且积雪的时空变化非常剧烈,因此无法通过地面观测确定样本。通过研究区高程与地形阴影信息指导积雪样本的选取。采用 ASTER GDEM 第二版数字高程数据,分片“N43E085”能够完整覆盖研究区,通过裁剪得到研究区 DEM 数据。

由于在识别过程中,将阴影区积雪和阴影区非积雪分开识别有利于提高积雪识别精度(Zhu et al.,2014),因此需要采集的样本包括四个类别:阴影区积雪、非阴影区积雪、阴影区非积雪和非阴影区非积雪。玛纳斯河流域北坡平均雪线为 3900 m,而南坡雪线为 4000~4500 m,因此在海拔高于 3900 m 的区域选取积雪样本,在其他区域选择非积雪样本。此外,通过地形分析可以得到研究区的阴影范围(Burrough and McDonnell,1997),然后根据样本是否落入阴影范围分为阴影区和非阴影区样本。

表 5.2 为选取的样本信息,需要注意的是,训练集的样本将用于训练多时相积雪识别模型,因此训练集的所有样本在三个图像上的类别不发生变化,即训练集的样本为具有统一标签的 3 个特征向量。不同图像的测试集随机建立,且相互独立,每个样本即为一个像元。

表 5.2 积雪样本数量

类别	训练集	测试集		
		T1	T2	T3
非阴影区积雪	300	500	500	500
阴影区积雪	300	500	500	500
非积雪	600	1000	1000	1000
总计	1200	2000	2000	2000

5.1.2 数据预处理

每景图像的预处理过程参见第 4.1.2 节。此外,多时相图像还需进行几何校正,以使相同像元处在相同的空间位置上,为多时相积雪识别奠定基础。

5.2 多时相图像积雪表征偏移

在多时相图像中,积雪的物化性质和成像条件都存在一定的差异,从而导致不同图像的积雪光谱和纹理表征存在一定的差异。从数据分布的角度,不同图像积雪的纹理和光谱特征往往存在均值偏移现象(积雪的平均亮度值存在差异)。例如,受大气条件的影响,积雪亮度值在不同图像出现高低变化。此外,积雪在光谱和纹理空间的方差也可能存在较大的差异。例如,当图像部分区域出现降雪时,图像中同时存在新雪和老雪,与降雪前相比,此时图像中积雪的分布具有较大的方差。因此,在使用单一时相光谱和纹理特征识别多时相积雪时,存在较大的不确定性。而对积雪多时相表征的分析将有助于评估这一不确定性,从而构建鲁棒性更强的识别方法。

5.2.1 多时相表征偏移度量

首先确定表征偏移的形式,然后确定其度量方法。宏观上,积雪的表征偏移主要表现为在特征空间的分布发生变化;微观上,表现为积雪像元在不同图像中的响应发生偏移。图 5.2 为多时相偏移的示意图,在两个波段组成的光谱空间中,两个时相积雪的各波段均值和协方差均发生了变化,体现了宏观的偏移;而微观上,同一积雪像元(图中虚线连接)在分布中的相对位置也发生了变化。两种偏移对多时相积雪识别具有不同的影响。若宏观上发生偏移,基于单一时相得到的结论难以用于其他时相。而微观偏移会造成像元在不同时相图像中被漏识别或者误识别的可能性发生变化,从而提供额外的信息。例如,在时相 I_1 中处于积雪分布中心的像元在时相 $I2$ 中偏移到边缘位置,那么这一像元很可能在 $I1$ 中被准确识别,而在 $I2$ 中被漏识别。因此,从宏观和微观两个角度对多时相偏移进行度量,即:积雪统计特征的偏移和特定像元的表征偏移。

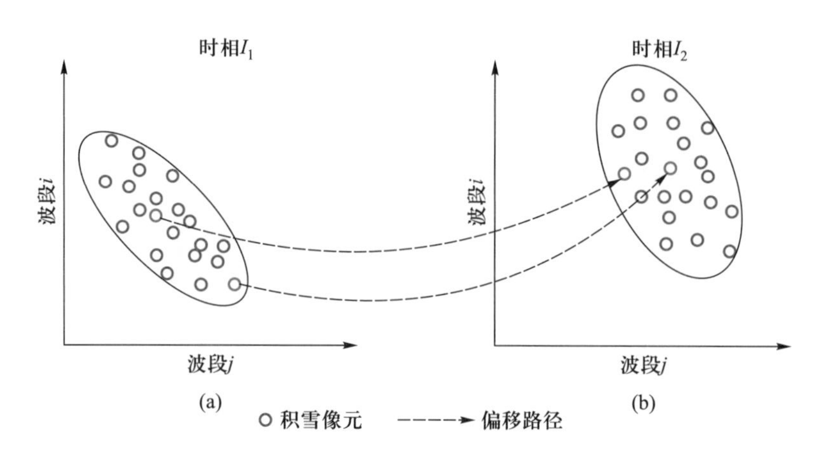

图5.2 积雪像元多时相表征偏移示意图

1）宏观偏移的度量

首先选取大量随机样本，然后对其多时相统计特征的差异进行度量。以类间距离（J-M距离）作为宏观偏移的度量方法，通过直接和间接两种方式得到偏移信息。其中，直接方式指计算不同时相中同一类别的类间距离；间接方式首先计算各图像积雪与非积雪的类间距离，然后比较类间距离在不同时相中的变化。宏观偏移的直接度量可以直接反映积雪表征在多时相图像中的偏移，表征基于单一时相构建的判别准则（如根据特定图像设定的阈值）的有效性。而间接度量则用于评估积雪与非积雪在特征空间可分性的变化，表征敏感波段选择的有效性。

J-M距离的值介于0~$\sqrt{2}$，J-M距离越大，代表类间可分性越大。而对于多时相偏移，J-M距离越大，则偏移越大。为更加清晰地描述J-M距离与偏移程度的关系，本研究以可分性与J-M距离的关系（齐腊等，2008）给出偏移的定性描述（表5.3）。

表5.3 J-M距离、表征偏移和类间可分性的关系

J-M距离	可分离性	表征偏移
(0，1)	不可分	微小偏移
[1，1.3)	一定的可分性	较小偏移
[1.3，$\sqrt{2}$)	较大的可分性	较大偏移

2）微观偏移的度量

光谱角（spectral angle）常用来表征同一图像中像元的相似性，将其扩展后用以度量同一像元在多时相遥感图像中的特征偏移。图5.3为其示意图，计算方法如下：

$$T=\cos^{-1}\frac{\sum \boldsymbol{X}_{I_1}\boldsymbol{X}_{I_2}}{\sqrt{\sum\ (\boldsymbol{X}_{I_1})^2}\sqrt{\sum\ (\boldsymbol{X}_{I_2})^2}} \tag{5.1}$$

式中，X_{I_1}和X_{I_2}分别为同一像元(类别未发生变化)在两个时相I_1和I_2的特征向量。T为这一像元不同时相的偏移，$T \in [0,\pi/2]$，T的值越大，像元的偏移越大；反之，则越小。

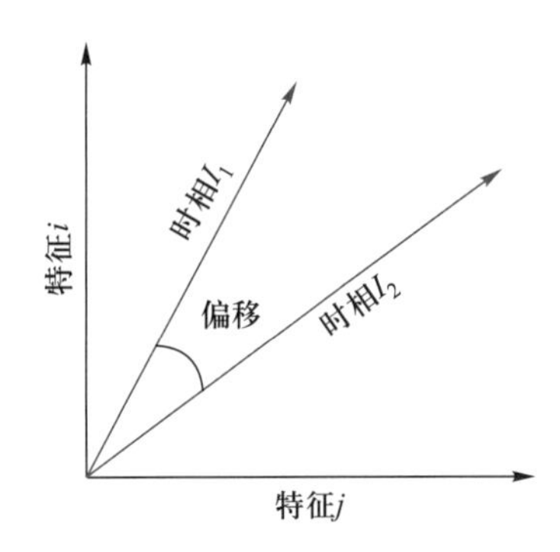

图5.3 二维特征空间的多时相偏移示意图

5.2.2 积雪表征的多时相偏移

1）积雪表征的宏观偏移

首先直接度量积雪的宏观偏移，结果如表5.4所示。总体上，各类别在多时相图像中均有微小或较小的偏移(J-M距离小于1.3)，仅有阴影区积雪在T1-T2和T2-T3(T1-T2指从T1到T2的过程)中发生较大偏移。此外，可以观察到，积雪的光谱偏移普遍大于纹理偏移；在同一时相组合中，阴影区积雪均具有最大的偏移；积雪相较于非积雪有较大的偏移。因此，根据偏移的直接度量结果，在多时相遥感图像积雪识别中，基于纹理特征构建的判别准则具有更好的稳定性。阴影区积雪受到的影响最大，基于单一时相构建的判别准则在阴影区积雪识别中存在较大的不确定性。此外，虽然各时相组合具有不同的成像间隔，但其与光谱偏移的关系尚不明确。

表5.4 不同时相组合的各类别的J-M距离

	光谱特征			纹理特征		
	非阴影区积雪	阴影区积雪	非积雪	非阴影区积雪	阴影区积雪	非积雪
T1-T2	1.09	1.40	0.72	0.79	0.76	0.49
T1-T3	0.96	1.24	0.90	1.05	0.86	0.8
T2-T3	0.95	1.36	0.85	0.81	1.15	0.68

对各图像的宏观偏移进行间接度量。图5.4a为非阴影区积雪和非积雪在各个图像各个波段的J-M距离。在不同时相的图像中，非阴影区积雪和非积雪在可见光波段均具有

很好的可分性(J-M 距离大于 1.3),但随着波长的增加而可分性降低。分析不同图像的 J-M 距离差异,T1 在各个波段均具有最大的值,而 T3 均具有最小的 J-M 距离。各个图像间的差异随着波长的增加而增加,在第一波段 J-M 距离几乎没有差异。因此,在多时相图像非阴影区积雪识别中,第一波段能够较好地适应不同的成像条件。而在第四波段,不同图像非阴影区积雪与非积雪类别的可分性差异较大,基于第四波段设计的判别准则在应用于多时相的积雪识别时存在较大的不确定性。

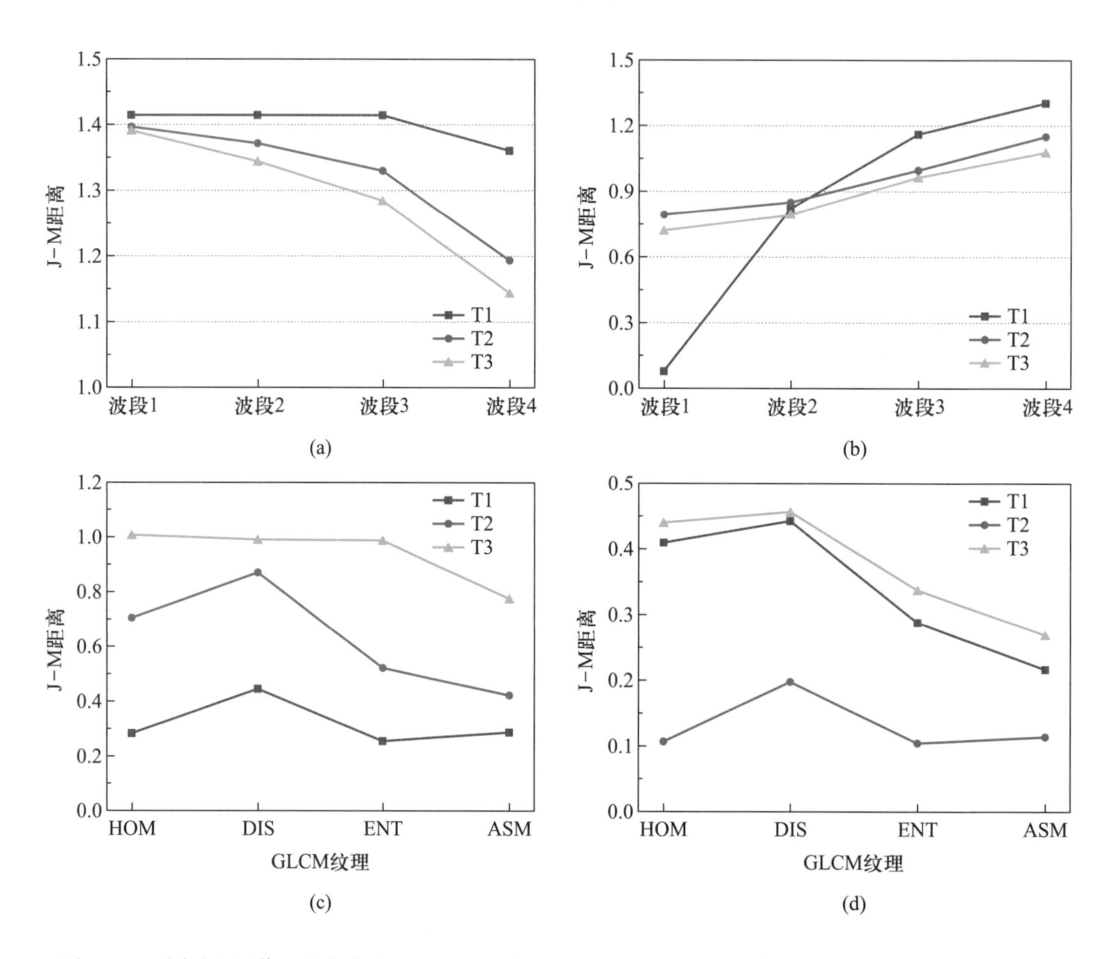

图 5.4　不同时相图像积雪与非积雪的 J-M 距离:(a)非阴影区积雪与非积雪的光谱特征;(b)阴影区积雪与非积雪的光谱特征;(c)非阴影区积雪与非积雪的纹理特征;(d)阴影区积雪与非积雪的纹理特征

图 5.4b 为阴影区积雪和非积雪在各个图像各个波段的 J-M 距离。显然,不同图像的 J-M 距离在第一波段出现最大的差异,表现为 T1 中阴影区积雪完全不可分,而其他两幅图像具有一定的可分性。三幅图像在第二波段上的 J-M 距离均小于 1 且非常接近,表明第二波段在不同时相上具有较大的稳定性,但其区分阴影区积雪与非积雪的能力较差。第三和第四波段中,各图像的 J-M 距离继续增大,相互差异也有所增加。

由于 J-M 距离在不同图像上的偏移,不同图像的最佳特征存在差异,针对特定图像的敏感波段选择难以满足多时相积雪识别的需求。在识别多时相积雪时,通过统一的最佳波段组合或在此基础上构建的积雪指数难以获取较好的效果。例如,由时相 T1 的表征分析结果,第四波段是区分积雪与非积雪的最佳波段。而在其他两个时相的图像中,阴影区积雪和非积雪在第四波段仍然有较好的可分性,但非阴影区积雪与非积雪的可分性较差,因此并非最佳选择。

图 5.4c、d 为积雪和非积雪在各纹理特征的 J-M 距离。相较于各光谱特征,积雪与非积雪在纹理特征的可分性均较低。不同时相组合中,积雪和非积雪在同一纹理特征的J-M距离差异较大,因此在多时相积雪识别中,难以选择稳定的敏感特征。在通常情况下,J-M 距离小于 1 的特征在特征选择过程中将被舍弃。因此,各纹理特征对于积雪识别帮助有限,仅能作为光谱特征的补充。

2)积雪表征的微观偏移

计算样本(每个类别 1000 个,共 3000 个)在不同时相上的微观偏移,其在光谱空间和纹理空间的偏移如图 5.5 和图 5.6 所示。不同的行表示不同类型的光谱角分布,不同的列表示不同的时相组合,例如,T1-T2 指从图像 T1 到 T2 的时相变化。

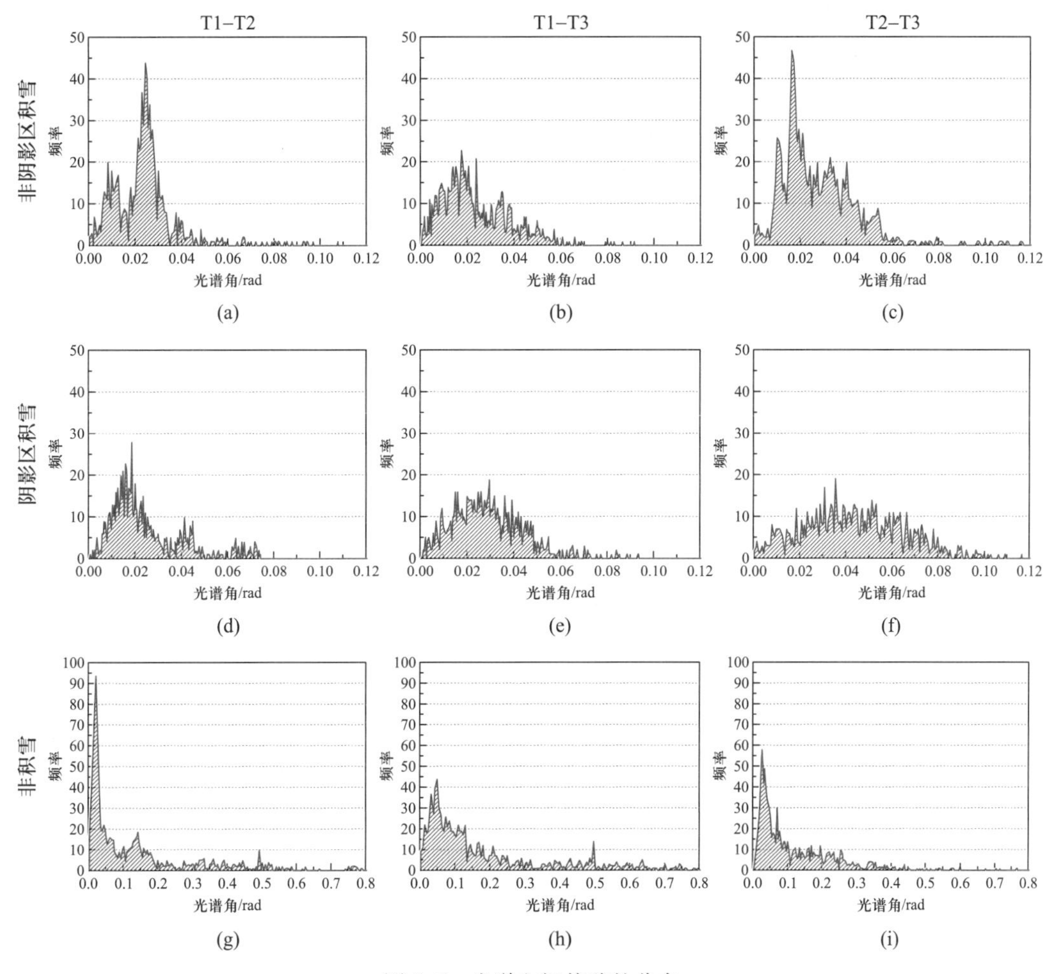

图 5.5　光谱空间偏移的分布

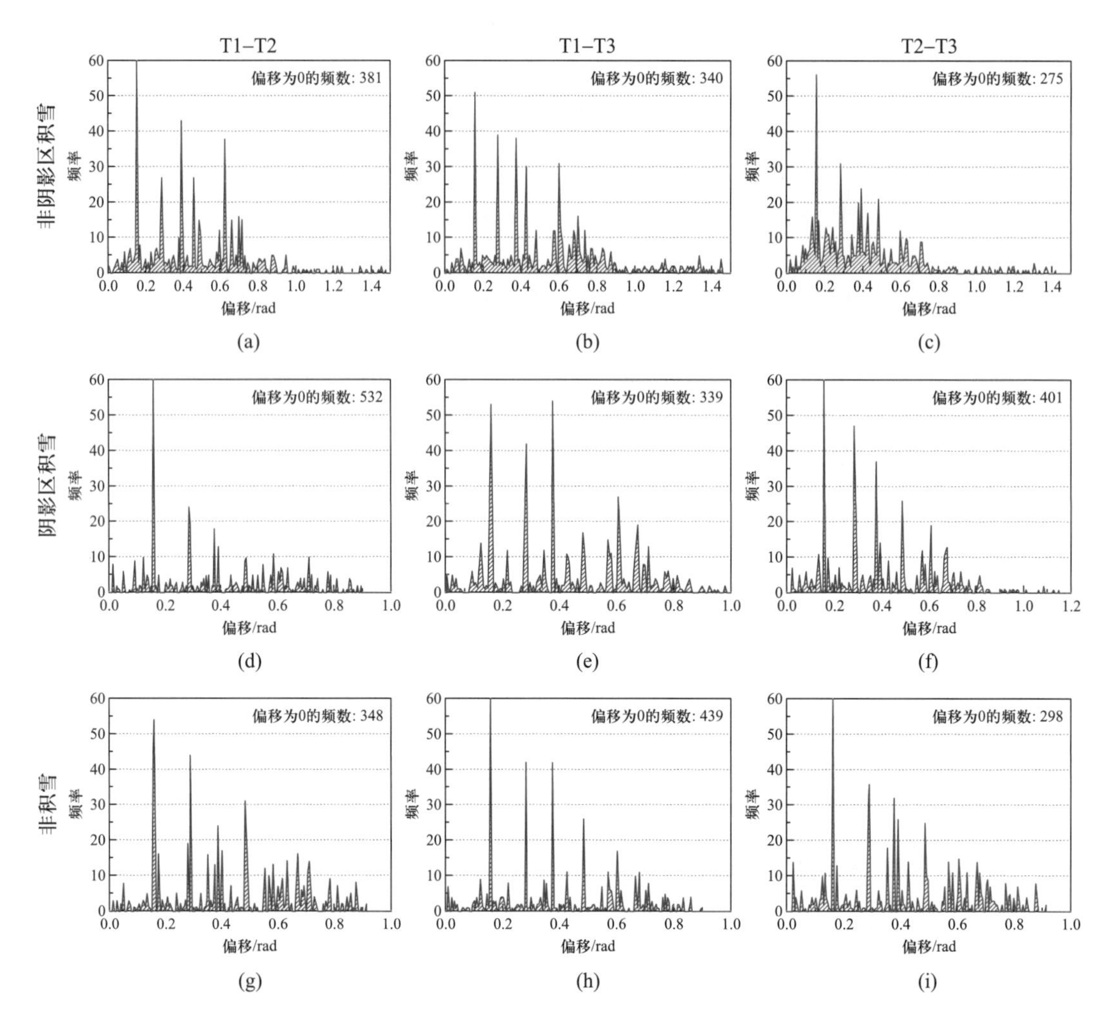

图 5.6 纹理空间偏移的分布

由图 5.5 可知,每一行的图像具有相似的分布,表明各类型在不同时相组合中发生的偏移量比较相似。因此,可以认为多时相偏移量与时相组合的差异没有关联。积雪在光谱空间的多时相偏移主要分布在低值区(<0.12 rad)。因此,积雪光谱表征虽然受到成像条件以及自身物化性质变化等影响,存在多时相的偏移,但其偏移量较小。由此,类别未发生变化的积雪像元具有较稳定的光谱表征,通过单一时相图像构建的判别准则能够有效识别这一部分积雪。然而,非积雪类型普遍具有较大的多时相光谱角,即非积雪类型光谱表征不稳定,在不同时相的图像中可能被误识别成积雪。

由于有较大数量的像元在纹理空间的偏移为 0,图 5.6 仅显示偏移大于 0 的统计结果。总体上,纹理空间的平均偏移较小。然而,除了偏移为 0 的像元,其他像元在纹理空间的偏移较大,积雪在纹理空间的最大偏移与其在光谱空间的偏移大一个量级。这一现象可能与山体阴影的变化以及积雪斑块的变化有关。山体阴影或积雪斑块的变化都造成边缘位置的类型未发生变化像元的纹理特征发生剧烈的变化,使其在多时相图像的纹理空间中具有较大的偏移。

5.3 面向多时相图像的协同训练

5.3.1 多时相图像中积雪的多视图表达

1）地表目标的多视图

（1）单一数据集的多视图

多视图(multi-view)是指对同一目标的多个描述,作为协同训练(co-training)的基础,最早由 Blum 和 Mitchell(1998)提出。定义数据集的特征空间 $V=V_1 \times V_2$,V_1和 V_2为数据集的两个视图(view)。每个示例(instance)x 可以表示为($\boldsymbol{x}^1$,$\boldsymbol{x}^2$),其中,$\boldsymbol{x}^1$和 $\boldsymbol{x}^2$分别为 V_1和 V_2上的特征向量。因此,单个视图在遥感应用中可认为是若干个波段的组合,多个视图即为多种波段组合方式。由以上定义可知,对于任何具有多个属性的数据集都能任意划分成若干个视图,每个视图反映了描述数据集的一种方式。然而,作为协同训练的基础,协同训练对视图具有明确的要求。

最初的协同训练算法要求数据集对于同一问题的描述有两个相互独立的视图,并且每个视图能够充分描述这一问题,即分类器在每个视图上能够解决数据集的分类问题,其基本过程如图 5.7 所示(Zhou and Li, 2010)。首先利用样本在两个视图上分别训练初始分类器,然后利用初始分类器预测未标记样本的结果,将高置信度的样本交给对方学习,如果样本恰好不能被另一个分类器正确分类,那么这个样本将对这一分类器做出修正,从而提高分类性能。通过迭代,两个分类器相互学习,最终对未标记样本做出接近的分类结果。如果两个视图能够满足充分和独立的条件,协同训练可以将初始分类器的性能大幅提高。

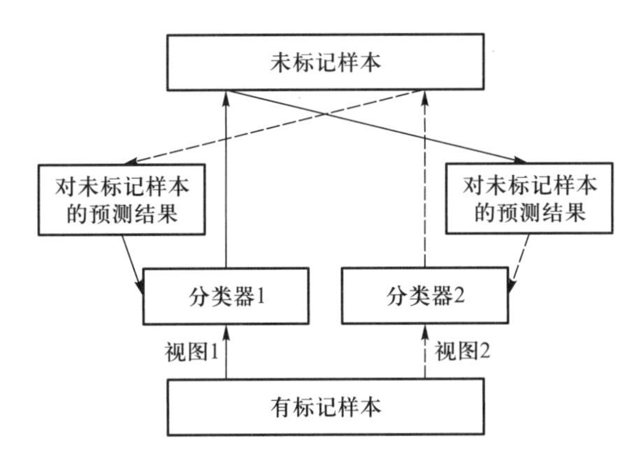

图 5.7 协同训练的过程示意图

在多视图上进行协同训练,能够有效地挖掘未标记样本中蕴含的丰富信息,从而提高信息提取能力。因此,作为半监督学习的重要泛型之一,它被广泛应用。但视图需要满足充分独立的条件通常难以满足。Nigam 和 Ghani(2000)对充分独立的条件进行研究后发现,如果特征集足够大,随机划分成两个视图也能取得较好的效果。Balcan 等(2005)提出了“扩展性假设”用以代替条件独立,认为只要视图满足“扩展性假设”,协同训练仍然能够取得较好的效果。在此基础上,Wang 和 Zhou(2007)进一步提出协同训练成功的关键在于分类器之间的差异。只要训练的分类器间存在差异,通过分类器间的相互学习就可以提高分类器性能。因此,多视图协同训练也称为基于差异的学习(Zhou and Li, 2010)。协同训练能够有效的条件进一步概况为:存在两个能够充分描述问题的视图;在视图上训练的分类器存在差异,可供相互学习。

多视图是对同一对象的不同描述,多视图协同训练的实质是利用对同一事物描述的差异实现相互学习。在遥感图像信息提取中,对不同描述的互补性已经广泛应用,例如,纹理特征被公认是光谱特征的重要补充。此外通过不同的图像变换,也容易从遥感图像中得到对地表的多维度描述。按照现有的研究结论(Wang and Zhou, 2007),只要不同分类器在不同视图能够有效完成分类任务,且这些视图存在差异,协同训练均能提高遥感图像的分类精度。因此,多视图协同训练在遥感图像信息提取中拥有巨大的潜力。

(2)多时相遥感图像的多视图

不同于通过划分单一数据的属性集获取多视图,多时相遥感图像实际是对同一空间位置或目标的不同描述。从这一角度,多时相遥感图像本身就是多个视图。若多时相遥感图像的波段一致,那么多时相的表征偏移即为对同一空间位置或目标的描述差异。由多时相积雪表征偏移的分析结果可知,基于单一遥感图像的分类器应用到其他遥感图像时难以取得较好的效果。对于同一目标,基于不同遥感图像得到的分类器会出现不同的分类结果,这一差异正是相互学习的关键。因此,多时相的表征偏移对于通过协同训练识别多时相遥感图像的相同目标具有重要价值。此外,在较短时间内获取的多时相遥感图像中,地表类型未发生变化的比例较大,这些目标能够有效代表各自图像中同一类目标。例如,两个图像中积雪和非积雪发生了少量的相互转移,未转移的积雪或非积雪能够有效代表图像中积雪或非积雪的分布。假设通过协同训练能够有效识别多时相遥感图像中的相同目标,那么发生类别变化的积雪也能够有效识别。

对于两个在较短时间间隔内获取的描述同一空间范围的遥感图像 I_1 和 I_2,令 $X_1=\{x_i^1 | x_i^1 \in I_1\}_{i=1}^N$ 和 $X_2=\{x_i^2 | x_i^2 \in I_2\}_{i=1}^N$ 分别表示这两个图像,x_i^1 和 x_i^2 分别表示 I_1 和 I_2 的第 i 个样本,x_i^1 和 x_i^2 对应地表的同一个空间位置。但空间位置区别于单一图像中的对象,在多时相图像中其类别可能发生变化。例如,不同时相的图像可能因为降雪和融雪过程,像元类型发生变化。此时,多时相遥感图像对同一空间位置的描述是对不同目标的描述,无法用于协同训练。因此,为确保多时相遥感图像能够通过协同训练识别积雪,需要将类别发生变化的空间位置剔除,即对多视图的空间范围进行约束。

此外,考虑视图划分的两个条件:每个视图能够充分描述问题;视图间存在较大的差异,以保障分类器间存在差异。对于第一个条件,通常通过提取有效的特征或基于样本进行特征选择,得到最优的视图。对于第二个条件,多时相表征偏移在一定程度上引入了差异,能够满足相互学习的需求,但仍然可以通过选择不同的特征组合提高不同视图间的差异。因此,同时考虑视图充分性和差异性的特征选择是构建视图的最佳方式。

2)多时相积雪的多视图构建

多时相积雪的多视图构建通过空间范围约束与特征空间选择两个步骤实现。图 5.8 为多时相积雪多视图构建的示意图,首先通过变化检测获取两个时相图像中未变化的区域,然后通过特征选择得到视图的特征集合。

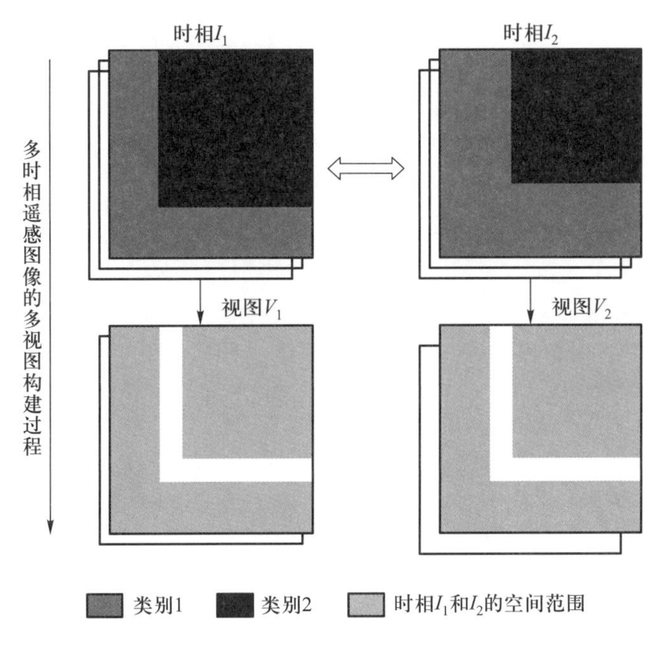

图 5.8 多时相遥感图像的多视图构建过程

(1)多视图的空间范围约束

使用非监督变化检测的方法得到多时相图像中未变化的区域。首先计算两幅图像间的卡方距离(Chi-Square Distance,CSD)(D'Addabbo et al.,2004),任意像元的 CSD 可以由式(5.2)计算:

$$\mathrm{CSD} = \sum_{k=1}^{N} \left(\frac{x_{i,k}^{1} - x_{i,k}^{2}}{\sigma_{\mathrm{diff}}^{k}} \right)^{2} \tag{5.2}$$

式中,N 是波段数,$\sigma_{\mathrm{diff}}^{k}$ 是两个图像第 k 个波段差值的方差。然后由 Kittler-Illingworth(KI)阈值选择算法(Kittler and Illingworth, 1986;Bazi et al., 2005)得到阈值,通过阈值将图像

分成变化和未变化的区域。KI算法是一种基于最小误差的贝叶斯理论的阈值选择算法。该算法通过最小化如下准则函数得到阈值：

$$J(t) = l + 2[P_0(t)\ln\sigma_0(t) + P_1(t)\ln\sigma_1(t)] - 2[P_0(t)\ln P_0(t) + P_1(t)\ln P_1(t)] \tag{5.3}$$

其中，

$$P_0(t) = \sum_{i=0}^{t}\mathrm{CSD}(i) \quad P_1(t) = \sum_{i=t+1}^{l-1}\mathrm{CSD}(i),$$

$$u_0(t) = \frac{\sum_{i=0}^{t}\mathrm{CSD}(i)\times i}{P_0(t)}, u_1(t) = \frac{\sum_{i=t+1}^{l-1}\mathrm{CSD}(i)\times i}{P_1(t)}$$

$$\sigma_0^2 = \frac{\sum_{i=0}^{t}[i-u_0(i)]^2\mathrm{CSD}(i)}{P_0(t)}, \sigma_1^2 = \frac{\sum_{i=t}^{l-1}[i-u_0(i)]^2\mathrm{CSD}(i)}{P_1(t)}$$

式中，l 为CSD图像的灰度级。最佳阈值 $t = Argmin(J(t))$。

图5.9为基于4个波段的不同时相组合的变化检测结果，T1-T2、T1-T3和T2-T3变化的像元比重分别为32.11%、27.38%和24.96%，因此大部分区域满足类别未发生变化的条件，假设通过协同训练能够有效识别未变化区域的积雪，那么用于识别的模型同样能够用于变化区域的积雪识别。

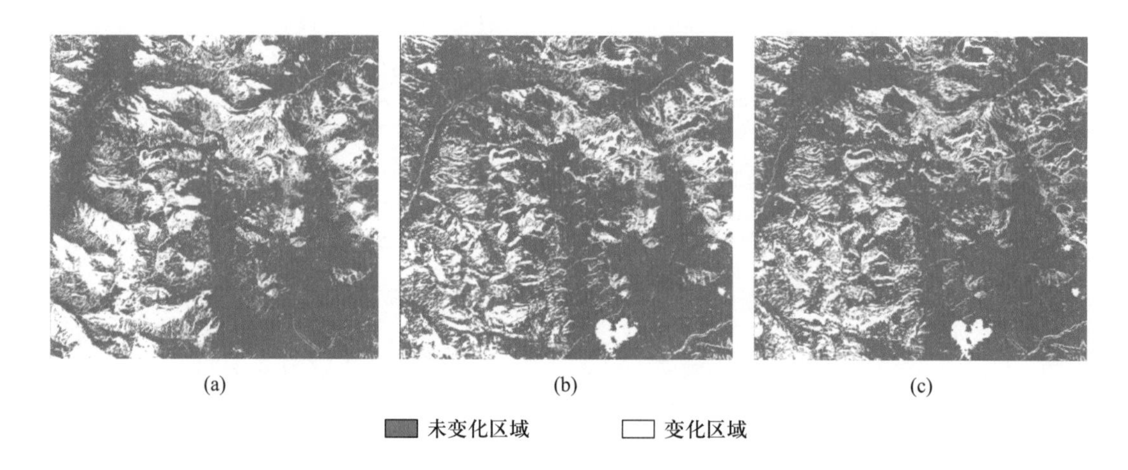

图5.9 不同时相间的变化检测结果：(a)T1-T2；(b)T1-T3；(c)T2-T3

(2)多视图的特征空间选择

由单一时相图像积雪表征结果可知，各波段对于区分积雪与非积雪均具有较好的效果，因此假设4个波段能够有效解决积雪识别问题。由多时相图像积雪表征偏移结果可知,多时相图像中,积雪的光谱表征发生明显偏移。因此,直接利用这一偏移,不再通过特征空间的选择扩大视图间的差异。从而,三幅图像 T1、T2 和 T3 均建立相应的视图 V1、V2 和 V3。

综上所述,多视图的特征空间均由 4 个波段组成。需要注意的是,其他特征对于提高视图在积雪与非积雪的可分性与扩大视图间差异仍具有潜力。此外,通过特征选择也能够扩大视图间的差异,从而提高协同训练的效果,已有研究对这一问题进行了初步的探讨(Di and Crawford, 2012)。

5.3.2 基于积雪多视图的协同训练

1)多视图协同训练

(1)Co-EM-SVM 算法

目前,在协同训练的框架下,已经发展了多个算法,如 Co-EM(Nigam et al., 2000)、Co-EM-SVM(Brefeld and Scheffer, 2004)、tri-training(Zhou and Li, 2005)、co-forest(Li and Zhou, 2007)等。这些算法的差异主要包括两个方面:视图划分方式或分类器差异的产生方式;训练过程,包括基础分类器类型和数量、未标记样本置信度获取方式和重新训练分类器的方法等。

多时相高分辨率遥感图像积雪识别以 Brefeld 和 Scheffer(2004)提出的 Co-EM-SVM 算法为基础。Co-EM-SVM 结合了协同训练(co-training)、半监督最大期望算法(expectation maximization)和直推式支持向量机(transductive support vector machine, TSVM)的优势。其基分类器为 2 个 SVM,每次学习包括以下两个核心步骤:

①获取未标记样本的置信度。在 Co-EM-SVM 中,通过未标记样本的后验概率 $p(y|x)$ 计算其置信度。首先通过标记样本训练得到判别函数 $f(x)=w\cdot x+b$,输入未标记样本得到未标记样本的输出值。假设对于同一个类,其输出值的分布 $p(f(x)|y)$ 满足正态分布 $N=[u_y,\sigma_y^2]$,其中 μ_y 和 σ_y^2 为均值和方差,可以通过式(5.4)和式(5.5)计算:

$$\mu_y=\Big(\sum_{(x,y)\in D_l}f(x)+\sum_{x\in D_u^y}f(x)\Big)/(m_l+m_u) \tag{5.4}$$

$$\sigma_y^2=\Big(\sum_{(x,y)\in D_l;x\in D_u^y}(f(x)-\mu_y)^2\Big)/(m_l+m_u) \tag{5.5}$$

式中,D_u^y 是为标记样本集 D_u 中的一个样本,其标记为 y,m_l 和 m_u 分别为 D_l^y 和 D_u^y 中样本的个数。样本的条件概率通过式(5.6)计算:

$$p(y\mid x)=\frac{N[\mu_y,\sigma_y^2](f(x))p(y)}{\sum_i N[\mu_y,\sigma_y^2](f(x))p(y)} \tag{5.6}$$

式中,$p(y)$为各类别的先验概率。最后,任一未标记样本 x_j^* 的置信度可以由式(5.7)计算:

$$c_{x_j^*} = p(y = y_j^*)[\max p(y \mid x_j^*) - \min p(y \mid x_j^*)] \tag{5.7}$$

式中,$y_j^* = \arg\max_y p(y \mid x_j^*)$,$P(y = y_j)$ 为 y_j 所在类别的先验概率(由有标记样本直接得到)。

②利用未标记样本及其置信度重新训练分类器。Co-EM-SVM 使用未标记样本重新训练分类器的方法与 TSVM 类似。目标是通过未标记样本重新训练判别函数$f(x) = w \cdot x + b = 0$。这一函数可以通过解决下面这一优化问题得到:

$$\min_{w,b,\xi,\xi^*} \frac{1}{2}|w|^2 + C\sum_{j=1}^{m_l}\xi_j + C_s\sum_{j=1}^{m_u}c_{x_j^*}\xi_j^* \tag{5.8}$$

$$服从\ \forall_{j=1}^{m_l} y_j(wx_j + b) \geqslant 1 - \xi_j, \forall_{j=1}^{m_u} y_j^*(wx_j^* + b) \geqslant 1 - \xi_j^* \tag{5.9}$$

$$\forall_{j=1}^{m_l}\xi_j > 0, \forall_{j=1}^{m_u}\xi_j^* > 0 \tag{5.10}$$

式中,ξ_j 和 ξ_j^* 分别为有标记样本和无标记样本的松弛因子;C 和 C_s 分别为有标记样本和无标记样本的正则化参数或惩罚因子,为了避免局部最优,C_s 通常被设置成一个较小的数,随着迭代逐渐变大。

Co-EM-SVM 的算法如表 5.5 所示。与 co-training 算法类似,通过分类器在未标记样本预测上的差异,相互学习。

表 5.5 Co-EM-SVM 算法

输入:有标记数据集 D_l,无标记数据集 D_u,正则化参数 C,迭代次数 T
执行:
初始化未标记样本的正则化因子 $C_s = C/2^T$
利用 D_l,在视图 V_2上训练初始化 SVMf_0^2
计算各类别先验概率 $p(y)$
For $i=1,2,\cdots,T$:For $v=1,2$
利用$f_{i-1}^{\bar{v}}$和 $p(y)$对 D_u进行分类,得到正类和负类
通过式(5.4)和式(5.5)计算样本的μ_y和 σ^2
对于任一未标记样本 x_j^*,根据式(5.27)计算其置信度
利用 x_j^* 在视图 v 上重新训练分类器f_i^v,即在式(5.9)和(5.10)的约束性最小化式(5.8)
输出:$(f^1+f^2)/2$

(2) 多时相积雪识别模型的协同训练过程

直接利用 Co-EM-SVM 在多时相积雪的多个视图上训练分类器，训练过程如图 5.10 所示。首先利用多时相积雪的两个视图 V_1 和 V_2 以及有标记样本获取用于协同训练的未标记样本，然后利用 Co-EM-SVM 训练得到每个时相的分类器。

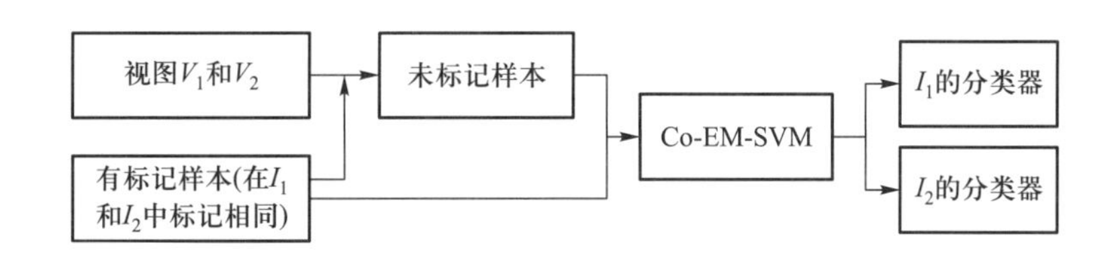

图 5.10 多时相遥感图像协同训练过程

图 5.11 为多时相积雪识别模型的协同训练过程示意图，图 5.11a、b 分别描述样本在图像和特征空间的状况，图中具有相同空间位置的点对应一个样本，包括有标记样本和未标记样本。样本在不同视图上的分布存在一定的差异，即宏观偏移；而对于特定的样本可能存在较大的差异，如有标记的积雪样本（图中为蓝色），在视图 V_1 中位于分布的中央，而在视图 V_2 中则移动到边缘，即微观偏移。图 5.11c、d 反映了 Co-EM-SVM 相互学习过程，由分类器对样本赋予不同置信度，然后这些样本用来重新训练另外一个分类器。

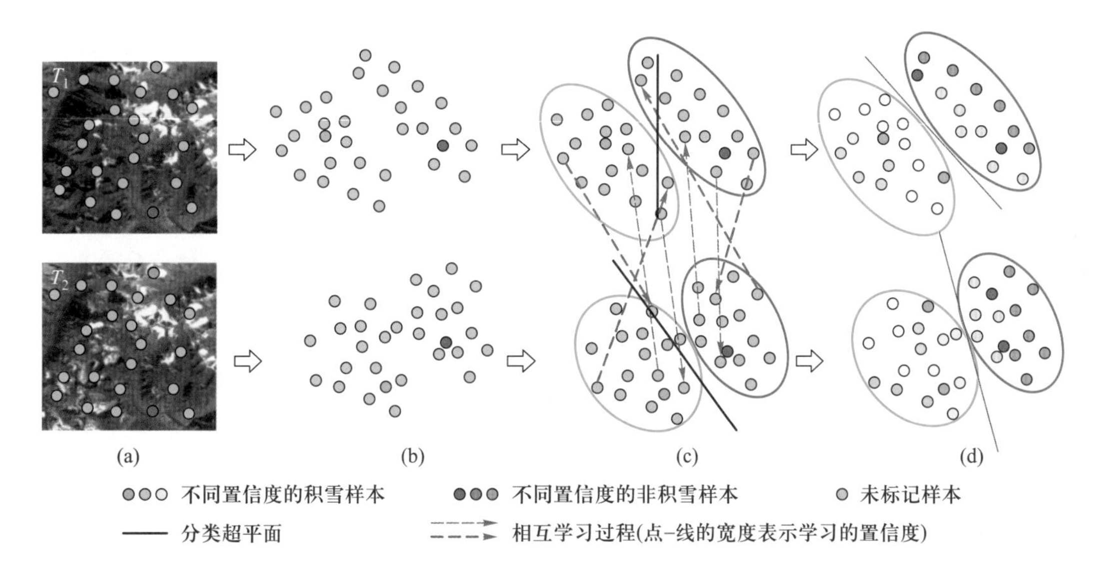

图 5.11 多时相积雪识别模型的协同训练过程示意图：(a) 两个不同时相的遥感图像及其样本，在两个图像中空间位置相同的圆点为一个样本；(b) 样本在不同视图中的分布；(c) 相互学习过程；(d) 学习结果与重新训练的分类超平面

通过两个时相遥感图像的协同训练可以得到两个积雪识别的分类器,实现多时相遥感图像积雪协同识别。表5.6总结了基于积雪多视图的协同训练与基于单一数据集的协同训练的区别,主要表现为多视图的构建方法上的差异,以及训练后的输出差异。基于单一数据集的协同训练得到两个类似的分类器,用于通过某种策略将两个分类器联合。而基于积雪多视图的协同训练能够获取每个视图上独立的分类器,用于该视图的积雪识别。需要注意的是,两个时相遥感图像的协同训练能否成功的关键与基于单一数据集的协同训练一致,即在多时相遥感图像上训练的分类器间的差异以及这些分类器的性能。

表5.6 基于单一数据集协同训练与基于多视图协同训练的核心概念比较

概念	基于单一数据集的协同训练	基于积雪多视图的协同训练
原始数据	包含大量冗余特征的单一数据集	两个在较短时间间隔内获取的图像 I_1和 I_2
视图(V_1和 V_2)	由原始数据集特征集合拆分出来的两个特征子集	V_1和 V_2分别为图像 I_1和 I_2的空间和特征子集
输出	单一分类器	两个独立的分类器,分别用于两个图像的分类

2)未标记样本的选择

协同训练的核心是利用分类器间的差异进行相互学习,而差异由分类器通过对标记样本的预测体现。在有标记样本较少的情况下,初始分类器通常难以提供准确的预测,那么错误的预测将通过相互学习进行传递,两个分类器性能都将恶化(Zhang and Zhou,2011)。此外,遥感图像中未标记样本通常数量巨大,而协同训练所需的时间与未标记样本的数量呈正相关。因此,需要选择"合格"的未标记样本,以减少参与训练的未标记样本的数量,同时降低学习恶化的风险。另外,对未标记样本先验概率 $p(y)$ 的估计是Co-EM-SVM中计算样本后验概率 $p(y|x)$ 的前提。在Co-EM-SVM中,各类别标记样本的先验概率直接替代未标记样本的先验概率,但是通常情况下两者存在较大的差异,从而影响相互学习效果。因此对未标记样本的选择也有利于准确估计其先验概率。

"合格"的未标记样本有两种度量方式:①初始置信度:初始分类器对未标记样本有较高的初始置信度,从而分类器能够在利用这些未标记样本进行学习时不发生学习恶化;②差异性:分类器对未标记样本预测的差异是相互学习成功的关键,因此被选择的未标记样本需要最大限度地继承整个未标记样本集的差异性。但是,以上两个条件通常难以同时满足,选择高初始置信度的样本会降低这些样本的差异性,从而降低相互学习的空间。研究中通过设置阈值参数 λ 平衡未标记样本的初始置信度和在多视图中的差异性,算法如表5.7所示。

表 5.7 未标记样本选择算法

输入:标记样本(X_1^l,X_2^l,Y^l),视图 1 $V_1(X_1^*,Y^*)$和视图 2 $V_2(X_2^*,Y^*)$, 选择的每个类的未标记样本数量,阈值参数 λ。
执行:
For $i=1,2$
在视图 $V_i(X_i^*,Y^*)$上训练分类器f^i
计算样本的$f^i(x^i)$,并根据未标记样本的预测标签将其分成正负两类 $\Psi_i^{\pm}$
通过式(5.11)和式(5.12)计算正负两类的阈值
End
通过阈值获取高置信度样本
$D_u^+=\{(x_p^1,x_p^2)\mid x_p^i\in\Psi_i^+,f^i(x_p^i)\geqslant Th_i^+\}$
$D_u^-=\{(x_n^1,x_n^2)\mid x_n^i\in\Psi_i^-,f^i(x_n^i)\leqslant Th_i^-\}$
分别随机从 D_u^+ 和 D_u^- 中选择 N_u样本组成为参与训练的未标记样本集 D_u
输出:$D_u(x_j^1,x_j^2)$,$j=1,\cdots,2N_u$

算法主要包括两个核心步骤:

(1)获取高置信度的未标记样本。

样本与分类超平面的距离反映了该样本被正确分类的可能性,离超平面近的样本被正确分类的可能性低,反之则高。SVM 输出值(decision value)能够直接作为置信度的度量,通过设定阈值,将 SVM 输出值大于阈值的样本作为高置信度样本,正负阈值计算方法如下:

$$Th_i^+ = \lambda \times \mathrm{mean}(f^i(x_p^i)), x_p^i \in \Psi_i^+ \tag{5.11}$$

$$Th_i^- = \lambda \times \mathrm{mean}(f^i(x_n^i)), x_n^i \in \Psi_i^- \tag{5.12}$$

阈值的获取方法以同一类别所有未标记样本的 SVM 输出值为基础,通过参数 λ 控制选取样本的置信度。如果参数 λ 值较小,表明所选取的样本的平均置信度较低,但更好地保留了未标记样本的差异性。由于存在两个视图,当未标记样本在两个视图中均取得较大的初始置信度时,则该样本保留。图 5.12 为未标记样本选择过程示意图,表明选择高置信度样本能够降低学习恶化的风险。图 5.12a 为一个性能较差的初始分类器,该分类器对未标记样本的预测存在较大的错误。如果直接将其预测结果用于另外一个分类器的训练,将导致另外一个分类器性能的下降。通过选择在两个分类器均具有较高置信度的未标记样本(图中实线连接),能够在一定程度上避免学习恶化。

(2)从高置信度的未标记样本中选择用于协同训练的样本。通常情况下,通过阈值获取的高置信度未标记样本数量仍然很大,且这些样本的先验概率 $p(y)$未知。因此从每个

类别中随机地获取 N_u 个未标记样本，组成未标记样本集 $D_u(x_j^1, x_j^2)$，$j=1,\cdots,2N_u$。由于采用了随机选择的方式，高置信度样本在两个视图上的差异性最大限度地由 D_u 继承。此外，由于各个类别的未标记样本数量均为 N_u，Co-EM-SVM 中参数 $p(y)$ 为一个固定值 0.5。

由上可知，提出的未标记样本选择过程需要设定两个参数，分别为未标记样本的数量 N_u 和阈值参数 λ。

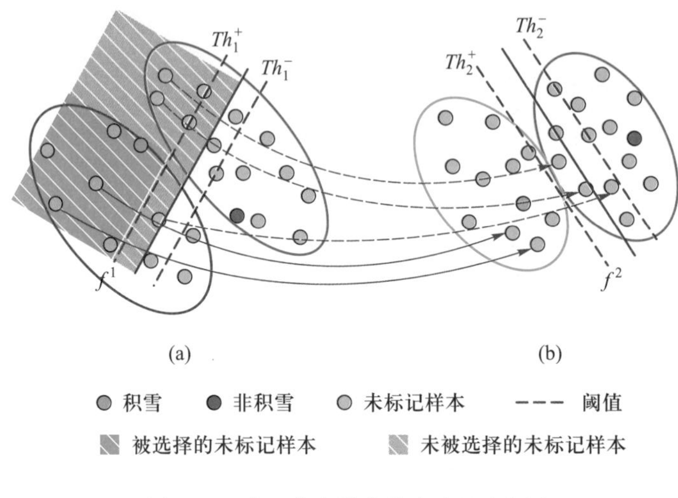

图 5.12 高置信度样本获取过程示意图

5.4 基于协同训练的多时相积雪识别

5.4.1 多时相积雪协同识别

1）多时相积雪识别模型的构建

（1）多类别协同识别

通过协同训练可以同时得到用于多个图像积雪识别的分类器，然而协同训练及其训练的分类器只能用于解决两个类别的分类问题。将山区积雪分为阴影区积雪与非阴影区积雪，并作为独立的类别分开识别，需要采用多类别技术构建多时相积雪识别模型。

以 Co-EM-SVM 算法为基础进行积雪的协同识别，其基分类器为 SVM，因此可以直接使用 SVM 的多类别策略。目前有多种策略将 SVM 从二分类算法扩展到多类别分类算法（Hsu and Lin，2002），常用的包括一对一（one against one，OAO）、一对多（one against all，

OAA)以及有向无环图(directed acyclic graph,DAG)。令 $\Omega=\{\omega_k\}_{k=1}^{M}$为包含 M 个类的待分类数据,一对一策略构建 $M\times(M-1)/2$ 个分类器,每个类器都将所有样本划分成 M 个类中的二类,最后通过投票决定最终的类别。一对多策略则构建 M 个平行的 SVM $\{f_1,\cdots,f_k,\cdots,f_M\}$,任一 f_k 用于解决一个二类问题,将 ω_k 与$(\Omega-\omega_k)$区分,然后采用“赢家通吃”(winner takes all)策略决定样本的类别:

$$\omega=\operatorname{argmax}\{f_k(x)\} \tag{5.13}$$

由于在未标记样本选择以及协同训练的过程中,类别空间都被完整地划分,即任一样本必须属于正类 Ω^+ 或负类 Ω^-($\Omega^-\cup\Omega^+=\Omega$)中的一个。OAO 或 DAG 策略构建的二分类器都无法将整个类别空间进行完整划分,因此仅 OAA 策略能够应用于协同训练(Bruzzone et al.,2006)。

采用 OAA 策略进行协同训练,首先构建 M 个平行的二分类问题$\{\omega_k,\Omega-\omega_k\}$,$k=1,\cdots,M$,然后利用 Co-EM-SVM 对每个问题训练两个独立的分类器(对应两个图像),得到两组 SVM 分类器$\{f_1^1,\cdots,f_k^1,\cdots,f_M^1\}$和$\{f_1^2,\cdots,f_k^2,\cdots,f_M^2\}$。将两个图像($I_1$和 I_2)分别输入对应的分类器组,得到识别结果。图 5.13 为多时相积雪协同识别的示意图,多时相积雪识别模型实际为多个协同训练的 SVM。

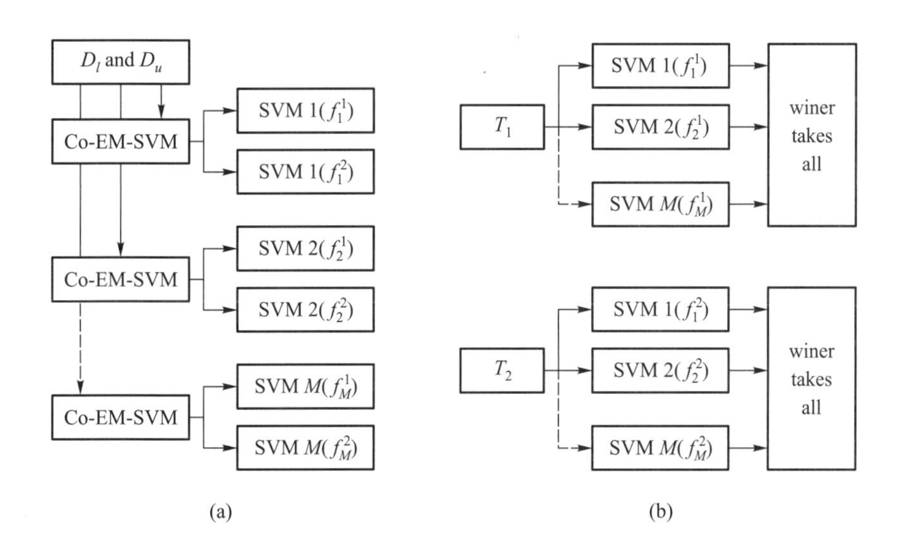

图 5.13 多时相积雪协同识别示意图:(a)多类别协同训练,(b)多时相图像积雪识别

(2)参数设置

Co-EM-SVM 的基分类器为 SVM,因此需要对 SVM 核函数参数与正则化参数进行设置。通常情况下,通过格网搜索(grid-searching)的方法对参数进行选择,其中 n-cross-validation、holdout 和 bootstrap 常被用来评价某个参数组合的性能(Bruzzone et al.,2006)。然而,当有标记样本有限的情况下,难以将有标记样本拆分成训练集和测试集,因此上述

评价方法难以实现。本研究直接以训练样本的精度作为评价参数优劣的准则。以径向基函数(radial basis function,RBF)为核函数,候选核函数参数 σ 为{0.125,0.25,0.5,1,2,4,8,16},候选正则化参数 C 为{0.001,0.01,0.1,1,10,100,1000,1000}。此外,协同训练的迭代次数设置为8。未标记样本的数量 N_u 为100,阈值参数 $\lambda=1$。

(3)积雪识别精度评价方法

积雪识别的结果通过计算 F 值进行评价,计算方法为

$$F=\frac{2\mathrm{TP}}{2\mathrm{TP}+\mathrm{FP}+\mathrm{FN}} \tag{5.14}$$

式中,TP(true positive)表示积雪像元被正准确识别的数量;FP(false positive)是非积雪像元被误识别成积雪的数量;FN(false negative)是指漏识别的积雪像元数量。区别于分类总体精度与Kappa系数,F 值不对整个分类结果做评估,而直接考虑积雪的误识别和漏识别现象,因此被认为是评价积雪识别结果的最佳手段之一(Rittger et al.,2013)。为有效识别山体阴影下的积雪,在识别过程中将山区积雪分为阴影区积雪与非阴影区积雪,但两者均为积雪,并无差异。因此在评价时将阴影区积雪和非阴影区积雪合并,忽略两者间的误识别现象。

2)积雪识别结果及评价

(1)基于频次图的积雪识别结果评价

通常情况下,不同样本组合的代表性存在较大的差异,所以基于不同有标记样本的识别结果存在一定差异。特别是在仅有极少量样本时,识别结果存在巨大的差异,因此难以通过雪盖图直观地了解多时相协同识别与单独识别的差异。本研究通过积雪识别频次图来反映多时相协同识别与单独识别的差异。积雪识别频次图是识别算法在不同样本组合情况下的识别结果的逐像元统计结果。具体的获取方法为:随机从有标记样本集中获取固定数量的有标记样本,利用样本训练得到分类器,然后利用这些分类器进行积雪识别。重复上述过程 n 次,将识别结果累加(图5.14)。得到积雪识别频次图,图中每一像元

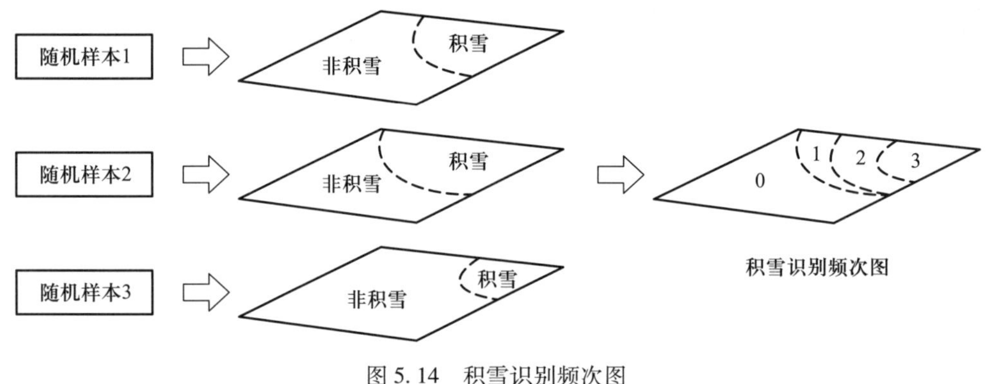

图5.14 积雪识别频次图

的值表示该像元在 n 次识别过程中被识别成积雪的次数。理想状况下，积雪识别频次图仅包含 0 和 n 两个值，即算法对样本质量不敏感，识别结果与样本质量无关。0 和 n 之间的中间频次的像元数量，反映了算法对样本质量的依赖程度。此外，若存在积雪识别参考图，可以直接将参考图与频次图比较得到算法的误差分布情况。

从有标记样本集合随机抽取 4 个样本（$N_l=1$），N_u 设置为 100，重复 100 次，多时相积雪协同识别（co-training method for multi-temporal snow cover extraction，CSCE）和单独识别（使用 SVM）的频次图如图 5.15 所示。显然，CSCE 和 SVM 频次图均覆盖 0 和 100 之间的较大范围，表明两种算法对于样本的质量均十分敏感。直接对比 CSCE 和 SVM 频次图可以发现，CSCE 的高值和低值区较为完整，积雪斑块边界比较清晰，而 SVM 的频次图高值

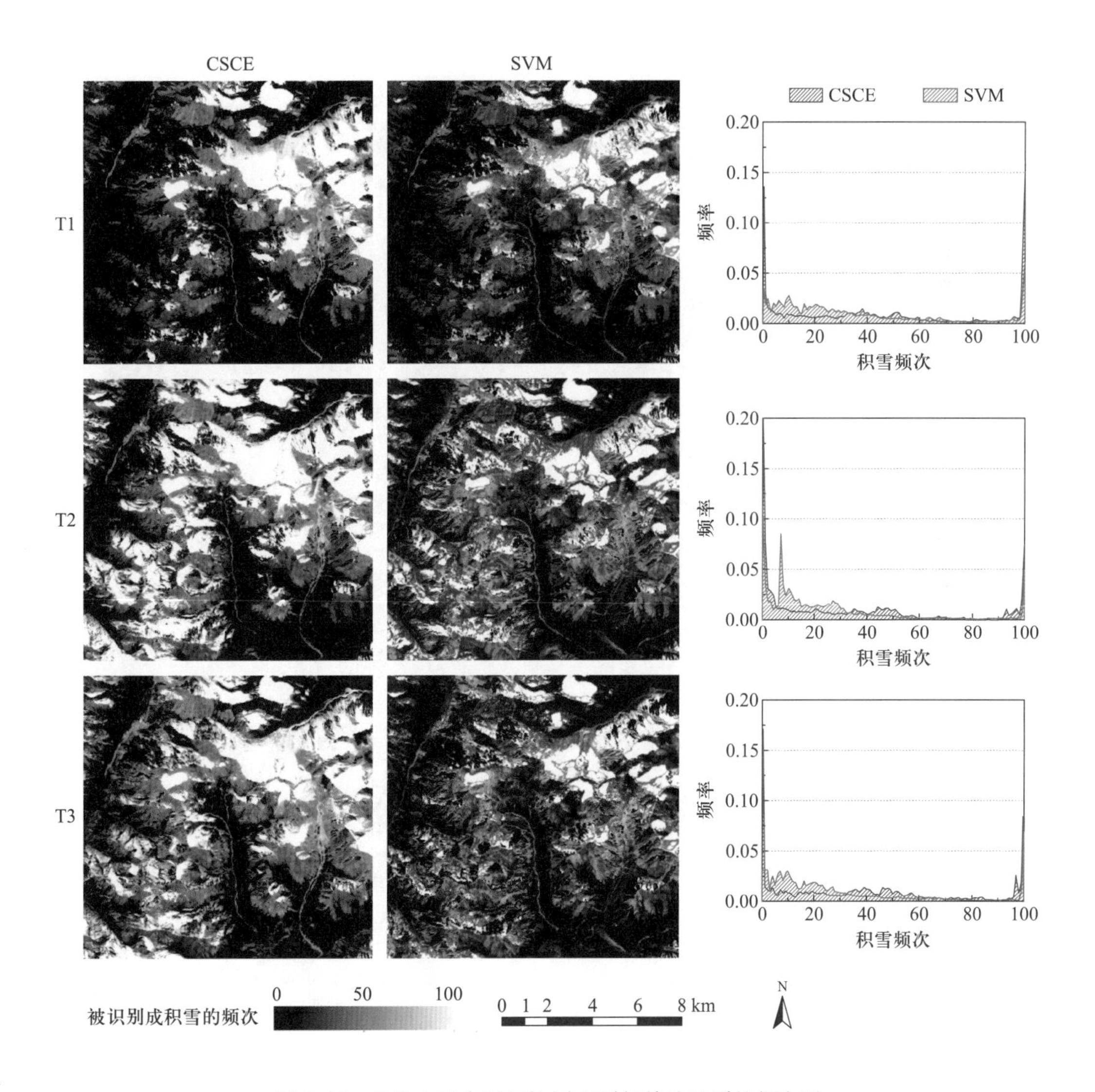

图 5.15 N_l为 1 时多时相协同识别与单独识别的频次图

和低值区较为破碎。由统计结果(右列)可知,CSCE 总体上较 SVM 有较少的中间值像元。图 5.16 为频次图的局部比较。由第一行可知,在阴影区积雪与非阴影区积雪边界区域,受阴影渐变的影响,SVM 的频次图存在由中间值组成的明显边界,而 CSCE 均表现为高值,表明 CSCE 在复杂的阴影条件下具有较好的效果。由第二行可知,在可见光-近红外波段表征差异较大的积雪斑块内部,SVM 频次图存在较大的中间值区域,而 CSCE 在这些积雪斑块上均出现高值。第三行反映了阴影区积雪的识别情况,CSCE 和 SVM 均能在一定程度上实现阴影区积雪的识别,而 CSCE 的识别结果中斑块更加清晰,能够较好适应阴影的变化。综合以上分析,在极少样本存在的情况下,CSCE 通过多时相间的相互学习能够在一定程度上减少对样本质量的依赖,能够有效识别复杂阴影下的积雪和表征差异较

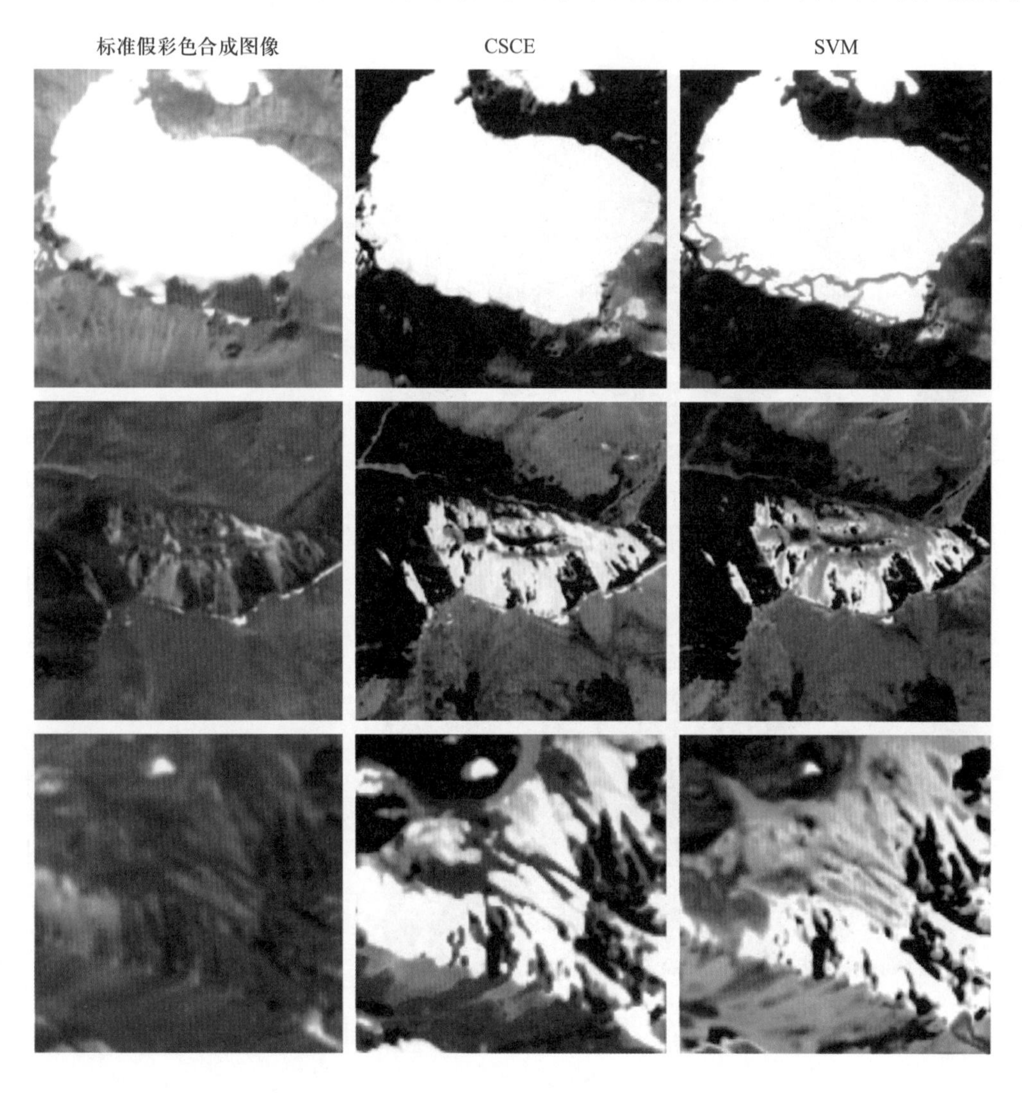

图 5.16 N_l为 1 时多时相协同识别与单独识别频次图的局部比较

大的积雪。

图 5.17 为 $N_l = 10$ 时得到的频次图。总体上，CSCE 和 SVM 频次图中的中间值分布极少。其原因为：当样本数量增加时，样本能够更好地描述需要解决的问题，得到更加稳定的结果，从而中间值出现的区域变小。对比 CSCE 和 SVM 频次图可知，CSCE 与 SVM 对时相 T1 和 T3 的频次图基本一致。而在时相 T2 的频次图中，SVM 仍然有较为明显的中间值分布。其可能原因是：T1 和 T2 间存在降雪，而后积雪发生融化，因此在 T2 中，积雪物化性质较为复杂。此外，由统计结果（右列）可知，SVM 频次图中间值（介于 20 和 80 之间）的像元数均大于 CSCE，表明在样本数量较大的情况下，协同训练仍然具有一定的优势。

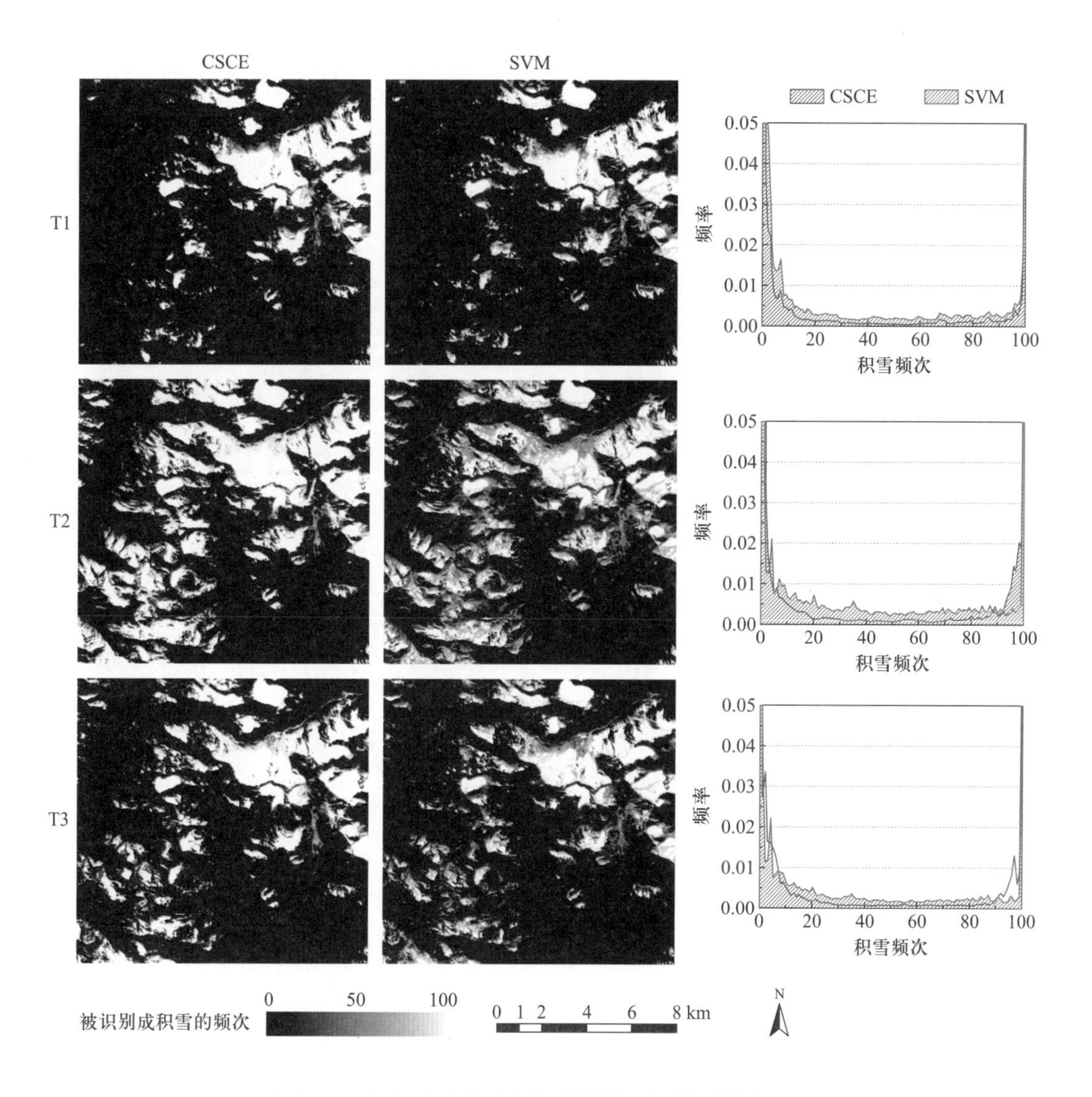

图 5.17 N_l为 10 时多时相协同识别与单独识别的频次图

(2)小样本条件下积雪识别结果分析

对小样本条件下协同识别的结果与充分样本条件下的单独识别结果进行比较。利用4个有标记样本进行100次随机实验,得到研究区3个时相的雪盖图。利用全部有标记样本(1200个)独立训练的各时相识别模型,得到雪盖图。然后将两组雪盖图叠加,结果如图5.18所示,其中均识别为积雪和非积雪的像元分别用白色和灰色显示,而不一致的像元用黄色和红色显示。对应的验证精度也在图中标注。

由验证精度(F值)可知,基于4个样本的CSCE在T2上的精度较基于1200个样本的SVM高,而在其他两个图像上,SVM取得更高的精度,但两者在3个图像上的F值差异均较小(<0.015),表明协同训练有希望通过未标记样本的信息弥补样本不足导致的识别困难。由不同时相图像的雪盖图可知,T1和T3时相中雪盖主要分布在高海拔区域。由于在T1和T2成像之间存在降雪现象,T2的雪盖面积大于T1和T3。两种算法在T2上取得了较为一致的结果,而在T1和T3中差异较大,表现为在CSCE识别结果中为积雪的像元在SVM雪盖图中为非积雪,这些不一致的小斑块主要分布在山体阴影区。此外,T1和T3中积雪斑块的边缘也出现了大量的不一致。

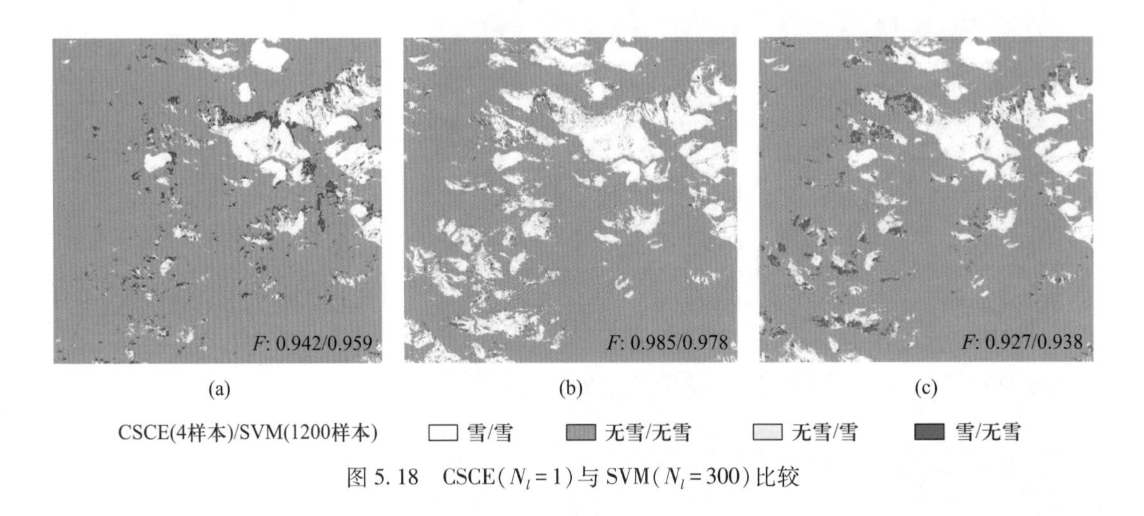

图5.18 CSCE($N_l=1$)与SVM($N_l=300$)比较

(3)基于测试集的积雪识别结果分析

利用有标记的测试集对算法进行全面验证。将多时相协同识别与单独识别进行比较,参与比较的单一时相算法为SVM和直推式支持向量机(TSVM)(Bruzzone et al.,2006)。其中,TSVM与本研究提出的多时相协同识别均属于半监督算法,而SVM属于监督算法。为全面比较三种算法性能,将N_l以2为间隔从1增加到29。每一N_l均通过随机抽取的方式重复100次,得到F值的均值和方差。未标记样本获取参数$N_u=100$,$\lambda=1$;时相组合包括T1&T2,T1&T3和T2&T3。结果如图5.19所示。

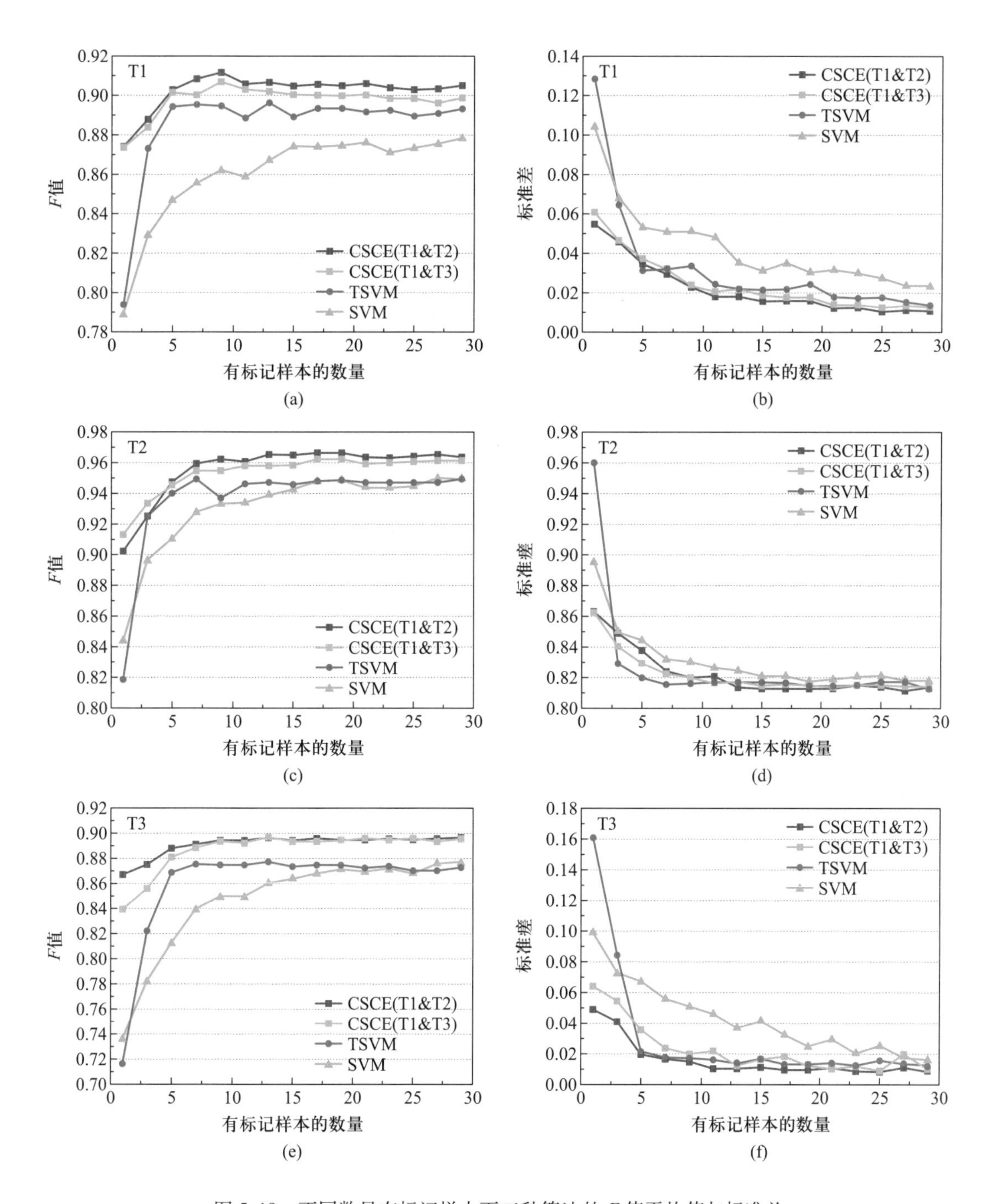

图 5.19　不同数量有标记样本下三种算法的 *F* 值平均值与标准差

图 5.19a、b 为各算法在图像 T1 的识别结果。显然,三种算法的 *F* 值的均值(以下简称 *F* 值)随着 N_l的增加显著升高。当使用图像 T1 和 T2 进行协同识别时,CSCE 的 *F* 值随着样本的增加从 0.874 升高到 0.905;当使用组合 T1&T3 时,其 *F* 值由 0.874 升高到 0.899。在所有

识别试验中，CSCE 的 F 值均高于 SVM 和 TSVM。特别的，当 N_l 小于 15 时 CSCE 相对于 SVM 具有显著的优势，但是这一优势随着样本的增加逐渐减小。在对 TSVM 与 SVM 结果进行比较时，可以观察到类似的现象。出现这一现象的原因是当有标记样本数量增加时，有标记样本对于问题的描述更加接近问题的真实状况，此时未标记样本的价值将减少。此外，当 N_l 大于某个值时，三种算法的表现均达到稳定，其中，SVM 在 N_l 等于 15 时达到稳定，而 CSCE 和 TSVM 在 N_l 等于 5 时达到稳定。这一现象表明在积雪识别中利用未标记样本中蕴含的信息有利于减少有标记样本的使用。由三个算法 F 值的标准差可知，在大部分实验中 CSCE 均取得最小的标准差。当 $N_l=1$ 时，CSCE 的标准差为 0.055(T1&T2) 和 0.061(T1&T3)，而 SVM 和 TSVM 的标准差分别为 0.128 和 0.104，是 CSCE 的两倍左右，表明 CSCE 较其他两种算法对样本的质量不敏感，有较好的稳定性，这一结果与基于积雪识别频次图的结果一致。三种算法在其他两幅图像 T2 和 T3 的表现与其在 T1 的表现类似，CSCE 均具有较大的优势。

需要注意的是，尽管两种半监督算法(CSCE 和 TSVM)较监督算法 SVM 更具优势，但是多时相协同识别较各图像单独识别都取得了更好的效果。当每个类别有标记样本数量仅为 1 时，TSVM 与 SVM 取得类似的 F 值，但其标准差远高于 SVM。同时，CSCE 较 SVM 在 F 值和标准差上均具有较大的优势。这一差异表明基于多个时相的相互学习(CSCE)较基于单一图像的直推式学习或半监督学习更加有效。其可能原因为当初始的分类器性能较差时，通过分类器自身的直推式学习难以改善分类器性能，甚至出现学习恶化，而通过两个图像的协同训练，初始性能较差的初始分类器可能通过相互学习得到改进，从而得到更好的结果。

5.4.2 多时相数据与积雪识别

1) 时相组合与积雪识别

使用不同时相组合得到同一图像识别结果，并对识别结果进行比较(图 5.20)。对于图像 T1，时相组合 T1&T2 较 T1&T3 效果更好，在绝大多数实验中，T1&T2 取得较大的 F

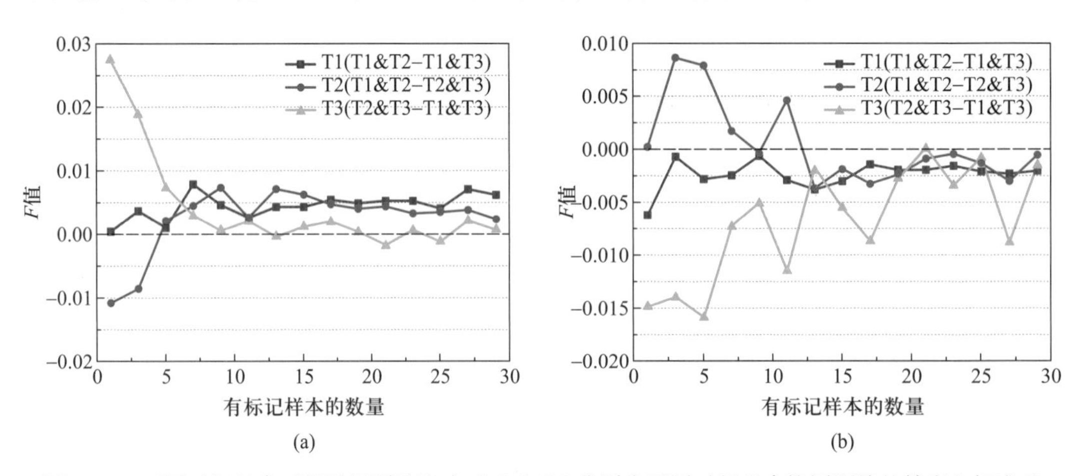

图 5.20 不同时相组合对积雪识别的影响：(a)和(b)分别为不同时相组合协同训练的精度和标准差

值和较小的标准差。对于图像 T2 和 T3,其最佳的时相组合分别为 T1&T2 和 T2&T3。协同训练的效果与视图有效性(以及分类器间的差异大小有关。而 CSCE 以协同训练为基础,因此从这两个角度出发,分析时相组合与识别效果的关系。

(1)视图的有效性

直接采用各图像识别精度作为评价视图有效性的指标。由图 5.19 可知,总体上,图像 T2 的识别精度较图像 T1 和 T3 的高,T2 的最高 F 值为 0.964,远高于图像 T1 的 0.905 和 T3 的 0.896。这一结果表明,在视图 V2 上识别图像 T2 的积雪较为有效。而其他两个视图 V1 和 V3 对于识别对应图像中的积雪并不理想。显然,在容易识别积雪的视图上训练的分类器更有可能提供准确的标记信息,而这些较为准确的标记信息将提高相互学习中的另一个分类器的性能。例如,V2 较 V3 在识别对应图像积雪时更为有效,因而 T1 在 T1&T2 中取得的 F 值均高于其在 T1&T3 的 F 值。类似地,T2 和 T3 分别在 T1&T2 和 T2&T3 中取得较好的结果。因此,选择拥有有效视图的图像作为协同识别的参与者能够有效提高自身的识别精度,这间接证明了选择有效视图对于提高协同识别效果的价值。

(2)在不同视图上训练的分类器间的差异

以分类器对样本预测的差异作为衡量分类器差异的指标。两个分类器 f^1 和 f^2 的预测差异定义如下:

$$\text{PDC}(f^1,f^2) = 1 - \text{identical}(f^1(X_1^*),f^2(X_2^*))/\#X_1^* \tag{5.15}$$

式中,X_1^* 和 X_2^* 为视图 V1 和 V2 上的样本集合,$\#X_1^*$ 是样本集合 X_1^* 和 X_2^* 中样本的数量,函数 identical(x,y) 返回 x 和 y 中标记一致的样本的数量。当分类器 f^1 和 f^2 在所有样本的预测完全一致时,PDC 值最小为 0;PDC 值越大,分类器的差异越大。

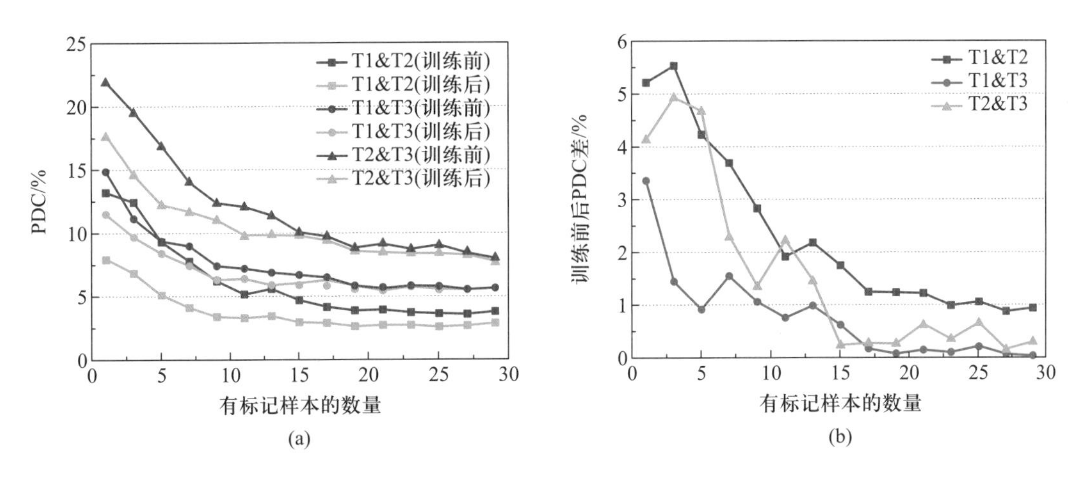

图 5.21 不同视图上训练的分类器间差异及其变化:(a)三种时相组合在协同训练前后的 PDC;(b)训练前后 PDC 值的变化

图5.21a为三种时相组合在协同训练前后的PDC。总体上,初始分类器间的PDC在协同训练后均有较大幅度的下降。这是因为在相互学习的过程中,两个分类器间的差异被用来改善初始分类器的性能,两个分类器对样本的预测趋于一致,从而导致PDC的下降。进一步分析PDC下降的量与识别效果间的关系,图5.21b为学习前后PDC下降的值。显然,时相组合T1&T2的PDC值下降最大,T2&T3和T1&T3次之。这一结果可以为不同时相组合的表现差异提供解释,以图像T1为例,T1&T2的PDC下降值远高于T1&T3表明,在T1&T2的协同识别过程中更多的差异被用来相互学习,因而T1的识别精度在T1&T2中较高。类似地,T2&T3较T1&T2有较小的PDC下降值,因而T2在T1&T2的协同识别中效果较好。对于T3,T2&T3在学习中利用了较大的PDC,因而是识别T3中积雪的最佳组合。此外,在学习过程中利用的差异可能与CSCE的有效性直接相关,而与各时相组合中初始分类器的绝对PDC无直接关联。例如,T2&T3的初始PDC最大,然而T2在T1&T2(拥有最大的PDC下降值)的识别结果优于其在T2&T3中的结果。

2)空间匹配误差与积雪识别

多时相遥感图像的空间对应关系是构建积雪多视图的关键,而多时相遥感图像间的空间匹配误差通常难以完全消除。因此有必要评估空间匹配误差对协同识别的影响。将图像T2沿4个方向人为引入空间匹配误差,即北-南、西北-东南、西-东和西南-东北,然后新的T2与T1一起进行积雪的协同识别。在协同识别中,有标记样本数量 $N_l=1$,未标记样本数量 $N_u=100$。

图5.22为图像T1的 F 值与偏移的关系,其中负的偏移表示向起始方向偏移,例如,x 轴为-10在北-南的点线图中表示T2相对于T1向北偏移10个像元。从图5.22a可以发现一个有趣的现象,偏差能够提高协同识别的精度,这一现象在偏差小于5个像元时尤为明显。各个方向的偏差对于精度的影响较为一致,即与方向无关。图5.22b为多时相图像空间偏差与标准差。总体上,当空间偏差小于5个像元时,标准差随着偏差的增加

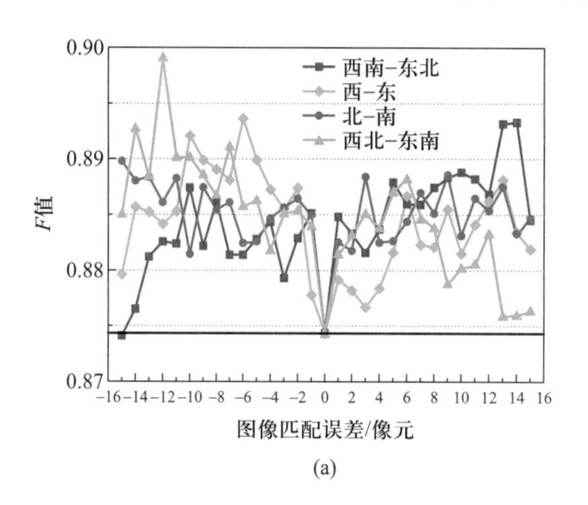

(a)

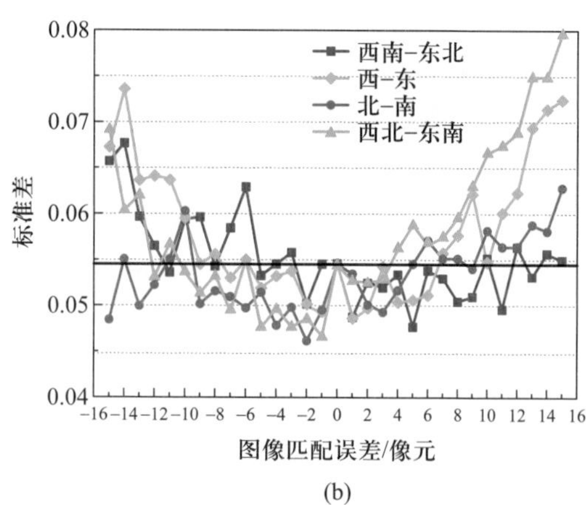

(b)

图5.22 多时相遥感图像空间匹配误差对协同识别的影响

逐渐减小;而当偏差继续增加时,则出现相反的趋势。这一现象可以解释为:在多时相积雪多视图的构建过程中,已经通过变化检测将类别发生变化的像元剔除,因此即使发生空间匹配误差,也不会影响协同识别;对于参与训练的未标记样本,空间匹配误差可能造成同一样本在不同视图中有更大的表征偏移,而表征偏移恰恰是协同识别成功的关键因素。

小 结

为了从多时相遥感图像中快速识别积雪,引入机器学习中协同训练和多视图的概念,以每一幅图像作为一个视图,构建多时相积雪的多视图,将协同训练从单一图像分类技术扩展到多时相分类技术,通过积雪多时相表征偏移实现协同训练。利用协同训练构建多时相积雪识别模型,通过积雪识别频次图和测试样本集评价 GF-1 PMS 图像积雪识别结果,并分析多时相图像的时相组合与空间匹配误差对协同识别的影响。结果表明,通过协同训练构建的多时相积雪识别模型,相对于单一时相积雪识别算法在精度、稳定性、对样本的质量和数量敏感上具有较大的优势,协同识别在小样本的情况下能够实现多时相积雪的同时识别。

参考文献

齐腊,刘良云,赵春江,王纪华,王锦地. 2008. 基于遥感影像时间序列的冬小麦种植监测最佳时相选择研究.遥感技术与应用,23(2):154-160.

Balcan M-F, Blum A, Yang K. 2005. Co-training and expansion: towards bridging theory and practice. In: Saul LK, Weiss Y, Bottou L (Eds.). *Advances in Neural Information Processing Systems* 17. Cambridge: MIT Press.

Bazi Y, Bruzzone L, Melgani F. 2005. An unsupervised approach based on the generalized Gaussian model to automatic change detection in multitemporal SAR images. *IEEE Transactions on Geoscience and Remote Sensing*, 43(4): 874-887.

Blum A, Mitchell T. 1998. Combining labeled and unlabeled data with co-training. *Proceedings of the Eleventh Annual Conference on Computational Learning Theory*. ACM: 92-100.

Brefeld U, Scheffer T. 2004. Co-EM support vector learning. *Proceedings of the Twenty-first International Conference on Machine Learning*. ACM, 16.

Bruzzone L, Chi M, Marconcini M. 2006. A novel transductive SVM for semisupervised classification of remote-sensing images. *IEEE Transactions on Geoscience and Remote Sensing*, 44(11): 3363-3373.

Burrough P A, McDonnell R A. 1997. *Principles of Geographical Information Systems*. Oxford, UK: Oxford University Press.

D'Addabbo A, Satalino G, Pasquariello G, Blonda P. 2004. Three different unsupervised methods for change detection: an application. *Proceedings of the IEEE International Geoscience and Remote Sensing Symposium*, 1980-1983.

Di W, Crawford M M. 2012. View generation for multiview maximum disagreement based active learning for hyperspectral image classification. *IEEE Transactions on Geoscience and Remote Sensing*, 50(5): 1942–1954.

Hsu C W, Lin, C J. 2002. A comparison of methods for multiclass support vector machines. *IEEE Transactions on Neural Networks*, 13(2), 415–425.

Kittler J, Illingworth J. 1986. Minimum error thresholding.*Pattern Recognition*, 19(1): 41–47.

Li M, Zhou Z H. 2007. Improve computer-aided diagnosis with machine learning techniques using undiagnosed samples. *IEEE Transactions on Systems, Man and Cybernetics, Part A: Systems and Humans*, 37(37): 1088–1098.

Nigam K, Ghani R. 2000. Analyzing the effectiveness and applicability of co-training. *Proceedings of the Ninth International Conference on Information and Knowledge Management.* ACM, 86–93.

Nigam K, McCallum A K, Thrun S, Mitchell T. 2000. Text classification from labeled and unlabeled documents using EM. *Machine Learning*, 39(2-3): 103–134.

Rittger K, Painter T H, Dozier J. 2013. Assessment of methods for mapping snow cover from MODIS. *Advances in Water Resources*, 51: 367–380.

Wang W, Zhou Z H. 2007. Analyzing co-training style algorithms.*Machine Learning*: ECML. *Springer*, 454–465.

Zhang M L, Zhou Z H. 2011. CoTrade: Confident co-training with data editing. *IEEE Transactions on Systems, Man, and Cybernetics, Part B: Cybernetics*, 41(6), 1612–1626.

Zhou Z H, Li M. 2005. Tri-training: Exploiting unlabeled data using three classifiers. *IEEE Transactions on Knowledge and Data Engineering*, 17(11), 1529–1541.

Zhou Z H, Li M. 2010. Semi-supervised learning by disagreement. *Knowledge and Information Systems*, 24(3), 415–439.

Zhu L, Xiao P, Feng X, Feng X, Zhang X, Wang Z, Jiang L. 2014. Support vector machine-based decision tree for snow cover extraction in mountain areas using high spatial resolution remote sensing image. *Journal of Applied Remote Sensing*, 8(1): 084698.

第 6 章

GF-3 卫星积雪识别

合成孔径雷达(synthetic aperture radar, SAR)技术使得大面积重复观测、全天时获取区域尺度的积雪信息成为可能,即使在气候条件恶劣的情况下,也能进行有效观测。本章以 GF-3 卫星全极化数据为例,开展极化 SAR 积雪识别研究,以弥补光学遥感受云雾遮盖影响的不足。

利用 GF-3 数据识别积雪,首先需要获取用于识别的特征。极化分解理论将地物的后向散射信号分解为不同的散射分量,形成诸多极化特征。本章使用了 5 种相干或非相干极化分解方法,得到 18 个极化特征;加上 GF-3 数据的 4 种极化的后向散射系数,共计 22 个特征。获得识别的特征以后,分别使用最大似然法、支持向量机、BP 神经网络和随机森林等分类方法识别积雪。结果表明,使用随机森林方法的积雪识别结果精度最高。利用该方法计算特征的重要性,并根据特征重要性由高到低的顺序,获得每一特征加入分类器时积雪识别精度的变化规律。结果显示,在使用重要性最高的 3 个特征时识别精度已达到使用 22 个特征时的识别精度,其中 HH 极化、VV 极化和 $H-A-\bar{\alpha}$ 极化分解的第三分量平均散射角可以作为积雪识别最优的特征子集。从积雪识别精度的变化规律还发现,同极化后向散射系数对识别的贡献比交叉极化的贡献大。进一步结合光学与雷达影像选取训练样本,利用 SVM 分类器识别积雪干湿状态,为积雪消融过程监测提供科学支撑。

6.1 雷达与光学遥感数据预处理

利用 SAR 数据识别积雪,需要使用光学图像作为辅助数据或者基于两种数据联合识别,因此选取过境时间相同或相近的 SAR 与光学图像。SAR 数据主要使用 GF-3 图像,因缺乏同期过境的 GF-1 数据,故光学数据使用 Landsat-8 图像。第 6.2、6.3 节所选图像位于阿尔泰山南麓、克兰河流域中部(图 6.1),属于平原与山地的交错地带,高程范围在 590~1625 m,西南部和东北部地势较高,中部平原相对平坦,零散分布着一些村庄和农田。第 6.4 节所选图像位于天山北麓、玛纳斯河流域东支源头(图 6.2),高程范围在 2486~

4585 m，地形起伏较大。第 6.2、6.3 节使用 GF-3 数据和 Landsat-8 数据，卫星过境时间分别为 2017 年 11 月 15 日和 11 月 18 日；第 6.4 节使用两景 GF-3 数据，卫星过境时间分别为 2017 年 11 月 27 日和 2018 年 2 月 22 日。

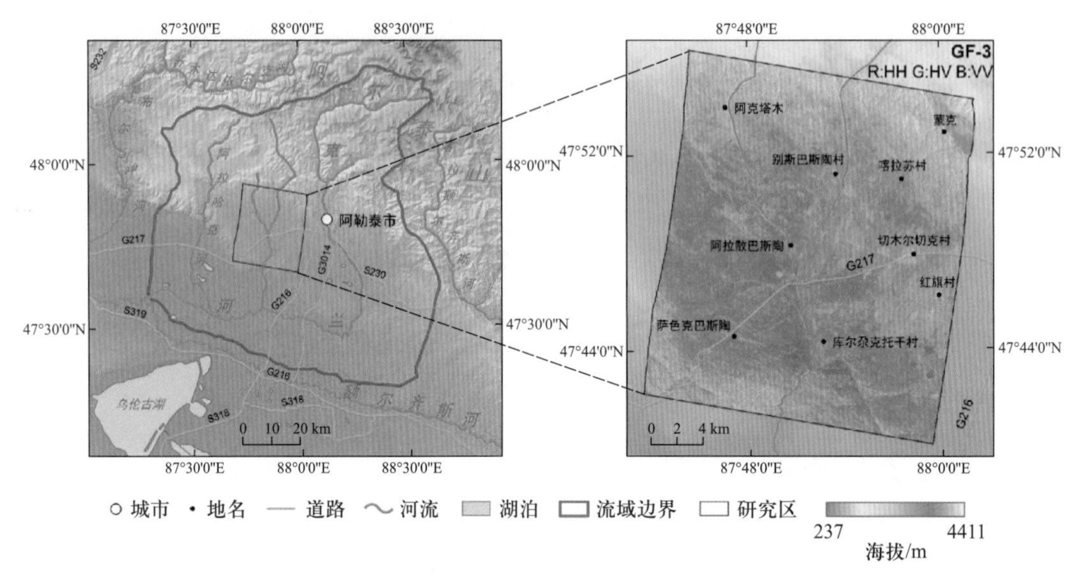

图 6.1 所选 GF-3 图像在克兰河流域的位置图

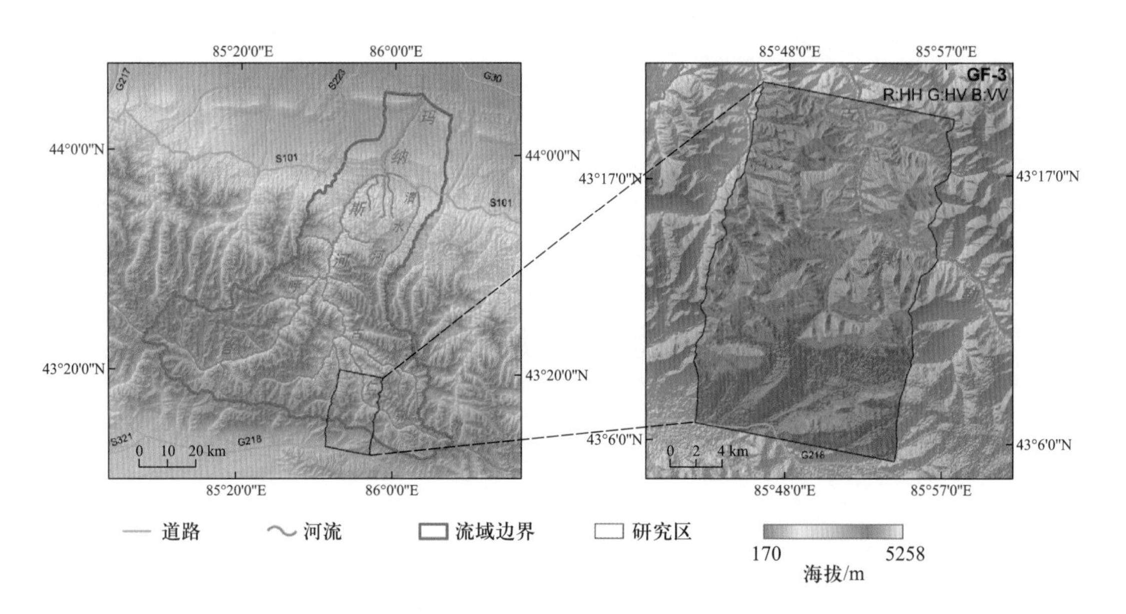

图 6.2 所选 GF-3 图像在玛纳斯河流域的位置图

6.1.1 GF-3 数据预处理

所用的 GF-3 数据是 L1A 级单视复数图像，工作模式为全极化模式。每一景数据中包括图像数据文件、RPC 参数文件、图像元数据等，包含了四种极化方式（HH、HV、VH、VV）的电磁波回波信号。图像的像元值由复数构成，表示散射回波的强度和相位信息。在极化分解前需先获取图像中各极化方式的后向散射系数，GF-3 数据的预处理是将回波信号转化为各种极化方式下的后向散射系数的过程。预处理包括多视处理、滤波处理、辐射定标、地理编码以及地形辐射校正等步骤，这些步骤主要利用 PIE 软件完成。

1）多视处理

为了使 SAR 数据成像清晰，SAR 信号处理器采用所有合成孔径和完整信号记录，但每个孔径的雷达回波信号相干叠加会导致强度图像含有相干斑噪声。要减小这些相干斑噪声的影响，需要对距离向和方位向的分辨率分别进行平均处理，降低空间分辨率换取高辐射分辨率。多视处理主要是根据距离向分辨率、方位向分辨率以及中心入射角确定距离向和方位向的视数值，利用这两个方向的视数值对图像平均处理。

首先根据 GF-3 数据头文件中记录的斜距分辨率，结合图像中心入射角转换为地距分辨率，转换公式为

$$R = R_{\mathrm{SS}} / \sin I_{\mathrm{centre}} \tag{6.1}$$

式中，R 为距离向地距分辨率；R_{SS} 为距离向斜距分辨率；I_{centre} 为中心入射角。

从 GF-3 图像的元数据读取距离向斜距分辨率和中心入射角等参数，将参数代入式（6.1）可求得距离向地距分辨率，并根据距离向地距分辨率和方位向分辨率确定各方向的视数。经过多视处理后，虽然距离向和方位向的空间分辨率有所降低，但能抑制相干斑噪声，使得辐射分辨率加强，可保留更多的后向散射信号。为计算方便，对完成多视处理的影像进行重采样，最终得到距离向和方位向分辨率均为 10 m 的多视处理结果。

2）滤波处理

SAR 成像系统的随机乘性斑点噪声会对图像解译和地物识别造成很大的影响，在使用 SAR 图像分析前需要通过滤波再一次减轻相干斑噪声的影响。目前，SAR 图像滤波的方法有很多，如精致极化 Lee、Box、高斯、Frost、Kuan 等多种滤波方法。本章所使用的滤波方法为精致极化 Lee 滤波，滤波窗口大小为 5 像元×5 像元。

3）辐射定标

SAR 数据记录的是脉冲发射和回波信号之间的功率比，四种极化数据则表示目标的后向散射系数，因此需要确定一种关系将这种功率比转化为目标的后向散射系数，辐射定标便是这种转换关系。SAR 数据辐射定标是利用比例关系将数据初始值转换为目标的后

向散射系数,使图像直接反映地物的后向散射信息。

4）地理编码

由于SAR侧视成像的特点,原始数据被投影为斜距几何,并没有实际的地理位置信息。后续分析建立在确定的空间参考基础上,因此需要把定标后的GF-3图像编码到常用的空间坐标参考上。利用GF-3图像范围内的SRTM DEM对其进行地理编码,投影坐标系设定为UTM,将图像上每个像元从斜距几何转换为地图投影坐标。

5）地形辐射校正

在SAR图像辐射处理中,如果研究区地形起伏较大,由地形引起的辐射误差不容忽略。理论上,误差在入射角为零时达到最大,入射角越小,由地形引起的误差就越大(张继贤等,2011)。利用DEM导出的局部入射角文件可以进行地形辐射校正处理,生成较为精确的后向散射系数图像。

6.1.2 光学遥感数据预处理

光学数据预处理的目的是将传感器量化的DN值转化为传感器入瞳辐射亮度值和大气层顶反射率值(池宏康等,2005;王介民和高峰,2004)。为了结合光学与雷达数据,所选用的光学和雷达数据需在同一区域、在相近时间范围内。处理的光学数据为Landsat-8数据。光学数据预处理流程主要包括辐射亮度值转换、大气层顶反射率计算、图像配准和图像裁切,这些步骤主要利用ENVI和ArcGIS软件完成。

1）辐射亮度值转换

辐射亮度值转换是将Landsat-8 OLI图像的初始DN值转换为传感器入瞳辐射亮度值,计算公式为

$$L_\lambda = a \times \mathrm{DN} + b \tag{6.2}$$

式中,L_λ为卫星载荷通道入瞳处等效辐射亮度;a和b分别为卫星传感器定标系数和偏移量;DN为传感器某个波段初始记录值。Landsat-8 OLI传感器校正所需的绝对辐射定标系数来源于美国地质调查局网站①。将系数代入公式可以得到对应的辐射亮度值。

2）大气层顶反射率计算

将入瞳辐射亮度转换为大气层顶反射率的计算公式如下:

$$\rho_\lambda = \frac{\pi \cdot L_\lambda \cdot d^2}{E_{\mathrm{sun}\lambda} \cdot \cos\theta_s} \tag{6.3}$$

---

① http://glovis.usgs.gov。

式中,ρ_λ 为大气层顶反射率;π 为常量;L_λ 为辐射亮度值;d 为日地距离;$E_{\mathrm{sun}\lambda}$ 为大气层顶的平均太阳光谱辐照度;θ_s 为太阳天顶角。将各参数代入公式便可求得大气层顶的反射率。

3）图像配准和裁剪

光学图像和 SAR 图像在空间上存在偏差,因此需要进行配准操作。配准主要是将分辨率较低的光学图像配准到分辨率较高的 SAR 图像上,使得同名点在图像上重合。以 10 m分辨率的 GF-3 雷达图像为基图像,在图像上选取道路交叉点、田块角点等作为控制点,对 30 m 分辨率的 Landsat-8 光学图像进行配准处理。

Landsat-8 卫星扫描幅宽达 185 km,覆盖范围较大,所选 GF-3 图像位于一景 Landsat-8 图像范围内,因此使用 GF-3 图像范围裁剪 Landsat-8 图像即可得到相同范围的光学图像。

6.2 基于极化分解的特征获取

分析 SAR 数据中回波信号所反映地物的后向散射信息差异,可以区分不同的地物类型,实现识别或分类过程。GF-3 数据包含四种极化方式,能接收到比单、双极化数据更全面的信息,有利于积雪识别。这些数据包含了大量地物信息,但这些信息只有通过特征提取才能被充分利用,因此通过极化分解提取特征是 SAR 图像积雪识别的关键。本节利用预处理后的 GF-3 全极化数据,通过极化分解方法获取识别积雪的 SAR 特征。

经过上述多视、滤波、辐射定标和地理编码等雷达数据预处理操作后,得到如图 6.3 所示的四种极化方式的后向散射系数图像。

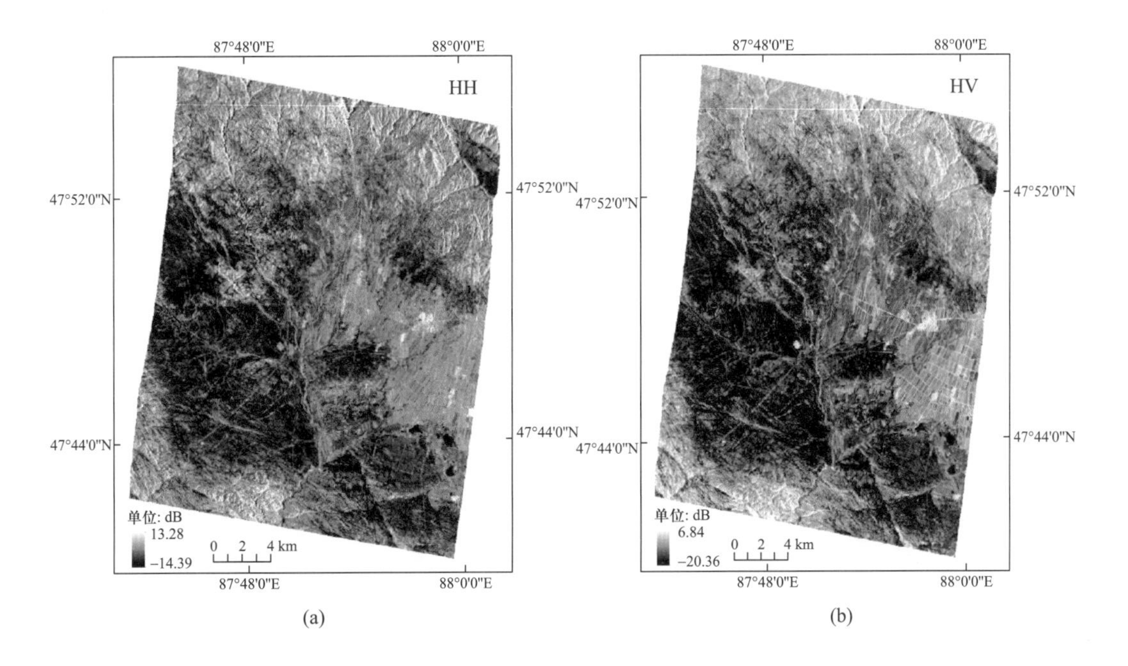

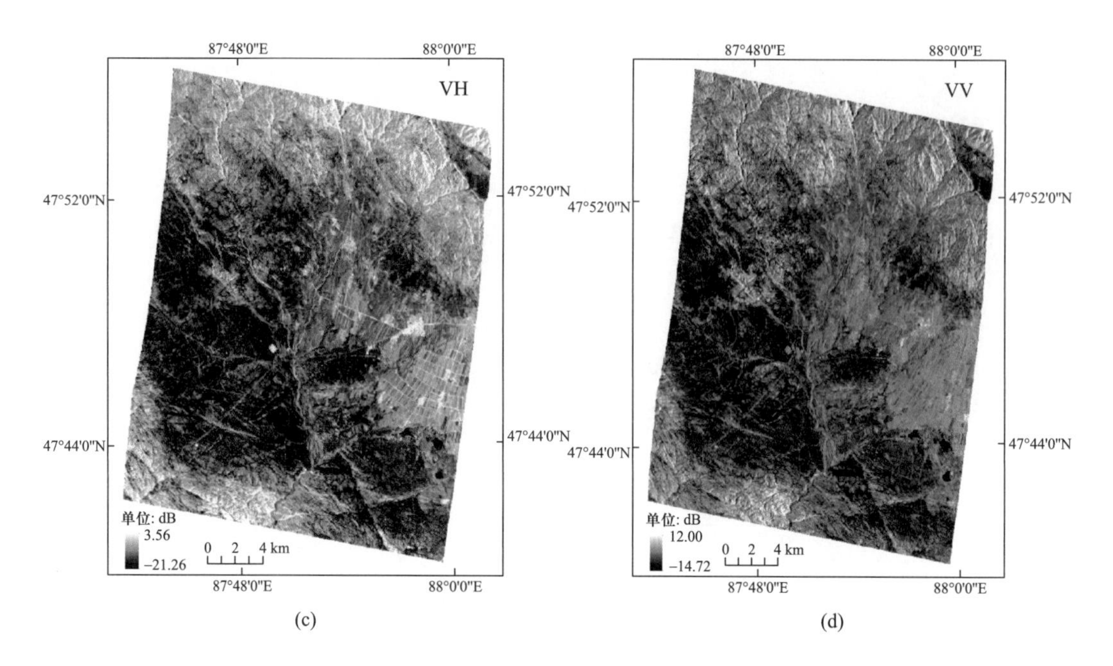

图 6.3 四种极化方式的后向散射系数图像:(a)HH 极化;(b)HV 极化;(c)VH 极化;(d)VV 极化

6.2.1 极化分解

地物的回波强弱用散射强度表示,散射强度通常用极化散射矩阵、极化相干矩阵或极化协方差矩阵来描述,因此相应地有相干目标分解和非相干目标分解。极化分解从这些矩阵中提取地物的极化特征,将散射矩阵表述成多种单一散射分量相加的形式。利用极化散射矩阵进行相干目标分解,利用极化相干矩阵或极化协方差矩阵进行非相干目标分解,得到用于识别积雪的极化特征。

1)极化矩阵

雷达天线发射的电磁信号传播至地表,再经地表散射回波信号并被天线接收这一过程中,在给定的散射空间坐标系和极化基下,地物散射前后入射波和散射波的各极化分量间存在线性变换关系,因此可以通过复数矩阵的形式描述地物目标的电磁散射过程,本节使用的有极化散射矩阵、极化协方差矩阵和极化相干矩阵三种。

(1)极化散射矩阵

极化散射矩阵是常用的描述地物电磁散射特性的方法,它把整个散射过程看作是线性的,因此可以在发射波与散射波之间建立一种线性转换关系。使用 Sinclair 散射矩阵(Sinclair,1950),它可以表示为

$$\boldsymbol{S}=\begin{bmatrix} S_{\mathrm{HH}} & S_{\mathrm{HV}} \\ S_{\mathrm{VH}} & S_{\mathrm{VV}} \end{bmatrix} \tag{6.4}$$

式中,S_{HH}表示以水平极化发射波照射目标且以水平极化方式接收的后向散射波;S_{VV}表示以垂直极化发射波照射目标且以垂直极化方式接收的后向散射波;同理,S_{HV}和S_{VH}表示交叉极化分量。

(2)极化协方差矩阵和极化相干矩阵

极化协方差矩阵和极化相干矩阵由极化散射矩阵转换成矢量的形式,再与它的共轭转置矢量做矩阵乘法得到(Cloude and Pottier,1996)。不同的坐标基有不同的转换方式,以下介绍两种常用的极化散射矩阵矢量。

第一种矢量:

$$\boldsymbol{k}=[S_{\mathrm{HH}} \quad \sqrt{2}S_{\mathrm{HV}} \quad S_{\mathrm{VV}}]^{\mathrm{T}} \tag{6.5}$$

极化协方差矩阵是矢量$\boldsymbol{k}$与它的共轭转置矢量进行矩阵乘法运算和视数平均获得的,计算公式为

$$\boldsymbol{C}=\langle \boldsymbol{k}\,\boldsymbol{k}^{*\mathrm{T}}\rangle=\begin{bmatrix} \langle |S_{\mathrm{HH}}|^2\rangle & \langle \sqrt{2}\,S_{\mathrm{HH}}S_{\mathrm{HV}}^*\rangle & \langle S_{\mathrm{HH}}S_{\mathrm{VV}}^*\rangle \\ \langle \sqrt{2}\,S_{\mathrm{HV}}S_{\mathrm{HH}}^*\rangle & \langle 2|S_{\mathrm{HV}}|^2\rangle & \langle \sqrt{2}\,S_{\mathrm{HV}}S_{\mathrm{VV}}^*\rangle \\ \langle S_{\mathrm{VV}}S_{\mathrm{HH}}^*\rangle & \langle \sqrt{2}\,S_{\mathrm{VV}}S_{\mathrm{HV}}^*\rangle & \langle |S_{\mathrm{VV}}|^2\rangle \end{bmatrix} \tag{6.6}$$

式中,$\boldsymbol{C}$表示极化协方差矩阵;*表示共轭矩阵;|·|表示矩阵的模;〈·〉表示随机散射介质在各向同性下的空间统计平均;上标T表示矩阵的转置。

第二种矢量:

$$\boldsymbol{p}=[S_{\mathrm{HH}}+S_{\mathrm{VV}} \quad S_{\mathrm{HH}}-S_{\mathrm{VV}} \quad 2S_{\mathrm{HV}}]^{\mathrm{T}} \tag{6.7}$$

极化相干矩阵通过矢量$\boldsymbol{p}$与它的共轭转置矢量进行矩阵乘法运算以及视数平均获得,公式如下:

$$\begin{aligned}\boldsymbol{T}&=\langle \boldsymbol{p}\boldsymbol{p}^{*\mathrm{T}}\rangle \\ &=\begin{bmatrix} \langle |S_{\mathrm{HH}}+S_{\mathrm{VV}}|^2\rangle & \langle (S_{\mathrm{HH}}+S_{\mathrm{VV}})(S_{\mathrm{HH}}-S_{\mathrm{VV}})^*\rangle & \langle 2(S_{\mathrm{HH}}+S_{\mathrm{VV}})S_{\mathrm{HV}}^*\rangle \\ \langle (S_{\mathrm{HH}}-S_{\mathrm{VV}})(S_{\mathrm{HH}}+S_{\mathrm{VV}})^*\rangle & \langle |S_{\mathrm{HH}}-S_{\mathrm{VV}}|^2\rangle & \langle 2(S_{\mathrm{HH}}-S_{\mathrm{VV}})S_{\mathrm{HV}}^*\rangle \\ \langle 2S_{\mathrm{HV}}(S_{\mathrm{HH}}+S_{\mathrm{VV}})^*\rangle & \langle 2S_{\mathrm{HV}}(S_{\mathrm{HH}}-S_{\mathrm{VV}})^*\rangle & \langle 4|S_{\mathrm{HV}}|^2\rangle \end{bmatrix}\end{aligned} \tag{6.8}$$

式中,[$\boldsymbol{T}$]表示极化相干矩阵;*表示共轭矩阵;|·|表示矩阵的模;〈·〉表示随机散射介质在各向同性下的空间统计平均;上标T表示矩阵的转置。

2）极化分解与特征获取

极化分解的目的是为了充分利用极化信息，更好地解译雷达数据(Cloude and Pottier, 1996)。它能从SAR图像中获取丰富的极化信息，这对于区分积雪与非积雪的后向散射特性具有非常重要的作用。根据目标散射特征，可以将极化分解划分为相干目标分解和非相干目标分解。相干目标分解的散射回波是相干的，它基于极化散射矩阵分解；非相干目标分解散射回波是非相干的，它基于极化协方差矩阵或极化相干矩阵分解(王超等,2008)。

本研究使用的极化分解方法主要有5种，包括相干目标分解方法中的Pauli分解，非相干目标分解方法中的H-A-$\bar{\alpha}$分解、Freeman分解、Yamaguchi分解和Anyang分解。这几种极化分解方法可以得到诸多极化特征，用于后续的积雪识别。

(1)Pauli分解

Pauli分解是典型的相干目标分解方法，它以极化散射矩阵为分解对象，可以将极化散射矩阵转化为Pauli基四种散射基的加权和，公式如下：

$$\boldsymbol{S}=\begin{bmatrix} S_{\mathrm{HH}} & S_{\mathrm{HV}} \\ S_{\mathrm{VH}} & S_{\mathrm{VV}} \end{bmatrix}=\frac{a}{\sqrt{2}}\begin{bmatrix} 1 & 0 \\ 0 & 1 \end{bmatrix}+\frac{b}{\sqrt{2}}\begin{bmatrix} 1 & 0 \\ 0 & -1 \end{bmatrix}+\frac{c}{\sqrt{2}}\begin{bmatrix} 0 & 1 \\ 1 & 0 \end{bmatrix}+\frac{d}{\sqrt{2}}\begin{bmatrix} 0 & -i \\ i & 0 \end{bmatrix} \tag{6.9}$$

根据公式可以得出Pauli基的各项系数，将各系数以矢量的形式表示为：

$$[\boldsymbol{a} \quad \boldsymbol{b} \quad \boldsymbol{c} \quad \boldsymbol{d}]^{\mathrm{T}}=\frac{1}{\sqrt{2}}[S_{\mathrm{HH}}+S_{\mathrm{VV}} \quad S_{\mathrm{HH}}-S_{\mathrm{VV}} \quad S_{\mathrm{HV}}+S_{\mathrm{VH}} \quad i(S_{\mathrm{HV}}-S_{\mathrm{VH}})]^{\mathrm{T}} \tag{6.10}$$

式中，矢量$\boldsymbol{a}$、$\boldsymbol{b}$、$\boldsymbol{c}$、$\boldsymbol{d}$表示各散射基的系数；在单站条件下，满足$S_{\mathrm{HV}}=S_{\mathrm{VH}}$，因此可以得到：

$$[\boldsymbol{a} \quad \boldsymbol{b} \quad \boldsymbol{c}]^{\mathrm{T}}=\frac{1}{\sqrt{2}}[S_{\mathrm{HH}}+S_{\mathrm{VV}} \quad S_{\mathrm{HH}}-S_{\mathrm{VV}} \quad 2S_{\mathrm{HV}}]^{\mathrm{T}} \tag{6.11}$$

由该公式还可得知Pauli分解的总功率不变，即

$$\mathrm{Span}=|S_{\mathrm{HH}}|^2+2|S_{\mathrm{HV}}|^2+|S_{\mathrm{VV}}|^2=|a|^2+|b|^2+|c|^2 \tag{6.12}$$

从物理意义来看，$|a|^2$可以理解为面散射或奇次散射；$|b|^2$可以理解为二面角散射或偶次散射；$|c|^2$可对应于非相干目标分解中的体散射。

极化分解后形成三个单波段图像，利用这三个波段可以合成彩色合成(RGB)图像。将$|a|^2$显示为蓝色，$|b|^2$显示为红色，$|c|^2$显示为绿色，构成Pauli基彩色图像(图6.4)。从图中可以看出，研究区中部的大部分区域颜色较暗。结合土地覆盖数据和光学图像分析，这些区域的下垫面以戈壁为主，面散射分量起主要作用，在积雪覆盖区域还有一定的积雪体散射。该图像的成像时间为2017年11月15日，根据气象观测资料可知，当日最高气温为2 ℃，所以在积雪覆盖区域很有可能发生了融雪过程，空气-雪界面以及雪层存在一定的湿度，导致电磁波穿透能力下降，雪-地界面的回波信号较弱，在图像中呈现黑色；

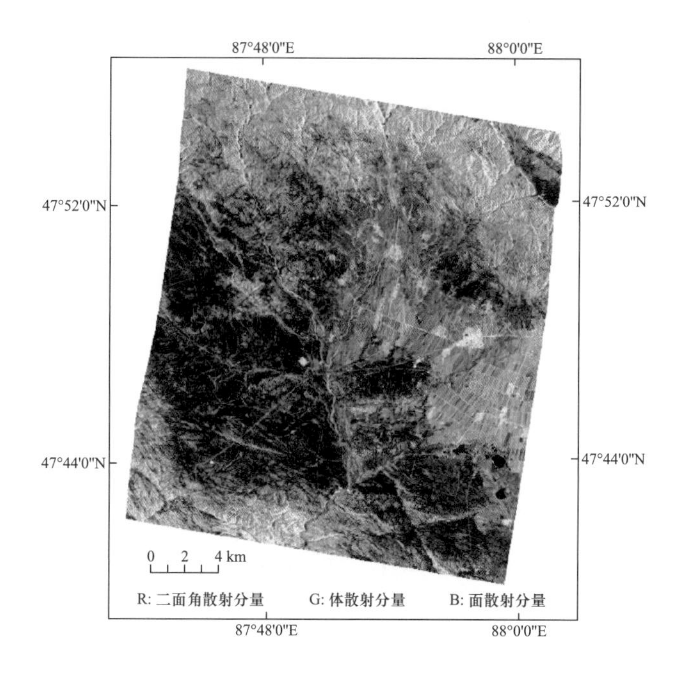

图 6.4 Pauli 分解彩色合成图像

其周边的非积雪覆盖的戈壁则显示紫色。研究区的西南部和北部区域在图中呈现黄绿色,说明该区域的$|c|^2$分量占主导地位,结合土地覆盖数据分析,发现这些区域的土地覆盖主要为草地、灌木和乔木,因此体散射的贡献较大。分析 Pauli 基彩色合成图像,可初步区分积雪与非积雪的特征差异,利用这些差异信息,可结合光学数据共同选取积雪与非积雪样本,用于后续的积雪识别。

(2)H-A-$\bar{\alpha}$ 分解

H-A-$\bar{\alpha}$ 分解,也称为 Cloude 分解(Cloude and Pottier,1997),是从极化相干矩阵的特征值和特征向量入手,求算目标散射回波中占主导地位的散射分量。该方法先计算矩阵的特征值$\lambda_i(i=1,2,3)$和特征向量矩阵 $\boldsymbol{U}$,计算公式如下:

$$\boldsymbol{T}=\boldsymbol{U}\begin{bmatrix}\lambda_1 & & \\ & \lambda_2 & \\ & & \lambda_3\end{bmatrix}\boldsymbol{U}^{*T} \tag{6.13}$$

$$\boldsymbol{U}=\begin{bmatrix}\cos\alpha_1 & \cos\alpha_2 & \cos\alpha_3 \\ \sin\alpha_1\cos\beta_1\, e^{i\delta_1} & \sin\alpha_2\cos\beta_2\, e^{i\delta_2} & \sin\alpha_3\cos\beta_3\, e^{i\delta_3} \\ \sin\alpha_1\sin\beta_1\, e^{i\gamma_1} & \sin\alpha_2\sin\beta_2\, e^{i\gamma_2} & \sin\alpha_3\sin\beta_3\, e^{i\gamma_3}\end{bmatrix} \tag{6.14}$$

式中,α 表示目标散射角;β 表示目标方位角;δ、γ 表示目标的相位信息。

再根据特征值和特征向量求解四个分量,分别是极化散射熵(entropy,H)分量、散射各向异性度(anisotropy, A)分量、平均散射角(average scattering angle, $\bar{\alpha}$)分量和特征值均值分量。

首先定义变量伪概率P_i,它指三个特征值中各自占总体的比例。将伪概率值代入公式(6.16)即可得到第一个分量——极化散射熵。

$$P_i = \frac{\lambda_i}{\sum \lambda_i} \tag{6.15}$$

$$H = -\sum P_i \log_3 P_i \tag{6.16}$$

式中,$i=1$、2、3;P_i代表各自的伪概率;λ_i指特征值,按重要性排列;H 表示极化散射熵;针对某一地物,该分量描述不同散射类型表现出的混乱程度。当只存在一种主要散射机制时,三个特征值之间差异大,极化散射熵值较小;当存在多种散射时,极化散射熵值变大;当三个特征值相等时,H 等于 1,为随机散射。

H-A-$\bar{\alpha}$ 分解的第二个分量是散射各向异性度 A,也称为极化反熵。极化散射熵分量并不能将第二、三特征值之间的关系信息完全确定,各向异性度分量是极化散射熵分量的补充,用于确定第二、三特征值之间的关系。理论上 H 大于 0.7 时,才用于散射机制的识别。

$$A = \frac{\lambda_2 - \lambda_3}{\lambda_2 + \lambda_3} \tag{6.17}$$

平均散射角 $\bar{\alpha}$ 是 H-A-$\bar{\alpha}$ 分解的第三个分量,它是各特征值重要性占比与对应散射角 α_i 的乘积之和。$\bar{\alpha}$ 的角度范围在 0~90°,对应的散射方式从面散射到体散射,再从体散射到二面角散射。

$$\bar{\alpha} = P_1 \alpha_1 + P_2 \alpha_2 + P_3 \alpha_3 \tag{6.18}$$

第四个分量是这三个特征值的均值。

图 6.5 为 H-A-$\bar{\alpha}$ 分解的三个分量彩色合成图,其中极化散射熵 H 显示红色,各向异性度 A 显示绿色,平均散射角 $\bar{\alpha}$ 显示蓝色。图 6.6 为这三个分量各单波段的图像。极化散射熵图像显示,戈壁的值偏小,散射类型较为单一,对应平均散射角小于 45°,可以确定该区域以面散射为主。在研究区北部和西南部受草地或林地覆盖等影响,极化散射熵值大于 0.7,但这些区域的散射各向异性度值小,说明存在一种散射或者是随机散射。结合平均散射角图像发现这些区域的值在 45°左右,可确定这些区域中体散射占主导。这也是与 Pauli 分解的结果相一致的地方。

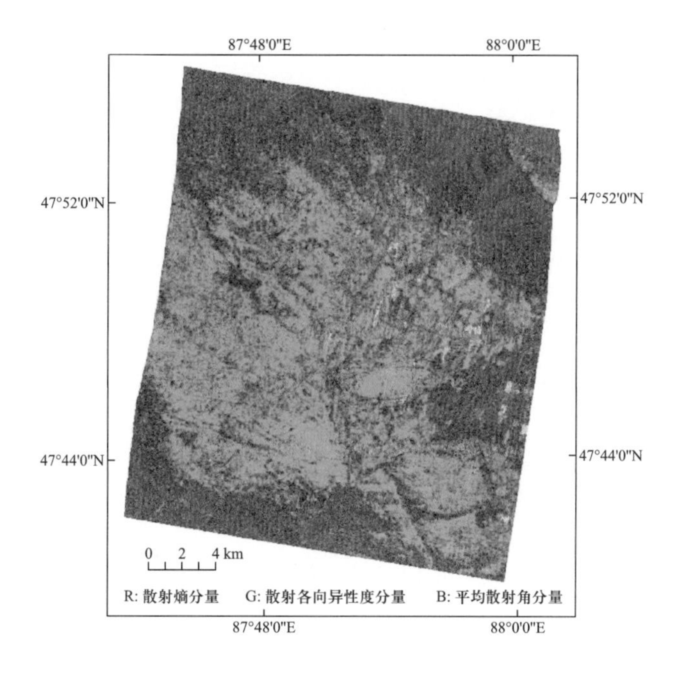

图 6.5 H-A-$\bar{\alpha}$ 分解彩色合成图像

(3) Freeman 分解

Freeman 分解对体散射、二面角散射和表面散射三种散射机制分别建模,将极化协方差矩阵分解为这三种散射的线性和(Freeman and Durden,1998)。该方法基于物理散射模型,对自然散射体的描述效果较好。三种散射方式的协方差矩阵分量如下:

$$\boldsymbol{C}_1 = f_s\begin{bmatrix} |\beta|^2 & 0 & \beta \\ 0 & 0 & 0 \\ \beta^* & 0 & 1 \end{bmatrix} \qquad \boldsymbol{C}_2 = f_d\begin{bmatrix} |\alpha|^2 & 0 & \alpha \\ 0 & 0 & 0 \\ \alpha^* & 0 & 1 \end{bmatrix} \qquad \boldsymbol{C}_3 = \frac{f_v}{8}\begin{bmatrix} 3 & 0 & 1 \\ 0 & 2 & 0 \\ 1 & 0 & 3 \end{bmatrix} \tag{6.19}$$

式中,$\boldsymbol{C}_1$为面散射对应协方差矩阵分量;$\boldsymbol{C}_2$为二面角散射对应协方差矩阵分量;$\boldsymbol{C}_3$为体散射对应协方差矩阵分量;f_s、f_d、f_v代表各自分量贡献值;α、β 对应各种散射方式下极化散射矩阵分量中水平极化波与垂直极化波的比值。

总的极化协方差矩阵可以表示为

$$\boldsymbol{C} = \boldsymbol{C}_1 + \boldsymbol{C}_2 + \boldsymbol{C}_3 \tag{6.20}$$

综合上述公式,可以解出未知量的值,同时还可得到三种散射分量的功率。

$$P_s = f_s(1 + |\beta|^2) \qquad P_d = f_d(1 + |\alpha|^2) \qquad P_v = f_v \tag{6.21}$$

式中,P_s、P_d、P_v分别代表表面散射、二面角散射和体散射各分量的散射功率。

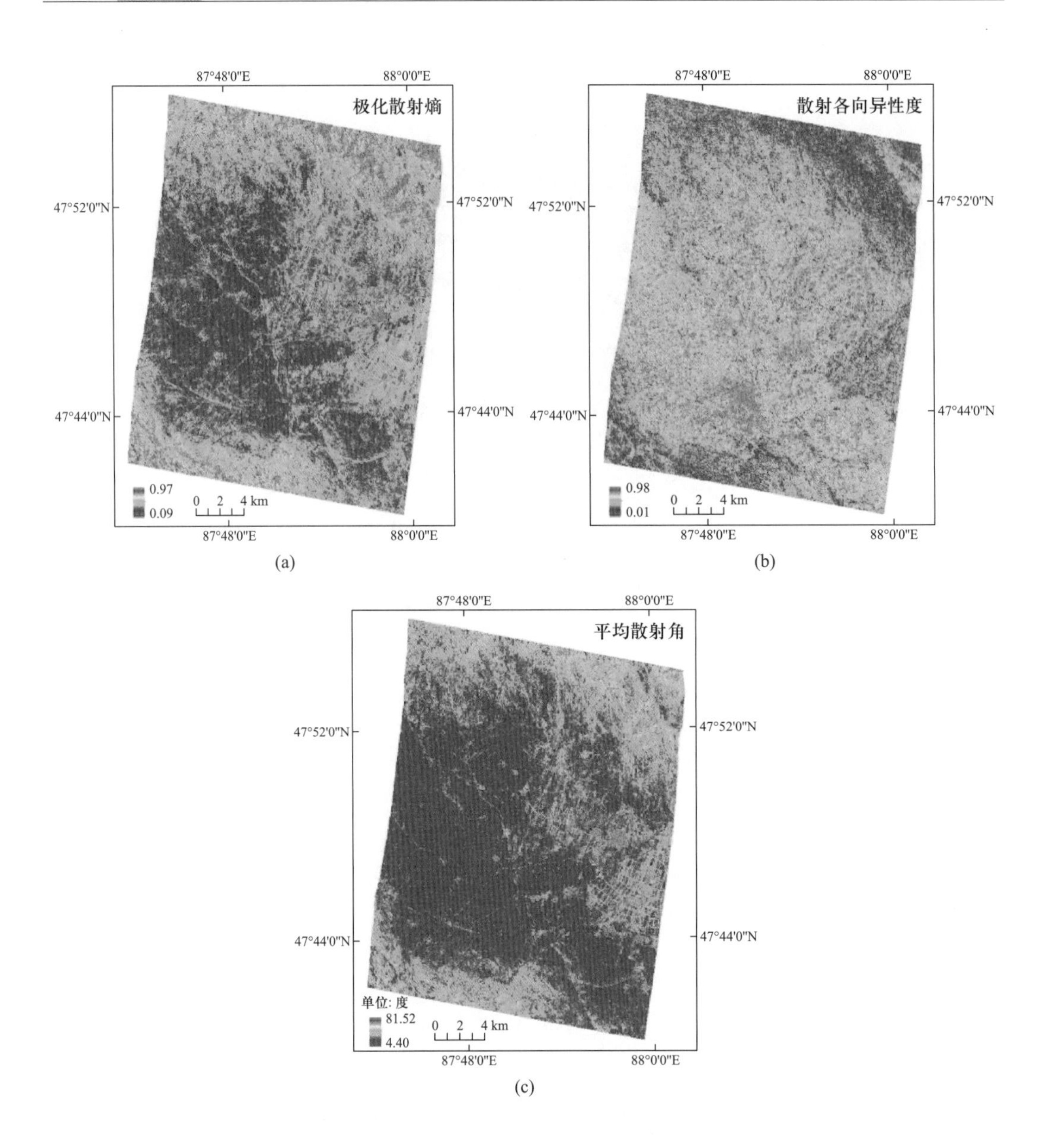

图 6.6 H-A-$\overline{\alpha}$分解各单波段图像:(a)极化散射熵;(b)散射各向异性度;(c)平均散射角

图 6.7 为 Freeman 分解三种散射分量彩色合成图,其中二面角散射分量 P_d 显示为红色,体散射分量 P_v 显示为绿色,面散射分量 P_s 显示为蓝色。从图像中可以发现,研究区 Freeman 分解的三种散射分布与 Pauli 分解基本一致。

(4) Yamaguchi 分解

Freeman 分解假设反射对称,即极化协方差矩阵中 $\langle S_{HH}S_{HV}^*\rangle=\langle S_{HV}S_{VV}^*\rangle=0$,在一些地

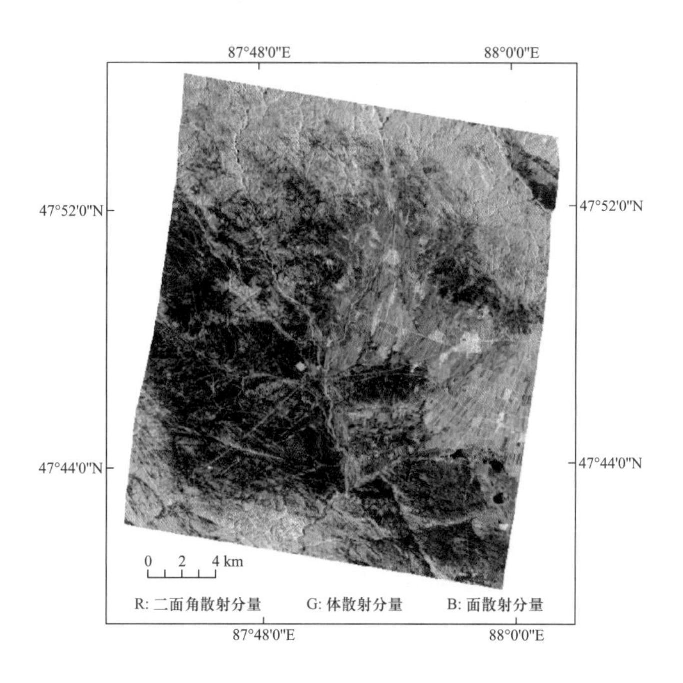

图 6.7 Freeman 分解彩色合成图像

形复杂的区域适用性不是很强。为了对包含复杂几何散射结构的目标进行极化分解，Yamaguchi 等(2005)向模型中加入了第四种散射分量，该散射相当于螺旋散射体，弥补了 Freeman 分解无法用于不对称散射的缺陷。

在 Yamaguchi 分解中，面散射协方差矩阵分量$\boldsymbol{C}_1$和二面角散射协方差矩阵分量$\boldsymbol{C}_2$对应 Freeman 分解保持不变，根据 $10\log(\langle|S_{VV}|^2\rangle/\langle|S_{HH}|^2\rangle)$ 的大小使用不同的体散射协方差矩阵分量。

当 $10\log(\langle|S_{VV}|^2\rangle/\langle|S_{HH}|^2\rangle)$ 值小于-2 dB 时，体散射相应协方差矩阵分量为

$$\boldsymbol{C}_3 = \frac{f_v}{15}\begin{bmatrix} 8 & 0 & 2 \\ 0 & 4 & 0 \\ 2 & 0 & 3 \end{bmatrix} \tag{6.22}$$

大于 2 dB 时，体散射相应协方差矩阵分量可表示为

$$\boldsymbol{C}_3 = \frac{f_v}{15}\begin{bmatrix} 3 & 0 & 2 \\ 0 & 4 & 0 \\ 2 & 0 & 8 \end{bmatrix} \tag{6.23}$$

当值位于两者之间时，体散射相应协方差矩阵分量与 Freeman 分解相同。

螺旋散射体分量是 Yamaguchi 分解的第四种分量，其协方差矩阵分量记为 $[\boldsymbol{C}_4]$ 。

$$C_4 = \frac{f_c}{4}\begin{bmatrix} 1 & \pm j\sqrt{2} & -1 \\ \mp j\sqrt{2} & 2 & \pm j\sqrt{2} \\ -1 & \mp j\sqrt{2} & 1 \end{bmatrix} \tag{6.24}$$

总的极化协方差矩阵可以表示为

$$\boldsymbol{C} = \boldsymbol{C}_1 + \boldsymbol{C}_2 + \boldsymbol{C}_3 + \boldsymbol{C}_4 \tag{6.25}$$

式中,f_s、f_d、f_v、f_c代表各自散射分量贡献值。同理,根据公式可以解出未知量的值,同时还能得到四种散射分量的功率:

$$\begin{aligned} P_s &= f_s(1 + |\beta|^2) \\ P_d &= f_d(1 + |\alpha|^2) \\ P_v &= f_v \\ P_c &= f_c \end{aligned} \tag{6.26}$$

式中,P_d、P_v、P_s、P_c分别代表二面角散射、体散射、面散射、螺旋体散射的功率。将Yamaguchi 分解的前三种散射分量作彩色合成,其中二面角散射分量P_d显示红色,体散射分量P_v显示绿色,面散射分量P_s显示蓝色。从图 6.8 可看出,研究区 Yamaguchi 分解得到的散射类型分布也与 Pauli 分解基本相同。

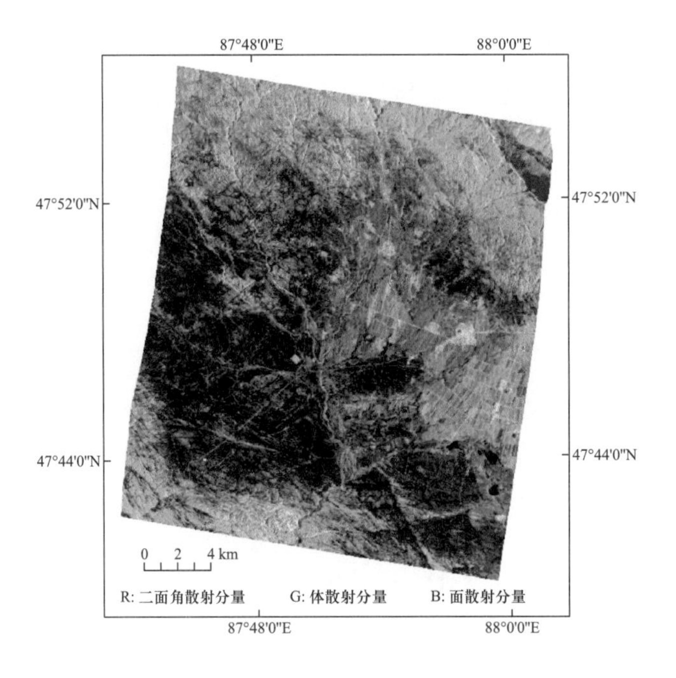

图 6.8 Yamaguchi 分解彩色合成图像

(5) Anyang 分解

Yamaguchi 在基于极化相干矩阵 **T** 分解时，极化分解后某些特定地物的值存在问题，即相干矩阵中的T_{11}或T_{22}小于T_{33}，面散射分量贡献P_s和二面角散射分量贡献P_d会出现负值，这与散射功率的结果不符(Yamaguchi et al.，2006)。

$$\boldsymbol{T}=\begin{bmatrix} T_{11} & T_{12} & \\ T_{12}^{*} & T_{22} & \\ & & T_{33} \end{bmatrix} \tag{6.27}$$

针对这一问题，安文韬等(An et al.，2010；An et al.，2011)分别对 Freeman 极化分解和 Yamaguchi 极化分解提出改善方案。其中 Anyang 分解是针对 Yamaguchi 极化相干矩阵分解的四分量改善方案。在 Yamaguchi 极化分解前使用定向角补偿的方法，令相干矩阵变换，使得T_{33}的值比T_{11}和T_{22}小，可以解决各散射分量中贡献值为负值的情况，而且还可以增强二面角散射功率。结合能量约束和定向角补偿过程，最终得到四种散射条件下的散射功率。

图 6.9 为 Anyang 分解的前三种散射分量 RGB 彩色合成，其中二面角散射分量P_d显示红色，体散射分量P_v显示绿色，面散射分量P_s显示蓝色。同样，Anyang 分解获得的各种散射的分布范围和其他极化分解方法基本一致。

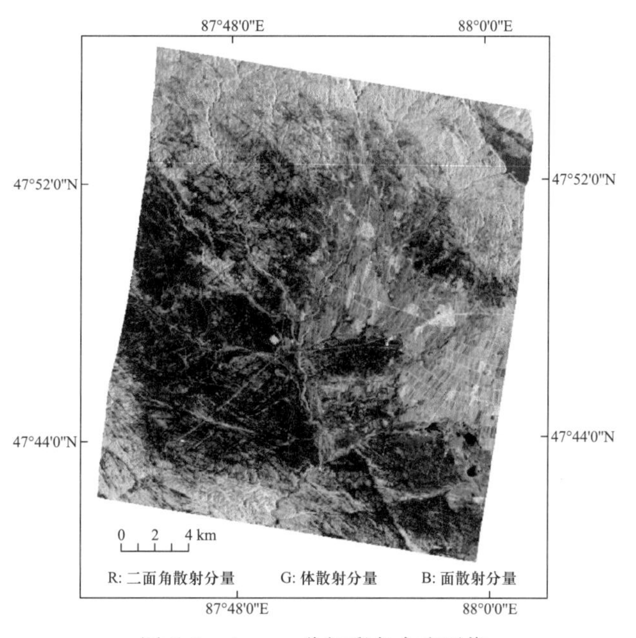

图 6.9 Anyang 分解彩色合成图像

6.2.2 极化特征

利用上述5种相干或非相干极化分解方法对GF-3全极化数据进行极化分解，最终得到18种极化分解特征，加上4种后向散射系数，共计获取22种特征用于积雪识别。5种极化分解对应的散射分量和4种后向散射系数如表6.1所示。

表6.1 极化特征表

类型	极化特征			
后向散射系数	HH	HV	VH	VV
Pauli 分解	P_{odd}	P_{dbl}	P_{vol}	
H-A-$\bar{\alpha}$ 分解	H	A	$\bar{\alpha}$	$\bar{\lambda}$
Freeman 分解	F_{dbl}	F_{vol}	F_{odd}	
Yamaguchi 分解	Y_{dbl}	Y_{vol}	Y_{odd}	Y_{hlx}
Anyang 分解	A_{dbl}	A_{vol}	A_{odd}	A_{hlx}

6.3 基于极化特征优选的积雪识别

极化分解提供了丰富的极化特征，积雪识别是利用这些特征，采用监督或非监督的方法区分积雪和非积雪的过程。但极化分解获取的这些特征中，并不是每个特征在积雪识别中均发挥作用，极化特征优选旨在确定各极化特征对积雪识别的重要性，获取对积雪识别影响较大的特征。利用这些最优的极化特征可以在积雪识别中使用更少的数据量取得相当甚至更高的识别精度。本节先使用多种分类器识别积雪，探讨不同的分类器各自的有效性；然后通过随机森林方法分析极化特征对积雪识别的贡献大小，最后利用最优的极化特征识别积雪。

研究区2017年11月18日的Landsat-8光学图像经过预处理如图6.10所示。为了突出积雪与非积雪的差异，使用短波红外波段、红波段和绿波段进行彩色合成，在合成图像中积雪显示为青色，非积雪区域显示为深浅不一的红色，使用该图像可确定训练样本和验证样本的积雪、非积雪类别。

6.3.1 积雪识别方法

目前，主要的监督分类方法有最大似然法、支持向量机、决策树、随机森林以及神经网络等，均是先选取一定的训练样本训练分类器，再利用训练好的分类器对图像进行分类。

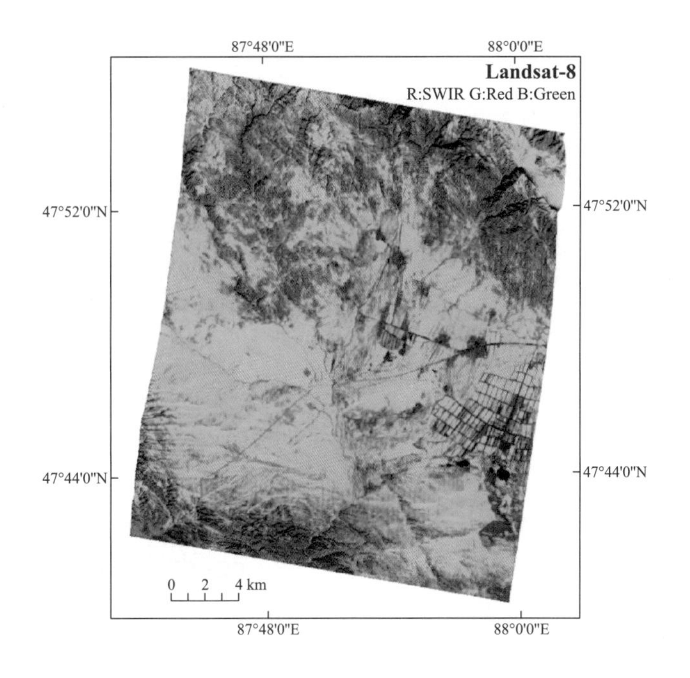

图 6.10 研究区 Landsat-8 光学图像

主要的非监督分类方法有 k-means 和 ISODATA 聚类等,根据不同地物在特征空间中的集聚形态进行分类,但在分类后需要通过交互操作确定类别名称并进行类别归并等操作。本研究采用监督分类方法进行积雪识别,包括最大似然法、支持向量机、BP 神经网络和随机森林。

根据 Landsat-8 数据和 GF-3 数据共同确定训练样本和验证样本。训练样本通过选择确定,共选取积雪样本 52 个(193 像元)、非积雪样本 60 个(200 像元)。验证样本则是在 SAR 图像上随机产生,共生成验证像元 347 个,再根据光学图像确定验证像元的类别,最后确定积雪像元 262 个、非积雪像元 85 个。训练样本和验证样本在 Landsat-8 图像上的分布如图 6.11 所示,底图仍使用短波红外波段、红波段和绿波段进行 RGB 彩色合成。

1) 分类器的参数优化

在四种分类器中,支持向量机、BP 神经网络、随机森林均需要设定参数。通过十折交叉验证法,将样本随机分成 10 份,其中 9 份用于训练,1 份用于验证,直到所有的样本都遍历训练和验证过程为止,确定识别精度最高的参数为分类器的参数。

(1) 支持向量机

使用径向基函数(radial basis function, RBF)作为支持向量机的核函数,该方法的参数主要有惩罚因子 C 和 γ 参数(Cherkassky and Ma,2004)。C 越大表示识别过程中出现误差的容忍度越小,γ 则影响支持向量对应高斯函数的作用范围,这两者共同决定了识别的精度。

设定若干 C 和 γ 参数,利用训练样本进行参数优化。一般可以认为训练样本的识别结果精度越高,对应的参数越好。C 的取值为 0.1~1000,γ 的取值为 0.001~100,得到图 6.12 的识别精度图,最终确定 C 的最优参数为 163,γ 的最优参数为 0.01,并将最优参数用于整景图像的积雪识别。

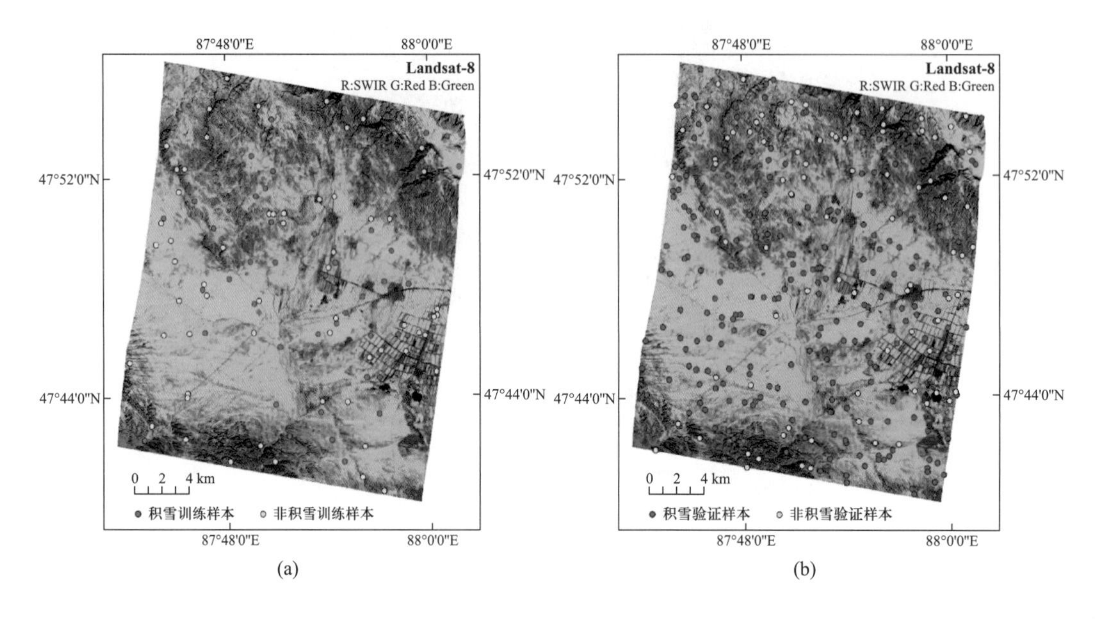

图 6.11 训练样本和验证样本在 Landsat-8 图像的分布图:(a)积雪与非积雪的训练样本分布图;(b)积雪与非积雪的验证样本分布图

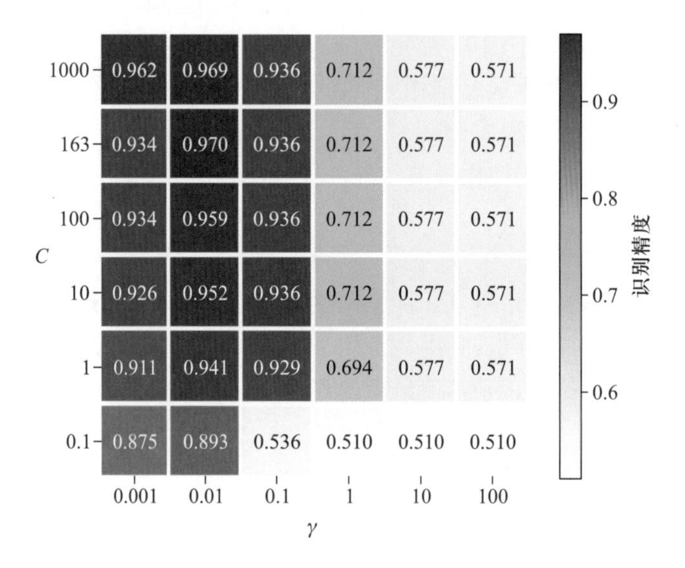

图 6.12 不同参数条件下支持向量机的积雪识别精度图

(2)BP 神经网络

BP 神经网络是一种按照误差逆向传播训练的多层前馈网络,主要由输入层、隐藏层和输出层构成,其中输入层节点为分类的样本特征,输出层节点是分类的结果。在各层之间设定节点间的传输权重,根据模型预测结果与实际结果之间的差异反馈调节各节点间的传输权重,使样本的识别结果与真实结果的差异处于设定阈值范围内(Liu et al.,2008)。在此过程中需要优化参数使模型更稳定。

在 BP 神经网络中,隐藏层节点个数由输入特征数和输出结果决定,最终使用 15 个节点,隐藏层使用 1 层。调节传输权重使用梯度下降的迭代方法,需要优化的参数有激励函数、学习率和容忍度。激励函数主要有 Logistic 和 Tanh;学习率是以初始学习率为基数,在此基础上固定增加,设置初始学习率值为 0.05-0.3;容忍度指模型识别结果与真实结果精度上的不一致性,范围为 0.001-0.1。利用训练样本对参数进行优化,图 6.13a、b 分别为使用 Logistic 激励函数和使用 Tanh 激励函数的结果,可以确定最优的参数为使用 Logistic 激励函数,初始学习率为 0.1,误差容忍度为 0.001,最优精度为 0.931。

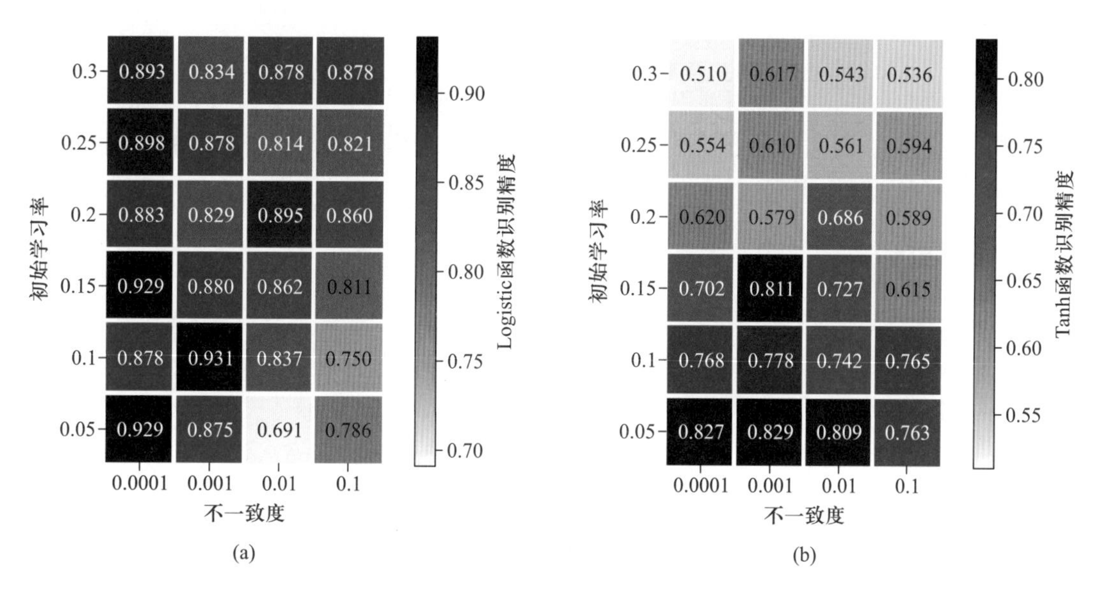

图 6.13 BP 神经网络不同参数条件下的积雪识别精度:(a)Logistic 激励函数;(b)Tanh 激励函数

(3)随机森林

随机森林是一种集成学习算法,从所有特征中随机选出一定数量的特征用于构建指定数量的决策树,利用所有决策树参与总体决策,按照集成规则确定最终类别(Breiman,2001)。它能够得到比单分类器更高的分类精度,在 SAR 图像分类中也常被使用(Du et al.,2015)。涉及的参数有决策树数目以及训练每棵决策树使用的特征个数。

训练决策树的特征数量设定在5~22个,决策树数目上限为100棵,统计随决策树个数增加时,相应袋外误差的变化。图6.14显示单棵树的袋外误差高达0.35,但随着决策树的增加,袋外误差数值呈现降低趋势并倾向稳定状态,而且特征数量对袋外误差的影响

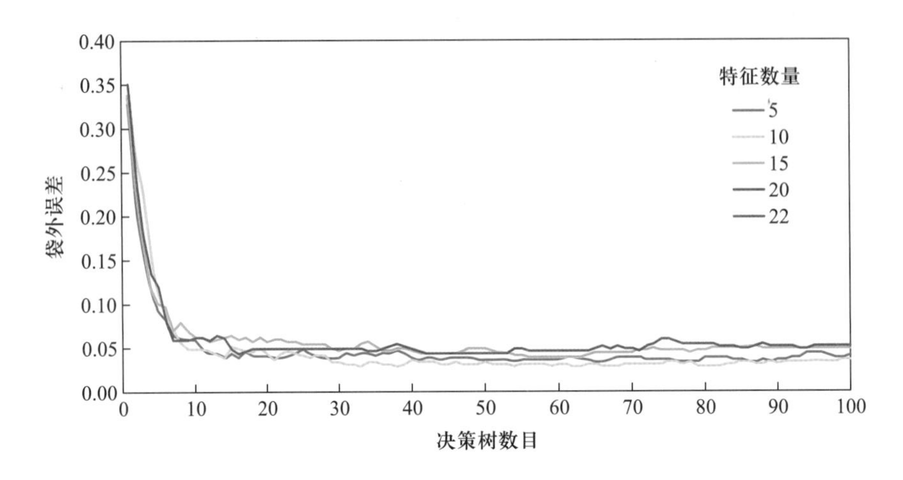

图6.14 随机森林不同参数条件下积雪识别袋外误差精度图

也很小。使用100棵决策树识别积雪时,特征数量对袋外误差的影响在0.02范围内,对识别结果影响不大。因此确定分类器使用100棵决策树,使用随机抽选的5个特征训练决策树,将该参数用于积雪识别。

2)积雪识别

基于极化分解得到的22个特征,使用各分类器的最优参数识别积雪(图6.15)。

四种分类器都能够把积雪的主要覆盖范围识别出来,但在局部区域的识别结果差异较大。在研究区东部的农田区域,支持向量机分类器的识别结果不是很好,田间积雪没有被识别出来;最大似然分类器和随机森林分类器的识别结果相对一致,识别效果比其他两种分类器要好;BP神经网络分类器的识别结果中积雪单元破碎度大,将很多积雪都识别为非积雪。

6.3.2 积雪识别结果评价

1)识别结果定性分析

四种分类器均可把主要的积雪区域识别出来,但局部的积雪识别结果差异较大。为了对识别结果进行更详细的讨论,在图像中选取三处有代表性的局部区域展开分析(图6.16~图6.18)。

局部图1位于研究区的西南角,平均海拔比周边地区高一百多米,主要由戈壁、草地

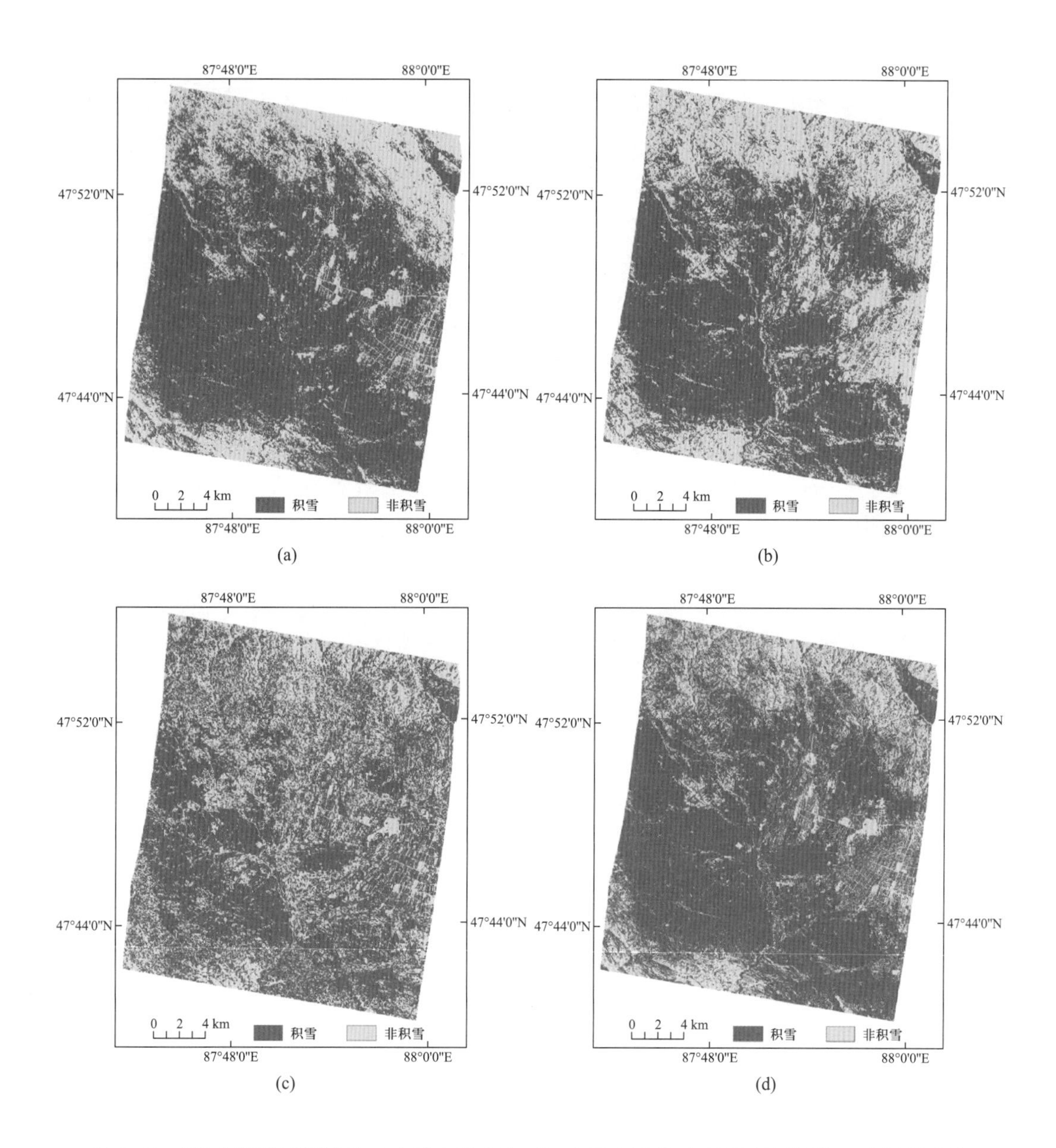

图 6.15 GF-3 积雪识别结果:(a)最大似然法;(b)支持向量机;(c)BP 神经网络;(d)随机森林

和少量灌木组成。对比四种分类器的识别结果,最大似然法和随机森林的识别效果较好,积雪与非积雪的轮廓比较清晰;支持向量机分类器的非积雪区域被高估,积雪与非积雪的边界处误分较多;BP 神经网络分类器的识别结果最差。在图中的东北部积雪覆盖区,最大似然法、支持向量机和随机森林三种分类器识别效果都比较好,积雪内部的非积雪斑块也被识别出来了(图 6.16)。

局部图 2 位于研究区东部,包含了少量村庄及周边农田,地势相对平坦。对比四种分类器的识别结果,最大似然法和神经网络分类器的识别效果最好,规则农田的边界也可较完整

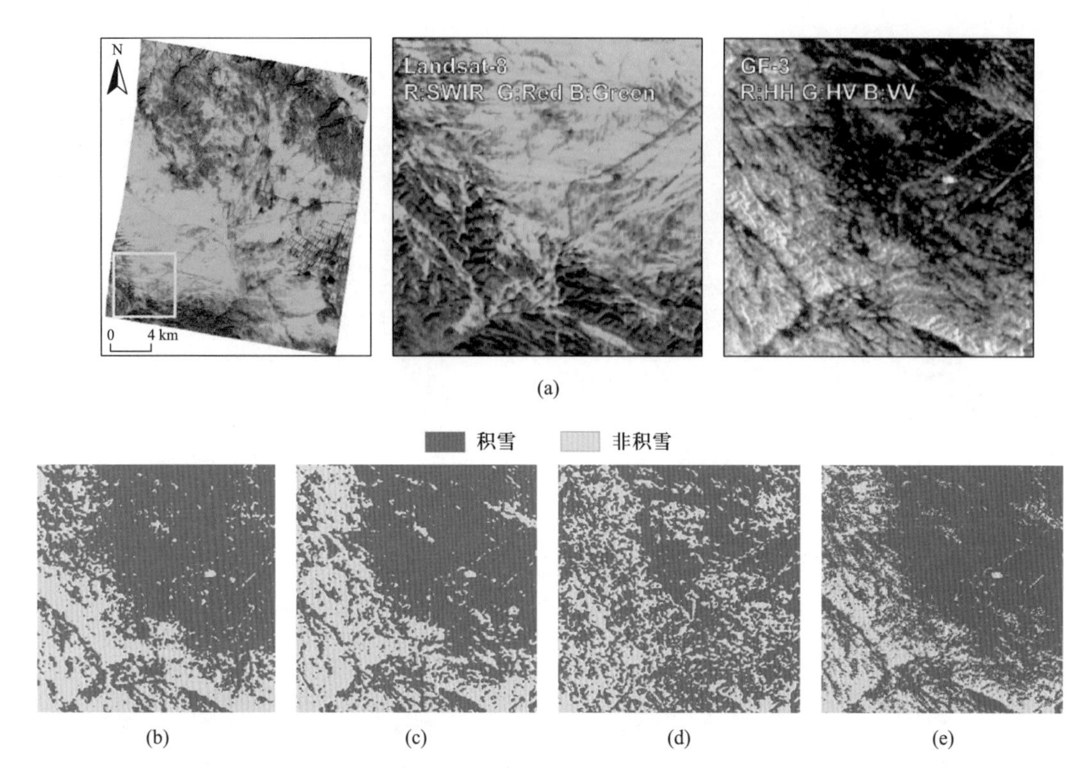

图 6.16 Landsat-8 和 GF-3 图像及积雪识别结果局部图 1:(a) Landsat-8 和 GF-3 图像的局部图 1;(b)最大似然法;(c) 支持向量机;(d) BP 神经网络;(e) 随机森林

地识别出来;随机森林方法的识别结果稍差,在积雪的规则农田内部有很多零散的非积雪斑块;支持向量机在该区域的识别结果精度最差,出现了大量的误识别现象(图 6.17)。

局部图 3 位于研究区东北部,属于地形起伏较大的山区,土地覆盖以草地、林地为主。在该区域内,四种分类器均没有将积雪范围完全识别出来。比较四种识别结果图,识别效果最好的是随机森林,识别的积雪区比其他三种分类器完整;其他分类器误差很大,其中在东北角山区,最大似然法效果最差,而支持向量机分类器和神经网络分类器识别的积雪范围分别存在低估和高估现象(图 6.18)。

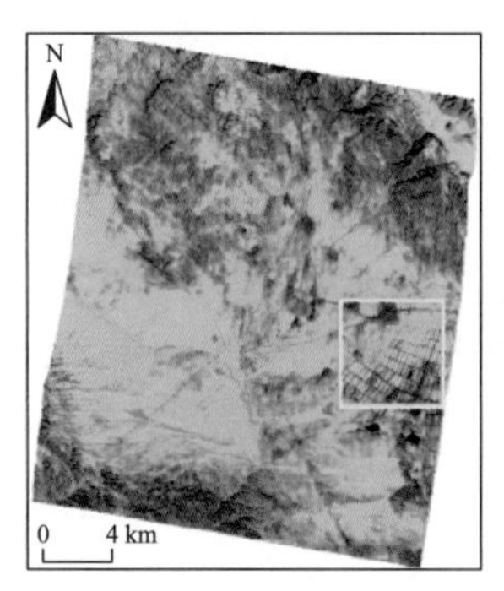

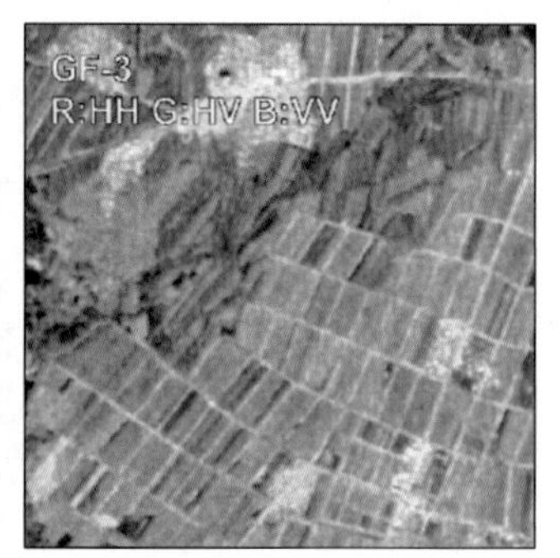

(a)

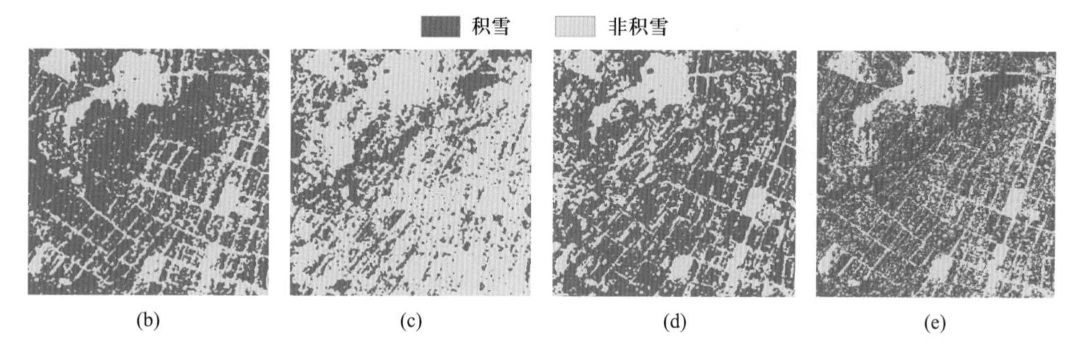

图 6.17 Landsat-8 和 GF-3 图像及积雪识别结果局部图 2:(a)Landsat-8 和 GF-3 图像的局部图 2;(b)最大似然法;(c)支持向量机;(d)BP 神经网络;(e)随机森林

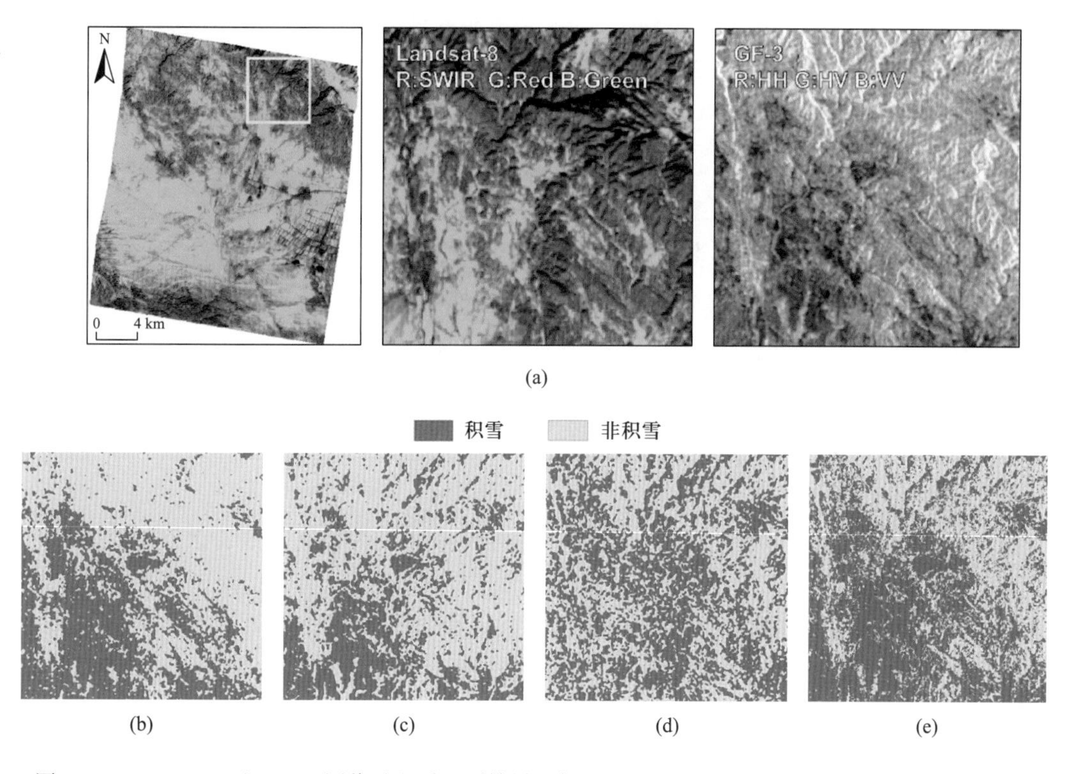

图 6.18 Landsat-8 和 GF-3 图像及积雪识别结果局部图 3:(a) Landsat-8 和 GF-3 图像的局部图 3;(b)最大似然法;(c) 支持向量机;(d) BP 神经网络;(e)随机森林

2) 识别结果定量评价

使用 F 测度和总体精度这两种指标评价积雪识别结果。F 测度包括 Precision、Recall、F-score 三种指数,其中 Precision 指准确率,表示积雪识别结果中正确识别的比例,记为 P;Recall 指召回率,表示真实积雪覆盖区域被正确识别的比例,记为 R;F-score 则是两者

的协调平均值,记为 F;总体精度(OA)指所有验证样本被正确识别的比例,记为 A。计算公式如下:

$$P=\frac{\mathrm{TP}}{\mathrm{TP}+\mathrm{FP}} \qquad R=\frac{\mathrm{TP}}{\mathrm{TP}+\mathrm{FN}} \qquad F=2\cdot\frac{P\cdot R}{P+R} \tag{6.28}$$

$$A=\frac{\mathrm{TP}+\mathrm{TN}}{\mathrm{TP}+\mathrm{FP}+\mathrm{TN}+\mathrm{FN}} \tag{6.29}$$

式中,TP 指样本点中积雪被正确识别的个数;FP 指样本点中非积雪被识别为积雪的个数;FN 指样本点中积雪被识别为非积雪点的个数;TN 指样本点中非积雪被正确识别的个数。

基于 347 个验证样本,将四种分类器的积雪识别结果与真值进行比较,评价结果如表 6.2 所示。随机森林分类器的识别结果最好,它的 F 值和总体精度最高,分别达到0.86 和 0.79;其次是最大似然法的识别结果较好,与随机森林的主要差别在于 R 值。支持向量机和 BP 神经网络分类器的值也偏低,说明积雪像元被误识别为非积雪像元数量较多,导致召回率偏低,对低估了积雪范围,从而影响了精度。

表 6.2 四种识别方法的精度评价表

识别方法	Precision	Recall	*F*-score	OA
最大似然法	0.88	0.77	0.83	0.75
支持向量机	0.90	0.74	0.81	0.75
BP 神经网络	0.82	0.66	0.73	0.65
随机森林	0.87	0.84	0.86	0.79

在上述积雪识别过程中使用了全部 22 个特征,探讨了不同分类器的识别效果。然而在识别结果中,各个特征对识别结果的贡献程度并不相同。为进一步探讨哪些特征对识别的贡献大,使用识别精度最高的随机森林方法选取最优特征。采用的方法是向参与积雪识别的 22 个特征中逐一加入噪声。如果相应特征对识别的贡献度较大,识别袋外数据时加入噪声前后的准确率会发生明显变化,利用识别准确率变化作为衡量标准反映特征的重要程度,从众多特征中挑选出对积雪识别贡献较大的特征。

利用样本集D_i训练决策树h_i,训练过程中的袋外数据记为D_i^{oob};再利用D_i^{oob}计算h_i的袋外误分率,记为 $\mathrm{err}OOB_i^j$;对特征X^j做轻微改动,袋外数据更新为D_{ic}^{oob},利用改动后的样本集计算h_i的误分率,记为 $\mathrm{err}OOB_{ic}^j$;特征 X^j 的重要程度计算公式为

$$I(X^j)=\frac{1}{k}\sum_{i=1}^{k}\left|\mathrm{err}OOB_{ic}^j-\mathrm{err}OOB_i^j\right| \tag{6.30}$$

式中,k 为包含特征X^j的决策树数目;I 表示特征的重要程度。分别对积雪识别过程中的 22 个极化特征进行重要性评估,得到各特征的重要程度排序如图 6.19 所示。

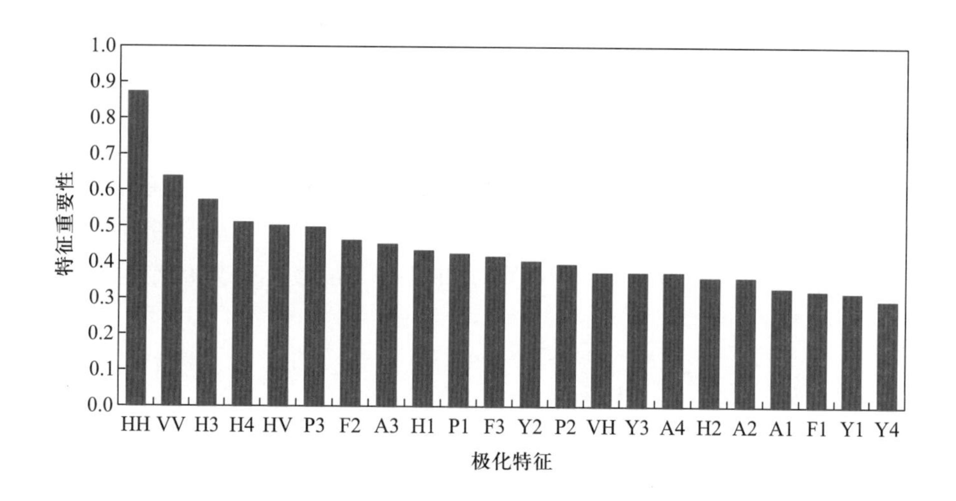

图 6.19 极化特征重要性排序

图 6.19 横坐标中,H3、H4 分别表示 H-A-α 极化分解的第三分量和第四分量,P3 表示 Pauli 分解的第三分量,其他缩写类似。可以看出,HH 和 VV 极化后向散射系数是最重要的特征,其次,H-A-α 极化分解的第三分量的重要性在 0.6 左右,剩余的特征贡献度均为 0.3~0.5,说明同极化状态下的后向散射系数信号较强,能够记录比交叉极化更丰富的回波信号,能更好地描述积雪与非积雪之间的差异。另外,二面角散射分量(A1、F1、Y1、P2)的重要性比面散射和体散射分量低一些。

图 6.19 虽然显示了参与积雪识别的各特征重要性顺序,但并不能确定哪几个特征为最优的极化特征。为了探讨各极化特征的影响程度,按特征的重要性大小向随机森林分类器中逐个添加极化特征进行积雪识别,得到如图 6.20 所示的总体精度结果。

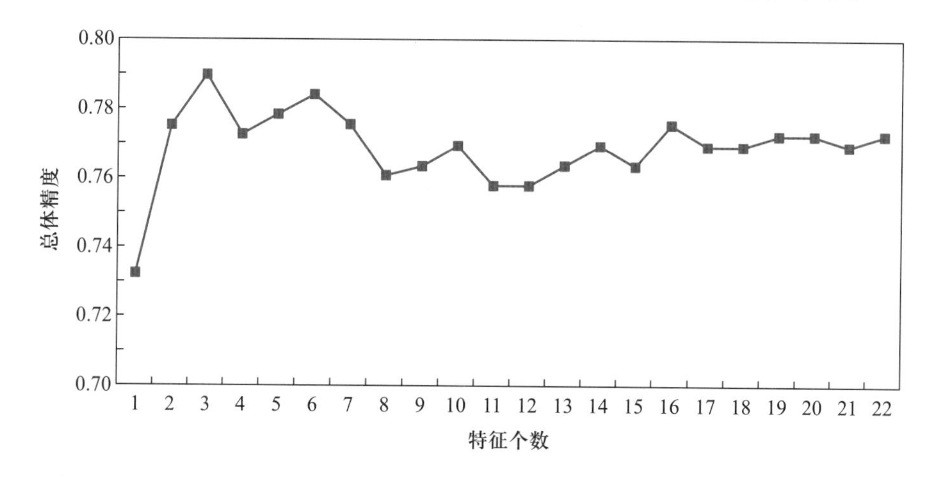

图 6.20 极化特征个数及积雪识别总体精度统计图

使用1个特征时,积雪识别的总体精度只有0.73,随着特征数量的增多,精度逐渐增加。当使用3个特征时,精度达到最高。后续添加更多特征时,识别精度相比3个特征时有所降低,但总体保持在一个稳定范围内。

综上所述,在积雪识别的诸多特征中,同极化后向散射系数比交叉极化后向散射系数的贡献要大;极化分解获得的面散射、体散射和二面角散射中,二面角散射的贡献要比面散射和体散射稍小;使用重要性最大的3个特征时,精度已达到最高。因此,决定最优特征为同极化后向散射系数(HH、VV)和H-A-$\bar{\alpha}$极化分解的平均散射角分量(图6.21)。

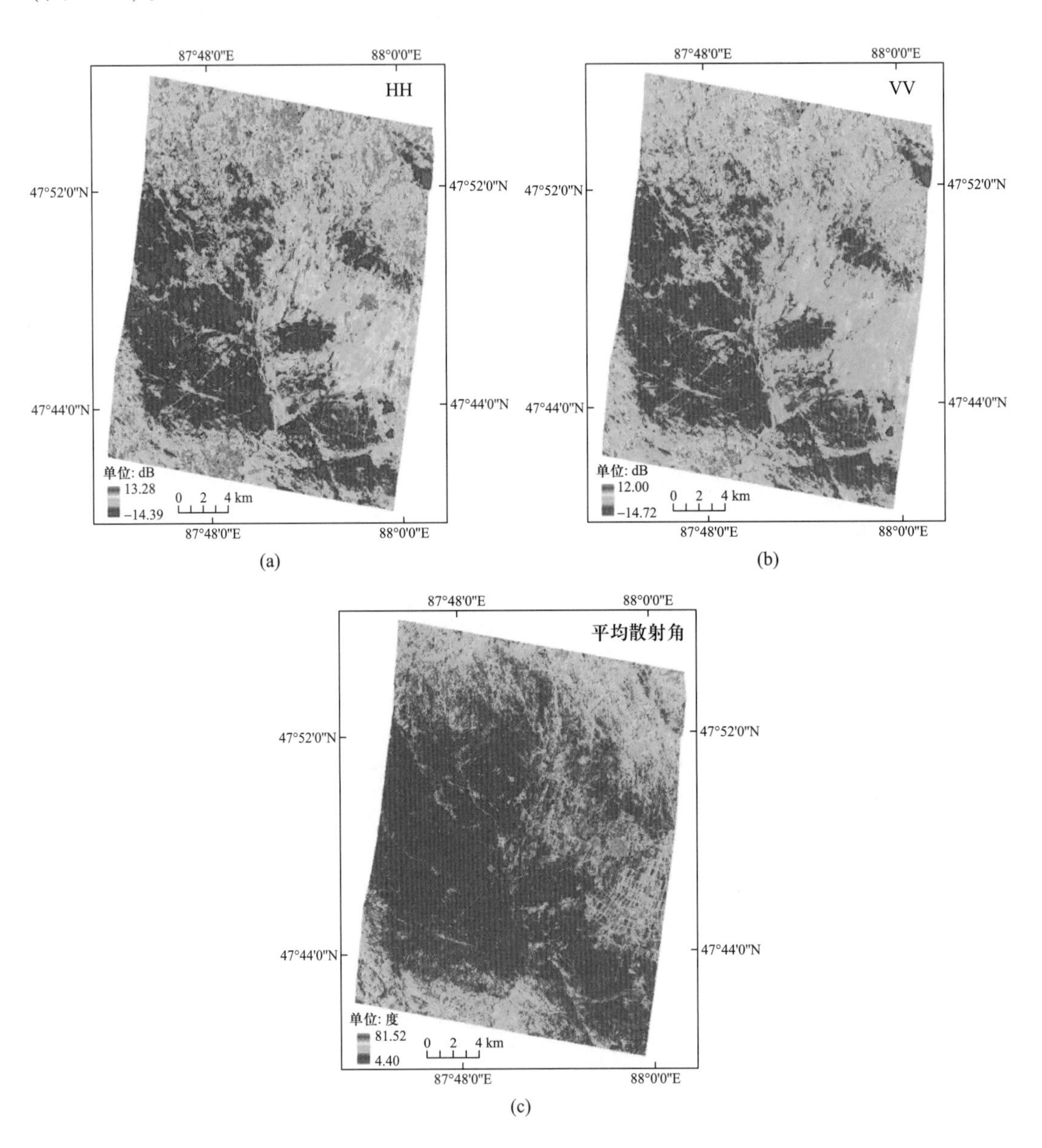

图6.21 最优极化特征:(a) HH极化;(b) VV极化;(c) 平均散射角

图 6.22 为使用最优的 3 个特征的积雪识别结果。虽然北部积雪与非积雪混合区域误识别现象比使用全部特征识别时稍多，但整体的积雪范围可以被很好地描述出来，说明 HH 极化、VV 极化和 H-A-$\bar{\alpha}$ 分解的平均散射角分量这三个特征可以作为该图像的积雪识别最优特征。在减少数据量的同时，积雪识别精度比使用全部特征时还有所提高，说明特征优选的方法可以应用到 GF-3 图像识别中，提高积雪识别的效率。

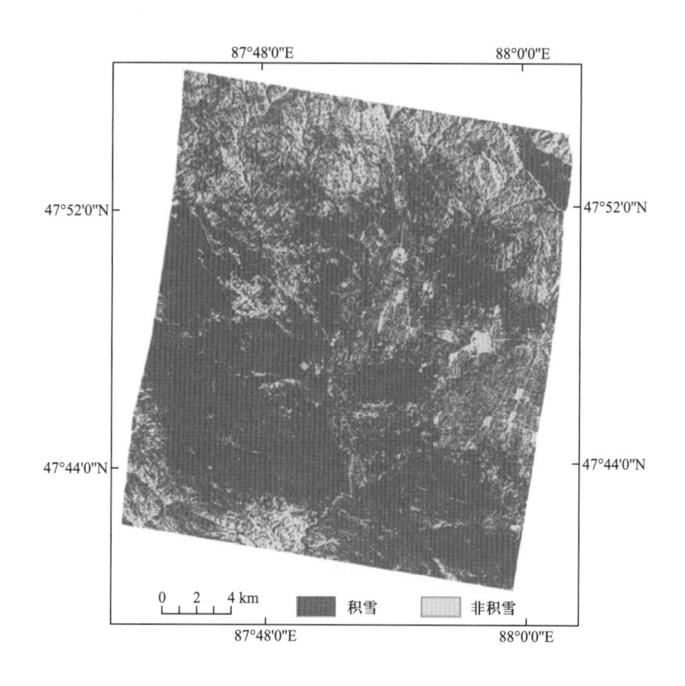

图 6.22　使用最优极化特征的积雪识别结果图

6.4　积雪干湿状态分类

6.4.1　积雪微波散射特性

积雪具有较为典型的微波散射特性，使得利用 SAR 开展积雪识别以及积雪干湿状态识别具有独特的优势。如图 6.23 所示，SAR 传感器接收到的来自积雪覆盖地表的总后向散射强度一般由四个分量构成，用公式可表示为

$$\sigma_{t} = \sigma_{as} + \sigma_{sv} + \sigma_{sg} + \sigma_{sgi} \tag{6.31}$$

其中，σ_{t} 为传感器接收到的总后向散射强度；σ_{as} 为空气-雪界面的面散射；σ_{sv} 为积雪的体散射；σ_{sg} 为下垫面的面散射；σ_{sgi} 为雪体体散射与下垫面面散射相互作用项。当雪体内部出现分层，导致雪体内出现多次散射作用，整个散射过程会更加复杂。

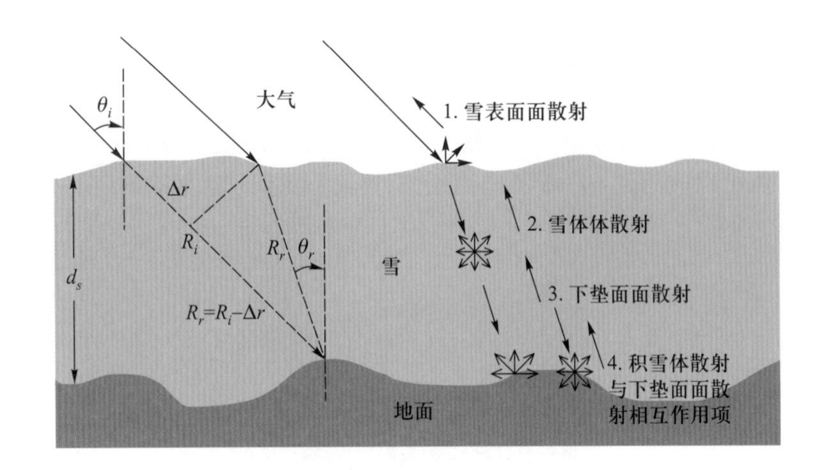

图6.23 积雪微波特性示意图

决定后向散射系数大小的因子除了SAR自身的参数，如频率、极化方式、入射角等，还包括雪层和下垫面的物理特性，如雪介电常数、雪表面粗糙度、雪深、下垫面湿度、下垫面粗糙度等。不同干湿状态的积雪，对不同频率的电磁波的后向散射特性也有较大差异，构成后向散射系数的四个分量比重也会有所不同。当电磁波频率较高且雪层厚度较厚时，电磁波较难穿透雪层，此时干雪（空气和冰的混合物）的体散射在总的后向散射系数中占有较高比重，下垫面的散射贡献相对较弱，总的后向散射系数对下垫面的介电常数和粗糙度不敏感；对于湿雪（液态水、空气和冰的混合物），雪体的体散射分量贡献相对较小，雪表面面散射在总的后向散射中所占比重随着积雪湿度的增加而增加，此时总的后向散射系数对雪表面的粗糙度较为敏感。当电磁波频率较低时，如L波段，干雪的消光系数很低，雪层对于电磁波几乎是透明的，此时雪体体散射可忽略不计，下垫面对总的后向散射起着主要的贡献。

对于GF-3卫星，C波段电磁波对于不同湿度的积雪穿透深度相差很大，其后向散射的构成分量也完全不同。对于干雪，雪的消光系数很低，C波段穿透深度达几十米，由于空气和干雪介电常数相近，雪面透射率高且反射率低，因此雪表面面散射对于总散射的贡献较小，而雪体体散射与积雪的深度相关，深度越大，体散射的贡献越多。研究区积雪深度一般不超过1 m，体散射的贡献较小，雪体体散射和下垫面面散射的相互作用相对总散射而言亦较小，总散射的贡献量主要来自下垫面面散射，其大小与下垫面介电常数和粗糙度相关。对于湿雪，即使积雪中少量液态水的存在，对微波也具有较强的吸收作用，当水的体积分数超过3%时，C波段穿透深度较浅，此时总散射主要由雪表面面散射和雪体体散射两部分构成；随着积雪湿度增加，雪层内水分子对电磁波的强吸收导致体散射急剧削弱，雪面透射率降低而反射比重增加，雪表面面散射逐渐增强，总散射的贡献量主要来自雪表面面散射；当水的体积分数超过5%时，雪表面面散射会主导总的散射贡献，总的后向散射强度对雪表面粗糙度非常敏感。

6.4.2 干雪和湿雪分类

积雪后向散射特征分析表明,在融雪期,四种极化条件下后向散射系数随局部入射角增加呈现先增加后降低趋势,不同高程带积雪与非积雪后向散射系数具有一定差异,积雪表层湿度在0% ~ 3%的变化过程中,后向散射强度呈明显降低趋势。因此,在考虑地形影响的基础上,采用极化SAR方法识别湿雪,识别的流程如图6.24所示。

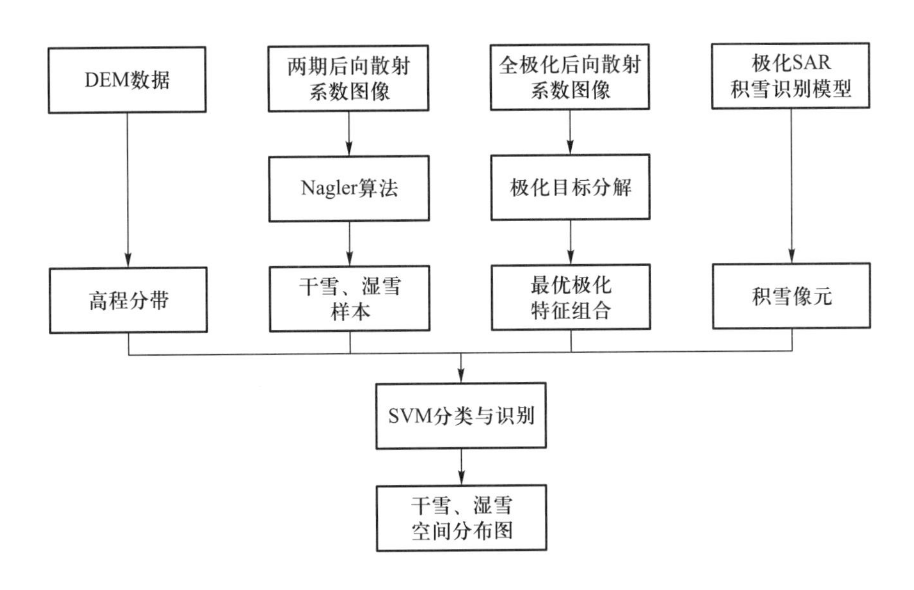

图6.24 干雪和湿雪识别流程

该识别过程主要包括三个步骤:首先,利用积雪期和融雪期的后向散射系数图像,采用Nagler算法(Nagler and Rott, 2000)获取湿雪样本;然后,利用极化目标分解方法提取散射特征,计算所有散射特征在所选样本上的J-M距离(Bruzzone et al., 1995),分别获取可用于湿雪识别的最优极化特征组合;最后,以最优极化特征组合、局部入射角和样本点为输入参数,采用SVM分类,提取湿雪像元。极化SAR识别湿雪具体流程如下。

1)干雪和湿雪样本获取

干雪向湿雪转变过程中,后向散射系数会发生明显降低,基于这一特征,可利用后向散射系数变化检测方法来实现湿雪的识别。其中,最常用的算法为Nagler算法,其表达式为

$$\begin{cases} \delta_{\text{ws}}^{o}/\delta_{\text{ref}}^{o} < \text{TR} \\ 15^{\circ} \leqslant \theta \leqslant 78^{\circ} \\ L = \text{True} \\ S = \text{True} \end{cases} \tag{6.32}$$

式中，$\delta_{\text{ws}}^{\text{o}}$为融雪期后向散射系数；$\delta_{\text{ref}}^{\text{o}}$为积雪期或非积雪期后向散射系数；TR 为经验阈值，一般情况下取值为-3 dB；θ 为局部入射角；L 和 S 分别表示叠掩和阴影。由于 Nagler 算法所使用的经验阈值 TR 取值为-3 dB 时，在一定程度上会低估湿雪的积雪范围，因此将 Nagler 算法提取的湿雪像元作为湿雪样本。分别选取 2017 年 11 月 27 日和 2018 年 2 月 22 日的 GF-3 卫星全极化条带模式后向散射强度图像作为积雪期和融雪期的数据，结合积雪期和融雪期的积雪像元提取结果，将两个时期均为积雪且后向散射强度没有降低的像元作为干雪，计算得到干雪和湿雪的样本，如图 6.25 所示。

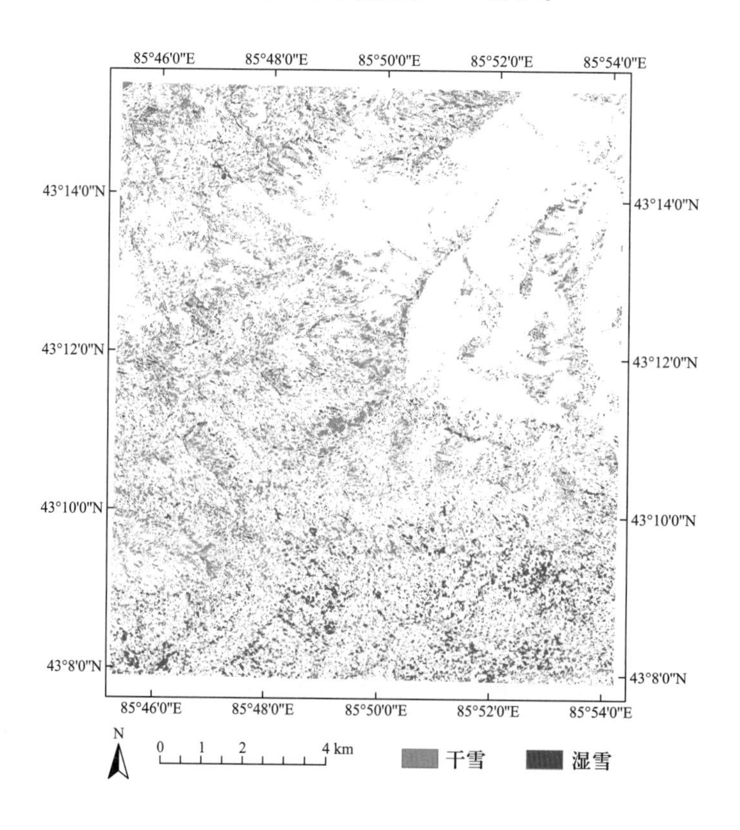

图 6.25　干雪和湿雪样本分布图

2）非相干目标分解和最优极化特征组合获取

非相干目标分解可以从全极化 SAR 数据中获取目标散射特征，其中，H-A-$\bar{\alpha}$ 分解和 Yamaguchi 分解方法是积雪散射特征提取中比较常用的方法，因此，选用 H-A-$\bar{\alpha}$ 和

Yamaguchi 两种目标分解方法进行最优极化特征组合提取。散射矩阵 $\boldsymbol{S}$ 可表示为

$$\boldsymbol{S}=\begin{bmatrix}\boldsymbol{S}_{\mathrm{HH}} & \boldsymbol{S}_{\mathrm{VH}}\\ \boldsymbol{S}_{\mathrm{HV}} & \boldsymbol{S}_{\mathrm{VV}}\end{bmatrix}=\frac{a}{\sqrt{2}}\begin{bmatrix}1 & 0\\ 0 & 1\end{bmatrix}+\frac{b}{\sqrt{2}}\begin{bmatrix}1 & 0\\ 0 & -1\end{bmatrix}+\frac{c}{\sqrt{2}}\begin{bmatrix}0 & 1\\ 1 & 0\end{bmatrix}+\frac{d}{\sqrt{2}}+\begin{bmatrix}0 & -j\\ j & 0\end{bmatrix} \tag{6.33}$$

式中，a, b, c, d 为复数，表达式为

$$a=\frac{\boldsymbol{S}_{\mathrm{HH}}+\boldsymbol{S}_{\mathrm{VV}}}{\sqrt{2}},b=\frac{\boldsymbol{S}_{\mathrm{HH}}-\boldsymbol{S}_{\mathrm{VV}}}{\sqrt{2}},c=\frac{\boldsymbol{S}_{\mathrm{HV}}+\boldsymbol{S}_{\mathrm{VH}}}{\sqrt{2}},d=j\frac{\boldsymbol{S}_{\mathrm{HV}}+\boldsymbol{S}_{\mathrm{VH}}}{\sqrt{2}} \tag{6.34}$$

由散射矩阵 $\boldsymbol{S}$ 可获得相干矩阵 $\boldsymbol{T}$，其表达式分别为

$$\boldsymbol{T}=\langle\boldsymbol{K}_P \quad \boldsymbol{K}_P^{*\mathrm{T}}\rangle \tag{6.35}$$

$$\boldsymbol{K}_P=\frac{1}{\sqrt{2}}[\boldsymbol{S}_{\mathrm{HH}}+\boldsymbol{S}_{\mathrm{VV}} \quad \boldsymbol{S}_{\mathrm{HH}}-\boldsymbol{S}_{\mathrm{VV}} \quad 2\boldsymbol{S}_{\mathrm{HV}}]^{\mathrm{T}} \tag{6.36}$$

根据埃尔米特矩阵特性，$\boldsymbol{T}$ 可进一步分解为特征向量和特征值的表达式：

$$\boldsymbol{T}=(\lambda_1\overrightarrow{e_1}\overrightarrow{e_1}^{*\mathrm{T}})+(\lambda_2\overrightarrow{e_2}\overrightarrow{e_2}^{*\mathrm{T}})+(\lambda_3\overrightarrow{e_3}\overrightarrow{e_3}^{*\mathrm{T}}) \tag{6.37}$$

式中，λ_i为矩阵 $\boldsymbol{T}$ 的特征值（λ_1, λ_2, λ_3, $\lambda_3\geqslant\lambda_3\geqslant\lambda_3\geqslant 0$）；$e_i$为 $\boldsymbol{T}$ 的特征向量。H-A-$\bar{\alpha}$ 极化分解方法基于 $\boldsymbol{T}$ 的三个特征值（λ_1, λ_2, λ_3），其中，极化熵 H 用来描述不同散射类型在统计意义上的无序性，与散射集合的去极化相关，其表达式为

$$H=-\sum_{i=1}^{3}P_i\log 3P_i,P_i=\lambda_i\left(\sum_{j=1}^{3}\lambda_j\right)^{-1} \tag{6.38}$$

式中，P_i对应于特征值 λ_i获得的伪概率（$0\leqslant P_i\leqslant 1$）。

极化各向异性度 A 用来描述相干矩阵 $\boldsymbol{T}$ 的第二个特征值和第三个特征值的相对大小，其表达式为

$$A=\frac{\lambda_2-\lambda_3}{\lambda_2+\lambda_3},\ 0\leqslant A\leqslant 1 \tag{6.39}$$

平均散射角 $\bar{\alpha}$ 反映目标散射机理的转变，其表达式为

$$\bar{\alpha}=P_1\alpha_1+P_2\alpha_2+P_3\alpha_3,\ 0^{\circ}\leqslant\bar{\alpha}\leqslant 90^{\circ} \tag{6.40}$$

式中，α_1,α_2,α_3 为特征向量参数。

Yamaguchi 分解方法是在三分量分解基础上建立的四分量分解方法，对于积雪等具有复杂几何散射结构的目标具有更广泛的适用性，其协方差矩阵可表示为

$$\boldsymbol{C}=f_s\boldsymbol{C}_s+f_d\boldsymbol{C}_d+f_v\boldsymbol{C}_v+f_c\boldsymbol{C}_c \tag{6.41}$$

式中，f_s，f_d，f_v，f_c 分别为表面散射、偶次散射、体散射、螺旋体散射分量的系数；C_s，C_d，C_v，C_c 为表面散射、偶次散射、体散射和螺旋体散射协方差矩阵。

对相干矩阵 $\boldsymbol{T}$ 和协方差矩阵 $\boldsymbol{C}$ 进行分解，得到32个极化特征。非相干目标分解得到的众多极化特征在实际应用中会造成信息冗余，从而增加计算的复杂度，因此，需要筛选对干雪和湿雪可分性较强的极化特征，从而获取最优极化特征组合用于湿雪识别。可分性的判定指标有很多，常用的可分性指标包括概率距离、相关测度、类间距离、类内距离以及信息熵等，其中，J-M距离是一种在遥感图像分类中较为常用且能够有效表达类别间可分性的指标。对于确定的两类样本，在某一特征的J-M距离计算公式为

$$J = 2(1 - \mathrm{e}^{-B}) \tag{6.42}$$

$$B = \frac{1}{8}(m_1 - m_2)^2 \frac{2}{\delta_1^2 + \delta_2^2} + \frac{1}{2}\ln\left[\frac{\delta_1^2 + \delta_2^2}{2\delta_1\delta_2}\right] \tag{6.43}$$

式中，J 为两类样本在特征上的J-M距离（$0<J<2$）；m_1 和 m_2 为特征的均值；${\delta_1}^2$ 和 ${\delta_2}^2$ 为特征的方差。当 $0<J<1.0$ 时，在该特征下两类别不具可分性，两类样本点需要合并；当 $1.0\leqslant J<1.8$ 时，两类别可分性较差，样本点需要重新选取；当 $1.8\leqslant J<1.9$ 时，两类别具有一定的可分性，可适当调整样本点；当 $1.9\leqslant J<2.0$ 时，两类别可分性较强，样本点合格。

根据以上计算方法，选取2018年2月22日的GF-3卫星全极化条带模式数据作为输入，分别计算得到32个极化特征在干雪和湿雪样本点上的J-M距离，计算结果如表6.3所示。

表6.3 极化特征的J-M距离

分解方法	$0<J<1.0$	$1.0\leqslant J<1.8$	$1.8\leqslant J<1.9$	$1.9\leqslant J<2.0$
H-A-$\bar{\alpha}$	$(1-H)(1-A)$、$p2$、β、γ、*asymetry*	H、A、$\bar{\alpha}$、HA、$(1-H)A$、λ_1、$p1$、$p3$、$T11$、SEI、SEP、PF、*rvi*、*derd*、*serd*、*pedestal*、*lueneburg*	$H(1-A)$、λ_2、$T22$、$T33$	λ_3、SE
Yamaguchi	Y_odd、Y_hlx	Y_dbl		Y_vol

由表6.3可知，除了H-A-$\bar{\alpha}$ 分解获得的特征值（λ_3）、SE 以及Yamaguchi分解体散射（Y_vol）的J-M距离高于1.9，其余极化特征的J-M距离均介于0～1.9，因此，选取 λ_3、SE 和 Y_vol 三种极化特征可作为湿雪识别的最优极化特征组合。最优极化特征组合的彩色合成图像如图6.26所示。

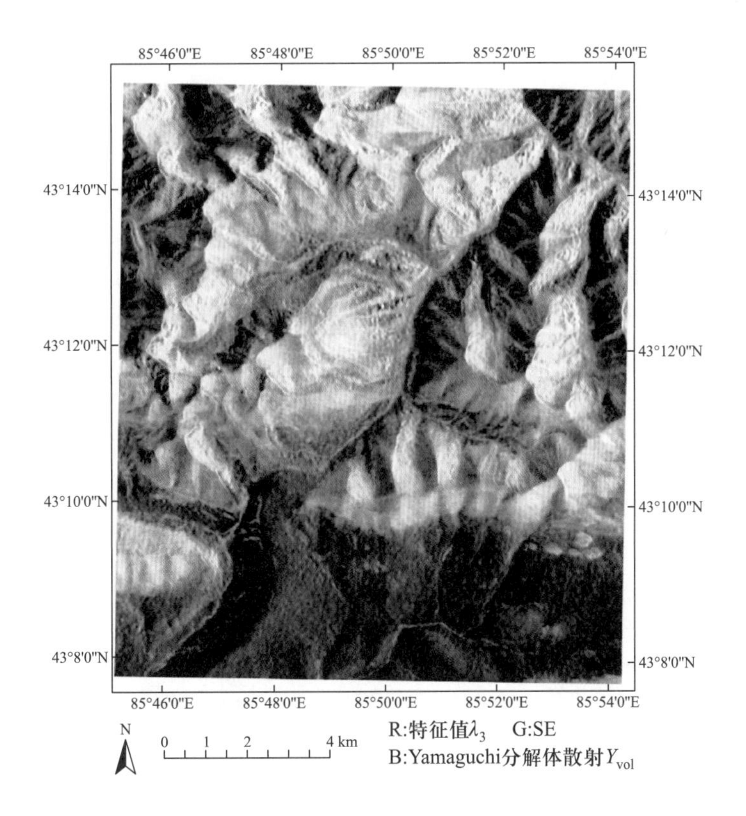

图 6.26 最优极化特征组合的 RGB 合成图

3）基于 SVM 的积雪干湿状态分类

干雪对 SAR 后向散射强度影响较小，与裸土等非积雪覆盖地表后向散射强度较为接近，所以湿雪识别直接在积雪像元提取结果上进行，以消除非积雪像元对识别精度的影响。根据干雪和湿雪样本，以局部入射角和最优极化特征组合为输入参数，利用 SVM 分类器，对积雪像元进行分类。具体过程为：从 Nagler 算法获取的干雪和湿雪样本中，结合局部入射角图像，分别选取 1000 个干雪和 1000 个湿雪样本像元，要求像元在不同局部入射角下的空间分布均匀，将样本随机分为 10 个子集，每个子集包含 100 个干雪像元和 100 个湿雪像元，每次选取 1 个子集作为测试集，另外 9 个子集作为训练集，保证所有样本像元均被作为训练集和测试集，每个样本像元都被验证一次。以 λ_3、SE、Y_{vol} 三种极化特征图像和局部入射角图像作为输入，通过交叉验证和网格搜索方法，建立 SVM 分类器，对积雪像元进行分类，从而识别干雪和湿雪。以 2018 年 2 月 22 日的 GF-3 卫星全极化条带模式数据最优极化特征组合作为输入，计算得到干雪和湿雪的识别结果如图 6.27 所示，识别的总体精度为 76.1%。

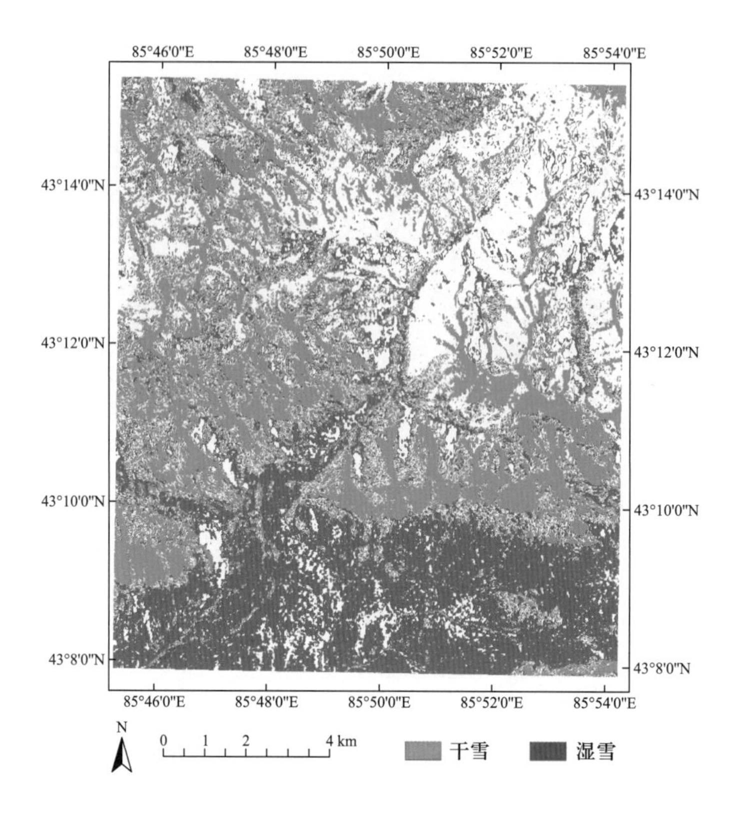

图 6.27 干雪和湿雪分类结果

小　　结

本章利用 GF-3 数据探究国产高分辨率 SAR 卫星对积雪识别的有效性，发展一种极化特征优选的积雪识别方法。首先利用极化分解技术提取积雪识别的极化特征，使用多种分类器识别积雪；然后采用随机森林分类器为积雪识别选择最优的极化特征，使用最优的极化特征为积雪识别服务；最后结合光学与雷达影像选取训练样本，利用支持向量机分类器识别积雪干湿状态。结果表明，在使用的最大似然法、支持向量机、BP 神经网络和随机森林四种分类器中，随机森林方法的积雪识别结果精度最高；利用该方法计算各极化特征对积雪识别的重要性程度，结果显示在使用最重要的 3 个极化特征时识别精度达到最高，据此可将 HH 极化、VV 极化和 H-A-α 极化分解的第三分量作为积雪识别的最优特征子集；从积雪识别精度的变化规律还发现，同极化后向散射系数对识别的贡献度比交叉极化的贡献度大，在极化分解为面散射、体散射和二面角散射的分解模型中，二面角散射分量对识别的贡献度比其他两种散射分量的贡献度低。

参 考 文 献

池宏康,周广胜,许振柱,肖春旺,袁文平. 2005. 表观反射率及其在植被遥感中的应用. 植物生态学报,29(1):74-80.

王超,张红,陈曦,刘智,闫冬梅. 2008. 全极化合成孔径雷达图像处理. 北京:科学出版社.

王介民,高峰. 2004. 关于地表反照率遥感反演的几个问题. 遥感技术与应用,19(5): 295-300.

张继贤,魏钜杰,赵争,黄国满. 2011. 基于多方向多源合成孔径雷达数据融合的假彩色正射影像制作. 测绘学报,40(3): 276-282.

An W, Cui Y, Yang J. 2010. Three-component model-based decomposition for polarimetric SAR data. *IEEE Transactions on Geoscience and Remote Sensing*, 48(6): 2732-2739.

An W, Xie C, Yuan X, Cui Y, Yang J. 2011. Four-component decomposition of polarimetric SAR images with deorientation. *IEEE Geoscience and Remote Sensing Letters*, 8(6): 1090-1094.

Breiman L. 2001. Random forests. *Machine Learning*, 45(1): 5-32.

Bruzzone L, Roli F, Serpico S B, 1995. An extension of the Jeffreys-Matusita distance to multiclass cases for feature selection. *IEEE Transactions on Geoscience and Remote Sensing*, 33(6): 1318-1321.

Cherkassky V, Ma Y. 2004. Practical selection of SVM parameters and noise estimation for SVM regression. *Neural Networks*, 17(1): 113-126.

Cloude S R, Pottier E. 1996. A review of target decomposition theorems in radar polarimetry. *IEEE Transactions on Geoscience and Remote Sensing*, 34(2): 498-518.

Cloude S R, Pottier E. 1997. An entropy based classification scheme for land application of polarimetric SAR. *IEEE Transactions on Geoscience and Remote Sensing*, 35(1): 68-78.

Du P J, Samat A, Waske B, Liu S C, Li Z H. 2015. Random forest and rotation forest for fully polarized SAR image classification using polarimetric and spatial features. *ISPRS Journal of Photogrammetry and Remote Sensing*, 105: 38-53.

Freeman A, Durden S L. 1998. A three-component scattering model for polarimetric SAR data. *IEEE Transactions on Geoscience and Remote Sensing*, 36(3): 963-973.

Liu S Y, Zhang L D, Wang Q, Liu J J. 2008. BP neural network in classification of fabric defect based on particle swarm optimization. International Conference on Wavelet Analysis and Pattern Recognition, Hong Kong.

Nagler T, Rott H, 2000. Retrieval of wet snow by means of multitemporal SAR data. *IEEE Transactions on Geoscience and Remote Sensing*, 38(21): 754-765.

Sinclair G. 1950. The Transmission and Reception of Elliptically Polarized Waves. *Proceedings of the IRE*, 38(2): 148-151.

Yamaguchi Y, Moriyama T, Ishido M, Yamada H. 2005. Four-component scattering model for polarimetric SAR image decomposition. *IEEE Transactions on Geoscience and Remote Sensing*, 104(8): 1699-1706.

Yamaguchi Y, Yajima, Y, Yamada H. 2006. A Four-Component Decomposition of POLSAR Images Based on the Coherency Matrix. *IEEE Geoscience and Remote Sensing Letters*, 3(3): 292-296.

第7章

GF-3卫星积雪深度反演

积雪深度作为积雪的重要参数之一,其空间分布和时间变化对于气候变化研究、水资源管理、积雪灾害预警等都有着极为重要的意义。本章利用新疆阿勒泰典型山区积雪积累期C波段全极化GF-3数据以及地面同步观测数据、SRTM DEM数据和GlobeLand30土地覆盖数据,探讨了国产高分辨率SAR数据在雪深反演中的应用潜力。研究的主要内容有:①同极化相位差(co-polarized phase difference,CPD)正演模型构建。根据水平极化信号和垂直极化信号在雪层中的折射率差,利用波长与相位的关系以及极化信号传播路径和雪层的几何关系可以计算出不同雪深引起的CPD,构建CPD正演模型,探讨了CPD对雪深、雪密度等积雪参数以及入射角、波长等SAR成像条件的敏感性。②基于CPD模型的雪深反演。结合地面观测点的雪深数据和CPD反演数据,拟合得到适用于研究区的雪深反演模型,获取了研究区的雪深空间分布。③地形因子对雪深反演精度的影响分析。将研究区图像按SAR入射角差异划分成不同区域,分析不同SAR入射角范围内CPD与雪深的关系、最优滤波窗口下的拟合情况及反演雪深与观测雪深的对比情况。

7.1 遥感数据及预处理

7.1.1 GF-3数据及预处理

GF-3卫星是我国第一颗载有C波段SAR传感器的卫星,最高空间分辨率为1 m,于2016年8月10日发送到达预定轨道。卫星设计有12种成像模式,可将这12种工作模式按照实现方式归为5类工作模式,分别为聚束、条带、超精细条带、扫描和波模式(表7.1)。

表 7.1 SAR 成像模式和能力

序号	工作模式	入射角/(°)	视数 A×E	空间分辨率 /m	成像带宽/km		极化方式
					标称	范围	
1	聚 束	20~50	1×1	1	10×10	10×10	可选单极化
2	超精细条带	20~50	1×1	3	30	30	可选单极化
3	精细条带 1	19~50	1×1	5	50	50	可选双极化
4	精细条带 2	19~50	1×2	10	100	95~110	可选双极化
5	标准条带	17~50	3×2	25	130	95~150	可选双极化
6	窄幅扫描	17~50	1×6	50	300	300	可选双极化
7	宽幅扫描	17~50	1×8	100	500	500	可选双极化
8	全球观测模式	17~53	2×(2~4)	500	650	650	可选双极化
9	全极化条带 1	20~41	1×1	8	30	20~35	全极化
10	全极化条带 2	20~38	3×2	25	40	35~50	全极化
11	波模式	20~41	1×2	10	5×5	5×5	全极化
12	扩展 低入射角	10~20	25	25	130	120~150	可选双极化
	扩展 高入射角	50~60	3×2	25	80	70~90	可选双极化

CPD 研究要求 SAR 卫星具有干涉成像能力,且同时具有水平和垂直极化通道成像的能力。综合考虑 GF-3 卫星数据的成像时间和图像覆盖区域、成像质量、同步观测试验可行性以及成像模式,选取了 2018 年 1 月 17 日获取的阿勒泰地区 GF-3 卫星降轨数据作为实验数据,图像范围为47°49′N~48°07′N,88°03′E~88°24′E,地理位置参见图 2.26,相关参数如表 7.2 所示。

表 7.2 所用的 SAR 图像的成像参数

成像参数	参数值	成像参数	参数值
成像日期	2018 年 1 月 17 日	成像波段	C 波段
成像时间	北京时间 12:22:04	电磁波长/cm	5.6
处理级别	SSC	距离向分辨率/m	2.25
极化方式	全极化	方位向分辨率/m	4.87
轨道方向	降轨	入射角度/(°)	43.82

所订购的 SAR 数据为 L1A 级 SLC 产品,是未经过地理编码的斜距复数据图像,保留幅度、相位和极化信息。数据的预处理包括地理编码和局部入射角计算等关键步骤。预处理工作在 Gamma 软件中完成。

1）地理编码

对SAR数据进行地理编码就是通过几何变换将其从雷达几何结构转换为地图结构，主要包括以下步骤：

(1)DEM预处理。为了在Gamm软件中使用DEM,必须对DEM进行丢失值的纠正、镶嵌拼接等预处理,并生成DEM参数文件,参数文件描述了地图坐标系下图像的几何结构。

(2)生成初始地理编码查找表。根据DEM参数文件和GF-3成像几何结构生成初始地理编码查找表以及模拟的地图结构的SAR图像,通过地理编码查找表可建立地图几何和雷达几何之间的关系。根据地理编码查找表对SAR图像进行投影转换,将模拟的SAR图像从地图结构重采样至雷达结构,以进行后续的精配准。

(3)精化编码查找表。由于GF-3图像几何结构的信息有限,所以初始地理编码查找表存在误差。根据模拟的雷达结构SAR图像和原始SAR图像的偏移量,建立偏移公式,将模拟SAR图像与原始SAR图像进行精配准,配准精度达到0.2个像元。利用配准后的图像精化地理编码查找表,补偿不确定的轨道参数带来的误差。

(4)后向编码。利用精化的查找表,将原始SAR图像从雷达结构编码至地图结构。地理编码后的SAR后向散射强度假彩色合成图像如图7.1所示。

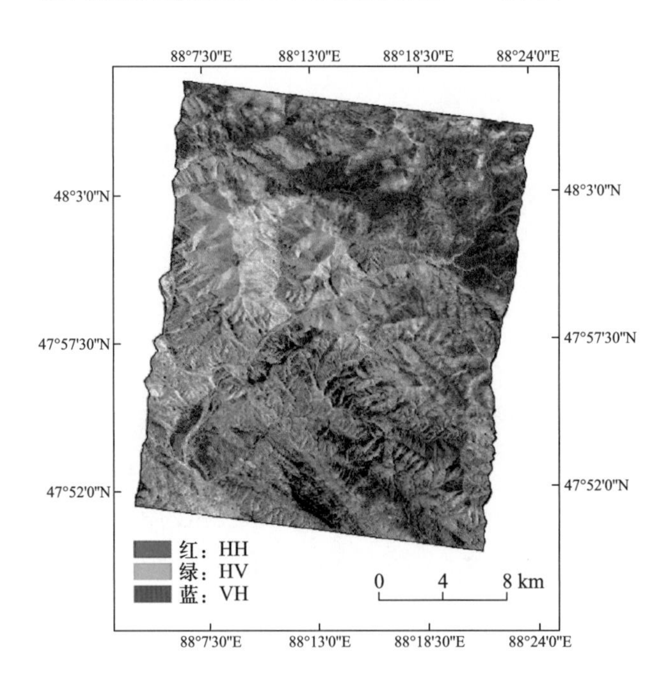

图7.1 GF-3卫星假彩色合成图像

2）局部入射角计算

某点局部入射角的大小与该点地形条件、卫星轨道倾角及雷达入射角等因素有关，其计算公式如下：

$$\theta = \cos^{-1}(\cos I_j \cos\alpha \ \pm \sin I_j \sin\alpha \sin\xi) \tag{7.1}$$

式中，“±”在雷达右视时取“+”，左视时取“-”；I_j为该点基于大地水准面的雷达入射角，可由近距点雷达入射角与远距点雷达入射角按照斜距像元大小插值得到；α 为该点的坡度角，可由 DEM 计算得到；ξ 为坡向相对于卫星飞行方向的方位角，表示该点切平面法线在水平面上的投影与方位向逆方向间的夹角（以顺时针递增），可用 DEM 提取的坡向 A 与卫星轨道倾角I_{sat}计算得到：

$$\xi = (I_{sat} - 90^{\circ}) + A \tag{7.2}$$

使用的 GF-3 数据为右视成像，所以式（7.1）中的“±”取“ + ”；研究区的坡度图、坡向图见下文所述，使用的 GF-3 数据近距点、远距点雷达入射角分别为 43.39°和 44.51°，由此可插值距离向各列雷达入射角I_j，计算得到局部入射角，并依据局部入射角大小和叠掩、阴影判断准则，生成叠掩与阴影区掩膜的局部入射角图像（图 7.2）。

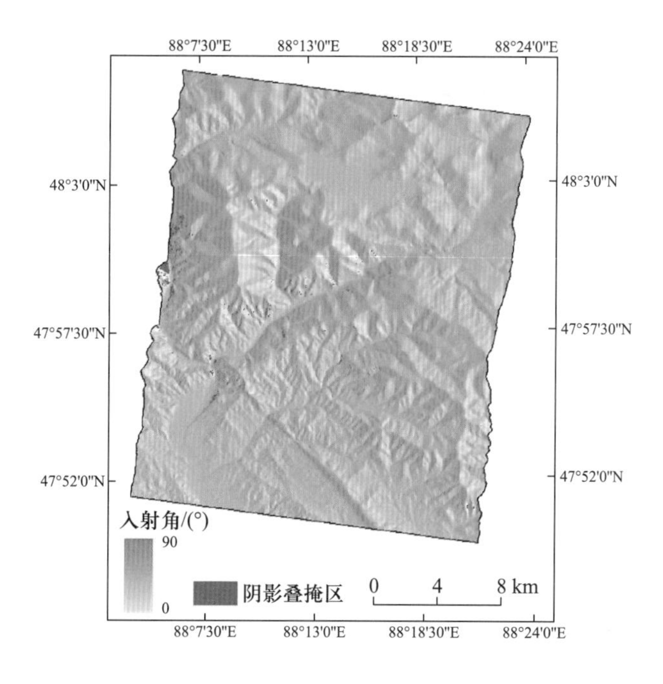

图 7.2 GF-3 卫星 SAR 局部入射角

7.1.2 DEM数据及预处理

DEM数据预处理的主要目标是获取坡度、坡向等地形因子和作为SAR图像处理和地形分析的输入参数。选用的是水平精度和垂直精度较高的SRTM DEM数据,水平分辨率为30 m,垂直精度为10 m。该版本的DEM未经过插值补洞修复,因此数据存在缺失,对其进行补洞处理。研究区所在位置为2个SRTM片区交接处,片区编号为n47_e088和n48_e0888,对其拼接获取所需DEM(图7.3)。

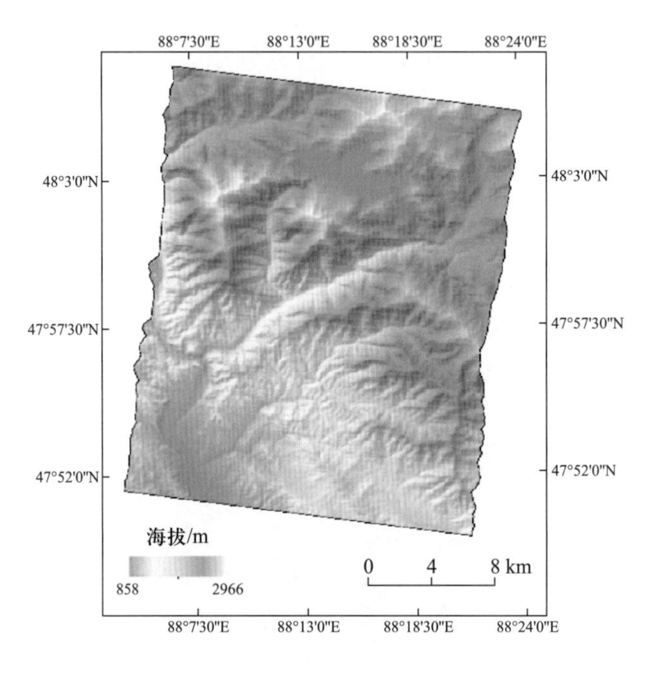

图7.3 研究区DEM

同时,地形因子是影响SAR后向散射系数和相干系数的主要影响因素之一,坡度和坡向直接控制着不同坡面上像元点的局部入射角。因此,SAR图像和光学遥感图像表征分析需要先利用由DEM获取的地形因子。各因子获取过程如下:

- 坡向(aspect, A):A表征了观测点在水平地面上面向的方位,是观测点 切平面面向天空一侧法线在水平面上的投影与正北方向的夹角。坡向以 正北方向为0°,沿顺时针方向递增,取值范围为0°~360°,可划 分为东、南、西、北、东南、东北、西南、西北和无坡向9个方向,也可分为阴坡 、阳坡、半阴坡、半阳坡4个方向。坡向的空间分布如图7.4所示。
- 坡度(slope, S):S表征了地面某点倾斜程度,是观测点切平面与水平 地面的二面角,观测点切平面平行于水平地面时为0°,垂直于水平地面时为90°,取值范围为0°~90°。坡度的空间分布如图7.5所示。

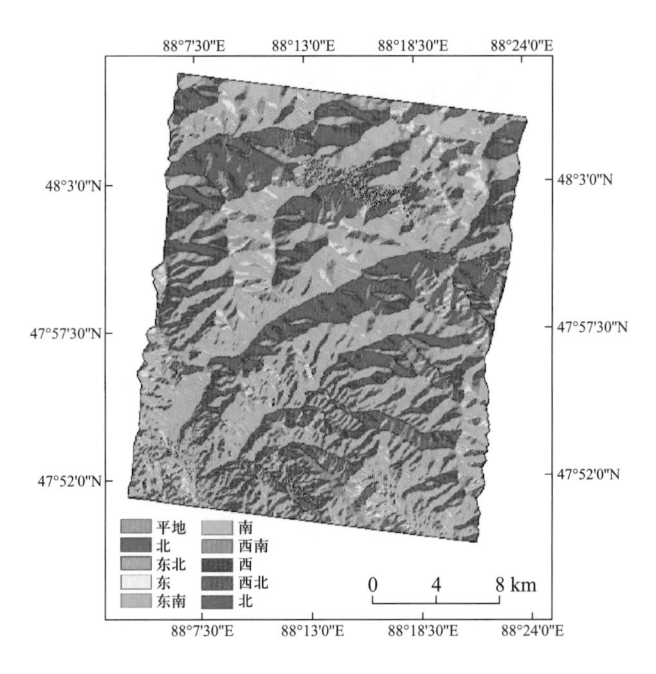

图 7.4 研究区坡向图

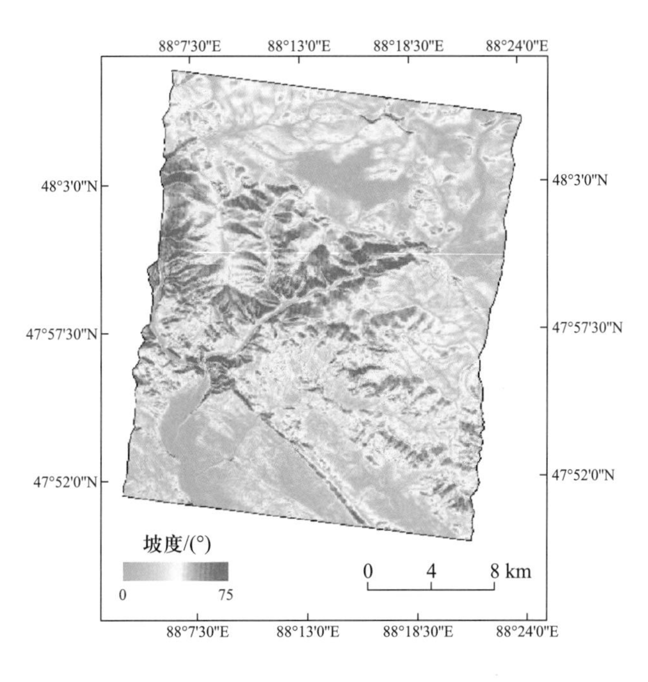

图 7.5 研究区坡度图

7.2 同极化相位差模型正演分析

7.2.1 积雪的微结构特性

微波是横波的一种,其磁场矢量方向和电场矢量方向相互垂直,电磁波传播的方向与两者所在的平面相互垂直,并服从右手定律。极化定义为电磁波电场振动方向的变化趋势。电磁波的极化方式主要有线极化、圆极化和椭圆极化,其中线极化电场矢量方向分为水平极化和垂直极化两个方向(Ulaby et al.,1981)。电场矢量方向与入射面相互垂直时称为水平极化,以符号 H 表示;电场矢量方向与入射面相平行时称为垂直极化,以符号 V 表示。

一般情况下,积雪可以认为是冰粒、空气和液态水的三相混合物,而在理想状态下,干雪可以看作是冰粒晶体和空气的二相混合物,空气作为基底介质,冰粒晶体可以看作混入空气的混入物晶体(Ulaby and Stiles, 1981; Tiuri et al., 1984)。干雪可以认为是均质的、体散射可以忽略不计的介质(Hallikainen et al., 1987; West et al., 1993)。微波几乎不受干扰地通过大气,在干雪中,微波信号的穿透深度可达数十米,因此主要后向散射信号来自下垫面,但受到干雪折射率的影响而延迟。

极化 SAR 可以通过极化雷达回波来获取相关信息以表征某一目标的散射机制(Lee and Potter, 2009),当目标表面被均匀、各向同性和透明的介质覆盖时,其极化特性不受影响,但会由于介质的折射率差异造成信号延迟(Leinss,2015)。SAR 图像的同极化相位差(CPD)表征不同的积雪冰粒晶体对 VV 极化和 HH 极化的折射率差异引起积雪信号延迟而造成的相位差异,它定义为 VV 极化通道获取的 SAR 图像与 HH 极化通道获取的 SAR 图像的复数相干度的相位角。GF-3 全极化 SAR 数据包含 HH 极化通道数据和 VV 极化通道数据,即发射和接收的都是水平极化和垂直极化的电磁波。

研究证明,积雪各向异性结构对 SAR 图像 $\boldsymbol{S}_{HH}$ 和 $\boldsymbol{S}_{VV}$ 矩阵的影响较为明显,尤其是低密度的新雪对 HH 极化和 VV 极化相位差和散射有不同的影响(Mead et al.,1993)。积雪中冰粒晶体的形状是积雪 CPD 的重要影响因子,冰粒晶体形状的变化直接影响了积雪 CPD 的变化。Leinss 等(2014)研究表明,X 波段双极化 SAR 图像的 CPD 与雪深有着明显的正相关关系。首次降雪发生时,积雪为近球体形态的冰粒晶体,在各方向上的属性差异不大,VV 极化和 HH 极化在积雪中的折射率近乎相等,所以 CPD 接近于 0。当积雪逐渐积累,雪深增加,新雪被自身的重量压实,初始各向同性随机结构转变为各向异性、水平排列结构,积雪冰粒形态由之前的近球体逐渐向圆盘状的晶体演变(Schleef and Löwe, 2013),VV 极化电磁波在由空气进入积雪体中的折射率大于 HH 极化电磁波,导致 VV 极化电磁波在积雪中穿过的路径长于 HH 极化电磁波,使得 CPD 为正值。在积雪积累期,由于土壤温度高于近地面空气温度和雪表温度,积雪底部到顶部的能量分布梯度增大,垂直方向的温度梯度引起了垂直方向的水汽状态差异,直接导致了积雪表层和底层之间的水汽输送(Colbeck, 1983),来自积雪底层水汽在上升的过程中冷凝形成晶体,改变了积雪原有的微结构(Alley et al., 1982)。积雪冰粒晶体的排列结构也由之前的水平排列逐渐过渡到垂直排列,积雪中的冰粒晶体发展成为针状的冰粒晶体。这种积雪冰粒形态和排列结构各向异性较大,在垂直方向的折射率大于在水平方向上的折射率,导致 VV 极化电磁波在由空气进入积雪时的折射率小于 HH 极化电磁波,使得 CPD 为负值。积雪冰粒形态变化如图 7.6 所示,当积雪状态不变,在理想条件下,尽管积雪的分层和各向异性存在巨大的差异,但是从整体来看,积雪的各向异性主要是随着深度的变化而变化。积雪自身的线性压实及分层共同决定了积雪各向异性的整体变化(Hörhold et al., 2009)。所以 CPD 与雪深有关,两者呈正比关系。

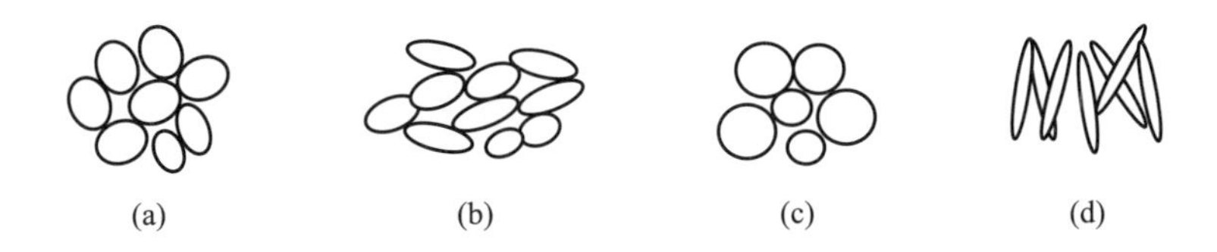

图 7.6 积雪的冰粒形状和排列的变化示意图:(a)随机结构;(b)水平排列;(c)各向同性;(d)垂直排列(修改自 Leinss et al., 2014)

7.2.2 同极化相位差模型

在理想情况下,假定冰粒晶体形状为规则的椭球体,建立三维笛卡儿坐标系,定义椭球体中心为原点,a_x、a_y和a_z分别是椭球体在 x 轴、y 轴和 z 轴方向上的半轴长(图 7.7)。假设$a_x = a_y$,水平轴与垂直轴之比a_x / a_z决定了球体的形状,大于 1 表示是水平方向的扁圆体。依据拉普拉斯方程及其边界条件,可以计算出椭球体三个正交轴 x 轴、y 轴和 z 轴方向的退极化因子 $N_i, i \in \{x, y, z\}$ (Sihvola, 2000)。

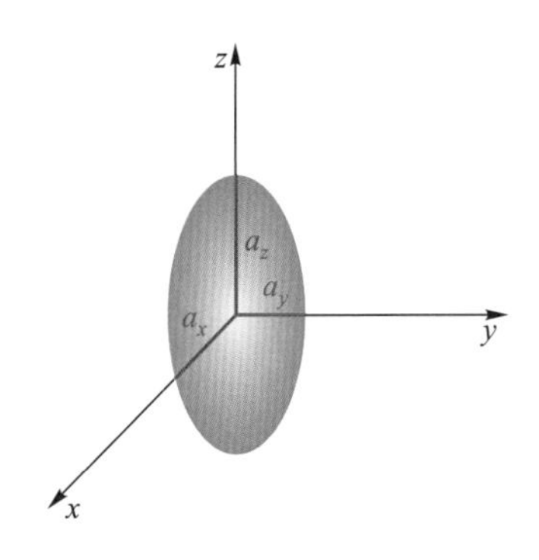

图 7.7 积雪的冰粒形状模拟

$$N_i = \frac{a_x a_y a_z}{2}\int_0^{\infty} \frac{ds}{(s + a_i^2)\sqrt{(s + a_x^2)(s + a_y^2)(s + a_z^2)}} \tag{7.3}$$

式中，s 为积分变量。冰粒退极化因子仅与形状有关，而与体积无关，且满足 $N_x+N_y+N_z=1$ 的数量关系(Polder and Santeen, 1946)。因为已令$a_x=a_y$，所以 x 轴方向和 y 轴方向的退极化因子相等，即 $N_x=N_y$。各方向上的退极化因子与各轴方向半径长度关系如图 7.8 所示，当冰粒晶体为圆球体时，各方向半轴长相等，即$a_x=a_y=a_z$，此时各方向退极化因子相等，即 $N_x=N_y=N_z=1/3$。

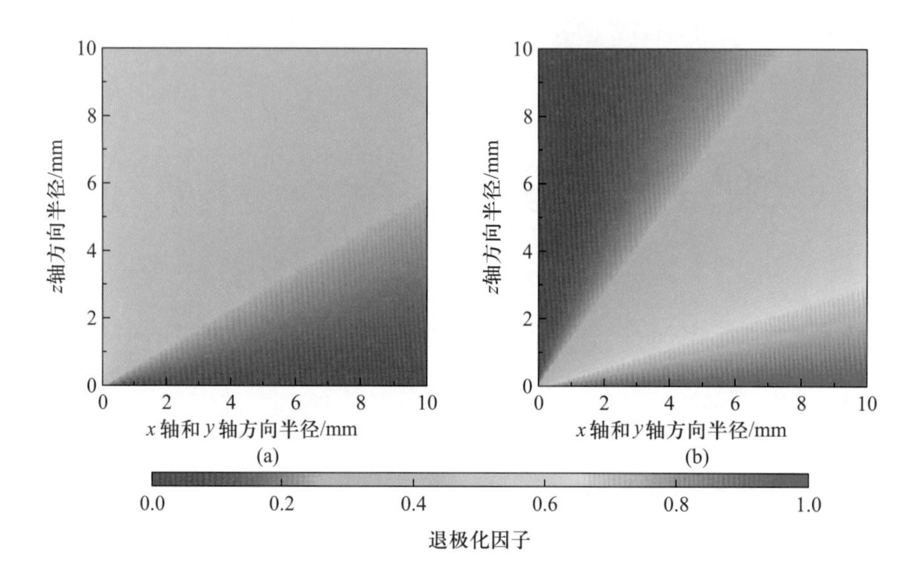

图 7.8 x 轴和 y 轴方向(a)和 z 轴方向(b)退极化因子与冰粒形状的关系

雪的等效介电性能与冰粒形状、空气与冰粒的空间分布结构、等效介电常数、冰粒的体积分数比例有关。由于干雪是空气和冰的混合物，其相对介电常数取决于雪密度和空气与冰的相对介电常数(Ulaby et al.,1982)。

假定在均匀场中，冰粒的等效介电常数为ε_{ice}，空气的等效介电常数为ε_{air}，f_{vol}为冰粒占雪的体积百分比，取决于冰粒与雪层密度比，$1-f_{vol}$为空气的体积百分比。当雪粒形状为圆球时，各轴向上的退极化因子相等，因此等效介电常数具有各向同性的特点，即 $\varepsilon_{eff,x}=\varepsilon_{eff,y}=\varepsilon_{eff,z}$，雪的等效介电常数 ε_{eff}仅与冰粒的体积比f_{vol}有关。当冰粒晶体为椭球体时，各轴向上的退极化因子不同，因此各轴向上的等效介电常数各异，此时雪的等效介电常数取决于冰粒和空气的等效介电常数ε_{ice}、ε_{air}、体积比f_{vol}和冰粒各轴向上的退极化因子 $N_i, i\in\{x, y, z\}$的函数。利用 Maxwell-Garnett 公式[式(7.4)]可以计算得到冰粒各轴向上的等效介电常数 $\varepsilon_{eff,i}, i\in\{x, y, z\}$(Sihvola, 2000)。已知冰粒介电常数$\varepsilon_{ice}$为 3.17，空气介电常数$\varepsilon_{air}$为 1，等效介电常数与体积分数的关系如图 7.9 所示。

$$\varepsilon_{eff,i} = \varepsilon_{air} + f_{vol}\,\varepsilon_{air}\frac{\varepsilon_{ice} - \varepsilon_{air}}{\varepsilon_{air} + (1 - f_{vol})N_i(\varepsilon_{ice} - \varepsilon_{air})} \tag{7.4}$$

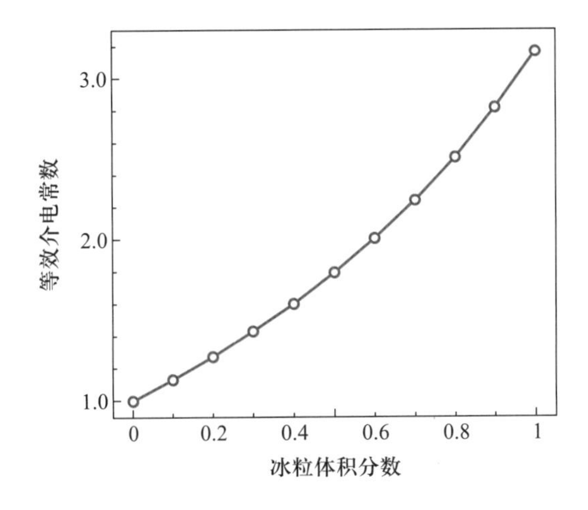

图 7.9 等效介电常数与冰粒体积分数的关系

极化信号在空气与雪中的传播速度不同,导致信号从空气进入雪层的传播路线发生弯曲,产生折射。

折射率定义为信号在真空中的传播速度与在介质中的传播速度的比值,用 n 表示:

$$n = \frac{c}{v} \tag{7.5}$$

式中,c 为信号在真空中的传播速度,v 为信号在混合物中的传播速度,根据 Maxwell 方程,折射率 n 可以简化为

$$n = \sqrt{\varepsilon_e} \tag{7.6}$$

式中,ε_e和μ_e为混合物的等效介电常数和等效磁导率。

由于水平极化和垂直极化的极化信号在雪层中折射率不同,来自同一雷达分辨率单元内从同一波阵面到地面上同一点处的极化信号所传播的路径和距离不同,进而产生了相位差异。如图 7.10 所示,根据各向异性光学原理,电磁波穿透一个深度为 SD 的雪层,定义光轴为 z 轴,平行于重力方向,(x, y)是水平面。将电磁波在雪层中 z 方向的折射率定义为n_e,在(x, y)平面上折射率定义为n_o。电磁波(H 极化或 V 极化)相对于雷达坐标系 (H, BSA, V) 以 k 方向传播,与雪面的入射角为θ_0。水平极化波的电场垂直于光轴 z,平行于(x, y)平面,在雪层中折射率n_H等同于n_o。因为入射角θ_0的存在,垂直极化的电场不会平行于光轴 z,仅有一个分量平行,折射率n_V受介质中的折射角θ_V以及折射率n_e影响(Saleh and Teich, 1992)。对于水平排列的结构来说,$n_e<n_o$,垂直极化波传播得更快,而对于垂直排列的结构,$n_e>n_o$,水平极化波传播得更快。由公式(7.6)已知信号在混合物中的折射率与等效介电常数的关系,故水平极化和垂直极化的折射率n_H和n_V与三个轴向上的等效介电常数、极化信号入射角大小满足以下关系:

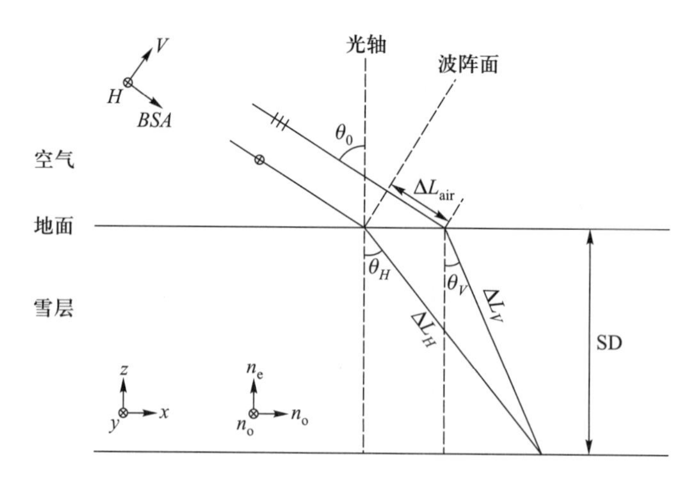

图7.10 水平与垂直极化信号穿透雪层示意图(据 Leinss, 2015)

$$n_H^2 = \varepsilon_{\text{eff},x} \tag{7.7}$$

$$n_V^2 = \varepsilon_{\text{eff},y} \cdot \cos^2\theta_0 + \varepsilon_{\text{eff},z} \cdot \sin^2\theta_0 \tag{7.8}$$

已知水平极化信号和垂直极化信号在雪层中的折射率和折射率差,利用波长与相位的关系,根据极化信号传播路径和雪层的几何关系可以计算出不同雪深引起的同极化相位差:

$$\text{CPD} = 2\left(\frac{2\pi\, n_H}{\lambda}\Delta L_H - \frac{2\pi\, n_V}{\lambda}\Delta L_V\right) - 2\frac{2\pi}{\lambda}\Delta L_{\text{air}} \tag{7.9}$$

$$= \frac{4\pi}{\lambda}\text{SD}\left(\frac{n_H}{\cos\theta_H} - \frac{n_V}{\cos\theta_V}\right) - 2\,\phi_{\text{air}} \tag{7.10}$$

空气中的相位差取决于极化信号在水平方向的位移差:

$$\phi_{\text{air}} = -\frac{2\pi}{\lambda}\sin\theta_0 \cdot \text{SD} \cdot (\tan\theta_V - \tan\theta_H) \tag{7.11}$$

由于干雪的吸收和体积散射可以忽略不计,根据斯涅耳定律:

$$\sin\theta_0 = n_H \sin\theta_H \tag{7.12}$$

$$\sin\theta_0 = n_V \sin\theta_V \tag{7.13}$$

将式(7.11)、式(7.12)、式(7.13)代入可得:

$$\text{CPD} = -\frac{4\pi}{\lambda} \cdot \text{SD} \cdot \left(\sqrt{n_V{}^2 - \sin^2\theta_0} - \sqrt{n_H{}^2 - \sin^2\theta_0}\right) \tag{7.14}$$

7.2.3 积雪同极化相位差模拟

在已知SAR电磁波属性和积雪属性的情况下,利用同极化相位差模型可以建立同极化相位差与积雪参数和 SAR 成像条件之间的联系，探讨同极化相位差对各因素的敏感性。

假定积雪冰粒晶体为规则的椭球体，则有两个方向上的半径长度相等。令水平方向 x 轴和 y 轴上的半径相等，即$a_x=a_y$，则冰粒晶体的形状可以用水平方向半径长度与垂直方向半径长度之比表示：

$$r=\frac{a_x}{a_y}=\frac{a_y}{a_z} \tag{7.15}$$

式中，r 为积雪冰粒水平与垂直轴半径之比，表示冰粒晶体的形状。随着积雪雪龄的增加，积雪冰粒晶体水平方向的半径逐渐减小，垂直方向的半径逐渐增大，水平与垂直轴半径之比逐渐下降(图 7.11)。

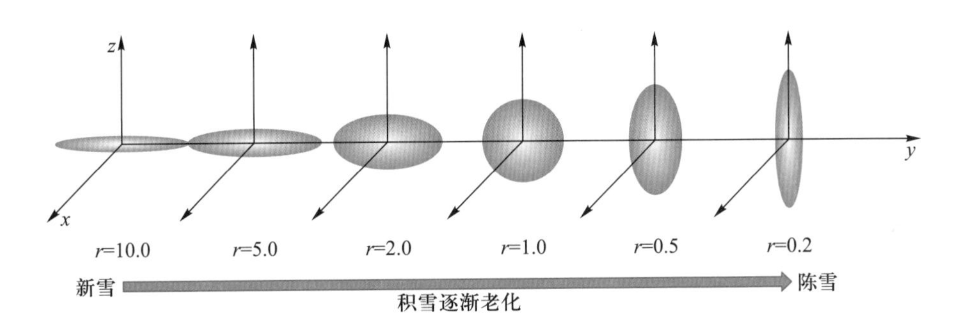

图 7.11 积雪冰粒形状演化过程(据 Leinss, 2015)

已知冰粒的等效介电常数为 3.17，空气的等效介电常数为 1.00，假定积雪的密度为 0.2 g cm^{-3}，SAR 信号为 C 波段的电磁波，波长为 5.6 cm，入射角为 43°，可以计算出不同积雪冰粒晶体水平与垂直轴半径之比的退极化因子、等效介电常数、水平和垂直方向折射率差及不同雪深下的同极化相位差(图 7.12)。

图 7.12 显示了水平和垂直方向退极化因子、水平与垂直方向等效介电常数、水平与垂直方向折射率差、不同雪深的同极化相位差分别与积雪冰粒水平垂直轴半径之比的关系。从图中可以看出，当 $r>1$ 时，积雪为新雪，垂直方向的退极化因子大于水平方向退极化因子，而水平方向等效介电常数大于垂直方向等效介电常数，水平与垂直方向折射率差大于 0即水平方向折射率大于垂直方向折射率，在不同雪深下同极化相位差都为正值；当 $r=1$ 时，积雪中冰粒晶体为由新雪向陈雪过渡时期各向同性近圆球体排列结构，水平与垂直方向的退极化因子、等效介电常数、折射率都相等，即水平与垂直方向折射率差为 0，在不同雪深下同极化相位差都为 0，此时积雪各向同性；当 $r<1$ 时，积雪为陈雪，积雪中冰粒晶体为垂直排列结构的针状晶体，水平方向与垂直方向折射率差小于 0，在不同的雪深下同极化相位差小于 0。

当积雪为干雪时，积雪可以看作冰粒和空气的二相混合物，依据积雪中冰粒晶体的体积占比、冰粒密度和空气密度可以计算出积雪的密度：

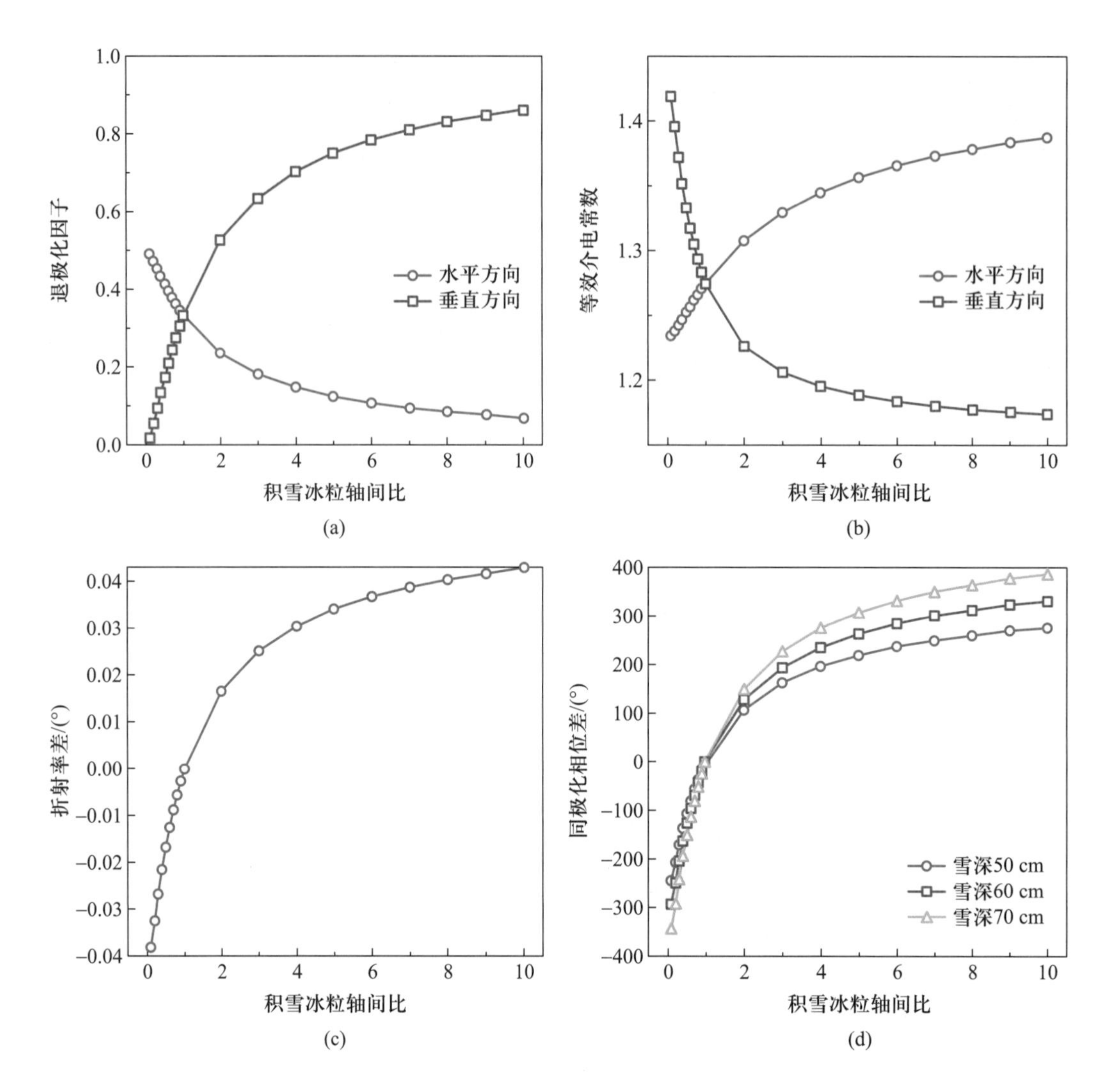

图 7.12 干雪退极化因子、等效介电常数、折射率差、同极化相位差与冰粒形状的关系

$$\rho_s = f_{vol} \times \rho_{ice} + (1 - f_{vol}) \times \rho_{air} \tag{7.16}$$

式中，f_{vol}为积雪中冰粒晶体的体积占积雪体积的百分比，ρ_{ice}为积雪中冰粒晶体密度，ρ_{air}为空气密度，ρ_s为冰粒晶体和空气的二相混合物的密度，即积雪的密度。因为空气的密度ρ_{air}接近于0，故积雪的密度可近似地表达为$\rho_s = f_{vol} \times \rho_{ice}$。

已知积雪SAR信号为C波段电磁波，波长为5.6 cm，入射角为43°，可以计算出雪深为50 cm时不同积雪状态下的不同方向等效介电常数、不同方向折射率差、同极化相位差与积雪密度变化的关系。图7.13显示了不同积雪状态下，不同方向等效介电常数、折射率差和同极化相位差分别与积雪密度之间的关系。积雪在水平和垂直方向上的等效介电常数都随着积雪密度的增加而非线性地增加，当积雪冰粒晶体水平与垂直轴半径比$r=0.5$时，垂直方向的等效介电常数较大；当积雪冰粒晶体水平与垂直轴半径比$r=2.0$时，水平

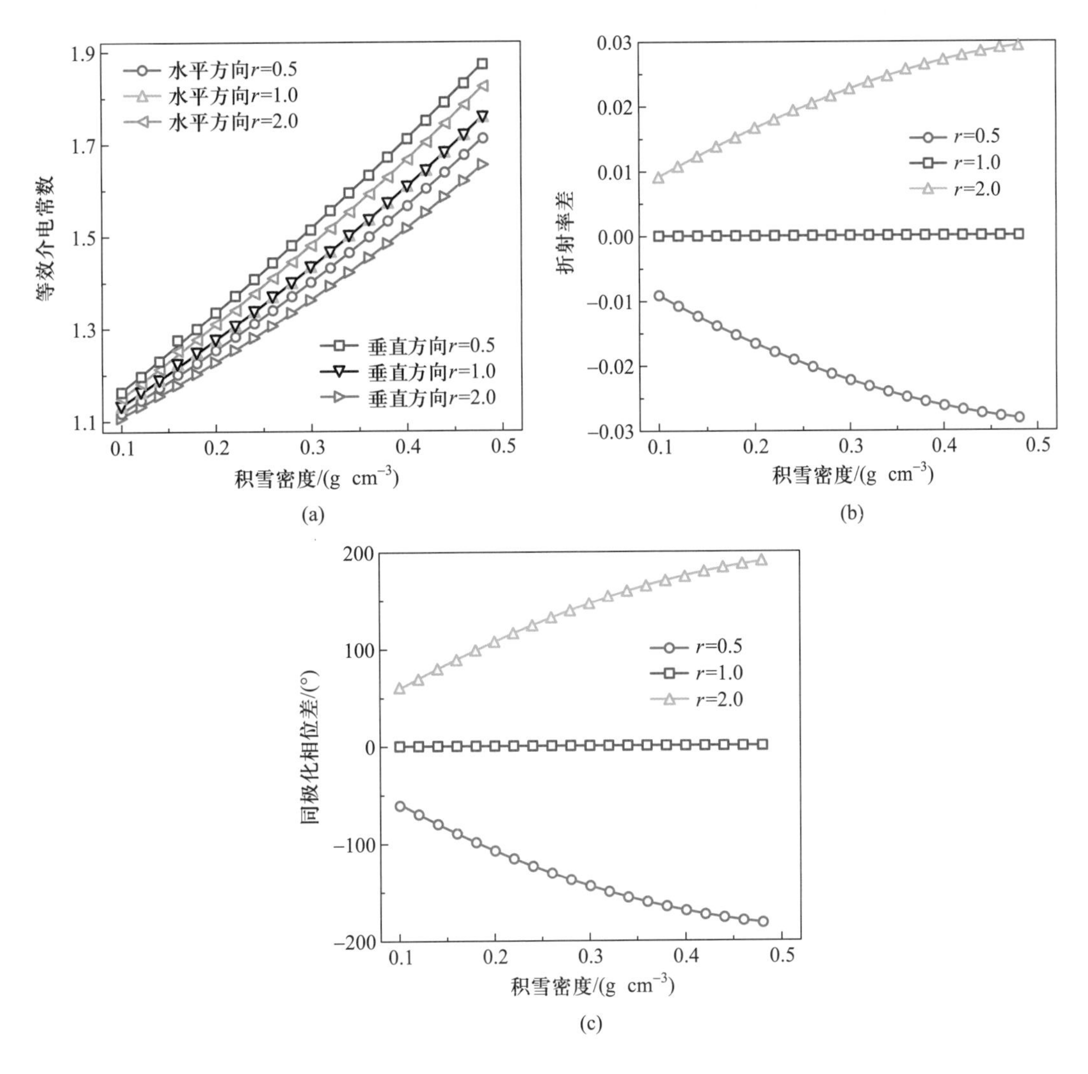

图 7.13　积雪等效介电常数、折射率差、同极化相位差与积雪冰粒体积分数的关系

方向的等效介电常数较大；当积雪冰粒晶体水平与垂直轴半径比 $r=1.0$ 时，垂直方向的等效介电常数与水平方向的等效介电常数相等，即各向同性。积雪冰粒晶体水平和垂直方向的折射率差与积雪密度也是非线性的关系，当积雪冰粒晶体水平与垂直轴半径之比 $r<1$ 时，积雪的折射率差为负值，随积雪密度的增加而减小；当 $r=1$ 时，积雪各向同性，折射率差恒为 0；当 $r>1$ 时，积雪的折射率差为正值，随积雪密度的增加而增加。同极化相位差与积雪密度关系跟折射率差与积雪密度关系的变化趋势相同，两者也为非线性的关系。

已知积雪密度为 0.2 g cm^{-3}，SAR 电磁波为 C 波段，波长为 5.6 cm，可以计算得到不同状态的 50 cm 积雪水平方向与垂直方向折射率差、同极化相位差与 SAR 电磁波入射角的关系（图 7.14）。当积雪冰粒晶体水平和垂直轴半径之比 $r<1$ 时，水平和垂直方向折射率差小于 0，并且随 SAR 电磁波入射角的增大而减小，递减速率为非线性递减；当 $r>1$ 时，水平和垂直方向折射率差大于0,并且随SAR电磁波入射角的增大而增大,递增速率为非线性递增;当$r=1$时,积雪冰粒晶体为各向同性的圆球体,水平和垂直方向折射率差恒为0。不同状态下同极化相位差与SAR电磁波入射角的关系和变化速率与水平和垂直方向折射率差与SAR入射角的关系和变化速率相同,二者的关系也为非线性关系。

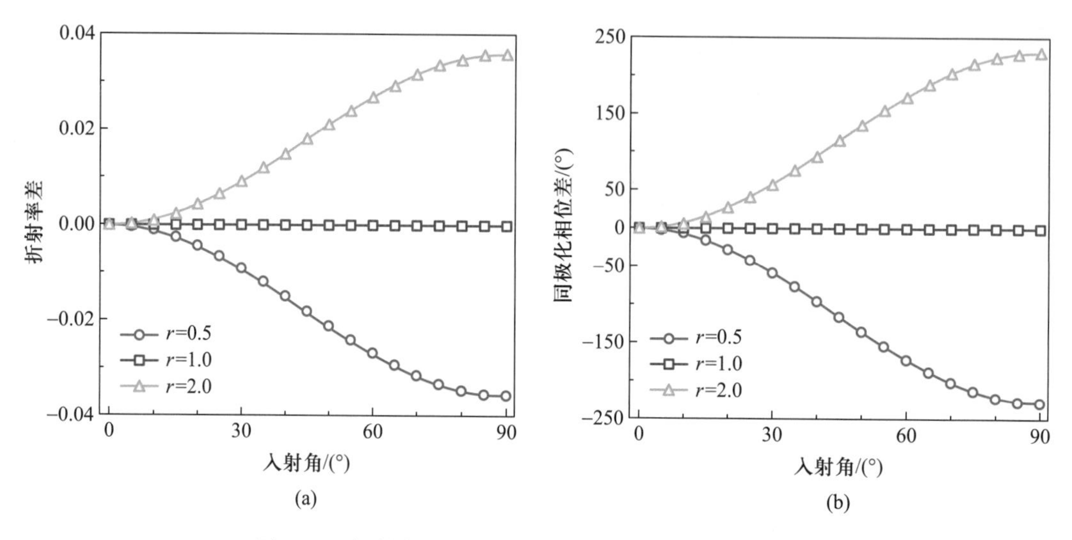

图7.14 折射率差、同极化相位差与SAR入射角的关系

已知积雪冰粒晶体的形状和排列结构、积雪密度、SAR电磁波的入射角,可以计算得到在不同雪深条件下同极化相位差与SAR电磁波波长的关系。图7.15a显示了不同雪深的新雪同极化相位差与SAR电磁波波长的关系,同极化相位差随着波长的增加而减小;图7.15b显示了不同雪深的陈雪同极化相位差与SAR电磁波波长的关系,积雪导致的同极化相位差随着SAR电磁波波长的增加而增加。

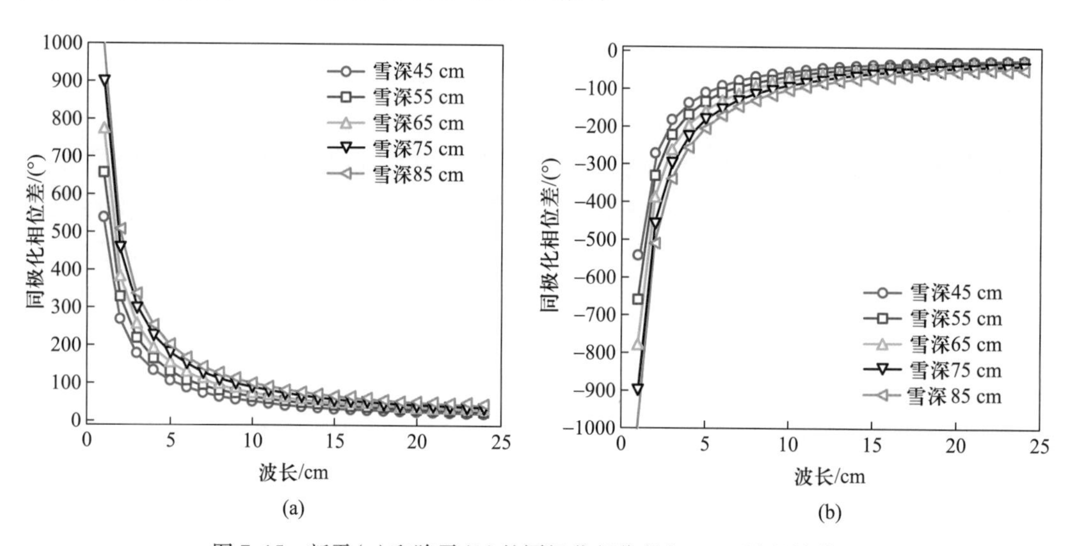

图7.15 新雪(a)和陈雪(b)的同极化相位差与SAR波长的关系

已知积雪冰粒晶体形状与排列结构、积雪密度、SAR 电磁波入射角，可以计算得到不同积雪状态下，不同频段 SAR 电磁波同极化相位差与雪深的关系。图 7.16a 显示了积雪为新雪时，SAR 电磁波同极化相位差与雪深的关系，同极化相位差随着雪深的增加而增加；图 7.16b 显示了积雪为陈雪时，SAR 电磁波同极化相位差与雪深的关系，SAR 电磁波同极化相位差随着雪深的增加而减小。

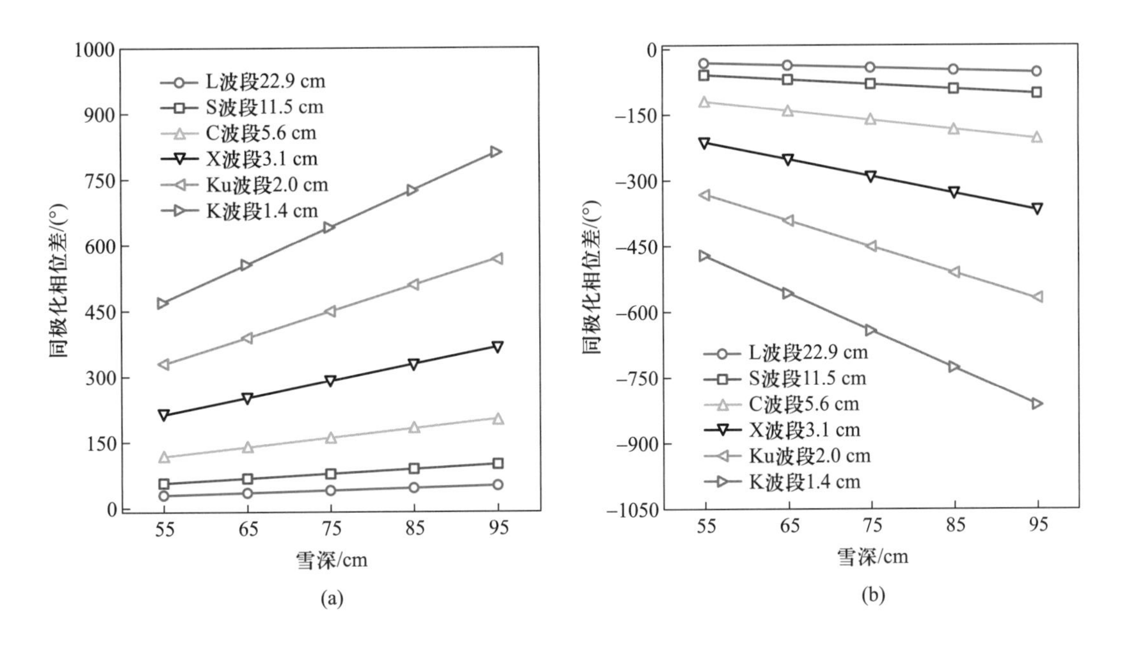

图 7.16　新雪(a)和陈雪(b)的同极化相位差与雪深的关系

7.3　基于同极化相位差的雪深反演

7.3.1　雪深反演方法

CPD 是 VV 极化通道获取的 SAR 图像与 HH 极化通道获取的 SAR 图像的复数相干度的相位角。一般的，复相干度被定义为

$$\tilde{\gamma}_c = \gamma_c \cdot \mathrm{e}^{i\phi_c} = \frac{\langle S_{\mathrm{VV}} S_{\mathrm{HH}}^* \rangle}{\sqrt{\langle |S_{\mathrm{VV}}|^2 \rangle \cdot \langle |S_{\mathrm{HH}}|^2 \rangle}} \tag{7.17}$$

式中，$\tilde{\gamma}_c$为复相干度，γ_c为复相干系数，ϕ_c为同极化相位差，S_{VV}和 S_{HH}分别为垂直和水平极化通道单视复数影像。〈〉为一个以高斯半峰全宽(full width at half maximum, FWHM)滤

波器为核的总体平均，复相干系数由均匀区域内相邻近的像元协方差平均得到。在计算过程中，相关系数是复相干度的模，也可以由 VV 极化和 HH 极化通道 SAR 影像的多视强度数据计算得到，相关系数 ρ 定义为

$$\rho = |\tilde{\gamma}_c| = \frac{\sum (P_{\mathrm{VV}} - \overline{P_{\mathrm{VV}}})(P_{\mathrm{HH}} - \overline{P_{\mathrm{HH}}})}{\sqrt{\sum (P_{\mathrm{VV}} - \overline{P_{\mathrm{VV}}})^2 \sum (P_{\mathrm{HH}} - \overline{P_{\mathrm{HH}}})^2}} \tag{7.18}$$

式中，$\overline{P_{\mathrm{VV}}}$和$\overline{P_{\mathrm{HH}}}$是 VV 极化和 HH 极化强度图像的均值，$\sum$对当前像元邻域内求和。

合成孔径雷达图像中包含了大量的相干斑噪声，这些相干斑噪声是由大量散射单元反射波的相干叠加引起的。相干斑使相邻像素间的信号强度发生变化，在视觉上表现为颗粒状的噪声，增加了 SAR 图像中相同地物的异质性。使用高斯核函数的半峰全宽滤波器可以有效地抑制部分相干斑噪声，突出目标信号，滤波器函数$f_{(x,y)}$为

$$f_{(x,y)} = \frac{1}{2\pi\sigma^2} \mathrm{e}^{-\frac{(x-\mu_x)^2+(y-\mu_y)^2}{2\sigma^2}} \tag{7.19}$$

$$\mathrm{FWHM} = 2\sqrt{2\ln 2}\,\sigma \approx 2.3548\sigma \tag{7.20}$$

式中，μ_x和μ_y为滤波中心像元的横坐标和纵坐标，σ 为滤波器标准差，半峰全宽滤波器边缘的权重为中心权重最大值的一半，可以由式(7.20)计算得到。

CPD 模型的正演分析已经证明，当积雪冰粒形状及排列结构、积雪密度、SAR 信号波长和入射角不变时，理想情况下，可以用线性关系表达雪深与相应 SAR 图像提取的 CPD 的关系。雪深反演的任务就是结合地面观测数据，从 CPD 推导出雪深：

$$\mathrm{SD} = a \times \mathrm{CPD} + b \tag{7.21}$$

式中，SD 为样本点观测雪深，单位为 cm；CPD 为 SAR 图像提取得到的同极化相位差，单位为(°)；a 和 b 是 SD 与 CPD 线性回归关系的一次项系数和常数项。

CPD 模型是一个基于几何关系的半经验模型，拟合 CPD 与 SD 的关系依赖于实测雪深的结果，如图 7.17 所示，由于野外通行困难，同步观测获取的 31 个雪深点主要分布于图像东北部，实测点只能代表图像部分区域的情况，因此在图像中裁取图示区域进行雪深反演，反演结果更可信。

7.3.2 雪深反演结果

在计算 CPD 的过程中，需要使用高斯半峰全宽滤波器消除 SAR 图像本身的相干斑噪声，但滤波窗口大小的选择受地理环境差异、噪声水平和应用场景等多种因素的影响，没有适合所有条件的滤波窗口大小值。对于同一观测点，使用不同滤波窗口大小计算得到的 CPD 不同，也改变了与邻域像元的数量关系，而观测点处雪深在卫星过境时刻可以看作一个常数值，因此使用不同滤波窗口计算得到的同极化相位差值进行反演得到的拟合关

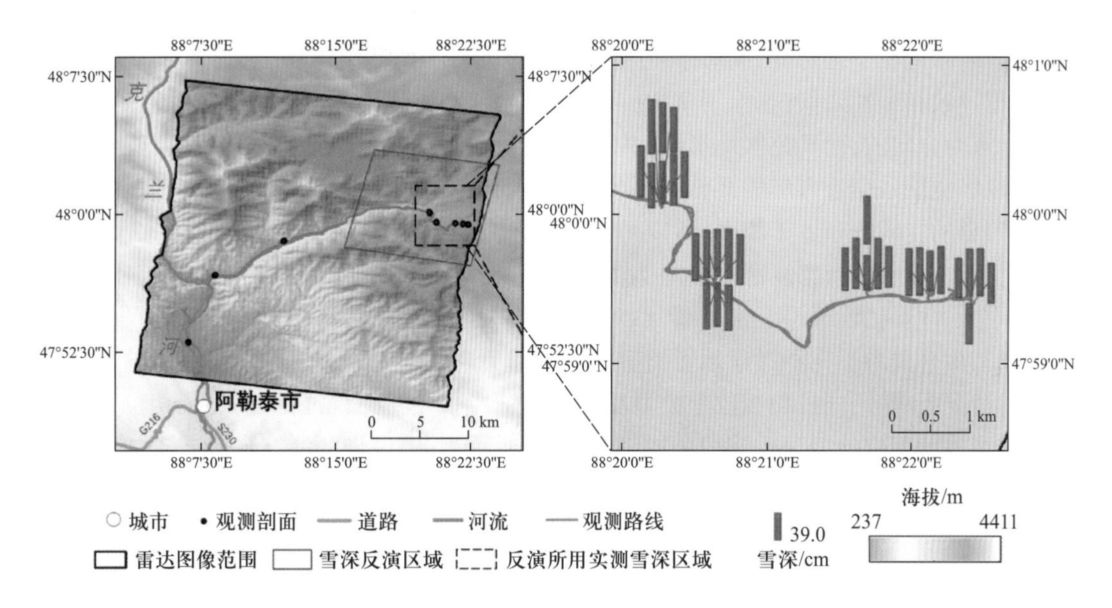

图 7.17 地面实测雪深观测结果

系不同,反演精度也不同。

使用所有 31 个有效观测点的雪深值和同极化相位差数据进行反演,并计算不同滤波窗口大小的反演结果的决定系数和均方根误差,结果如图 7.18 所示。随着滤波窗口大小的增加,拟合优度决定系数R^2与均方根误差 RMSE 均呈现出先上升,再下降,随后稳定的趋势。滤波窗口大小从 12 像元×12 像元增加到 23 像元×23 像元,R^2从 0.01 剧烈上升至 0.29,RMSE 相应地由 67.10 cm 下降至 10.30 cm;当滤波窗口大小大于 27 像元×27 像元时,R^2逐渐下降,当滤波窗口大小大于 40 像元×40 像元时,R^2逐渐稳定在 0.15 左右,RMSE 稳定在 16 cm 左右。

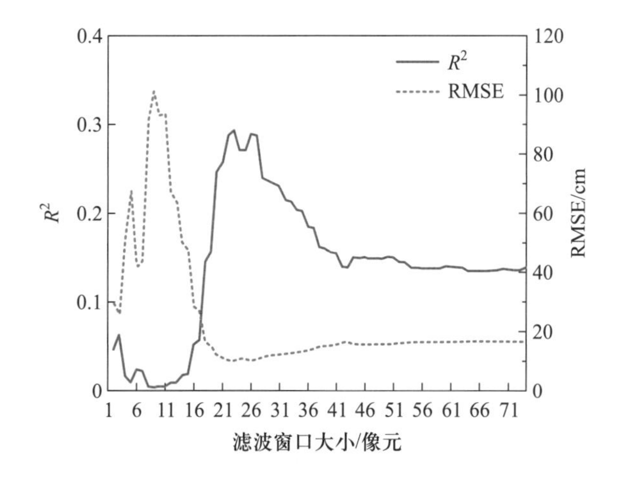

图 7.18 不同滤波窗口大小的 CPD 与观测雪深的拟合R^2和反演雪深与观测雪深的 RMSE

初步分析拟合精度较低的原因为:①对于12像元×12像元以下的滤波窗口,相位的波动占主导,因此相干性降低;而对于40像元×40像元以上的滤波窗口,它会平滑掉CPD的变化,也导致相干性降低;②由图7.10可知,正演模型中积雪冰粒结构中的对称轴z轴是平行于重力方向的,而研究区地形结构较为复杂,复杂的地形会导致z轴不平行于重力方向,导致极化信号穿透雪层的几何关系发生改变,影响模型的适用性;③因为实地采样困难,实测点的空间分布过于集中,所以实测雪深值较为集中,方差较小,拟合精度较低。

图7.19显示了当滤波窗口(ws)为18像元×18像元、23像元×23像元、28像元×28像元、33像元×33像元、38像元×38像元、43像元×43像元时同极化相位差与观测雪深的散点图及其拟合关系。在不考虑地表类型、积雪属性、地形地貌和周边环境等其他地理条件差异的情况下,使用同极化相位差模型反演雪深,得到不同滤波窗口下同极化相位差与雪深的关系以及相应的雪深反演的公式,如表7.3所示,其中最佳的滤波窗口是23像元×23像元,R^2为0.29,RMSE为10.30 cm。

表7.3 不同滤波窗口的CPD与观测雪深的关系及拟合精度

滤波窗口(像元×像元)	拟合优度决定系数R^2	均方根误差RMSE/cm	雪深反演公式
18×18	0.15	16.13	SD = 1.33 CPD + 80.84
23×23	0.29	10.30	SD = 2.11 CPD + 84.36
28×28	0.24	11.84	SD = 1.55 CPD + 80.72
33×33	0.21	12.75	SD = 1.25 CPD + 78.83
38×38	0.16	15.10	SD = 1.00 CPD + 77.47
43×43	0.14	16.58	SD = 0.85 CPD + 76.72

结合同极化相位差图像得到相应滤波窗口大小下雪深的空间分布,如图7.20所示。从整体来看,反演得到的雪深自西向东逐渐减少。图7.20b显示了滤波窗口为23像元×23像元下雪深反演的结果,图像中雪深较大的区域和雪深较小的区域相间分布,西部雪深明显大于其他区域,SAR图像的相干斑噪声比较严重。随着滤波窗口大小的不断增加,反演得到的雪深范围更为集中,与邻域像元雪深的差异不断减小,在视觉上表现为雪深图像不断平滑,噪声水平逐渐下降。同时,结合土地覆盖数据、交通数据、光学遥感图像和SAR图像的相关系数,使用掩膜将积雪破坏严重、人类干扰强度较大、散射和折射机理复杂的地区排除,使之不参与雪深反演。其中VV极化和HH极化相关系数受SAR信号在传播过程中的折射和散射影响,在散射较强的区域,同极化相位差的变化方向不确定,给雪深反演带来较大的误差。森林具有复杂的结构,改变了SAR信号的传播路径,对利用同极化相位差反演雪深具有较大的影响。由于模型更适合平坦的区域,结合土地覆盖数据和坡度数据,去除地表类型为森林以及坡度大于30°的区域可以有效避免反演得到异常的雪深值。使用掩膜技术,基于最优滤波窗口反演雪深空间分布如图7.21所示。

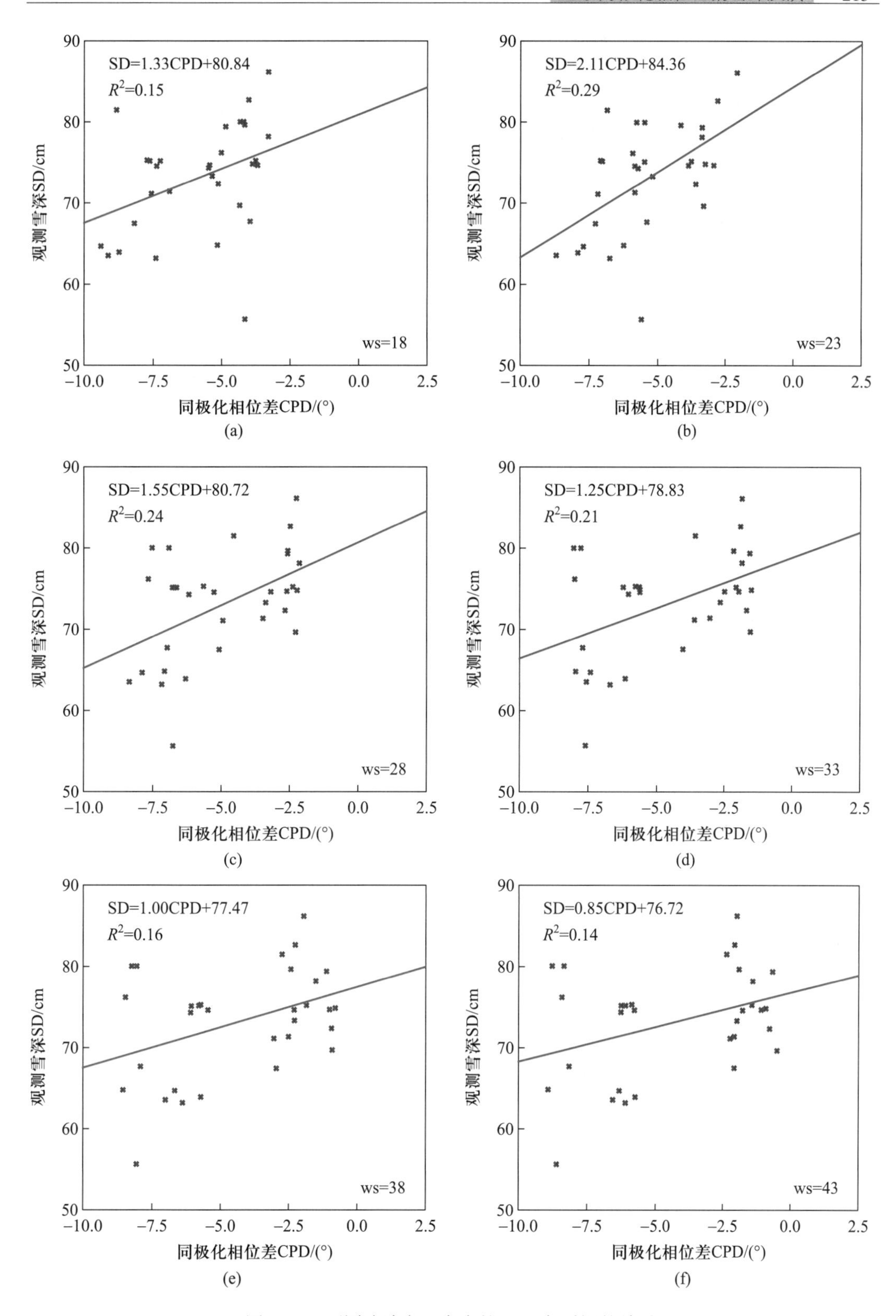

图 7.19 不同滤波窗口大小的 CPD 与雪深的关系

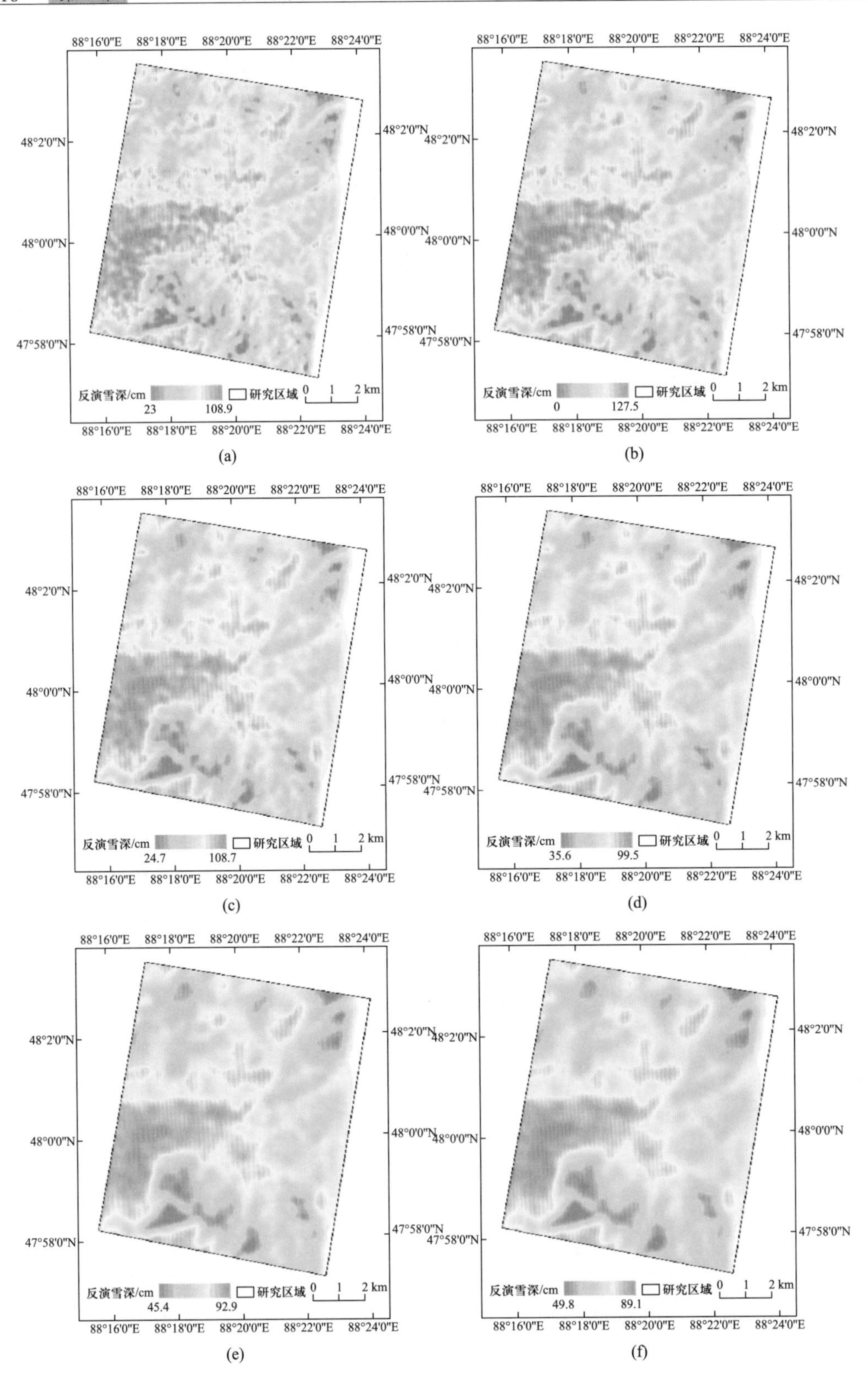

图 7.20　不同滤波窗口大小的全局雪深反演结果

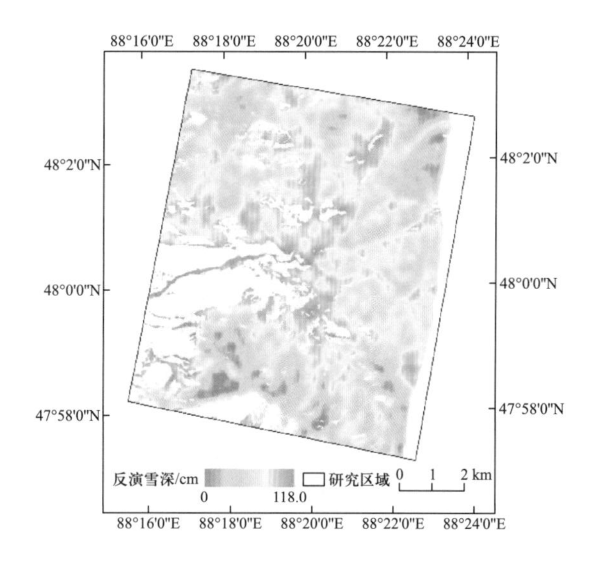

图 7.21 掩膜后的最优滤波窗口的雪深反演结果

7.3.3 地形对反演结果的影响

研究区垂直方向上海拔变化较大,总体呈现北高南低,为典型的山区环境。西南部为戈壁,地形起伏较为平缓,土壤较为贫瘠,东北部是阿尔泰山南麓侵蚀中山山地,海拔较高,地形起伏较大(侯小刚,2013)。本研究使用的是 GF-3 卫星 L1A 级 SLC 产品,成像入射角为 43.82°。研究区地形的剧烈起伏改变 SAR 成像的局部入射角,引起 SAR 图像的畸变、透视和叠掩,改变 SAR 信号的散射和折射,间接导致了同极化相位差的变化。对所用的 SAR 图像进行地理编码,并以 0.01°为间隔统计了局部入射角直方图分布(图 7.22)。研究区 SAR 图像绝大多数像元局部入射角在 30° ~70°,约以 44°为中心呈对称分布。研究区地形起伏较大,使得各坡向太阳直射时长与角度不同,导致不同坡向接受太阳辐射能量差异较大,从而使得不同坡向雪深分布不均匀,根据方位角将研究划分为 8 个坡向,分别是北坡(0°~22.5°和 337.5°~360°)、东北坡(22.5°~67.5°)、东坡(67.5°~112.5°)、东南坡(112.5°~157.5°)、南坡(157.5°~202.5°)、西南坡(202.5°~247.5°)、西坡(247.5°~292.5°)和西北坡(292.5°~337.5°),研究区各坡向面积比例如图 7.23 所示,其中南坡、西南坡所占面积比例最高。研究区各坡度的面积比例如图 7.24 所示,其中 15°~30°坡度的像元最多。

利用 30 m 分辨率的 SRTM DEM 提取 GF-3 卫星成像的入射角,得到了 31 个野外观测积雪样本点位置上的入射角信息。所有样点中,最大入射角为 47.76°,最小入射角为 37.35°,入射角主要分布在 43.00°~44.00°范围内。将入射角按 3°为步长,将样点划分为不同的类别,得到四组积雪样点,第一组入射角范围为37°~40°,共有 5 个样点;第二组入射角范围为40°~43°,共有 12 个样点;第三组入射角范围为43°~46°,共有 10 个样点;第四组入射角范围为46°~49°,共有 4 个样点。第一组、第四组的样点数量太少,不能有效地反映出同极化相位差与观测雪深的关系,无法进行拟合,故舍弃这两组样点。

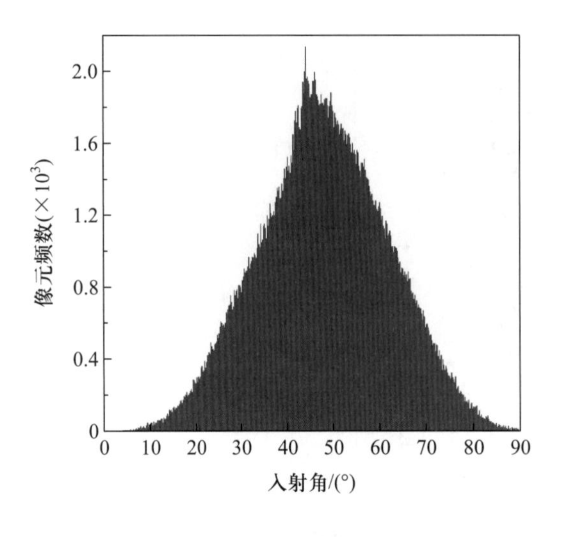

图7.22 局部入射角的分布

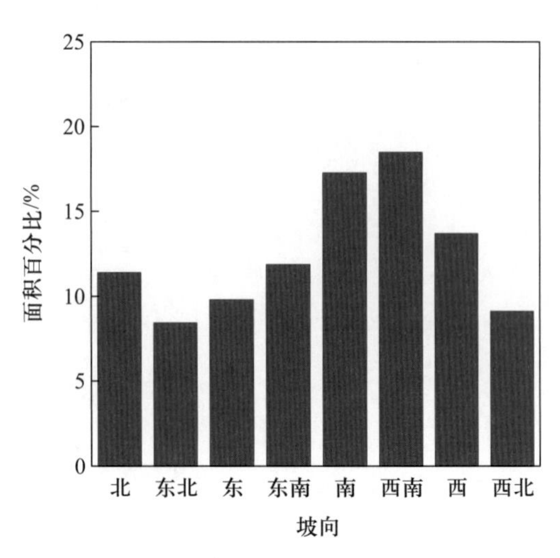

图7.23 各类坡向的面积比例

雪深反演精度如图7.25所示。利用不同入射角观测的雪深样本反演雪深的精度对滤波窗口大小具有依赖性,随着滤波窗口的增加,同极化相位差与观测雪深的R^2迅速增加,随后开始下降并稳定。不同入射角的同极化相位差与观测雪深的R^2对滤波窗口大小的变化敏感程度不同,当入射角范围为40°~43°,滤波窗口小于18像元×18像元时,R^2出现一个先增长后降低的波动,随后R^2迅速增加至峰值0.33,此时的窗口大小为31像元×31像元,随着窗口大小的增加,R^2趋向于稳定。当入射角范围为43°~46°时,雪深反演的最佳滤波窗口大小为26像元×26像元,在最佳滤波窗口下雪深反演的R^2值为0.51;随着滤波窗口大小继续增加,R^2的值先剧烈下降到0.16,再缓慢上升到0.18,随后缓慢下降稳定在0.11。

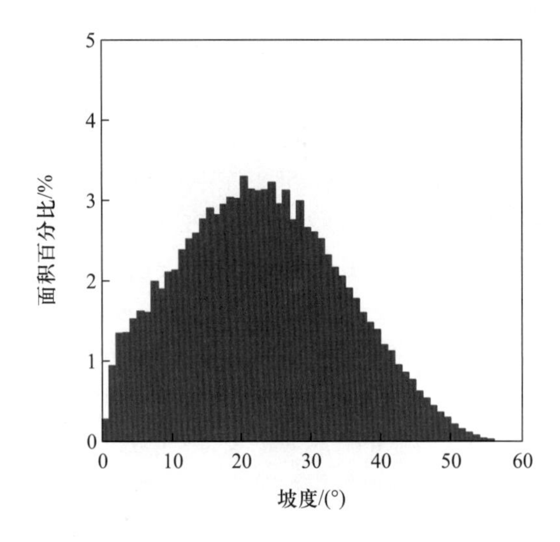

图7.24 各类坡度的面积比例

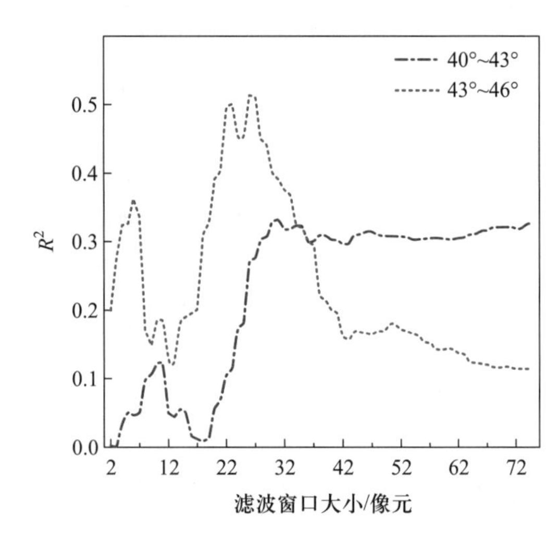

图7.25 不同局部入射角、不同滤波窗口大小的R^2

图 7.26 和图 7.27 分别展示了 SAR 局部入射角为40°~43°、43°~46°时 CPD 与观测雪深在各自最优滤波窗口下的拟合情况和反演雪深与观测雪深的对比情况。

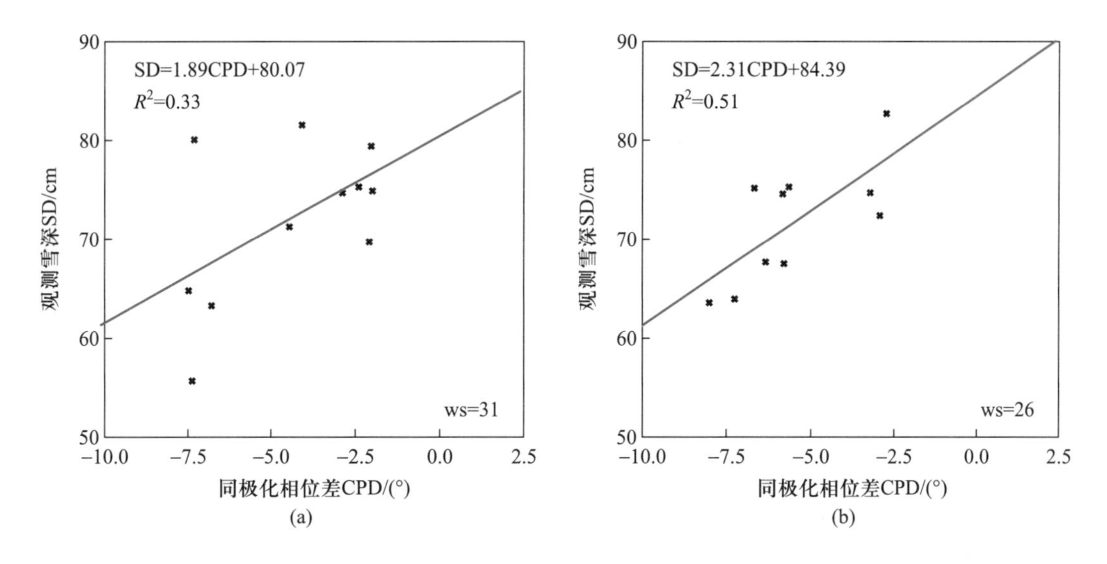

图 7.26 局部入射角分别为40°~43°(a)、43°~46°(b)时最优滤波窗口的 CPD 与观测雪深

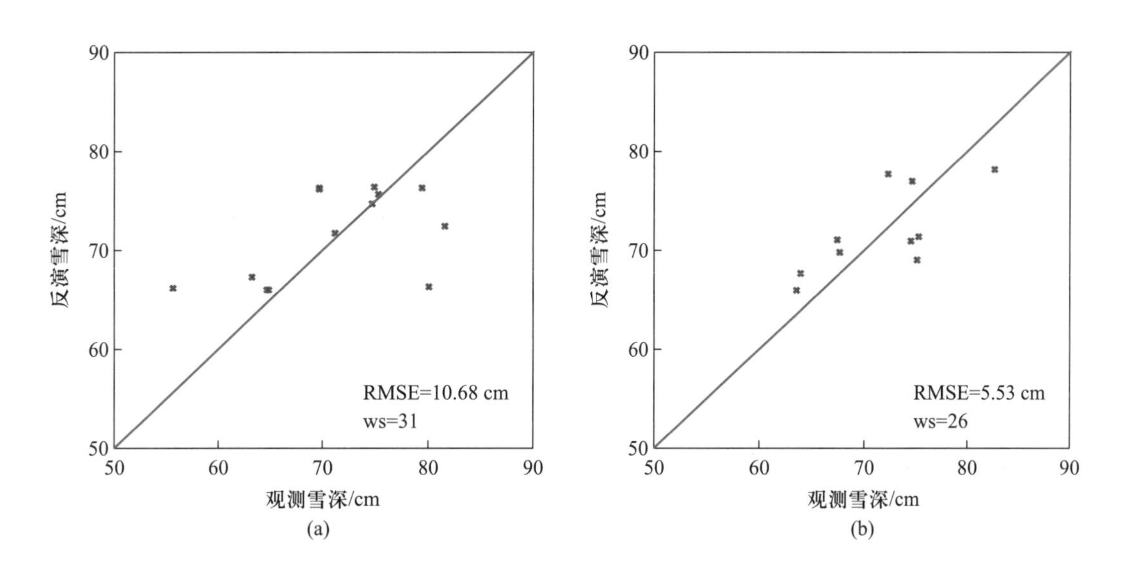

图 7.27 局部入射角分别为40°~43°(a)、43°~46°(b)的观测雪深与反演雪深

表 7.4 为最优滤波窗口下反演的不同坡向的雪深分布情况。在东、南、西、北四个坡向上,南坡的反演雪深均值最高,西坡的反演雪深均值最低,北坡的反演雪深范围最大;雪深最大值为127.45 cm,最小值为 0.34 cm。在东南、西南、西北、东北四个坡向中,东南坡向反演的雪深均值最高,西北方向的反演雪深均值最低。在全部坡向上,东南坡向反演的雪深均值最高,西坡向反演的雪深均值最低。

表7.4 最优滤波窗口下不同坡向的雪深反演值分布情况

坡向	最小值/cm	最大值/cm	均值/cm
东	24.28	107.25	76.82
东南	30.17	110.54	82.08
南	17.27	114.66	80.72
西南	13.74	117.97	69.60
西	7.44	117.92	61.98
西北	8.52	118.61	65.18
北	0.34	127.45	72.58
东北	20.90	113.76	73.34

小 结

以新疆阿勒泰克兰河上游地区为研究区，通过分析积雪微结构变化及其微波极化特性，构建了CPD正演模型并进行敏感性分析，揭示了CPD与各影响因素的定量关系。利用国产GF-3卫星全极化SAR数据计算CPD，联合积雪野外观测数据，实现了研究区雪深的反演。通过反演值与地面同步实测值的对比，发现两者具有明显的相关性。考虑山区复杂地形条件，根据局部入射角划分研究区可以降低雪深反演的误差，改善雪深反演的结果。国产GF-3卫星数据在积雪深度的反演中拥有较大的应用潜力和价值。

参考文献

侯小刚.2013.基于多源数据的阿勒泰地区积雪深度研究.乌鲁木齐：新疆师范大学硕士研究生学位.

Alley R B, Bolzan J F, Whillans I M.1982.Polar firn densification and grain growth.*Annals of Glaciology*, 3: 7-11.

Colbeck S C.1983.Theory of metamorphism of dry snow.*Journal of Geophysical Research Oceans*, 88(C9): 5475-5482.

Hallikainen M T, Ulaby F T, Deventer T E V.1987.Extinction behavior of dry snow in the 18-to 90-ghz range. *IEEE Transactions on Geoscience & Remote Sensing*, GE-25(6): 737-745.

Hörhold M W, Albert M R, Freitag J.2009.The impact of accumulation rate on anisotropy and air permeability of polar firn at a high-accumulation site.*Journal of Glaciology*, 55(192): 625-630.

Lee J, Pottier E.2009.*Polarimetric Radar Imaging: from Basics to Applications*.Boca Raton,USA:CRC Press.

Leinss S, Parrella G, Hajnsek I.2014.Snow height determination by polarimetric phase differences in X-band

SAR data. *IEEE Journal of Selected Topics in Applied Earth Observations and Remote Sensing*, 7(9): 3794–3810.

Leinss S.2015.Depth, anisotropy, and water equivalent of snow estimated by radar interferometry and polarimetry. Doctor Thesis, ETH Zurich.

Mead J B, Chang P S, Lohmeier S P, Langlois P M, Mcintosh R.1993.Polarimetric observations and theory of millimeter wave backscatter from snow cover.*IEEE Transactions on Antennas and Propagation*, 41(1): 38–46.

Polder D, Santeen J H V.1946.The effective permeability of mixtures of solids.*Physica*, 12(5): 257–271.

Saleh B E A, Teich M C.1992.Fundamentals of photonics.*Physics Today*, 45(11): 87–88.

Schleef S, Löwe H.2013.X–ray microtomography analysis of isothermal densification of new snow under external mechanical stress.*Journal of Glaciology*, 59(59): 233–243.

Sihvola A. 2000. Mixing rules with complex dielectric coefficients. *Subsurface Sensing Technologies and Applications*, 1(4): 393–415.

Tiuri M, Sihvola A, Nyfors E G, Hallikaiken M.1984.The complex dielectric constant of snow at microwave frequencies.*IEEE Journal of oceanic Engineering*, 9(5): 377–382.

Ulaby F T, Moore R K, Fung A K.1981.*Microwave Remote Sensing: Active and Passive, Volume 1.Microwave Remote Sensing Fundamentals and Radiometry*.Norwood, MA: Artech House.

Ulaby F T, Moore R K, Fung A K.1982.*Microwave Remote Sensing: Active and Passive, Volume 2.Radar Remote Sensing and Surface Scattering and Emission Theory*.Norwood, MA: Artech House.

Ulaby F T, Stiles W H.1981.Microwave response of snow.*Advances in Space Research*, 1(10): 131–149.

West R, Tsang L, Winebrenner D P.1993.Dense medium radiative transfer theory for two scattering layers with a rayleigh distribution of particle sizes.*IEEE Transactions on Geoscience and Remote Sensing*, 31(2):426–437.

第 8 章

GF-3 卫星积雪湿度反演

积雪湿度作为积雪重要的物理特性之一，是融雪水出流的重要条件。积雪含水量的出现表征着积雪融化过程的开始，其时空变化对融雪径流预报、区域气候变化研究具有重要意义。本章利用新疆阿勒泰典型区积雪积累期 GF-3 卫星 C 波段全极化数据以及地面同步实测数据探讨了国产高分辨率 SAR 卫星在积雪湿度反演中的应用潜力。通过分析积雪的微波特性，确定 C 波段的积雪后向散射的主要影响因素以及积雪主要后向散射分量组成。并利用面散射和体散射模型以及极化分解技术建立了积雪湿度反演模型。研究充分考虑了山区复杂地形条件下的入射角和粗糙度范围，提高了模型的适用性，同时充分利用了交叉极化在反演中的作用。研究内容主要包括积雪微波特性分析、数据及预处理、积雪湿度反演模型和积雪湿度反演与结果分析四个方面。

8.1 积雪湿度对微波特性的影响

电磁波在地物中传播时，地物本身的特性，包括形态、几何构造以及介电特性等，会直接影响地物对辐射的吸收、传输和散射，并最终决定了传感器所获取的来自地物的散射和辐射信息。本节从积雪本身特性出发，分析积雪介电常数与湿度之间的关系，探讨了微波在积雪中的传输以及 SAR 传感器所接收到的散射分量类型，对积雪湿度反演常用的散射模型进行了分析，讨论了不同因素对于雷达后向散射系数的影响。

8.1.1 积雪的介电特性

所有的自然介质都具有复介电常数 ε：

$$\varepsilon = \varepsilon' + i\varepsilon'' \tag{8.1}$$

式中，ε'为复介电常数的实部；ε''为复介电常数的虚部。复介电常数虚部的大小体现了介质将吸收的电磁波能量转化成其他能量的能力。

积雪的湿度可用体积比来描述。根据国际水文科学协会(International Association of Scientific Hydrology,IAHA)发布的分类标准,如果雪中不包含液态水分,就称为干雪。在频率范围 1 MHz~10 GHz 内,干雪介电常数的实部ε'与频率无关,典型值为 1.4~2.0,且只与积雪密度有关(Waldner et al., 2001)。而湿雪可以看作冰和水的混合物,积雪湿度是决定其介电常数的最主要因素,介电常数随湿度的增加而增大,但其介电常数通常不会超过 3 (Ulaby et al., 1982)。Hallikainen 等(1986)利用实测数据建立了一种积雪经验介电模型,此模型可以描述频率为 3~37 GHz、湿度为 1%~12%、密度为 0.09~0.38 g cm^{-3}时的积雪介电常数,其实部和虚部表示形式如下:

$$\varepsilon' = A + \frac{B \cdot W^x}{1 + \left(\frac{f}{f_0}\right)^2} \tag{8.2}$$

$$\varepsilon'' = \frac{C\left(\frac{f}{f_0}\right) \cdot W^x}{1 + \left(\frac{f}{f_0}\right)^2} \tag{8.3}$$

式中,W 为积雪湿度,单位为%;f 为频率,单位为 GHz;f_0为常数,代表积雪有效弛豫频率,f_0=9.07 GHz;系数 A、B、C 和 x 的表达形式分别如下:

$$A = 1.0 + 1.83\rho + 0.02W^{1.015} + B_1 \tag{8.4}$$

$$B = 0.073\, A_1 \tag{8.5}$$

$$C = 0.073\, A_2 \tag{8.6}$$

$$x = 1.31 \tag{8.7}$$

式中,ρ 为积雪密度,单位为 g cm^{-3}。当频率为 3~15 GHz 时,A_1=1.0,A_2=0,B_1=0。当频率为 15~37 GHz 时,A_1、A_2和B_1的表达形式更为复杂,具体表达形式可参考相关文献(Hallikainen et al., 1986)。

利用 2018 年 1 月 17 日阿勒泰典型区雪特性分析仪观测的积雪介电常数对式(8.2)和式(8.3)模拟的积雪介电常数的实部和虚部结果分别进行验证,结果如图 8.1 所示。从图中可知,模拟的介电常数实部和虚部与实测值均具有良好的相关性,说明此模型在研究区具有很强的适用性,可以利用此模型将积雪介电常数转换为积雪湿度。在 SAR 数据的参数已确定的前提下,根据式(8.2)以及式(8.4)~式(8.7)得到:

$$W = f(\varepsilon, \rho) \tag{8.8}$$

设定积雪密度为同步实测平均值 0.19 g cm^{-3}、雷达频率为 5.4 GHz 时,进一步对积雪湿度和模拟的积雪介电常数关系进行分析(图 8.2)可以看出,随着积雪湿度的增加,其介电常数也呈增加的趋势。

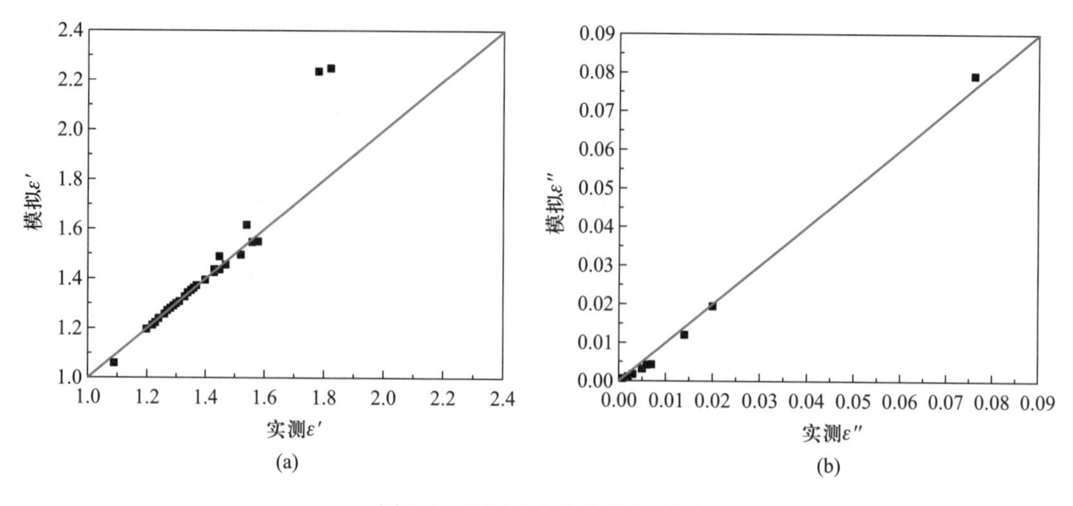

图 8.1 积雪介电常数模拟验证

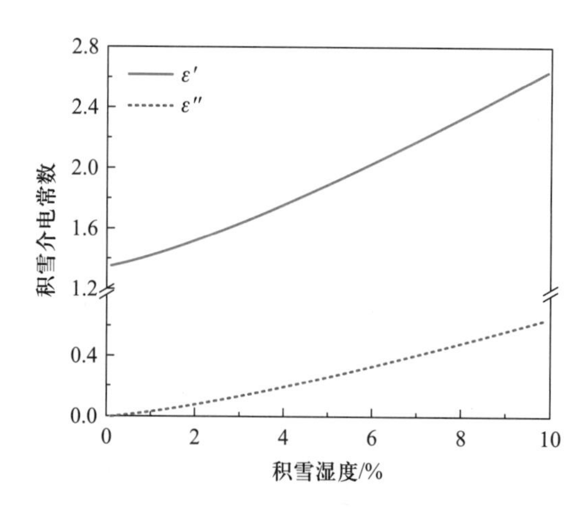

图 8.2 积雪介电常数与湿度关系图

8.1.2 积雪的微波穿透特性

当电磁波在介质层中传播时,由于介质的吸收和散射,电磁波会发生衰减,单位长度的衰减又称为衰减系数。穿透深度定义为衰减系数的倒数。通过在电磁场相互关系中应用麦克斯韦方程,Ulaby 和 Elachi(1990)得到了某一介质中电磁波的穿透深度δ_P,其定义为电磁波功率从土壤介质表面衰减到 1/e 时的深度,计算公式为

$$\delta_P = \frac{\lambda \sqrt{\varepsilon'}}{2\pi \varepsilon''} \tag{8.9}$$

式中,λ 为电磁波波长。

从式(8.9)可以看出,对于积雪,微波穿透深度主要取决于入射频率以及积雪自身的

特性。从式(8.2)和式(8.3)可知,影响穿透深度的积雪特性主要包括积雪密度以及积雪湿度。针对研究所用的GF-3数据,为分析积雪密度以及积雪湿度对C波段微波信号穿透能力的影响,对不同密度和湿度下的积雪穿透深度进行了模拟。根据地面同步积雪参数范围,积雪湿度范围取0%~10%,步长为0.1%,积雪密度分别取0.1 g cm^{-3}、0.2 g cm^{-3}和0.3 g cm^{-3},模拟结果如图8.3所示。

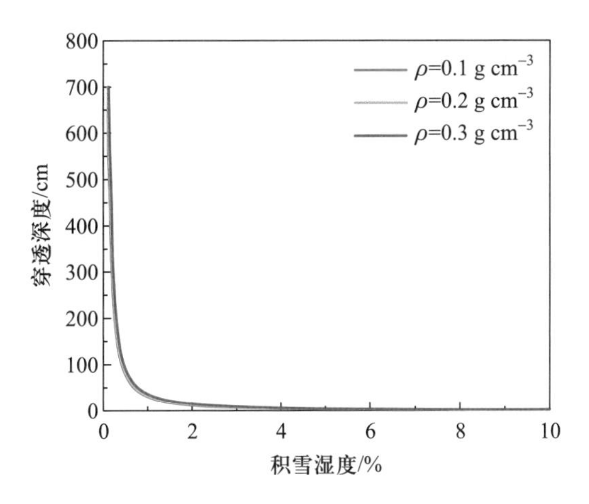

图8.3 C波段积雪穿透深度模拟

从图8.3可以看出,积雪密度对于微波穿透深度影响不大,穿透深度主要取决于积雪湿度。当积雪湿度小于1%时,C波段雷达波可穿透几十甚至上百厘米的积雪层,到达下垫面。随着积雪湿度的增大,穿透深度迅速减小。当积雪湿度达到2%时,穿透深度约为12 cm。当积雪湿度在2%~3%范围时,C波段只能有效获取积雪10 cm以内的表层信息。结合研究区地面同步实测数据发现,8个剖面上层积雪均比较干燥,而接近下垫面的积雪湿度较大,则微波可以穿透上层积雪到达接近下垫面的积雪层。因此,在利用同步实测值对反演结果进行验证时,结合穿透深度以及每层积雪湿度,取每个剖面中湿度较大的积雪层湿度值(且此层以上的积雪较为干燥)作为验证值,以提高验证的准确性。

8.1.3 积雪主要散射分量

当雷达波从上向下照射到两个半无限介质的分界面上时,若下层介质是均匀的或认为近似均匀的,这时仅在分界面上发生散射现象,此时的散射即为面散射(Ulaby et al., 1982)。当下层介质不均匀时,或由不同介电常数的介质混杂组成时,则不均匀介质会将透射波中一部分能量再次散射回去,后者穿过分界面又回到上层介质中,这种散射为体散射(Ulaby et al., 1982)。

严格来说,自然界中的介质都是不均匀的,只有在特定频率的入射波、入射角或者特定的介质条件下,有些介质才可以作为均匀介质来处理。在地物的散射和辐射中,同时存在面散射和体散射,只有在某些具体情况下,我们可以忽略其中的某一项(Ulaby and

Stiles,1980)。积雪也是如此,其后向散射主要来自空气-雪界面的面散射、雪体的体散射、雪-下垫面的面散射以及雪体的体散射与下垫面的面散射相互作用项(Stiles and Ulaby, 1980)。但当微波无法穿透湿雪层时,则只需考虑空气-雪界面的面散射和雪体的体散射,这是积雪湿度反演模型建立的基本出发点。在积雪较为干燥时,微波穿透深度较大,此时积雪总后向散射中体散射比重较大,面散射比重较小。而随着积雪湿度的增加,微波穿透深度减小,体散射在总后向散射中的比重会相应减小,面散射则相应增加(Cui et al., 2017;Shi and Dozier,1995)。研究区内积雪上层均比较干燥,而接近下垫面的积雪层湿度较大,因此在研究中只考虑空气-雪界面的面散射和雪体的体散射。

当确定积雪散射主要组成部分后就需要考虑如何获取面散射和体散射分量。目标分解技术可以从SAR图像中获取丰富的极化信息,能对地物目标物理散射机制进行准确全面的描述,已广泛应用于极化SAR图像处理。而且,不同的目标分解方法从不同的角度反映地物目标的物理散射机制,使得目标分解技术的应用领域变得更加广泛。因此,在积雪湿度反演中,可利用此项技术获取积雪的面散射和体散射分量。

8.1.4 积雪散射模型

自然地表的几何特征非常复杂,并且表面是随机分布的,因此雷达入射波在地表发生的散射现象也是非常复杂的,我们无法建立完美的理论模型来模拟任何一种地表条件下每一种极化方式的雷达入射波的所有散射情况。因此,对于雷达应用而言,通常利用已经建立的一些用于描述地表散射特征的理论模型来理解电磁波在随机介质中的传播和散射,以更好地理解雷达观测数据并从中提取有用的信息。

当微波无法穿透积雪层时,积雪后向散射主要来自空气-雪界面的面散射和雪体的体散射,其后向散射主要受雷达参数(主要是波段和极化方式)以及积雪自身特性(主要是雪面粗糙度、积雪密度和积雪湿度)的影响。针对面散射和体散射,已发展了不同的模型进行模拟。

1) 面散射模型

已发展的随机粗糙面散射理论模型包括Kirchhoff模型和小扰动模型(small perturbation model,SPM)。Kirchhoff模型又分为物理光学模型(physical optic model,POM)和几何光学模型(geometric optic model,GOM)(Ulaby et al., 1982)。这些理论模型只能在有限的地表粗糙度范围内适用,且模型之间没有连续性,各模型适用范围如图8.4所示。实际上,地表的粗糙度一般是连续的,且包含了各种不同尺度的粗糙度情况。Fung等(1992)提出了积分方程模型(Integrated Equation Model,IEM),该模型能够在很宽的地表粗糙度范围内进行散射模拟,能更为真实地表现实际地表与电磁波的作用过程。

但是将IEM模型应用于实际自然地表时,模型模拟值与实际地表测量的后向散射值之间仍然存在一些差异(Zribi et al., 1998)。其主要原因有两个方面:一是模型中对实际地表粗糙度刻画不准确;二是模型中对不同粗糙度地表条件下Fresnel反射系数的处理过于简单。后来发展的高级积分方程模型(advanced IEM,AIEM)(Chen et al., 2003)主要在

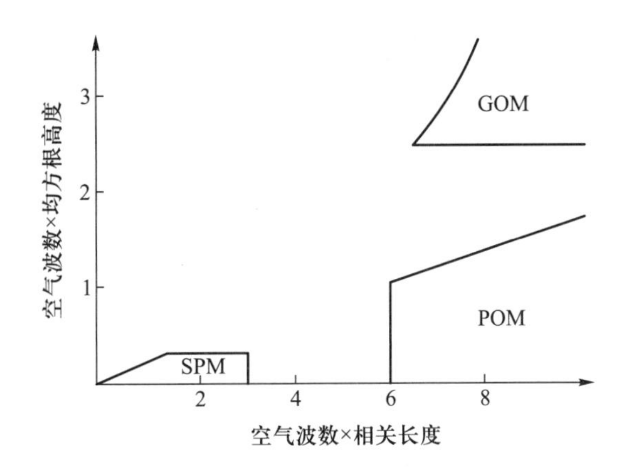

图 8.4 GOM、POM、SPM 模型的适用地表范围（Henderson and Lewis，1998）

这两个方面进行了改进，使模型模拟的地表散射更加合理。

另外，利用不同地面条件获得的散射计实测数据集或者理论模型模拟数据集，研究者也建立了多种经验或者半经验模型，如 Oh 模型（Oh et al.，1992）、Dubois 模型（Dubois et al.，1995）和 Shi 模型（Shi et al.，1997）等。

2）体散射模型

由于积雪属于致密介质，在选择模拟雪层内体散射的模型时，可采用 Tsang 等发展的致密介质模型（Dense Medium Radiative Transfer Theory，DMRT）（Tsang et al.，1992；Tsang et al.，1985）。当冰粒间的距离比入射波长小，雪颗粒的散射波之间发生相互干涉，出现相干散射现象，即所谓的“近场效应”。致密介质理论就是为了解决这一问题而提出的。在该理论中，假设积雪粒子为离散的散射体，因而积雪层可考虑为基于离散体的随机介质。同时，由于积雪粒子的分布位置是随机的，因此积雪层可看成是非均匀的随机介质，不同位置的介电常数波动需用特定的相关函数进行描述。致密介质理论适用于同质无限半空间的电磁波多次散射研究。

积雪的一阶体散射可考虑为来自无限半空间的非均质介电空间的散射，是体散射反照率、粗糙度、入射角的函数，其公式表达如下：

$$\sigma_{pp}^{v} = \frac{3}{4}\omega T_{pp}^{2}\exp[-2h^{2}(k_1\cos\theta - k_2\cos\theta)^{2}] \tag{8.10}$$

$$T_{\mathrm{HH}} = \frac{2\sqrt{\varepsilon - \sin^2\theta}}{\cos\theta + \sqrt{\varepsilon - \sin^2\theta}} \tag{8.11}$$

$$T_{\mathrm{VV}} = \frac{2\sqrt{\varepsilon - \sin^2\theta}}{\varepsilon\cos\theta + \sqrt{\varepsilon - \sin^2\theta}} \tag{8.12}$$

式中，ω 是体散射反照率，由积雪湿度、密度、颗粒的大小、形状以及颗粒的变化决定；T_{pp}是不同极化方式下的 Fresnel 功率透射系数；$\exp[-2h^2(k_1\cos\theta-k_2\cos\theta)^2]$ 是地表粗糙度对功率透射系数的影响(Fung,1994)；h 是均方根高度；θ 为入射角，积雪的入射角可根据 Snell 定律转为折射角。

8.2 数据及预处理

选用 2018 年 1 月 17 日获取的阿勒泰典型区 GF-3 卫星降轨数据，模式为全极化条带 1(QPSI)，产品形式为单视复数(single look complex,SLC)，标称分辨率为 8 m，图像范围为 47°49′N ~48°07′N,88°03′E ~88°24′E，地理位置参见图 2.26。数据预处理主要包括后向散射系数提取和极化分解，所用的预处理软件为 PIE 软件。

8.2.1 后向散射系数提取

雷达后向散射系数的提取主要包括数据导入、辐射定标、复数据转换、多视、滤波、地理编码和地形辐射校正等过程。为了保持数据的空间分辨率，在距离向和方位向上的视数均设为 1。多视后得到的强度图像需进一步去除斑点噪声，采用窗口大小为 3×3 的 EnLee 滤波算法对图像进行去噪处理。再经地理编码和地形辐射校正，生成具有地理坐标的后向散射系数图像。经过以上流程得到的 HH 极化后向散射系数图像如图 8.5 所示。

图 8.5 HH 极化后向散射系数图像

8.2.2 极化分解

Yamaguchi 分解技术(Yamaguchi et al., 2005)因其对非对称散射所做的改进,更适用于积雪等复杂几何散射结构。采用 Yamaguchi 四分量法对 GF-3 极化 SAR 数据进行处理,得到面散射分量σ_{pp}^{s}、体散射分量σ_{pp}^{v}、二面角散射分量σ_{pp}^{db}和螺旋散射分量σ_{pp}^{h},且有:

$$\sigma_{pp}^{t} = \sigma_{pp}^{s} + \sigma_{pp}^{v} + \sigma_{pp}^{db} + \sigma_{pp}^{h} \tag{8.13}$$

式中,σ 表示后向散射系数;pp 表示极化方式;t 表示总后向散射系数。

研究区积雪总后向散射主要由面散射分量和体散射分量贡献,因此对于二面角散射以及螺旋散射不予考虑。在 PIE-SAR 模块下经数据导入、辐射定标、极化矩阵转换、极化滤波、Yamaguchi 极化分解、地理编码和地形辐射校正等过程得到面散射分量σ_{Y}^{s}、体散射分量σ_{Y}^{v}以及局部入射角文件(图 8.6)。

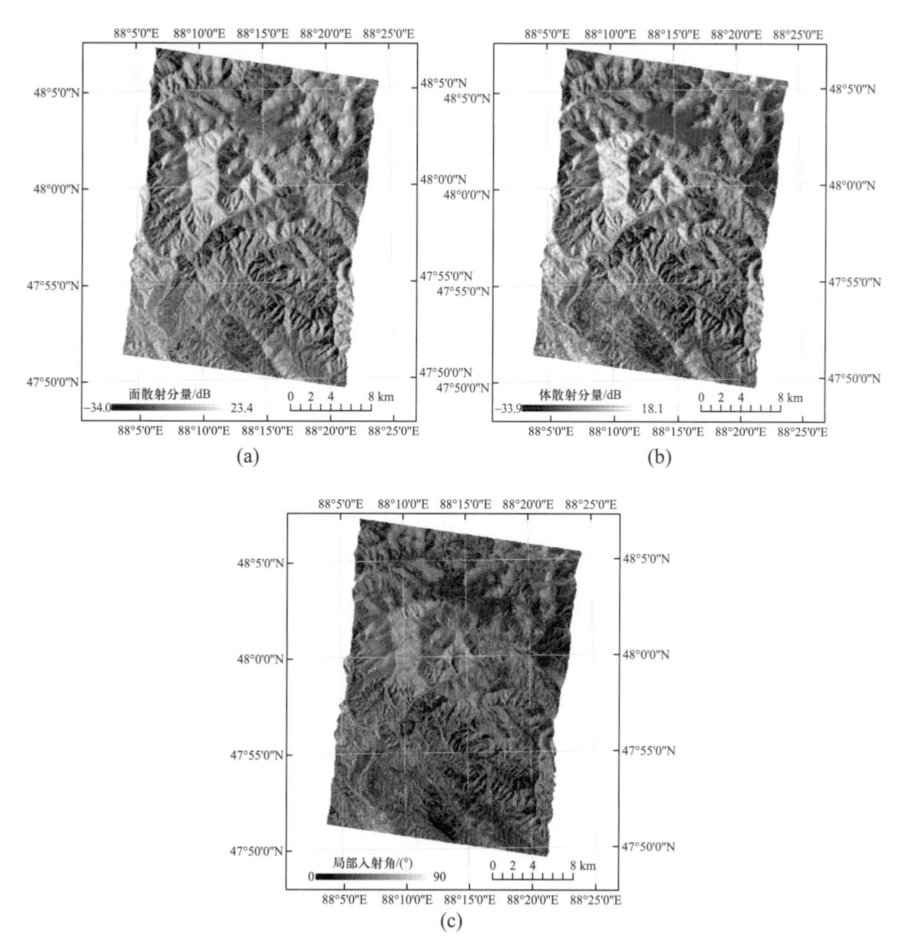

图 8.6 GF-3 数据预处理结果:(a)面散射分量;(b)体散射分量;(c)局部入射角

8.3 积雪湿度反演模型

积雪湿度反演模型中比较有代表性的模型有 Shi 93 模型(Shi et al., 1993)和 Shi 95 模型(Shi and Dozier,1995)。Shi 93 模型利用不同极化数据之间的比值关系,分别消除粗糙度对面散射、体反照率对体散射的影响,可得到后向散射系数和积雪介电常数之间的关系,此时未知参数只有积雪介电常数。再根据介电常数和湿度转换模型即可得到积雪湿度。Shi 95 模型依据面、体单次散射模型简化面散射系数和体散射系数,将未知量减少为介电常数、体散射反照率、均方根高度和相关长度。再通过仅与积雪介电常数有关的同极化散射比和简化的后向散射模型,利用三个极化分量测量值反演积雪湿度。2001 年,Shi 针对 ASAR C 波段双极化数据,采用二阶体散射模型生成了更大范围的雪面粗糙度变化的数据集,通过分解面散射和体散射分量,发展了利用各散射分量反演积雪湿度的模型。Singh 等(2006)在 Shi 93 算法的基础上,利用 ASAR 数据并基于物理光学模型建立了积雪湿度模型。此后,Singh 和 Venkataraman(2007,2010)在 Shi 95 算法的基础上,进一步发展了 C 波段和 X 波段多极化 SAR 反演积雪湿度的算法。近年来,也有学者利用全极化 SAR 数据,基于极化分解技术提出新的积雪湿度反演模型(Surendar et al., 2015)。

以上方法虽然取得了较好的反演效果,但是均不能很好地同时顾及大范围入射角、粗糙度情况以及交叉极化在反演中的作用,因此有必要发展新的积雪湿度反演模型。在已有研究的基础上,本研究发展了一种基于查找表的积雪湿度反演模型。此模型考虑了大范围的入射角以及粗糙度变化情况,且反演过程充分考虑了交叉极化的影响。总体反演流程如图 8.7 所示。首先利用 GF-3 全极化数据经后向散射系数提取、极化分解得到 HH 极化后向散射系数、面散射分量、体散射分量和局部入射角。再根据设定的局部入射角、粗糙度和积雪面、体湿度值,利用面、体散射模型分别建立面散射、体散射查找表。然后将局部入射角以及极化分解得到的面散射分量分别与面散射查找表中的值对比,求取绝对误差,当局部入射角绝对误差以及面散射绝对误差均达到最小值时,即可输出积雪面湿度分量值。积雪体湿度分量求取方法同理。最后将极化分解得到的面、体散射功率之和归一化,并求取各自所占的权重,积雪面、体湿度分量乘以对应的权重后相加即可得到最终的积雪湿度反演值。

8.3.1 面湿度分量反演模型

根据研究区积雪后向散射的主要组成,由式(8.13)可知积雪后向散射可表示为

$$\sigma_{pp}^{t} = \sigma_{pp}^{s} + \sigma_{pp}^{v} \tag{8.14}$$

则面散射分量可以表示为

$$\sigma^{s} = \sigma_{\mathrm{HH}}^{s} + \sigma_{\mathrm{HV}}^{s} + \sigma_{\mathrm{VH}}^{s} + \sigma_{\mathrm{VV}}^{s} \tag{8.15}$$

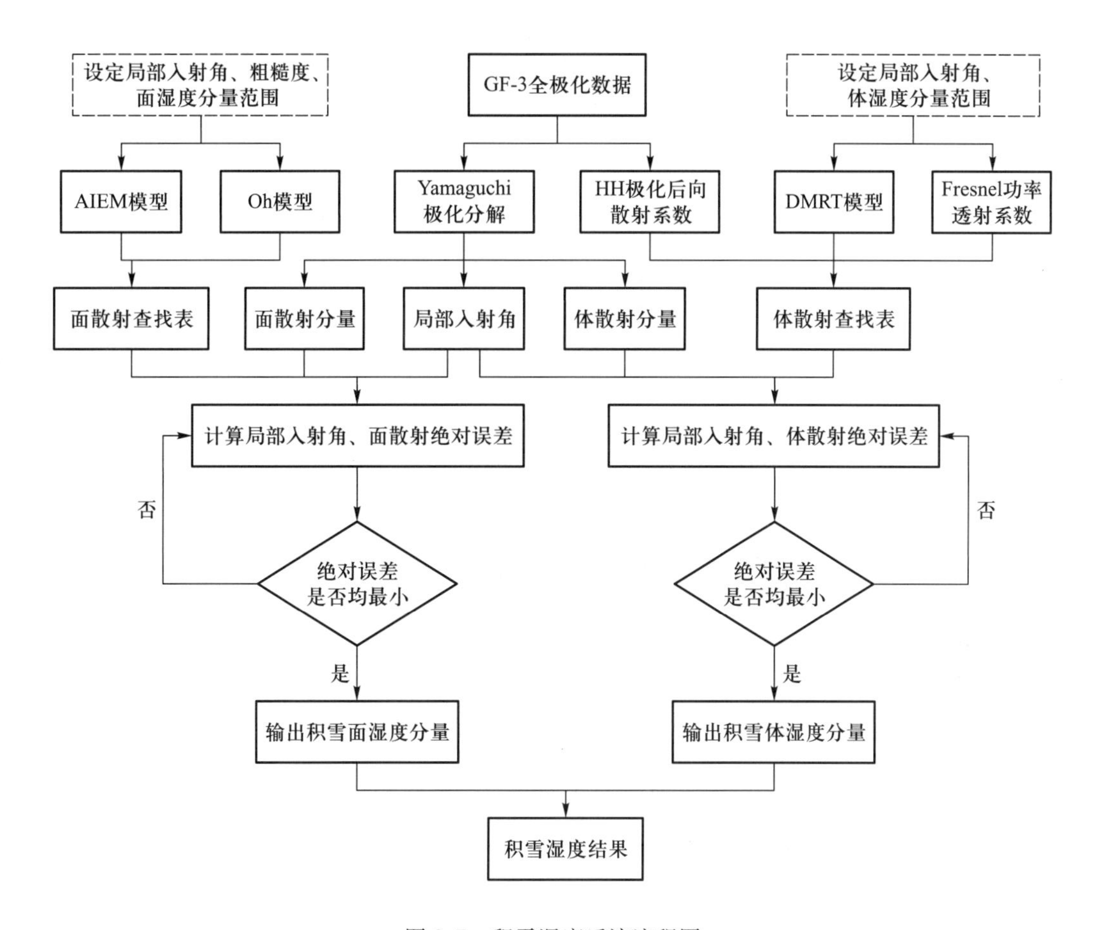

图 8.7　积雪湿度反演流程图

积雪后向散射主要受雷达参数和自身特性的影响，由于使用的是 GF-3 的 C 波段数据，雷达参数已固定，只需考虑积雪自身特性因素。而在面散射分量中，影响因素主要是雪面粗糙度、局部入射角和积雪湿度，因此可以表达为

$$\sigma^{s}=f(h,l,\theta,W_{s}) \tag{8.16}$$

式中，h 表示均方根高度；l 表示相关长度；W_s表示积雪面湿度分量。

因为局部入射角在极化分解过程中已经获得，所以只需考虑雪面粗糙度和积雪湿度两种因素。根据 Zribe 和 Dechambre(2002)的研究，平整的表面往往对应着小的 h 值和大的 l 值，粗糙的地表往往意味着大的 h 值以及中到大的 l 值，且在面散射模拟中，采取不同的 h 和 l 组合可以得到相同的面散射结果，因此提出一个组合粗糙度参数(Z_s)：$Z_s=h^2/l$。小的Z_s值对应小的 h 值或者大的 l 值，大的Z_s值对应大的 h 值或者小的 l 值，这样就把两个粗糙度参数变为一个。引入此组合粗糙度参数，则式(8-16)可改写为

$$\sigma^{s}=f(Z_{s},W_{s}) \tag{8.17}$$

因此,设定一定范围的Z_s和W_s,利用随机粗糙面散射模型模拟面散射,建立面散射查找表,然后与极化分解得到的面散射分量进行对比,当绝对误差达到最小值时,就可输出面湿度分量值。

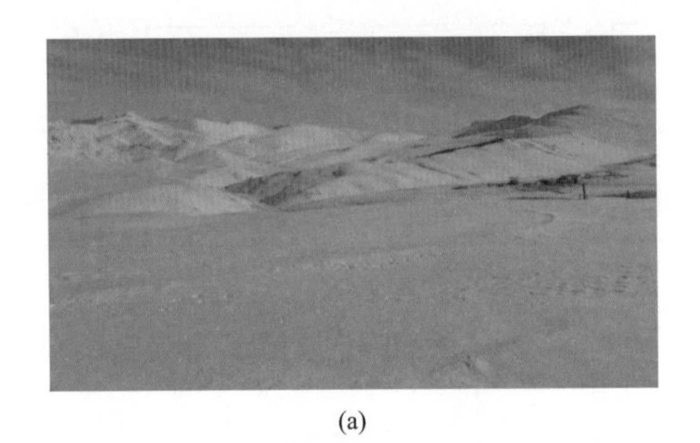

(a)

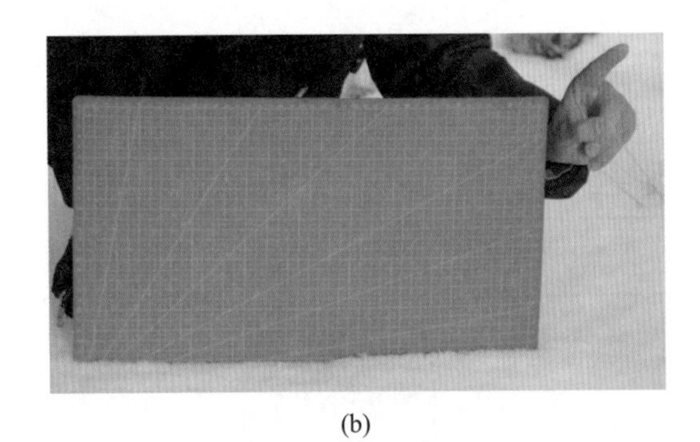

(b)

(c)

图8.8　研究区地形地貌和地面观测情况:(a)研究区北部地形;(b)雪面粗糙度测量;(c)积雪湿度和密度测量

研究区位于阿尔泰山南坡，地形起伏较大，考虑到各个随机粗糙面散射模型的应用范围，选用了适用范围更广的 AIEM 模型模拟同极化后向散射，Oh 模型模拟交叉极化后向散射。而模型参数范围的选取也是一项重要的工作，因为选取合适参数建立的查找表不仅可以提高面湿度反演精度而且可以提升查找效率。根据以往的研究（Shi，2001；Shi and Dozier，1995）、研究区的地形地貌以及地面同步实测数据（图 8.8），设定 $\theta \in [5°,85°]$，步长为 1°；$Z_s \in [0.0225, 2.25]$，步长为 0.0225 cm；$W_s \in [0.05, 10]$，步长为 0.05%。

8.3.2 体湿度分量反演模型

与式（8.15）同理，研究区积雪体散射分量可表示为

$$\sigma^v = \sigma_{\mathrm{HH}}^v + \sigma_{\mathrm{HV}}^v + \sigma_{\mathrm{VH}}^v + \sigma_{\mathrm{VV}}^v \tag{8.18}$$

根据互易关系原理（Oh et al.，2002），交叉极化$\sigma_{\mathrm{HV}}^v = \sigma_{\mathrm{VH}}^v$，则

$$\sigma^v = \sigma_{\mathrm{HH}}^v + 2\sigma_{\mathrm{HV}}^v + \sigma_{\mathrm{VV}}^v \tag{8.19}$$

$$\sigma^v = \sigma_{\mathrm{HH}}^v \left(1 + \frac{\sigma_{\mathrm{VV}}^v}{\sigma_{\mathrm{HH}}^v} + \frac{2\sigma_{\mathrm{HV}}^v}{\sigma_{\mathrm{HH}}^v}\right) \tag{8.20}$$

根据 Freeman 和 Durden（1998）的研究，体散射交叉项$\sigma_{\mathrm{HV}}^v = \frac{1}{3}\sqrt{\sigma_{\mathrm{HH}}^v \cdot \sigma_{\mathrm{VV}}^v}$，因此：

$$\sigma^v = \sigma_{\mathrm{HH}}^v \left(1 + \frac{\sigma_{\mathrm{VV}}^v}{\sigma_{\mathrm{HH}}^v} + \frac{2}{3}\sqrt{\frac{\sigma_{\mathrm{VV}}^v}{\sigma_{\mathrm{HH}}^v}}\right) \tag{8.21}$$

假设散射颗粒为球体且随机分布，则体散射反照率与极化方式无关，因此不同极化之比可消除体散射反照率的影响（Shi et al.，1993）。将式（8.10）代入式（8.21）整理可得：

$$\sigma^v = \sigma_{\mathrm{HH}}^v \left(1 + \frac{T_{\mathrm{VV}}^2}{T_{\mathrm{HH}}^2} + \frac{2}{3}\sqrt{\frac{T_{\mathrm{VV}}^2}{T_{\mathrm{HH}}^2}}\right) \tag{8.22}$$

再将式（8.11）和式（8.12）代入式（8.22）可知一阶体散射信号只是介电常数、局部入射角和 HH 极化体散射的函数。而局部入射角参数已获得，因此体散射函数可写为

$$\sigma^v = f(\sigma_{\mathrm{HH}}^v, \varepsilon) \tag{8.23}$$

根据式（8.8）介电常数与湿度的关系，当设定积雪密度为同步实测平均值 0.19 g cm^{-3} 时，可将积雪介电常数转换为积雪湿度得到：

$$\sigma^v = f(\sigma_{\mathrm{HH}}^v, W_v) \tag{8.24}$$

式中，W_v表示积雪体湿度分量。

此时,积雪体散射分量只是HH极化体散射和积雪体湿度分量的函数。与积雪面湿度分量反演模型同理,当设定一定范围的σ_{HH}^{v}和W_v时,可利用式(8.24)模拟积雪体散射,建立体散射查找表,然后与极化分解得到的体散射分量进行对比,当绝对误差达到最小值时,就可以得到积雪体湿度分量值。

参考积雪区HH极化后向散射系数的范围,设定$\sigma_{HH}^{v} \in [-47,-17]$,步长为-47 dB。积雪体湿度分量$W_v$以及局部入射角$\theta$的范围设定同积雪面湿度分量反演模型一致。

8.4 积雪湿度反演与结果分析

利用获取的GF-3卫星数据,基于所建立的模型,可依次得到研究区积雪面湿度分量、体湿度分量以及最终的积雪湿度反演结果。因每一步的反演结果均会影响最终的反演精度,因此需要对每一步的结果进行分析和评价,以提高最终的积雪湿度反演精度。

8.4.1 面湿度分量反演与结果分析

首先利用第6.3.1小节的随机森林方法对研究区积雪进行识别,然后基于面湿度反演模型得到积雪面湿度分量结果,如图8.9所示。可以看出,积雪面湿度分量值在整个研究区分布较均匀,大部分集中于0%~6%范围内,只有北部的湖面出现了大范围的积雪湿度值偏高情况,这可能是由于湖冰表面覆盖的积雪引起面散射分量增大,进而导致反演得到的湿度值较大(Ulaby et al., 1982)。

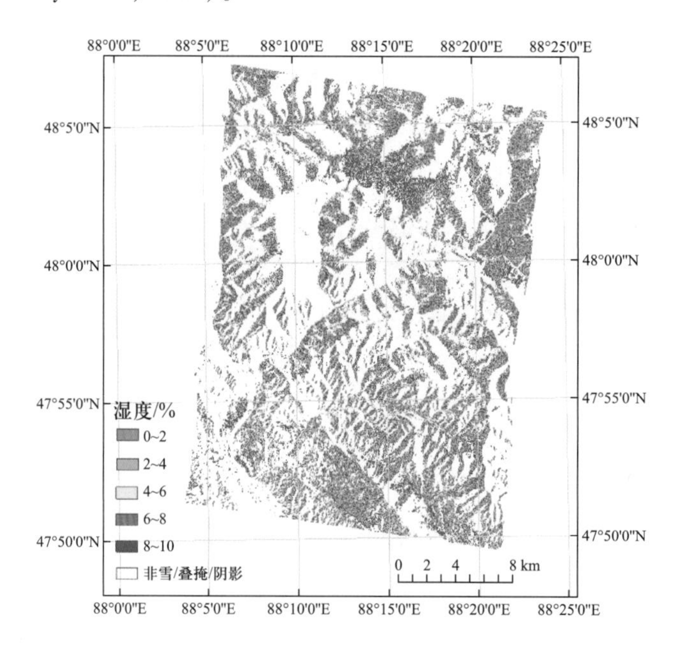

图8.9 积雪面湿度分量分布图

为了对积雪面湿度分量反演模型进行评价，利用模型输出的模拟面散射功率值和极化分解得到的面散射功率值求取绝对误差，并对积雪区内的误差值进行统计。因为积雪区内面散射功率值处于10^{-2}数量级内，因此以小一个数量级的10^{-3}作为模型精度评价标准，统计结果如表8.1所示。在2532006个积雪像元中，面散射功率绝对误差小于或等于0.001的像元有2402858个，占总积雪像元的94.9%，此结果说明面散射分量模拟结果和极化分解面散射分量之间的功率绝对误差非常小，积雪面湿度分量反演模型具有良好的可靠性。

表8.1 积雪面散射功率绝对误差分布

类别	像元个数	像元比例/%
面散射功率绝对误差小于或等于0.001	2402858	94.9
面散射功率绝对误差大于0.001	129148	5.1

8.4.2 体湿度分量反演与结果分析

利用积雪体湿度分量反演模型得到的积雪体湿度分量结果如图8.10所示，可以看出，研究区积雪体湿度分量值同样是多集中在0%~6%范围内，且没有出现局部地区湿度值偏高或者偏低的现象，这主要与体散射机制有关，因为下垫面类型对体散射造成的影响远小于对面散射的影响。

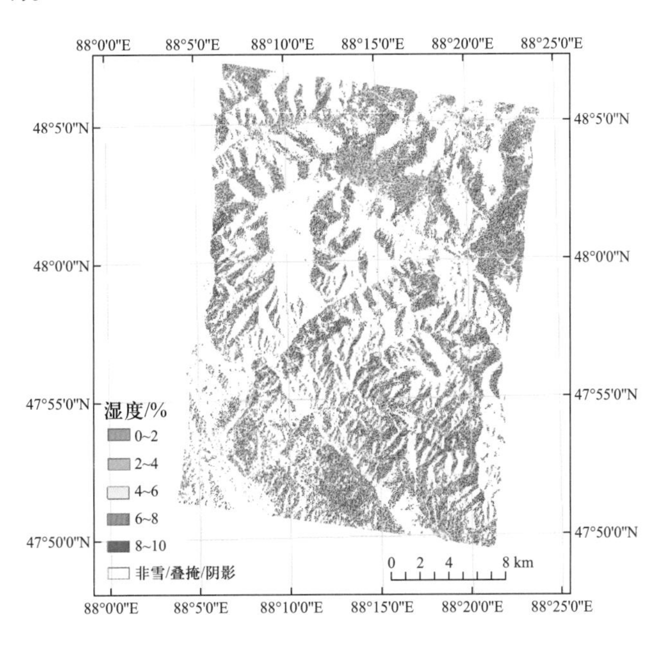

图8.10 积雪体湿度分量分布图

进一步对体湿度分量反演结果进行分析。同面湿度分量反演模型评价同理,体湿度分量反演模型也会得到一个体散射功率绝对误差,即模型输出体散射和极化分解得到的体散射之间的绝对误差。对积雪区内的误差值进行统计,因积雪体散射功率基本集中在10^{-3}数量级,所以采用10^{-4}作为评价标准,统计结果如表8.2所示。在2532006个积雪像元中,面散射功率绝对误差小于或等于0.0001的像元有2265721个,占总积雪像元的89.5%,此结果说明积雪体湿度反演模型输出体散射和极化分解体散射分量之间的功率绝对误差也非常小,积雪体湿度分量反演模型同样具有良好的可靠性。

表8.2 积雪体散射功率绝对误差分布

类别	像元个数	像元比例/%
体散射功率绝对误差小于或等于0.0001	2265721	89.5
体散射功率绝对误差大于0.0001	266285	10.5

8.4.3 积雪湿度反演与结果分析

基于以上的面、体湿度分量反演结果,通过式(8.25)计算积雪湿度:

$$W = \omega_s W_s + \omega_v W_v \tag{8.25}$$

式中,$\omega_s+\omega_v=1$,$\omega_s=\sigma_Y^s/(\sigma_Y^s+\sigma_Y^v)$,$\omega_v=\sigma_Y^v/(\sigma_Y^s+\sigma_Y^v)$。

经加权计算得到的积雪湿度如图8.11所示,可以看出,积雪湿度值主要分布在2%~8%范围内,只有北部湖面出现了大面积的湿度值偏高情况,这主要是由于积雪面湿度分量值偏高导致。

为了评价整个反演过程的可靠性,利用8个实测点的积雪湿度值进行反演结果的精度验证,结果如图8.12所示。从图中可以看出,积雪实测湿度值与反演值相关系数为0.83,相关性较好,平均绝对误差(mean absolute error,MAE)为4.00%,反演精度较高。反演结果也出现了一定程度的高估,尤其是在积雪湿度较小时。但是,即使是误差最大的点,其实测湿度和反演湿度都在10%的范围内。造成高估现象的主要原因是:①在积雪湿度较小时,微波的穿透深度较大,甚至可以到达下垫面,干雪SAR后向散射信号与下垫面接近。随着积雪湿度的增大,由于水对电磁波的吸收作用,SAR后向散射信号减弱(Baghdadi et al., 1997;Mätzler,1987)。因此,积雪湿度较小的实测点,由于受到积雪下垫面的影响,会造成后向散射的增大,进而造成了积雪湿度反演值的偏大。②在利用实测湿度值对反演结果进行验证时,考虑到积雪上层湿度较小,C波段微波信号可以穿透,接近下垫面的积雪层湿度较大,微波较难穿透,因此将湿度最大的雪层的湿度值作为验证数据。但当积雪深度较大时,其上层积雪必然会对后向散射造成一定影响,此时若只利用下层积雪湿度作为真值,就低估了整个积雪层的真实湿度,从而造成了反演值偏大。

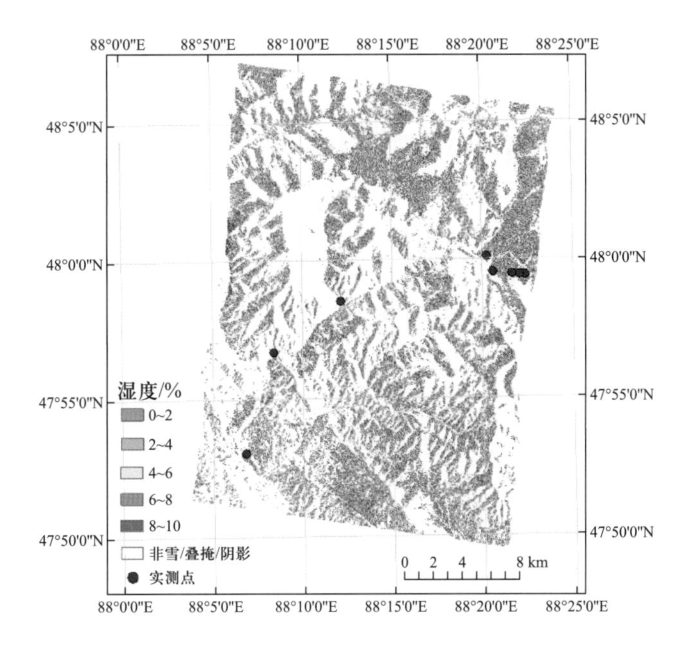

图 8.11　积雪湿度分布图

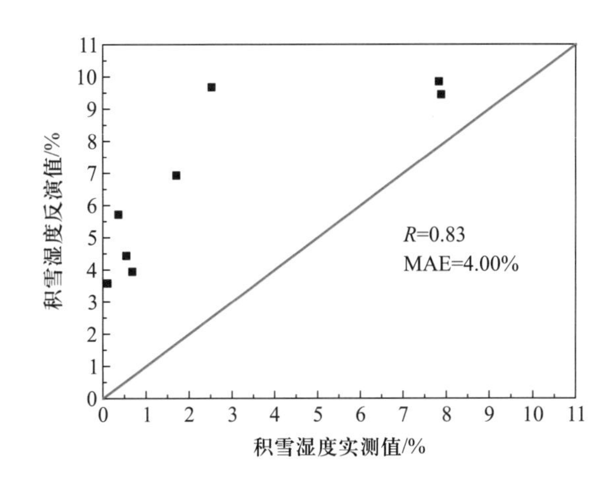

图 8.12　积雪湿度反演精度验证

小 结

利用国产 GF-3 卫星全极化 SAR 数据,提出了一种新的积雪湿度反演方法。首先从积雪微波特性出发,分析了湿度对微波的影响,并对常用的面散射和体散射模型适用范围进行了探讨,为积雪湿度的反演提供了理论依据。然后以极化分解技术和建立的面散射和体散射模型为基础,分别获取积雪面、体湿度分量,再将两种分量结果加权组合得到积雪湿度。通过反演值与地面同步实测值的对比,发现两者有很高的相关性,相关系数可以达到 0.83,平均绝对误差为 4.00%,说明该方法具有较高的反演精度,国产 GF-3 数据在积雪湿度反演中拥有较大的应用潜力和价值。提出的新的积雪湿度反演方法,考虑了山区复杂地形,在模型中设定了大范围的局部入射角和粗糙度参数。同时,模型充分利用了极化数据,不仅顾及了同极化数据,而且将交叉极化数据考虑在内。因此,模型在提高适用性的同时也提高了数据利用率。但是在积雪湿度反演过程中,依然存在最适合的模型参数不易选取、积雪湿度反演值偏高等问题,需进一步深入研究,以达到更好的反演效果,为国产 GF-3 卫星的应用提供科学支撑。

参 考 文 献

Baghdadi N, Gauthier Y, Bernier M.1997.Capability of multitemporal ERS-1 SAR data for wet-snow mapping. *Remote Sensing of Environment*, 60(2): 174-186.

Chen K S, Wu T D, Tsang L, Li Q.2003.Emission of rough surfaces calculated by the integral equation method with comparison to three-dimensional moment method simulations.*IEEE Transactions on Geoscience and Remote Sensing*, 41(1): 90-101.

Cui Y, Xiong C, Shi J. 2017. Estimation of snow wetness by a dual-frequency radar. IEEE International Geoscience and Remote Sensing Symposium(IGARSS), Fort Worth, TX, USA.

Dubois P C, Van Zyl J, Engman T. 1995. Measuring soil moisture with imaging radars. *IEEE Transactions on Geoscience and Remote Sensing*, 33(4): 915-926.

Freeman A, Durden S L.1998.A three-component scattering model for polarimetric SAR data.*IEEE Transactions on Geoscience and Remote Sensing*, 36(3): 963-973.

Fung A K.1994.*Microwave Scattering and Emission Models and Their Application.* Norwood, MA, USA: Artech House.

Fung A K, Li Z and Chen K S.1992.Backscattering from a randomly rough dielectric surface.*IEEE Transactions on Geoscience and Remote Sensing*,30(2): 356-369.

Hallikainen M, Ulaby F, Abdelrazik M. 1986. Dielectric properties of snow in the 3 to 37 GHz range. *IEEE Transactions on Antennas and Propagation*, 34(11): 1329-1340.

Henderson F M, Lewis A J.1998.*Principles and Applications of Imaging Radar.Manual of Remote Sensing*: *Volume* 2. New York: John Wiley and Sons.

Mätzler C.1987.Applications of the interaction of microwaves with the natural snow cover.*Remote Sensing Reviews*, 2(2): 259-387.

Oh Y, Sarabandi K, Ulaby F T.1992.An empirical model and an inversion technique for radar scattering from bare soil surfaces.*IEEE Transactions on Geoscience and Remote Sensing*, 30(2): 370-381.

Oh Y, Sarabandi K, Ulaby F T.2002.Semi-empirical model of the ensemble-averaged differential Mueller matrix for microwave backscattering from bare soil surfaces. *IEEE Transactions on Geoscience and Remote Sensing*, 40(6): 1348-1355.

Shi J.2001.A numerical simulation of estimating snow wetness with ASAR.IEEE International Geoscience and Remote Sensing Symposium (IGARSS), Sydney, NSW, Australia.

Shi J, Dozier J, Rott H. 1993. Deriving snow liquid water content using C-band polarimetric SAR. IEEE International Geoscience and Remote Sensing Symposium (IGARSS), Tokyo, Japan.

Shi J, Wang J, Hsu A Y, O'Neill P E, Engman E T.1997.Estimation of bare surface soil moisture and surface roughness parameter using L-band SAR image data.*IEEE Transactions on Geoscience and Remote Sensing*, 35(5): 1254-1266.

Shi J, Dozier J.1995.Inferring snow wetness using C-band data from SIR-C's polarimetric synthetic aperture radar.*IEEE Transactions on Geoscience and Remote Sensing*, 33(4): 905-914.

Singh G, Kumar V, Mohite K, Venkatraman G, Rao Y S.2006.Snow wetness estimation in Himalayan snow covered regions using ENVISAT-ASAR data. International Society for Optics and Photonics (SPIE), Goa, India.

Singh G, Venkataraman G. 2010. Snow wetness retrieval inversion modeling for C-band and X-band multi-polarization SAR data.IEEE International Geoscience and Remote Sensing Symposium (IGARSS), Honolulu, HI, USA.

Singh G, Venkataraman G. 2007. Snow wetness mapping using advanced synthetic aperture radar data.*Journal of Applied Remote Sensing*, 1: 013521.

Stiles W H, Ulaby F T.1980.The active and passive microwave response to snow parameters: 1.Wetness.*Journal of Geophysical Research: Oceans*, 85(C2): 1037-1044.

Surendar M, Bhattacharya A, singh G, Yamaguchi Y, Venkataraman G.2015.Development of a snow wetness inversion algorithm using polarimetric scattering power decomposition model.*International Journal of Applied Earth Observation and Geoinformation*, 42: 65-75.

Tsang L, Ding K H, Wen B.1992.Dense media radiative transfer theory for dense discrete random media with particles of multiple sizes and permittivities.*Progress in Electromagnetic Research*, 6(5): 181-225.

Tsang L, Kong J A, Shin R T.*Theory of Microwave Remote Sensing*.New York: Wiley-Interscience, 1985.

Ulaby F T, Moore R K, Fung A K.1982.*Microwave Remote Sensing: Active and Passive, Volume 2.Radar Remote Sensing and Surface Scattering and Emission Theory*.Norwood, MA, USA: Artech House.

Ulaby F T, Elachi C.1990.*Radar Polarimetry for Geoscience Applications*.Norwood, MA: Artech House.

Ulaby F T, Stiles W H.1980.The active and passive microwave response to snow parameters: 2.Water equivalent of dry snow.*Journal of Geophysical Research: Oceans*, 85(C2): 1045-1049.

Waldner P, Huebner C, Schneebeli M, Brandelik A, Rau F.2001.Continuous measurements of liquid water content and density in snow using TDR. In: Charles H, Dowding C (Eds.). *Proceedings of the Second International Symposium and Workshop on Time Domain Reflectometry for Innovative Geotechnical Applications*. Evanston, IL, USA.

Yamaguchi Y, Moriyama T, Ishido M, Yamada H.2005.Four-component scattering model for polarimetric SAR image decomposition.*IEEE Transactions on Geoscience and Remote Sensing*, 43(8): 1699-1706.

Zribi M, Dechambre M.2002.A new empirical model to retrieve soil moisture and roughness from C-band radar data.*Remote Sensing of Environment*, 84(1): 42-52.

Zribi M, Paillè J, Ciarletti V, Taconet O, Boissard P, Chapron M, Rabin B.1998.Modelisation of roughness and microwave scattering of bare soil surfaces based on fractal Brownian geometry.*IEEE International Geoscience and Remote Sensing Symposium (IGARSS)*, Seattle, WA, USA.

索　引